EDA 工程技术丛书

Altium Designer 24
PCB设计官方教程 （高级实践）

Authoritative Tutorial for PCB Design
Based on Altium Designer 24
(Advanced Drills)

李崇伟 高夏英◎编著

清华大学出版社
北京

内容简介

本书系统论述了 Altium Designer 24 软件的高级功能及案例实践（含纸质图书、实践案例、配套视频教程），是一本进阶学习高速 PCB 设计的优秀工具书。全书分为 8 章，第 1 章为 Altium Designer 24 高级功能及应用，介绍 PCB 设计流程中需要使用的高级功能；第 2 章为设计规则的高级应用，介绍多层板中常见的规则、Query 语句的设置及应用、规则的导入和导出；第 3 章为层叠应用及阻抗控制，介绍层叠添加和阻抗的计算等；第 4 章为 PCB 总体设计要求及规范，介绍 PCB 常见设计规范、拼板、PCB 表面处理工艺、组合装配等；第 5 章为 EMC 设计规范，包括 EMC 概述、常见 EMC 器件、布局、布线等；第 6～8 章为综合实例，包含 4 层 STM32 开发板、4 层 MT6261 智能手表、6 层全志 A64 平板计算机 3 个完整案例。这些案例从 PCB 设计的总体流程、创建工程文件、位号标注与封装匹配、原理图验证与导入、板框绘制、电路模块化设计、器件模块化布局、PCB 的层叠设置、PCB 布线、PCB 设计后期处理、生产文件的输出、STM32 检查表等步骤来演示整个设计过程。这些实例融入作者多年的高速 PCB 设计经验，能够帮助读者快速地掌握高速 PCB 设计要点。

本书可以作为高等院校相关专业的教材，也可以作为从事电子、电气、自动化设计工作的工程师的参考用书。

版权所有，侵权必究。举报：010-62782989，beiqinquan@tup.tsinghua.edu.cn。

图书在版编目（CIP）数据

Altium Designer 24 PCB设计官方教程：高级实践 / 李崇伟, 高夏英编著. -- 北京：清华大学出版社, 2024. 10. -- (EDA工程技术丛书). -- ISBN 978-7-302-67373-6

Ⅰ．TN410.2

中国国家版本馆CIP数据核字第2024FP5412号

策划编辑：	盛东亮
责任编辑：	范德一
封面设计：	李召霞
责任校对：	李建庄
责任印制：	刘　菲

出版发行：清华大学出版社

网　　　址：	https://www.tup.com.cn，https://www.wqxuetang.com		
地　　　址：	北京清华大学学研大厦A座	邮　编：	100084
社　总　机：	010-83470000	邮　购：	010-62786544
投稿与读者服务：	010-62776969，c-service@tup.tsinghua.edu.cn		
质　量　反　馈：	010-62772015，zhiliang@tup.tsinghua.edu.cn		
课　件　下　载：	https://www.tup.com.cn，010-83470236		

印 装 者：三河市人民印务有限公司
经　　销：全国新华书店
开　　本：185mm×260mm　　印　张：25　　字　数：607千字
版　　次：2024年11月第1版　　　　　　　印　次：2024年11月第1次印刷
印　　数：1～2000
定　　价：89.00元

产品编号：106641-01

序言

　　Altium 公司一直致力于为每个电子设计工程师提供最好的设计技术和解决方案。三十多年来，我们一直将其作为 Altium 公司的核心使命。

　　这期间，我们看到了电子设计行业的巨大变化。虽然设计在本质上变得越来越复杂，但获得设计和生产复杂 PCB 的能力已经变得越来越容易。

　　中国正在从世界电子制造强国向电子设计强国转型，拥有巨大的市场潜力。专注于创新，提升设计能力和有效性，中国将有机会使这种潜力变为现实。Altium 公司看到这样的转变，一直在中国的电子设计行业投入巨资。

　　我很高兴这本书将出版。学习我们的设计系统是非常实用和有效的，将使任何电子设计工程师在职业生涯中受益。

　　Altium 公司新的一体化设计方式取代了原来的设计工具，让创新设计变得更为容易，并可以避免高成本的设计流程、错误和产品的延迟。随着互联设备和物联网的兴起，成功、快速地将设计推向市场是每个公司成功的必由之路。

　　希望您在使用 Altium Designer 的过程中，将设计应用到现实生活中，并祝愿您事业有成。

Altium 全球首席运营官 David Read

FOREWORD

At Altium we always have been passionate about putting the best available design technology into the hands of every electronics designer and engineer. We have made it our core mission at Altium for more than 30 years.

Over this time we have seen much change in the electronics design industry. While designs have become more and more complex in their nature, the ability to design and produce a complex PCB has become more and more accessible.

China has a great opportunity ahead, to move from being the world's electronics manufacturing power house, to become the world's electronics design power house. That opportunity will come from a focus on innovation and raising the power and effectiveness of the electronics designer. Seeing this transformation take place, Altium has been investing heavily in the design industry in China.

To that end, I am delighted to see this book. It is an extremely practical and useful approach to learning our design system that will surely benefit any electronics designer's career.

Our approach to unified design approach replaces the previous ad-hoc collection of design tools, making it easier to innovate and allows you to avoid being bogged down in costly processes, mistakes or delays. With the rise of connected devices and IoT bringing designs to market successfully and quickly is imperative of every successful company.

I wish you the best of success in using Altium Designer to bring your designs to life and advance your career.

Chief Operating Officer of Altium

David Read

前言

在写本书之前，由笔者编写的《Altium Designer 24 PCB 设计官方教程（基础应用）》已经得到很多读者的认可。但由于那本书定位为入门级，对于有进阶需求的工程师来说，书中没有包含软件的进阶内容和高速 PCB 设计的案例实践，又加之新的 Altium Designer 24 版本中新推出了一些高速 PCB 设计的功能，所以笔者编写了本书。

本书是面向使用 Altium Designer 软件进行高速 PCB 设计的工程师用书，也适合作为高等院校相关专业的教材。全书分为 8 章，主要是以 Altium Designer 24 软件为平台，结合 Altium Designer 24 PCB 基础设计理论以及实战案例，完整地介绍采用 Altium Designer 24 软件进行高速 PCB 设计的流程和方法。其主要内容包括高级功能应用、高级规则设计、PCB 设计要求及规范、EMC 设计规范、4 层通孔案例、4 层盲埋孔案例、6 层通孔案例等。

第 1 章 Altium Designer 24 高级功能及应用，主要介绍与原理图、PCB、PCB 后期处理相关的高级功能等。通过对新功能的介绍，帮助读者快速地掌握软件高级技巧的使用，有助于在工作中提高 PCB 设计效率。第 2 章设计规则的高级应用，主要介绍铺铜的高级连接方式、高级间距规则、高级线宽规则、区域规则设置、阻焊规则设置、内电层的规则设置、Query 语句的设置及应用、规则的导入和导出等。一直以来，规则设置对于新手或者老手都是一个难点，通过本章高级规则应用的介绍，能帮助读者掌握软件规则设置的要点。第 3 章层叠应用及阻抗控制，主要介绍层叠的添加及应用、阻抗控制计算方法等。本章特别介绍了多层板的层叠方法，以及使用 Altium Designer 24 软件进行阻抗计算，真正实现没有第三方软件辅助的情况下也能进行阻抗处理。第 4 章 PCB 总体设计要求及规范，主要介绍 PCB 设计规范、拼板、PCB 表面处理工艺、组合装配等。第 5 章 EMC 设计规范，包括常见 EMC 器件、布局、布线等内容。第 6~8 章为进阶实例部分，包含 4 层 STM32 开发板、4 层 MT6261 智能手表、6 层全志 A64 平板计算机 3 个完整案例。这些案例从 PCB 设计的总体流程、实例简介、创建工程文件、位号标注及封装匹配、项目验证及导入、板框绘制、电路模块化设计、器件模块化布局、PCB 的层叠设置、PCB 布线、PCB 设计后期处理、生产文件的输出、STM32 检查表等步骤来演示整个设计过程，融入作者多年的高速 PCB 设计经验，能够帮助读者快速掌握高速 PCB 设计的知识点。

特别说明，本书所有的工程实例都基于 Altium Designer 24 版本进行操作。

本书由 Altium 中国技术支持中心组织编写，由李崇伟和高夏英结合多年的高速 PCB 设计工作及培训经验编写而成。

由于编者水平有限，书中难免有不足之处，敬请读者批评指正，欢迎读者咨询 Altium Designer 的售后使用、维保及续保问题。

Altium 中国技术支持中心
2024 年 10 月

目录

第 1 章　Altium Designer 24 高级功能及应用 1
▶微课视频 67 分钟
1.1　原理图高级功能 1
1.1.1　层次式原理图设计 1
1.1.2　原理图多通道的应用 10
1.1.3　线束的设计及应用 17
1.1.4　网络表比对导入 PCB 21
1.1.5　Reuse Blocks 的应用 24
1.1.6　设计片段的使用 27
1.1.7　器件页面符的应用 31
1.1.8　为原理图符号链接帮助文档 32
1.1.9　元件符号库报告的使用 34
1.1.10　装配变量 36
1.2　PCB 高级功能 47
1.2.1　BGA 封装的制作 47
1.2.2　BGA 的扇出方式 50
1.2.3　常见 BGA 规格的出线方式 54
1.2.4　蛇形线的等长设计 55
1.2.5　多个网络的自动长度调整 59
1.2.6　等长的拓扑结构 61
1.2.7　xSignals 等长功能 65
1.2.8　From to 等长功能 73
1.2.9　PCB 多板互连装配设计 74
1.2.10　ActiveBOM 管理 83
1.2.11　背钻 Back Drill 的定义及应用 94
1.2.12　FPGA 的引脚交换功能 98
1.2.13　位号的反注解功能 104
1.2.14　模块复用的操作 107
1.2.15　PCB 布局复制的使用 113
1.2.16　极坐标的应用 116
1.2.17　ActiveRoute 的应用 119
1.2.18　拼板阵列的使用 122
1.2.19　在 3D 模式下体现柔性板（Flex Board） 127
1.2.20　盲埋孔的设置 134
1.2.21　Pad/Via 模板的使用 136
1.2.22　缝合孔的使用 139
1.2.23　MicroVia 的设置 141

目录

  1.2.24 PCB 印刷电子的设置 ……………………………………………………… 143
  1.2.25 元器件的推挤和交换功能 ………………………………………………… 147
  1.2.26 PCB 机械层的无限制添加 ……………………………………………… 148
 1.3 PCB 后期文件输出 ……………………………………………………………………… 149
  1.3.1 Output job 设计数据输出 ………………………………………………… 149
  1.3.2 Draftsman 的应用 ………………………………………………………… 159
  1.3.3 新的 Pick and Place 生成器 ……………………………………………… 169
  1.3.4 3D PDF 的输出 …………………………………………………………… 171
  1.3.5 制作 PCB 3D 视频 ………………………………………………………… 172
  1.3.6 导出钻孔图表的方法 ……………………………………………………… 176
  1.3.7 邮票孔的设置 ……………………………………………………………… 177
  1.3.8 Gerber 文件转换成 PCB 文件 …………………………………………… 179

第 2 章 设计规则的高级应用 …………………………………………………………… 182
 ▶ 微课视频 52 分钟
 2.1 铺铜连接方式 …………………………………………………………………………… 182
 2.2 间距规则 ………………………………………………………………………………… 187
 2.3 线宽规则 ………………………………………………………………………………… 191
 2.4 区域规则设置 …………………………………………………………………………… 194
 2.5 阻焊规则设置 …………………………………………………………………………… 196
 2.6 内电层的规则设置 ……………………………………………………………………… 196
 2.7 Return Path 的设置 …………………………………………………………………… 199
 2.8 Query 语句的设置及应用 ……………………………………………………………… 201
 2.9 规则的导入和导出 ……………………………………………………………………… 210

第 3 章 层叠应用及阻抗控制 ………………………………………………………………… 213
 ▶ 微课视频 42 分钟
 3.1 层叠的添加及应用 ……………………………………………………………………… 213
  3.1.1 层叠的定义 ………………………………………………………………… 213
  3.1.2 多层板的组成结构 ………………………………………………………… 214
  3.1.3 层叠的基本原则 …………………………………………………………… 214
  3.1.4 常见的层叠方案 …………………………………………………………… 215
  3.1.5 正片和负片的概念 ………………………………………………………… 218
  3.1.6 3W 原则/20H 原则 ………………………………………………………… 219
  3.1.7 层叠的添加和编辑 ………………………………………………………… 219
  3.1.8 平面的分割处理 …………………………………………………………… 222
  3.1.9 平面多边形 ………………………………………………………………… 224
 3.2 阻抗控制 ………………………………………………………………………………… 225
  3.2.1 阻抗控制的定义及目的 …………………………………………………… 225

目录

  3.2.2 控制阻抗的方式 ··· 226
  3.2.3 微带线与带状线的概念 ······································· 227
  3.2.4 阻抗计算的相关条件与原则 ··································· 227
  3.2.5 Altium Designer 的材料库 ··································· 227
  3.2.6 阻抗计算实例 ··· 230

第 4 章 PCB 总体设计要求及规范 ·· 242

▶ 微课视频 45 分钟

4.1 PCB 常见设计规范 ··· 242
  4.1.1 过孔 ··· 242
  4.1.2 封装及焊盘设计规范 ··· 244
  4.1.3 走线 ··· 248
  4.1.4 丝印 ··· 250
  4.1.5 Mark 点 ·· 250
  4.1.6 工艺边 ··· 251
  4.1.7 挡板条 ··· 252
  4.1.8 屏蔽罩 ··· 252

4.2 拼板 ··· 253
  4.2.1 V-Cut 的应用 ··· 254
  4.2.2 邮票孔的应用 ··· 255

4.3 PCB 表面处理工艺 ··· 255

4.4 组装 ··· 257

4.5 焊接 ··· 257

第 5 章 EMC 设计规范 ·· 259

▶ 微课视频 26 分钟

5.1 EMC 概述 ·· 259
  5.1.1 EMC 的定义 ·· 259
  5.1.2 EMC 有关的常见术语及其定义 ································ 259
  5.1.3 EMC 研究的目的和意义 ······································ 261
  5.1.4 EMC 的主要内容 ·· 261
  5.1.5 EMC 三要素 ·· 261
  5.1.6 EMC 设计对策 ·· 262
  5.1.7 EMC 设计技巧 ·· 262

5.2 常见 EMC 器件 ··· 267
  5.2.1 磁珠 ··· 267
  5.2.2 共模电感 ··· 268
  5.2.3 瞬态抑制二极管 ··· 269
  5.2.4 气体放电管 ··· 271

IX

目录

   5.2.5 半导体放电管 ······· 272
 5.3 布局 ······· 272
   5.3.1 层的设置 ······· 272
   5.3.2 模块划分及特殊器件布局 ······· 274
   5.3.3 滤波电路的设计原则 ······· 276
   5.3.4 接地时要注意的问题 ······· 276
 5.4 布线 ······· 277
   5.4.1 布线优先次序 ······· 277
   5.4.2 布线基本原则 ······· 277
   5.4.3 布线层优化 ······· 277

第 6 章 进阶实例：4 层 STM32 开发板 ······· 279

▶ 微课视频 58 分钟

 6.1 PCB 设计的总体流程 ······· 279
 6.2 实例简介 ······· 280
 6.3 创建项目文件 ······· 280
 6.4 位号标注及封装匹配 ······· 281
   6.4.1 位号标注 ······· 281
   6.4.2 元件封装匹配 ······· 282
 6.5 项目验证及导入 ······· 283
   6.5.1 项目验证 ······· 283
   6.5.2 原理图与 PCB 同步导入 ······· 284
 6.6 板框绘制 ······· 284
 6.7 电路模块化设计 ······· 285
   6.7.1 电源流向 ······· 285
   6.7.2 串口 RS232/RS485 模块 ······· 286
   6.7.3 PHY 芯片 DP83848 及网口 RJ45 设计 ······· 286
   6.7.4 OV2640/TFTLCD 的设计 ······· 288
 6.8 器件模块化布局 ······· 288
 6.9 PCB 层叠设置 ······· 289
 6.10 PCB 布线 ······· 291
   6.10.1 创建 Class 及颜色显示 ······· 291
   6.10.2 规则设置 ······· 293
   6.10.3 布线规划及连接 ······· 296
   6.10.4 电源平面分割 ······· 296
   6.10.5 走线优化 ······· 296
   6.10.6 放置回流地过孔 ······· 297
   6.10.7 添加泪滴及整板铺铜 ······· 297

目录

6.11 PCB 设计后期处理 ··· 299
    6.11.1 DRC 检查 ·· 299
    6.11.2 器件位号及注释的调整 ···················· 299
6.12 生产文件的输出 ··· 300
    6.12.1 位号图输出 ·· 300
    6.12.2 阻值图输出 ·· 305
    6.12.3 Gerber 文件输出 ································ 306
    6.12.4 生成 BOM ·· 312
6.13 STM32 检查表 ··· 313

第 7 章　进阶实例：4 层 MT6261 智能手表 ············ 315
▶ 微课视频 77 分钟

7.1 实例简介 ··· 315
7.2 位号排列及添加封装 ··· 315
    7.2.1 位号排列 ··· 315
    7.2.2 封装匹配 ··· 317
7.3 项目验证和查错 ··· 318
7.4 PCB 网表的导入 ··· 318
7.5 PCB 板框的导入及定义 ······································ 319
7.6 PCB 层叠设置 ··· 322
7.7 阻抗控制要求 ··· 322
7.8 模块化设计 ··· 326
    7.8.1 CPU 核心 ·· 326
    7.8.2 PMU 模块 ··· 326
    7.8.3 Charger 模块 ······································· 327
    7.8.4 Wi-Fi MT5931 模块 ···························· 329
    7.8.5 Speaker/Mic 模块 ······························· 330
    7.8.6 马达模块 ··· 331
    7.8.7 LCM 模块 ··· 331
    7.8.8 G-Sensor 模块 ····································· 331
    7.8.9 USB 接口电路 ···································· 331
    7.8.10 Flash 模块 ··· 332
7.9 PCB 整板模块化布局 ·· 333
7.10 PCB 布线设计 ··· 333
    7.10.1 常见规则、Class、差分对的添加与设置 ········ 333
    7.10.2 盲埋孔的设置及添加方法 ··············· 335
    7.10.3 BGA 扇孔处理 ································· 336
    7.10.4 整体布线规划及电源处理 ··············· 336

目录

	7.10.5 优化走线	336
7.11	PCB 的后期处理	337
	7.11.1 铺铜及修铜的处理	337
	7.11.2 整板 DRC 检查处理	338
	7.11.3 丝印的调整	338
7.12	Output job 输出生产文件	339
7.13	MT6261 智能手表检查表	343

第 8 章 进阶实例：6 层全志 A64 平板计算机   345

▶ 微课视频 85 分钟

8.1	实例简介	345
8.2	板框及层叠设计	347
	8.2.1 板框导入及定义	347
	8.2.2 层叠结构的确定	348
8.3	阻抗控制要求	348
8.4	电路模块分析	351
	8.4.1 LPDDR3 模块	351
	8.4.2 主控模块	353
	8.4.3 PMIC 模块	355
	8.4.4 eMMC/NAND Flash 模块	358
	8.4.5 Audio 模块	359
	8.4.6 USB 模块	361
	8.4.7 Micro SD 模块	361
	8.4.8 Camera 模块	362
	8.4.9 液晶显示模块	362
	8.4.10 CTP 模块	363
	8.4.11 Sensor 模块	364
	8.4.12 HDMI 模块	364
	8.4.13 Wi-Fi/BT 模块	365
8.5	器件布局	366
8.6	规划屏蔽罩区域	367
8.7	布线设计	368
	8.7.1 PCB 设计规则及添加 Class	368
	8.7.2 BGA 扇出	368
	8.7.3 走线整体规划及连接	369
	8.7.4 高速信号的等长处理	369
	8.7.5 大电源分割处理	370
	8.7.6 走线改良	371

- 8.8 后期处理 ····· 372
  - 8.8.1 铺铜及挖空处理 ····· 372
  - 8.8.2 DRC 检查并修正 ····· 373
  - 8.8.3 调整丝印 ····· 374
- 8.9 生产文件的输出 ····· 374
- 8.10 A64 平板计算机检查表 ····· 379

视频目录

	视 频 名 称	时长/min	位　　置
第1集	Altium Designer 24高级功能	67	1.1节
第2集	规则设计应用	52	2.1节
第3集	层叠应用及阻抗控制	42	3.1节
第4集	PCB总体设计要求及规范	45	4.1节
第5集	EMC设计规范	26	5.1节
第6集	进阶实例：4层STM32开发板	58	6.1节
第7集	进阶实例：4层MT6261智能手表	77	7.1节
第8集	进阶实例：6层全志A64平板计算机	85	8.1节

第 1 章 Altium Designer 24 高级功能及应用

Altium Designer 24 具备时尚、新颖的用户界面，显著地提升了用户体验和效率，简化了设计流程，实现了前所未有的性能优化。除了常规的流程化基本操作，Altium Designer 24 还提供了多个高级功能，使用户可以更为方便、快速地实现复杂板卡的设计。

本章主要介绍 Altium Designer 24 原理图编辑界面和 PCB 编辑界面下的各个高级操作技巧，帮助用户掌握方法，实现更高效的 PCB 设计。

学习目标：
- 了解 Altium Designer 24 的新功能。
- 熟练掌握高级技巧的操作方法。

1.1 原理图高级功能

1.1.1 层次式原理图设计

对于大规模的电路系统，需要将其按功能分解为若干电路模块，用户可以单独绘制好各个功能模块，再将它们组合起来处理，最终完成整体电路的连接。这样，电路的结构清晰，便于多人协同操作，加快工作进程。

1. 层次化原理图和扁平式原理图的概念与区别

层次化原理图主要包括主电路图和子电路图两部分。它们之间是父电路与子电路的关系，在子电路图中仍可包含下一级子电路。子电路图用来描述某个电路模块的具体功能，由各种元件和导线构成，增加了一些端口，作为与主电路图和其他电路图之间进行连接的接口。主电路图主要由多个页面符组成，用来展示各个电路模块之间的系统连接关系，描述了整体电路的功能结构。

扁平式原理图采用水平方向分割，如图 1-1 所示。将总体的电路进行模块划分，各模块间可通过"离图连接器 《OffSheet"或者具有全局连接属性的网络标签来完成电气连接。

层次化原理图采用垂直方向分割，如图 1-2 所示。将总电路以模块划分后，模块之间一般通过"端口"""页面符"""图纸入口"来实现电气连接。

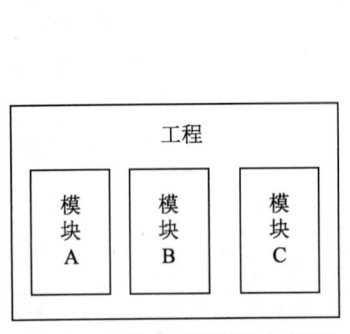

图 1-1　扁平式原理图结构框图

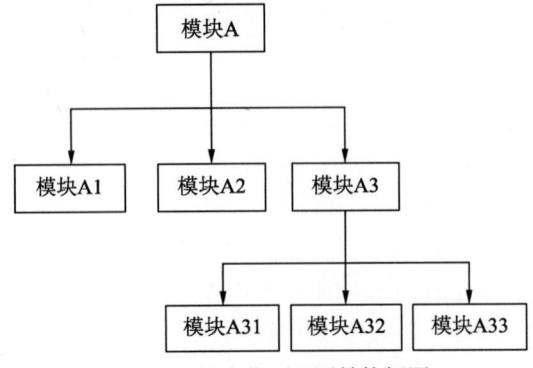

图 1-2　层次化原理图结构框图

2. 层次化原理图的设计方式

层次化原理图有两种设计方式：一种是自上而下的设计方式，另一种是自下而上的设计方式。

1）自上而下的层次化原理图

自上而下的设计理念是把整个电路分为多个功能模块，先确定每个模块的内容，再对这些模块进行详细设计。这种方法要求用户对设计有整体的把握，并对模块划分比较清楚。

本节以"1969 功放"电路设计为例，演示自上而下的层次化原理图的具体步骤。本电路划分为 3 个电路模块：扬声器保护 Trumpet 模块和 2 路功放模块 Ambulance-L、Ambulance-R。

（1）建立工程文件。建立一个名为"1969 功放.PrjPCB"的工程文件，并添加一个名为 Main.SchDoc 的原理图文件，将其作为层次化原理图的主电路图，如图 1-3 所示。

（2）放置页面符，并设置相关参数。

① 执行菜单栏中"放置"→"页面符"命令或者按快捷键 P+S，或者单击工具栏的图标，光标将会附带一个页面符标识，如图 1-4 所示。

图 1-3　建立工程文件

图 1-4　放置页面符指令

② 将页面符放到合适的位置，先单击确定页面符的一个顶点，移动光标到合适的位置，再次单击确定其对角顶点位置，即可得到大小适宜的页面符，如图1-5所示。

③ 设置页面符属性。双击页面符，打开页面符属性面板，进行相应的参数设置，如图1-6所示。

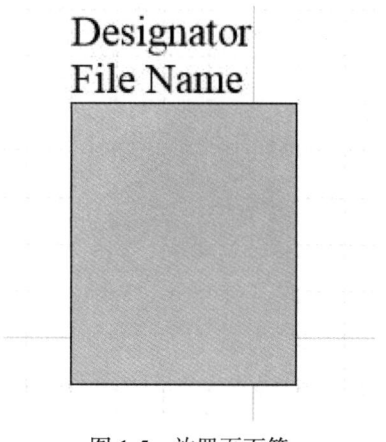

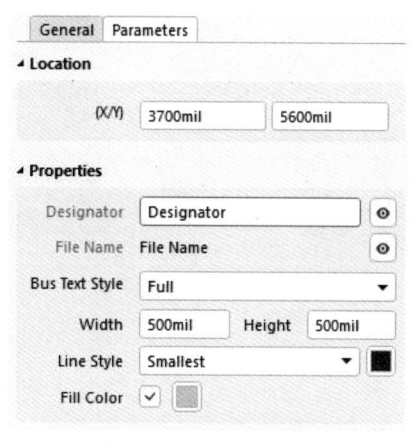

图1-5　放置页面符

图1-6　页面符属性面板

- Location：页面符在原理图上的坐标位置，根据页面符的移动自动设置，一般不需要设置。
- Designator：用于输入相应页面符的名称，本质与元件标识符类似，不同的页面符要有不同的标识。
- File Name：用于输入页面符所代表的下层子原理图的文件名。
- Width、Height：页面符的宽度和高度，可设置。
- Line Style：用于设置页面符的边框大小，包含"Smallest（最细）""Small（细）""Medium（中等）""Large（粗）"。
- Fill Color：用于设置填充颜色。

设置好参数的页面符如图1-7所示。

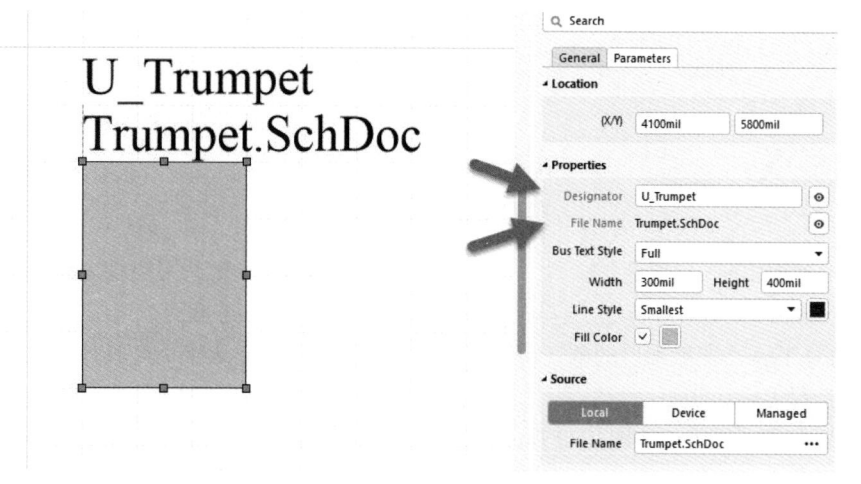

图1-7　设置好参数的页面符

（3）重复步骤（2）中的 3 个步骤，设置其他 2 个模块的页面符 U_Ambulance-L 和 U_Ambulance-R，页面符的个数与子原理图（模块）数相符，如图 1-8 所示。

（4）放置图纸入口 ，用于后期页面符之间的连接。执行菜单栏中"放置"→"图纸入口"命令或按快捷键 P+A，如图 1-9 所示。

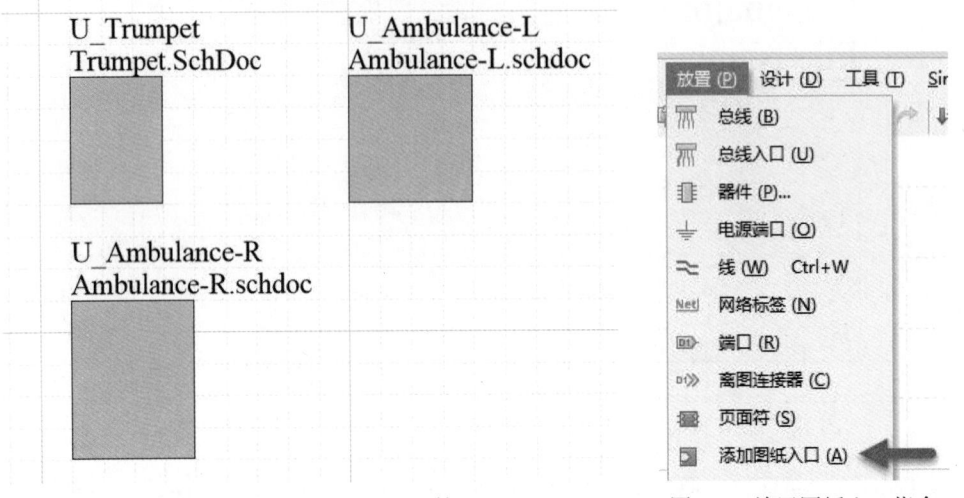

图 1-8　设置好的 3 个页面符　　　　　图 1-9　放置图纸入口指令

① 放置图纸入口到页面符内部，图纸入口只能在页面符的内部边框放置，如图 1-10 所示。

图 1-10　图纸入口及其参数

② 设置图纸入口属性。
- Name：图纸入口名称，应与子图中的端口名称对应，才能完成电气连接。
- I/O Type：图纸入口的电气特性，是重要的属性之一。若不清楚具体 I/O 类型，建议选择 Unspecified。

设置好的图纸入口如图 1-11 所示。

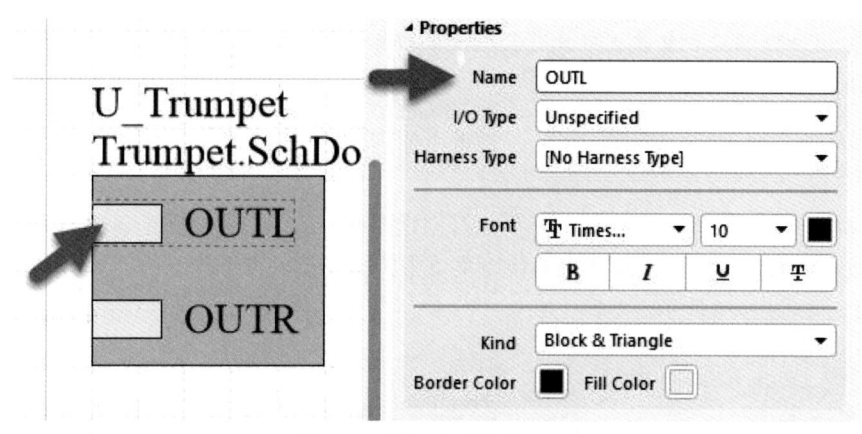

图 1-11 设置好的图纸入口

③ 放置并设置好其他页面符的图纸入口，如图 1-12 所示。

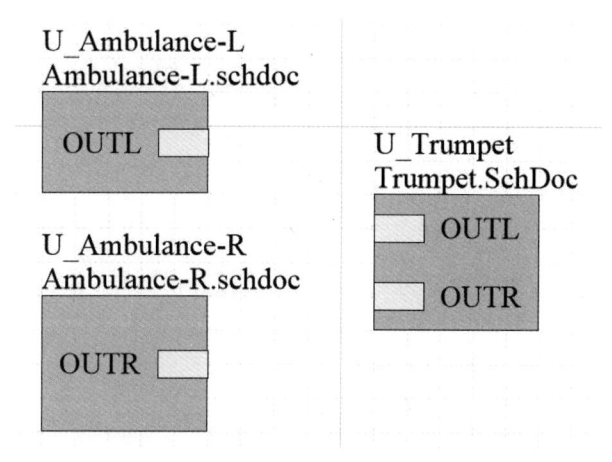

图 1-12 设置好其他页面符的图纸入口

（5）通过导线完成页面符之间的连接。相同的图纸入口用导线连接起来，完成主电路图 Main.SchDoc 的绘制，如图 1-13 所示。

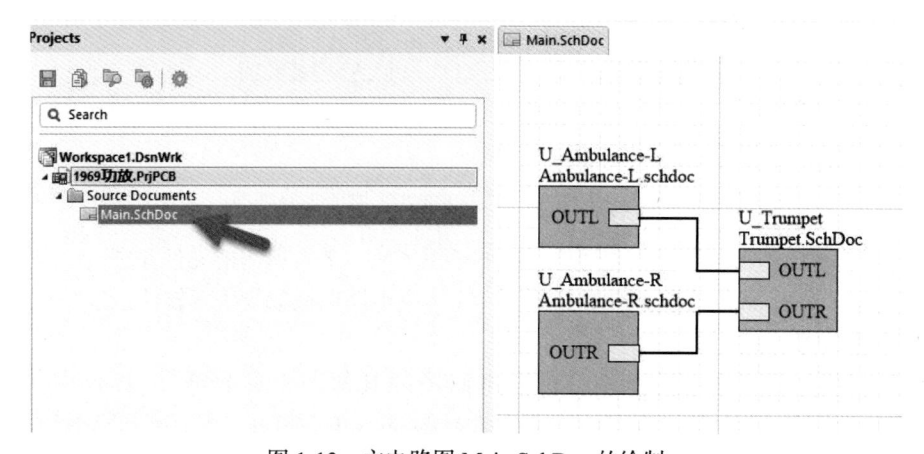

图 1-13 主电路图 Main.SchDoc 的绘制

注意：GND 端口和电源端口具有全局连接的属性，所以不需要额外放置相应的图纸入口或端口。

（6）绘制子原理图（模块原理图）。根据主原理图的页面符将与之相对应的子原理图绘制出来。

① 执行菜单栏中"设计"→"从页面符创建图纸"命令，或按快捷键 D+R，如图 1-14 所示。或在页面符上右击，从弹出的快捷菜单中执行"页面符操作"→"从页面符创建图纸"命令，如图 1-15 所示。

图 1-14　创建子原理图指令 1 　　　　图 1-15　创建子原理图指令 2

② 若是采用指令 1，则光标变为十字，将光标放到页面符单击即可弹出对应的子原理图文件。若是采用指令 2，则直接弹出，弹出的子原理图如图 1-16 所示。此时可以看到，在弹出的原理图中已经自动生成相应的端口。

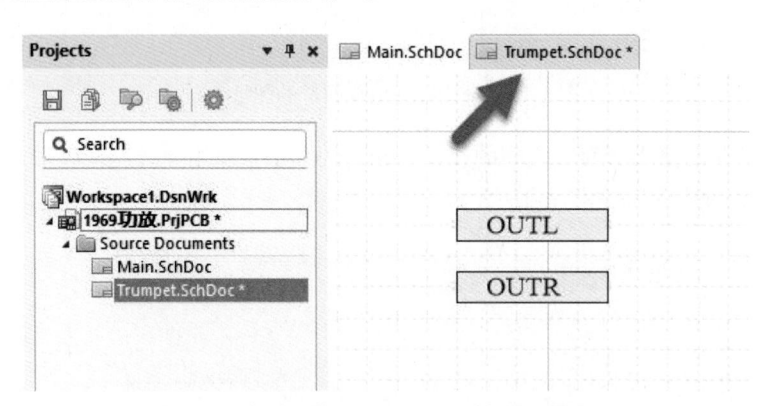

图 1-16　由页面符 U_Trumpet 生成的子原理图

③ 保存弹出的原理图，按普通原理图的绘图方法，放置所需的元件并进行电气连接，完成 Trumpet.SchDoc 的绘制，如图 1-17 所示（本书电路图截取自仿真软件，为方便读者学习，不做修改）。

④ 绘制完成其他子原理图，由主电路图的其他两个页面符 U_Ambulance-L 和 U_Ambulance-R 创建 Ambulance-L.SchDoc 和 Ambulance-R.SchDoc，完成子电路的绘制。绘制完后，对整个工程进行位号标注并保存好。最终工程中包含的文件如图 1-18 所示。

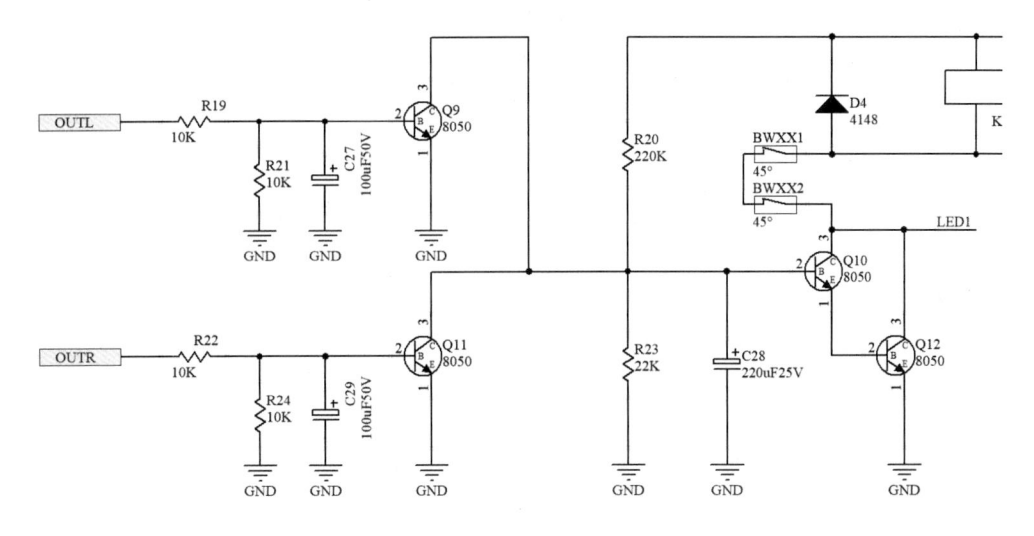

图 1-17　绘制完成的 Trumpet.SchDoc

（7）在工作区中选择"1969功放.PrjPCB"，右击，选择验证整个工程，如图 1-19 所示。通过 Messages 面板查看是否存在错误，是则修改好。

图 1-18　最终工程中包含的文件　　　　图 1-19　验证项目

（8）验证之后，可以发现整个工程呈现出层次的关系，如图 1-20 所示。至此，自上而下的层次化原理图绘制完成。

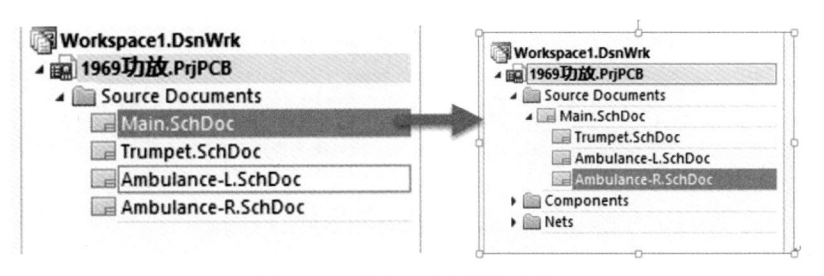

图 1-20　验证之后的结构变化

2）自下而上的层次化原理图

自下而上的层次化原理图设计理念是用户先绘制原理图子图，再根据原理图子图生成页面符，进而生成主原理图，达到整个设计要求。这种方法比较适合对整体设计不太熟悉的用户，对初学者也是一个很好的选择。

仍以"1969 功放"电路设计为例，演示自下而上的层次化原理图的具体步骤。同样，本电路划分为 3 个电路模块：扬声器保护 Trumpet 模块和 2 路功放模块 Ambulance-L、Ambulance-R。

（1）新建一个工程，将每一个子电路画好，需要进行跨页连接的网络用端口连上（这里直接复制上一个工程已画好的原理图），如图 1-21 所示。

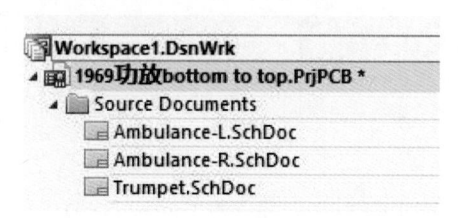

图 1-21　绘制好的各个子原理图

（2）给工程添加一个主原理图 main.SchDoc，并在该页原理图任意空白处右击，从弹出的快捷菜单中执行"图纸操作"→Create Sheet Symbol From Sheet 命令，如图 1-22 所示。随之弹出 Choose Document to Place（选择文件放置）对话框，如图 1-23 所示。

图 1-22　从图纸生成页面符

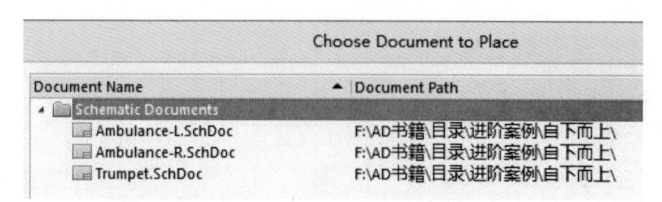

图 1-23　Choose Document to Place 对话框

（3）依次单击生成子原理图相应的页面符，最终如图 1-24 所示。

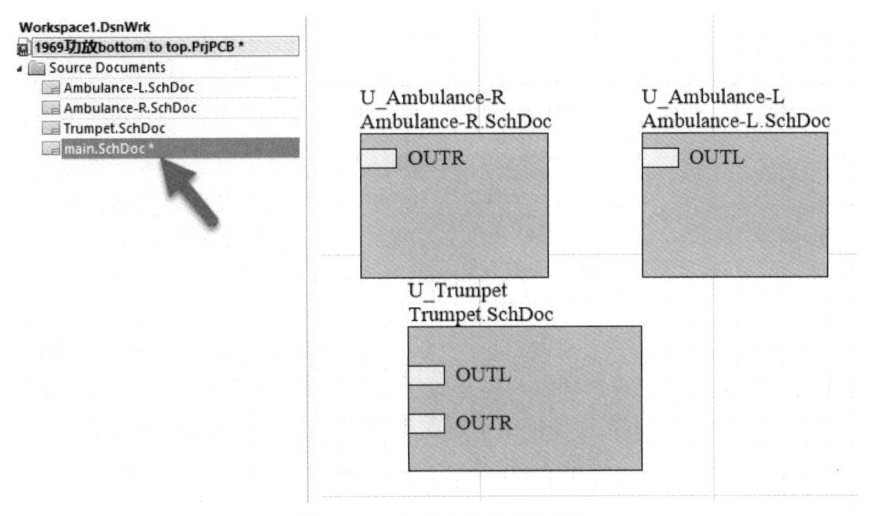

图 1-24 生成各模块页面符

（4）用导线连接各个页面符，页面符和内部图纸入口均可以移动，以便于连接。连接好的页面符如图 1-25 所示。

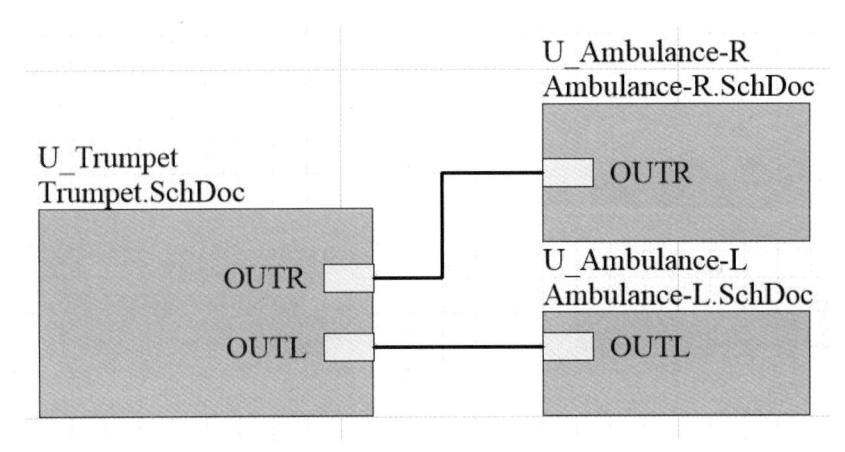

图 1-25 连接好的页面符

（5）选中工程文件右击，验证整个原理图，如图 1-26 所示。形成层次关系，如图 1-27 所示。至此，自下而上的原理图绘制完成。

图 1-26 验证项目

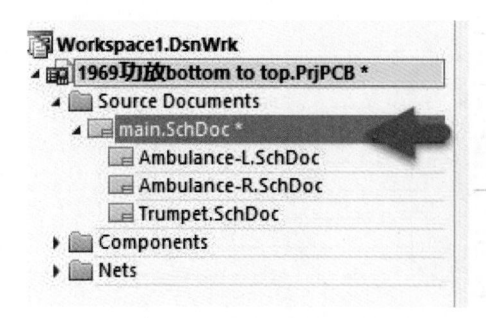

图 1-27 验证之后的层次结构

注意：层次化原理图中，各原理图之间的切换可以在 Projects 面板中操作，也可以使用（"工具"→"上下层"）功能，此时光标变成十字形状，单击端口或者页面符，就可以进行向上层或下层的切换。

3. 生成层次设计表

设计的层次原理图在层次较少的情况下，结构相对简单，用户能很快理解。但是对于层次较多的电路图，其层次关系复杂，用户不容易看懂。Altium Designer 软件提供了层次设计表，作为辅助用户查看复杂层次关系的工具。借助层次设计表，用户可以清晰地把握层次结构，进一步明确设计内容。

建立层次设计表的步骤如下：

（1）执行菜单栏中"报告"→Report Project Hierarchy 命令，即可生成相关的层次设计表，如图 1-28 所示。

（2）层次设计表会添加到工程下的 Generated→Text Documents 文件夹中的一个后缀为.REP 的文件中。其位置如图 1-29 所示，内容如图 1-30 所示。

图 1-28 生成层次设计表命令　　　图 1-29 层次设计表的位置

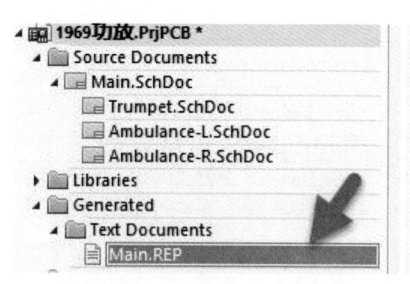

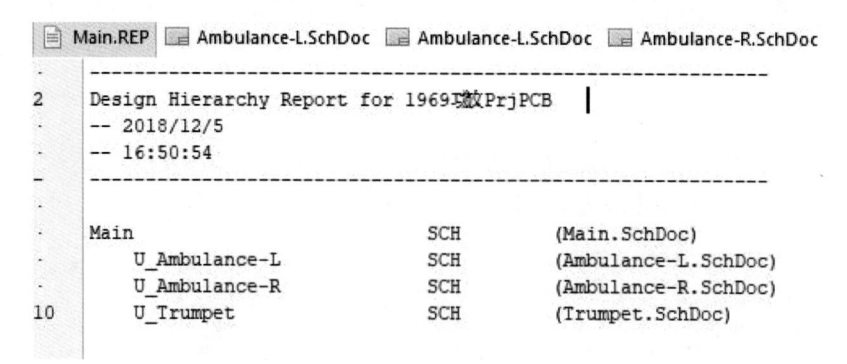

图 1-30 层次设计表的内容

1.1.2 原理图多通道的应用

在大型的设计过程中，用户可能会需要重复使用某个图纸，若使用常规的复制粘贴，虽然可以达到设计要求，但原理图的数量将会变得庞大而烦琐。Altium Designer 支持多通道设计。

多通道设计是指在层次原理图中有一个或者多个的通道（原理图）会被重复调用，用户可根据需要多次使用层次原理图中的任意一个子图，从而避免重复绘制多次相同的原理图。

本节以"STM32F407 开发板"为例，将其中的蜂鸣器模块重复调用，以演示多通道层次原理图的设计过程。

（1）新建一个名称为 Buzzer 的工程，将蜂鸣器模块绘制于 Buzzer.SchDoc 文件中，如图 1-31 所示。需要进行页面外连接的信号用端口表示，如 BEED。此处需要注意，电源和地的网络连接建议使用软件提供的电源端口类型，即 ⏚ 和 ᵛᶜᶜ，具有全局连接属性。后面生成的页面符就不需要放置这些电源端口，可以减少一部分操作。

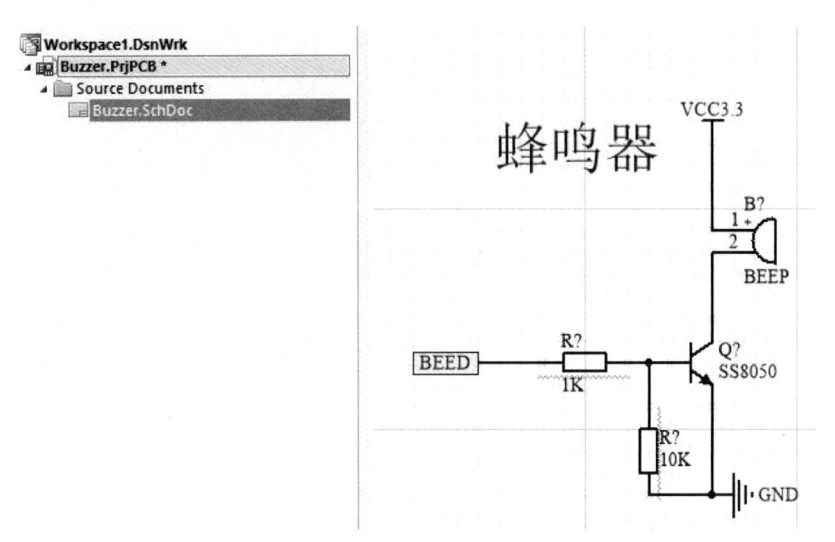

图 1-31　蜂鸣器模块

（2）新建一个 Main.SchDoc 文件，在此文件下执行菜单栏中"设计"→Create Sheet Symbol From Sheet 命令，如图 1-32 所示。或者在原理图空白处右击，从弹出的快捷菜单中执行"图纸操作"→Create Sheet Symbol From Sheet 命令，如图 1-33 所示。

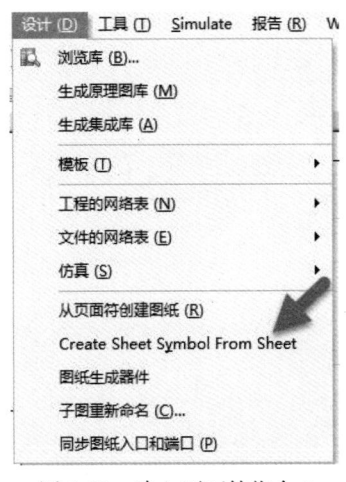

图 1-32　建立页面符指令 1　　　　　图 1-33　建立页面符指令 2

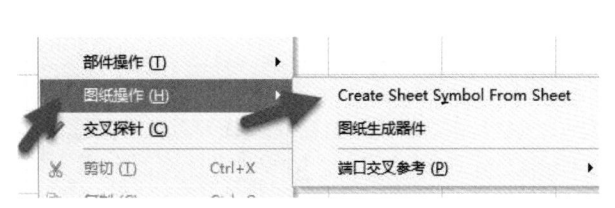

（3）在弹出的 Choose Document to Place 对话框中选择需要调用的原理图，如图 1-34 所示。选中之后单击 OK 按钮，可得到如图 1-35 所示的页面符。

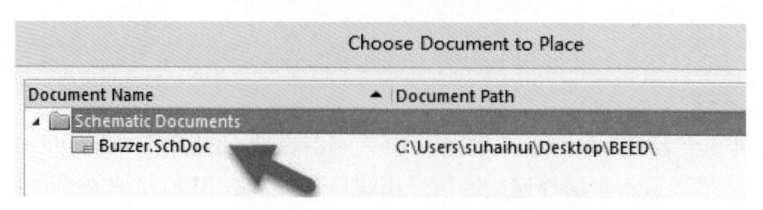

图 1-34　Choose Document to Place 对话框

图 1-35　Buzzer 页面符

（4）在 Main.SchDoc 里建立多通道设置，进行其他器件的连接。以建立 4 个通道为例，多通道设置有以下两种方式。

① 在层次原理图建立一个通道就调用一次子原理图，如图 1-36 所示。

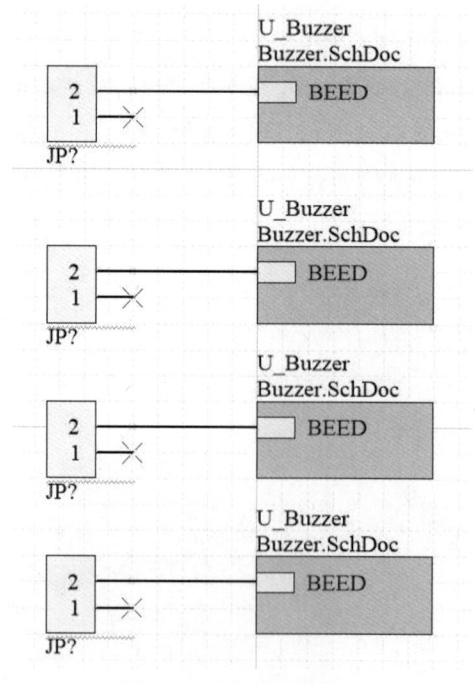

图 1-36　调用子原理图

② 使用 Repeat 语句创建多通道原理图。

使用 Repeat 关键字时，Designator 字段的语法如下：

```
Repeat(<ChannelIdentifier>, <ChannelIndex_1>, <LastChannelIndex_n>)
```

其中，ChannelIdentifier 表示子原理图的文件名称，ChannelIndex_1 表示通道开始值，值得注意的是，此处必须从 1 开始。LastChannelIndex_n 表示通道的终止值，代表有几个通道。

若有重复使用的信号，则其图纸入口的 Name 改为 Repeat（信号名）。

- 双击 Buzzer 页面符的 Designator 和重复信号的图纸入口，改为 Repeat 语句，如图 1-37 所示。

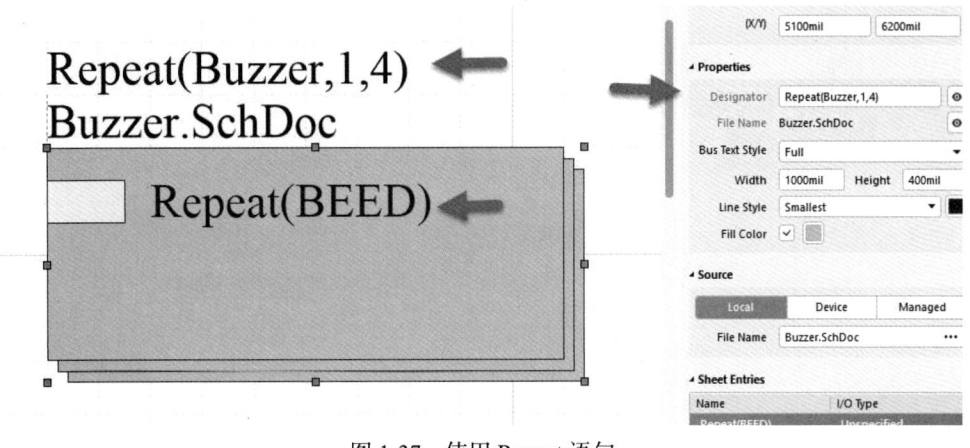

图 1-37　使用 Repeat 语句

- 上述修改好后，将其他的元件利用导线进行连接。使用 Repeat 语句创建的原理图如图 1-38 所示。

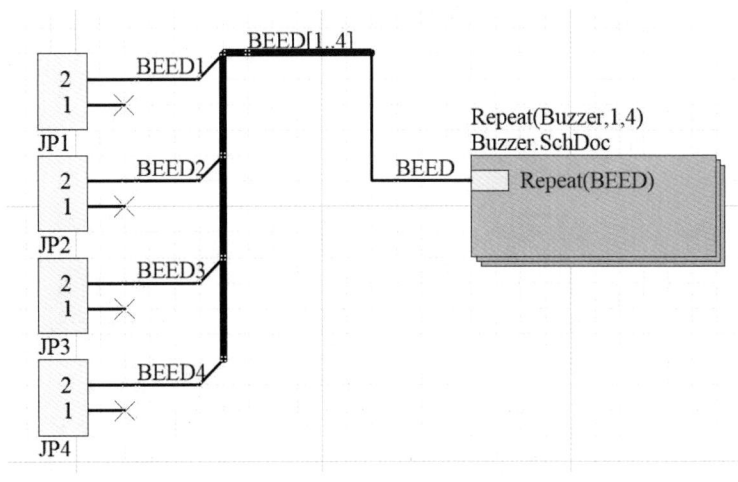

图 1-38　使用 Repeat 语句创建的原理图

（5）对器件标识符（位号）进行标注。执行菜单栏中"工具"→"标注"→"原理图标注"命令，如图 1-39 所示。在"标注"对话框中单击"更新更改列表"→"接受更改（创建 ECO）"按钮，如图 1-40 所示。

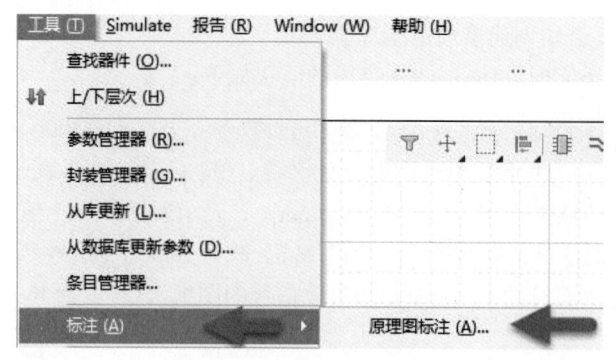

图 1-39 器件位号标注

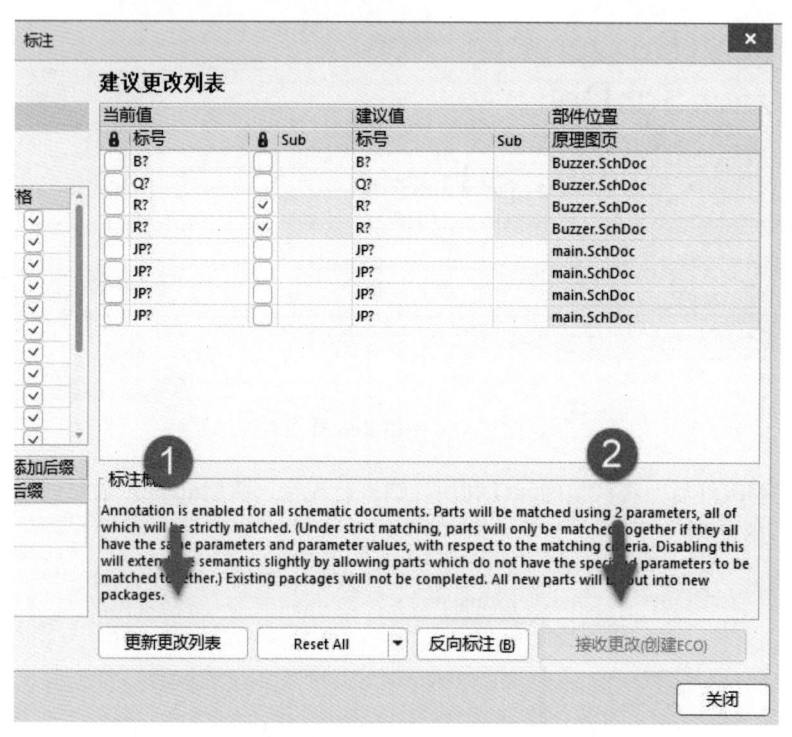

图 1-40 创建 ECO

（6）设置各通道 Room 空间和标识符格式，便于从原理图的单个逻辑器件导入 PCB 的多个物理元件，即让 PCB 元件有唯一独立的标识符。执行菜单栏中"项目"→Project Options→Multi-Channel→"Room 命名类型"或者"位号格式"命令。用户可在这两个下拉框中选择合适的命名方式。修改好后，单击"确定"按钮，如图 1-41 所示。

注意：位号的命名格式，用户可自行使用可用关键词进行组合命名（$Component、$ChannelAlpha、$RoomName、$ChannelIndex 等软件组合里所包含的词）。

（7）进行项目验证，以确保建立的层次原理图形成层次关系，所修改的 Room 名称和位号格式改变有效。执行"项目"→Validate PCB Project…命令验证项目后，在子原理图下方（本例的 Buzzer.SchDoc），将会出现几个标签，一个标签对应一个通道，如图 1-42 所示。

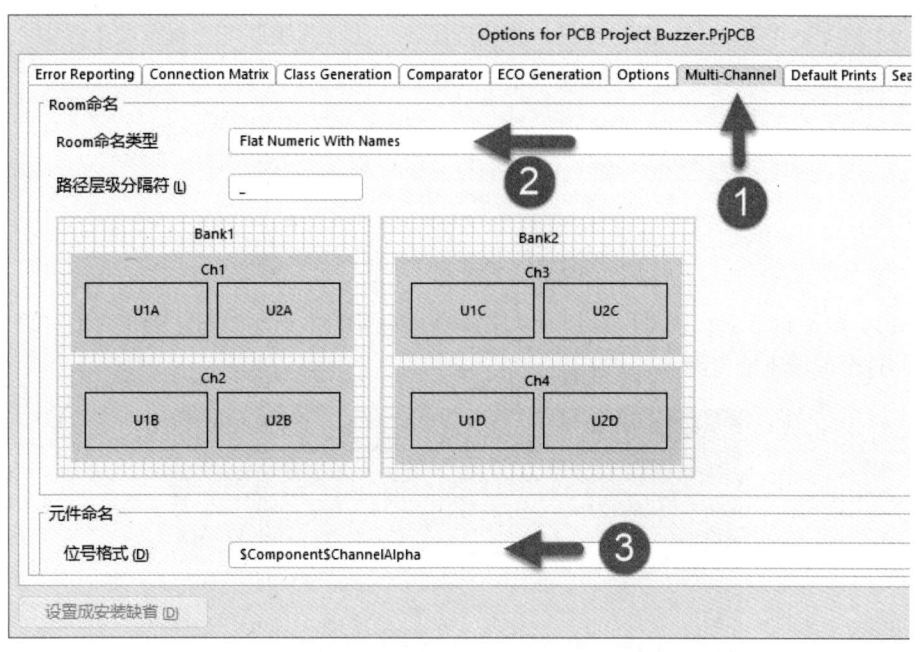

图 1-41 修改 Room 和位号格式

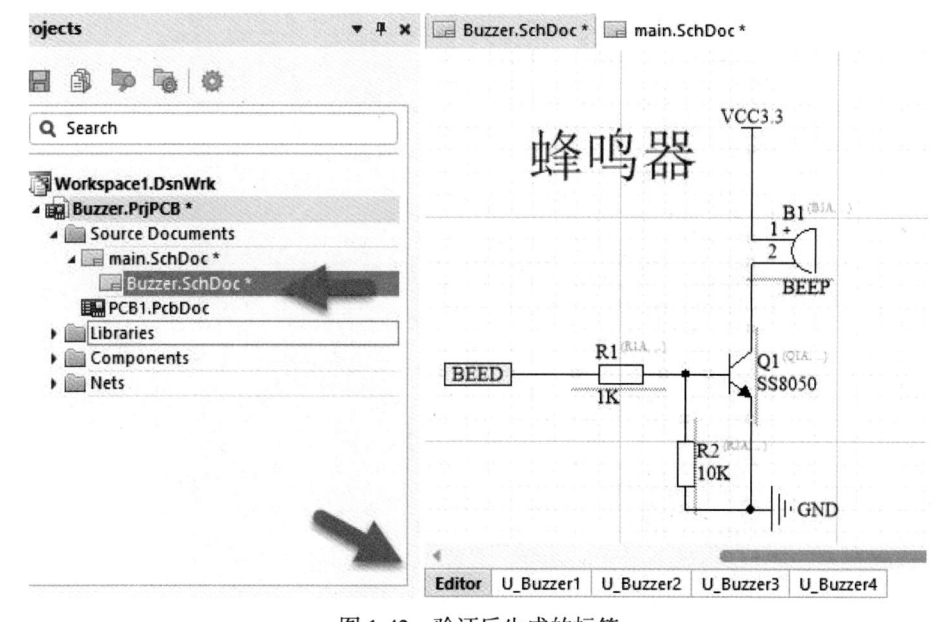

图 1-42 验证后生成的标签

（8）验证之后，Messages 面板会出现"多个网络名称"错误，这是由多通道的特性造成的。解决这个错误提示的方法有两种：

① 执行菜单栏中"项目"→Project Options 命令，在打开的对话框中选择 Error Reporting 标签，将 Nets with multiple names 设置为"不报告"。这不是首选的解决方法，因为它会忽略整个设计中对此类错误的所有检查。

② 在受影响的网络上放置一个 No ERC 标记 ✕ 。

（9）建立一个 PCB1.PcbDoc 文件，为原理图器件添加封装匹配，执行菜单栏中"设计"→Update PCB Document PCB1.PcbDoc 命令，如图 1-43 所示。

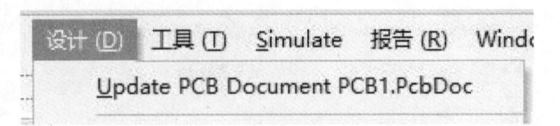

图 1-43　原理图更新到 PCB

（10）导入 PCB 后，就可以看到有 4 路通道，如图 1-44 所示，每个通道都有一个 Room 区域，这个区域不能删除。

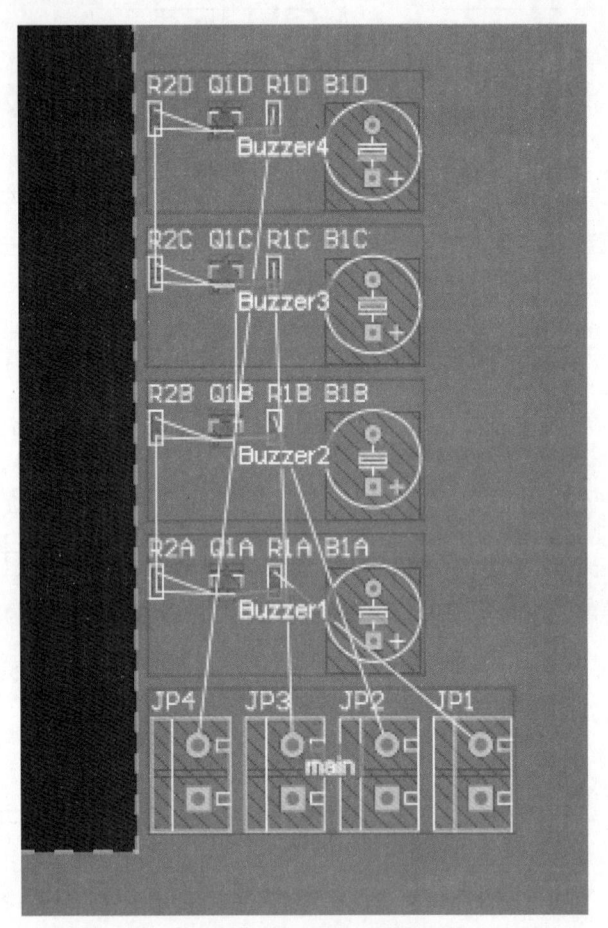

图 1-44　导入的 4 路通道

在后面的布局中，先布好一路通道，然后选中，执行菜单栏中"设计"→Room→"拷贝 Room 格式"命令，这时光标变为十字形状，先单击已经完成布局的通道模块，再依次单击其他未布局好的通道，在弹出的"确认通道格式复制"对话框，进行如图 1-45 所示的设置（其他参数可根据需要自行设置）。参数设置完毕之后，单击"确定"按钮即可快速地完成其他的通道布局。

至此，多通道设计完成。

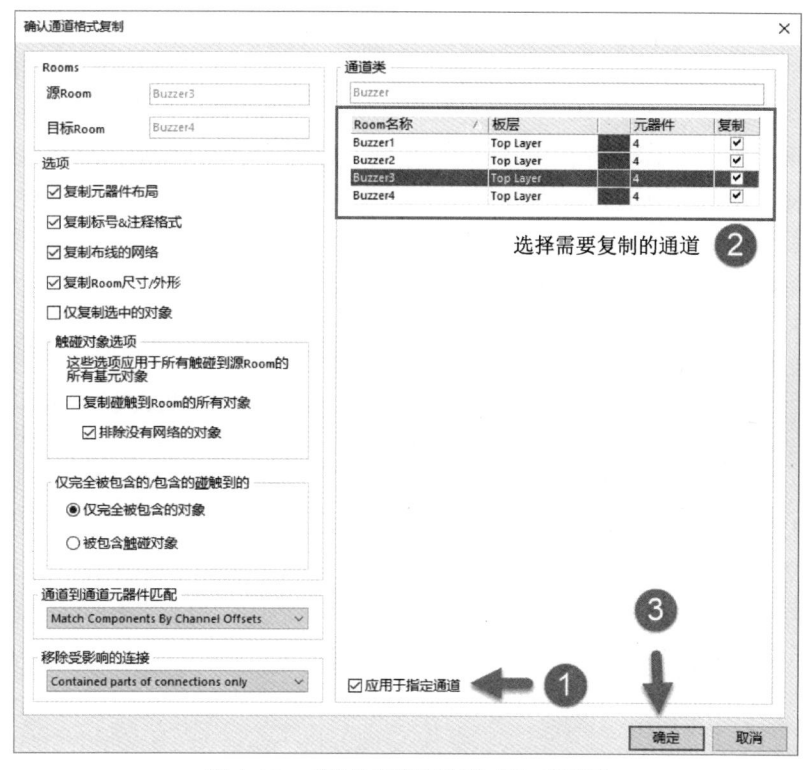

图 1-45　"确认通道复制格式"对话框

1.1.3　线束的设计及应用

Altium Designer 24 可以使用 Signal Harnesses（信号线束）方法建立元件之间的连接，也可用于不同原理图间的信号对接。信号线束是一种抽象连接，操作方式类似于总线，但信号线束可对包括总线、导线和其他信号线束在内的不同信号进行逻辑分组，大大简化了电路图的整体结构，降低电路图的复杂性。

信号线束系统包含有 4 个关键元素：线束连接器、信号线束、线束入口、线束定义文件（系统自动生成），如图 1-46 所示。

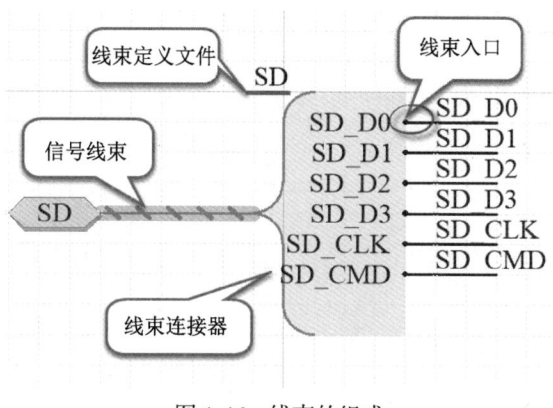

图 1-46　线束的组成

- 线束连接器：对不同信号线进行分组。其关键属性是"线束类型"，线束类型标识线束，类似于元件标识符（位号），用于将构成信号线束的元素捆绑起来，包括连接的端口或图纸入口。
- 信号线束：表示合并不同信号的抽象连接，可连接到不同原理图及端口。
- 线束入口：对组成信号线束成员的定义。
- 线束定义文件：对信号线束的正式定义，包含线束类型和线束入口，定义内容存储在工程中的 Setting→Harness Definitions Files 文件中。

以线束类型为 SD 的信号线束建立网络连通性为例。

（1）放置线束连接器。在原理图编辑界面中，执行菜单栏中"放置"→"线束"→"线束连接器"命令，或按快捷键 P+H+C，或者单击工具栏中的"放置线束连接器"图标，即可放置线束连接器，如图 1-47 所示。在放置线束连接器的状态下，按空格键可将其旋转方向，使之方便连接。放置完成后，单击线束连接器，可对其大小进行拉伸，以便放置后期的线束入口。

（2）设置线束类型。双击线束连接器，在 Properties 面板中的 Harness Type 设置线束类型（线束类型可以隐藏或者移动，以节省空间），本例设置为 SD，如图 1-48 所示。

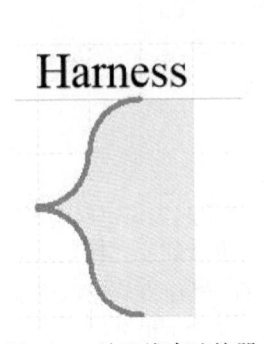

图 1-47　放置线束连接器　　　　图 1-48　设置线束类型

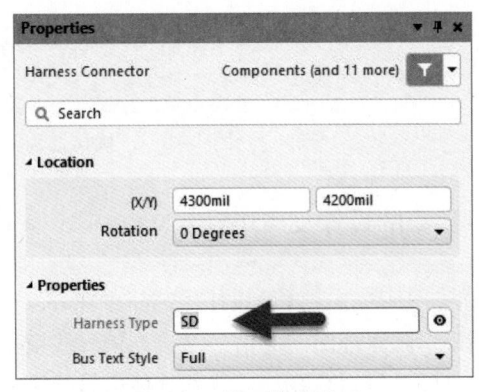

（3）放置线束入口。执行菜单栏中"放置"→"线束"→"线束入口"命令，或按快捷键 P+H+E，或者单击工具栏中的"放置线束入口"图标。然后对线束入口命名，并用连接线连接到相应的网络标签上，如图 1-49 所示。

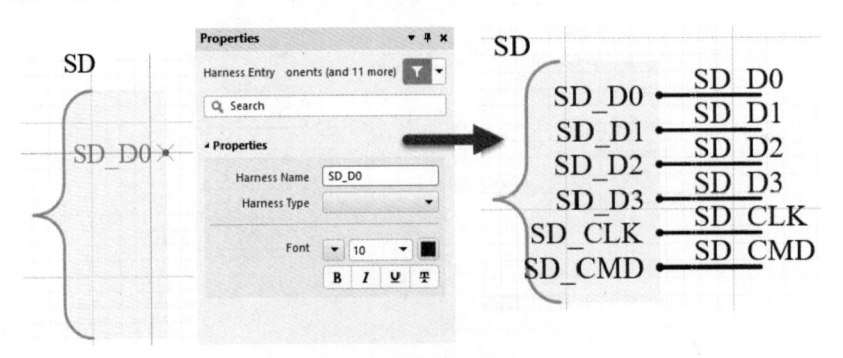

图 1-49　放置并修改线束入口

（4）放置信号线束。执行菜单栏中"放置"→"线束"→"信号线束"命令，或按快捷键 P+H+H，在线束连接器处放置信号线束，再将信号线束连接到一个端口或者图纸入口。连接好的信号线束如图 1-50 所示。

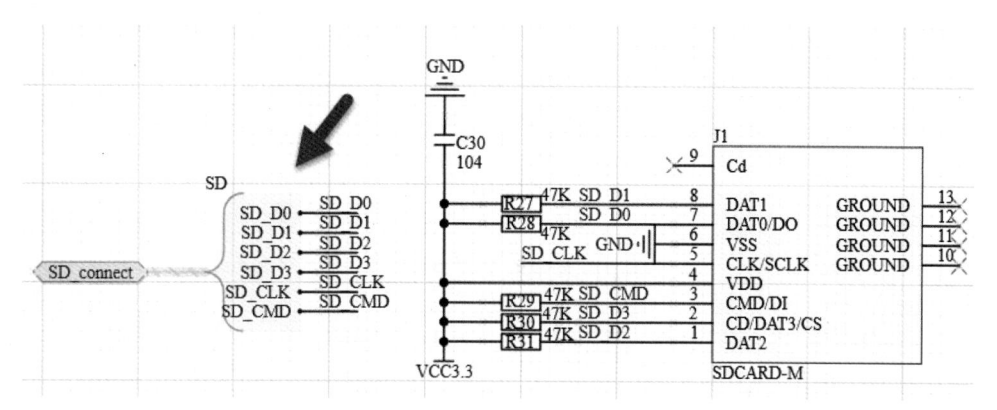

图 1-50　连接好的信号线束

注意：将端口和信号线束连接到线束连接器后，端口的线束类型（Harness Type）会跟随信号连接器的线束类型自动设置为 USB_PHY，并且处于禁止设置的状态。同时，端口颜色会和信号线束的颜色匹配一致。若是不希望更改颜色，可按快捷键 O+P，打开"优选项"对话框，在 Schematic-Graphical Editing 页面中取消选中"页面符入口和端口使用线束颜色"复选框，如图 1-51 所示。

图 1-51　设置页面符和端口默认颜色

（5）在另一页原理图上使用信号线束实现不同页原理图间的信号连接。依照上述方法进行线束连接，如图 1-52 所示。

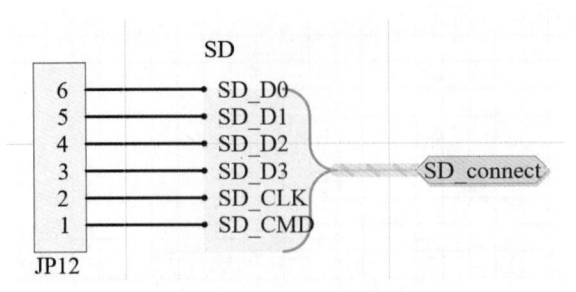

图 1-52　信号线束连接

（6）将原理图导入 PCB 中，即可看到 J1 和 JP12 之间的连接，如图 1-53 所示。

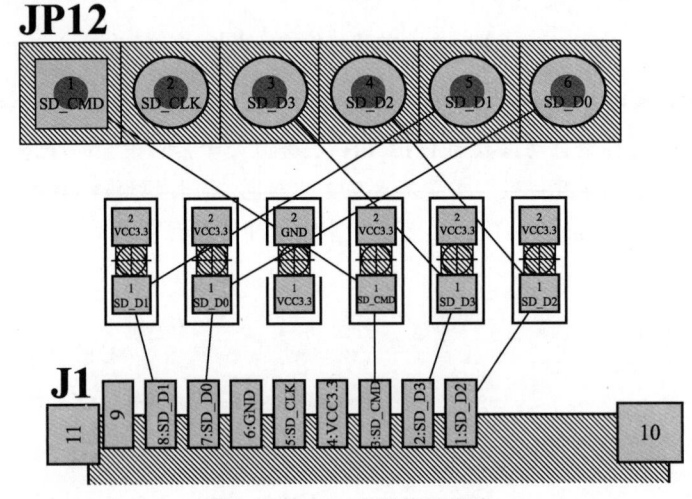

图 1-53　PCB 中的信号连接

（7）24 版本添加了新的违规检查，用于检测与信号线束相关的违规，如图 1-54 所示。

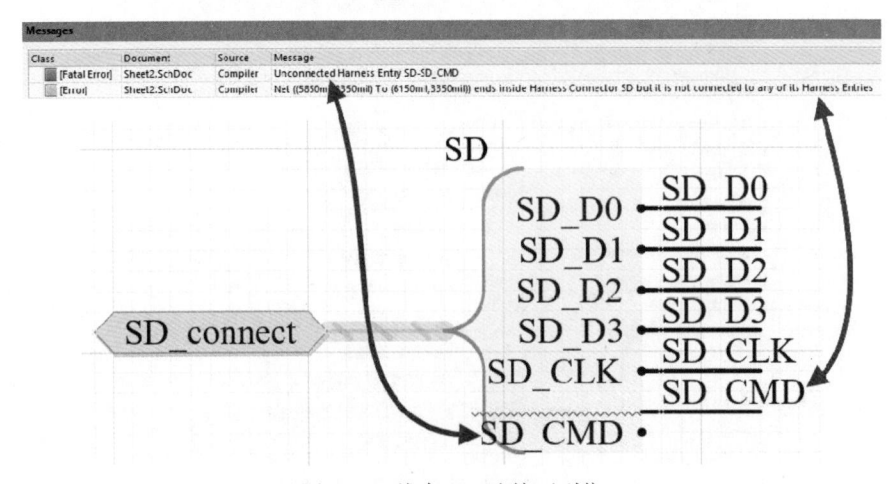

图 1-54　线束入口连接不到位

- Invalid Connection to a Harness Connector：检测导线、总线或信号线束在内部终止或与线束连接器的连接情况。
- Unconnected Harness Entry：检测未连接的线束入口。执行菜单栏中"项目"→Project Options 命令，在打开的对话框中 Error Reporting 选项卡的 Violation Associated with Harnesses 组中设置上述两项违规类型为错误，如图 1-55 所示。

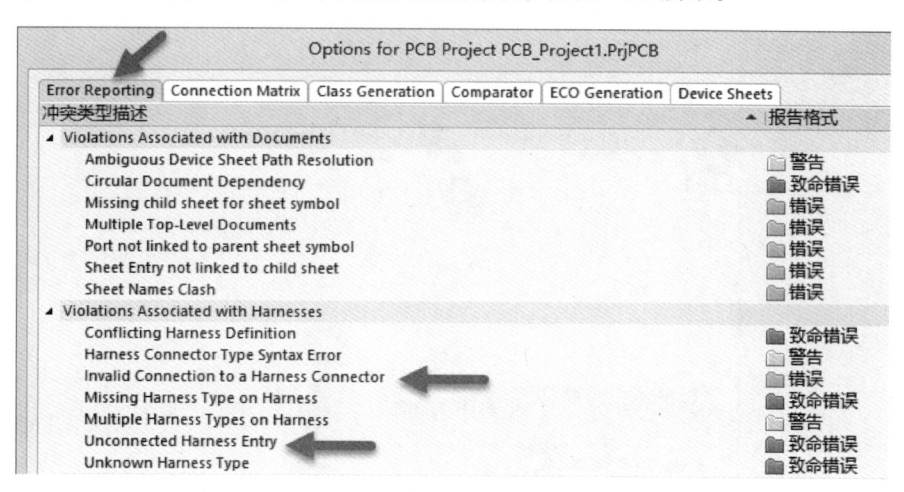

图 1-55　设置报告格式

1.1.4　网络表比对导入 PCB

用户设计 PCB 的过程中，假设没有相应的原理图，只有第三方软件 OrCAD 或 PADS 等所绘制的原理图，使用 Update Schematics in…的常规导入方式显然不合适。Altium Designer 支持使用第三方网络表比对导入。

网络表比对导入 PCB 的方法如下。

（1）新建一个工程文件，将需要进行比对的网络表和 PCB 文件添加到工程之中，如图 1-56 所示。

（2）在工作区面板右击，执行"显示差异"命令，如图 1-57 所示。

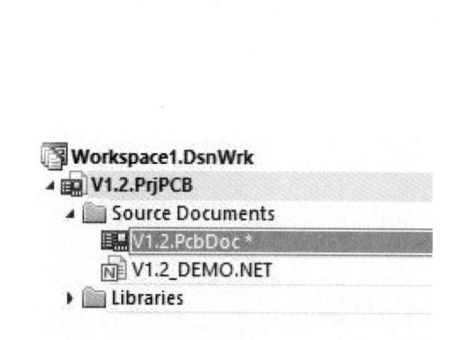

图 1-56　添加网络表和 PCB 文件到工程　　　图 1-57　对比指令

（3）在弹出的"选择比较文档"对话框中，选中对话框左下角的"高级模式"复选框，在对话框左右两个区域中，分别选中要进行比对的 PCB 和网络表，单击"确定"按钮，如图 1-58 所示。

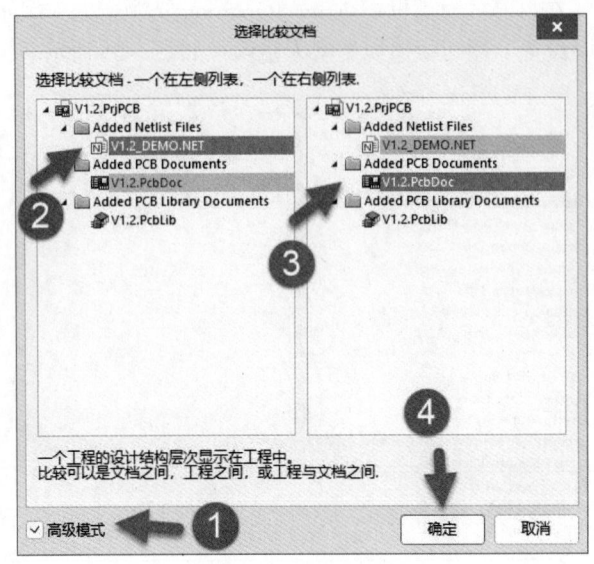

图 1-58　网络对比

（4）在弹出的 Component Links 对话框中，单击选择 Automatically Create Component Links 选项，如图 1-59 所示。在随后出现的 Information 对话框单击 OK 按钮，如图 1-60 所示。

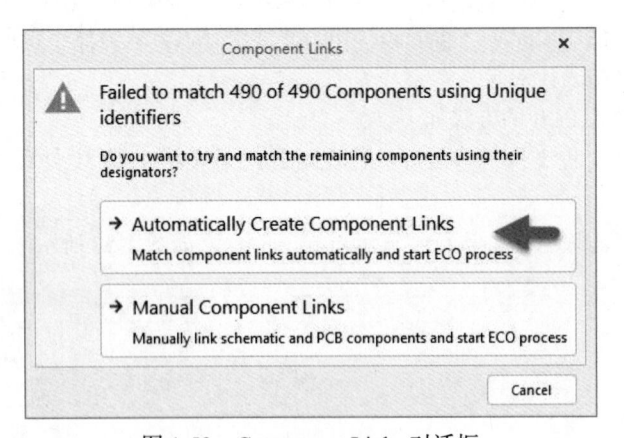

图 1-59　Component Links 对话框

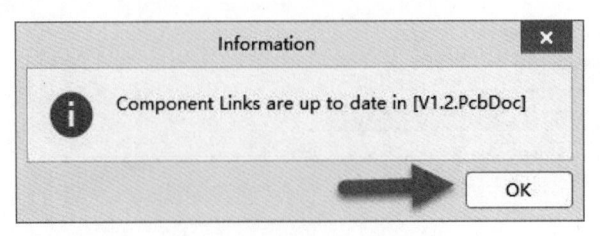

图 1-60　Information 对话框

（5）得到网络比对的结果，在"比对结果"对话框的任意区域右击，在弹出的快捷菜单中执行 Update All in>>PCB Document[V1.2.PcbDoc]命令，之后单击左下角的"创建工程变更列表..."按钮，如图 1-61 所示。

图 1-61　选择变更命令

（6）即可进入"工程变更指令"对话框，可以发现，这个对话框和直接使用 Update Schematics in...命令打开的"工程变更指令"对话框一致，如图 1-62 所示。单击"执行变更"按钮，就可以将网络表导入 PCB 中。

图 1-62　"工程变更指令"对话框

1.1.5　Reuse Blocks 的应用

Reuse Blocks（复用块）允许用户将创建的电路模块存储在一个可访问的库中，这些电路模块可以添加到任何 PCB 设计中，避免用户每次都重新设计相同的电路模块。Reuse Blocks 将原理图模块和 PCB 模块关联到一起，对于设计中想要重复使用的那些电路部分，这是一个很棒的功能。

Reuse Blocks 通过复用原先创建的电路模块，可以节省设计和验证时间，提高设计开发效率和可靠性。需要注意的是，要使用 Reuse Blocks，用户需要先登录 DigiPCBA 或 Altium 365。

使用复用块的步骤如下。

1. 创建复用块

（1）登录 Altium 365 账号，连接到 Altium 365 工作区，然后在软件中执行菜单栏中"文件"→"新的"→"复用块"命令，如图 1-63 所示。

图 1-63　创建复用块

（2）复制电路模块到复用块的原理图文件中，如图 1-64 所示。

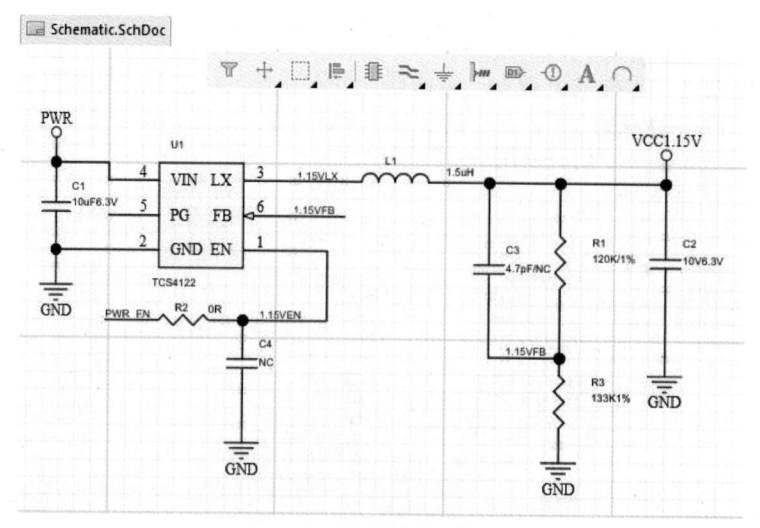

图 1-64　复制电路模块到原理图

（3）保存文件，然后执行菜单栏中"设计"→Update PCB Document PCB.PcbDoc 命令导入 PCB，完成 PCB 的布局布线设计并保存，如图 1-65 所示。

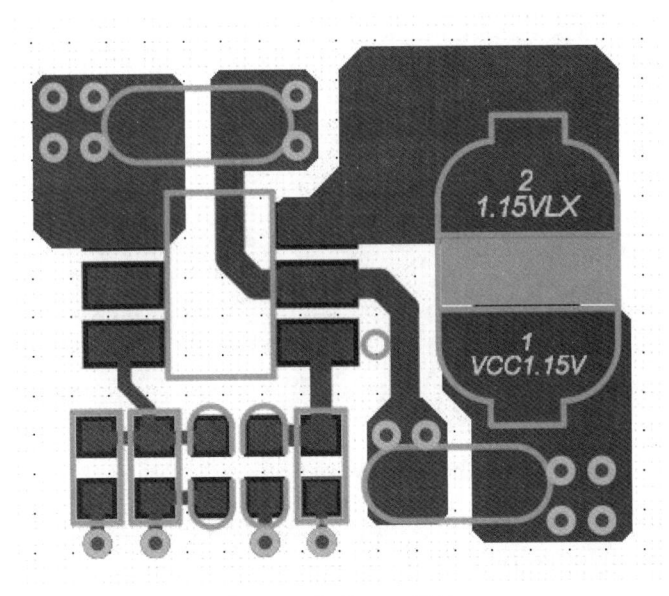

图 1-65　完成 PCB 设计

（4）在 Projects 面板中，单击 New Reuse Block 右侧的 Save to Server 命令，在弹出的 New Reuse Block 对话框中，根据需要设置，然后单击"确定"按钮，如图 1-66 所示。上传过程需要注意以下两点。

① 复用块的原理图模块和 PCB 模型都至少包含一个组件才能保存到工作区。

② 如果复用块的原理图和 PCB 文档不同步（检测到原理图和 PCB 文档之间的差异），那么在尝试将复用块保存到工作区时将显示警告对话框。用户可以继续保存，返回复用块解决差异。

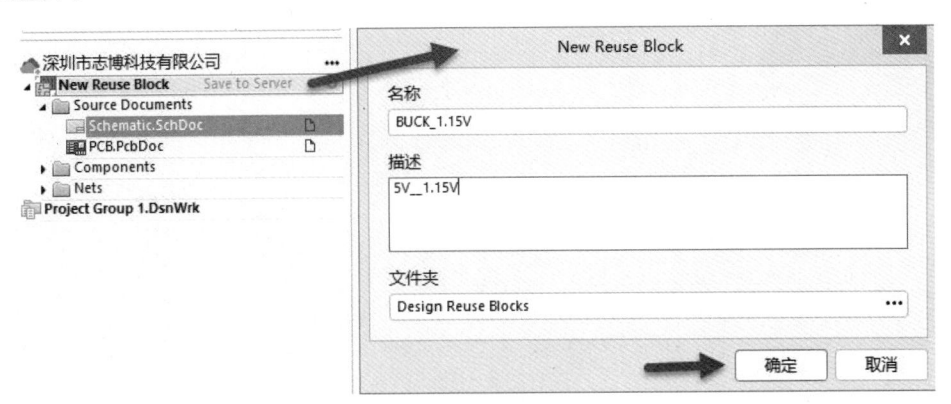

图 1-66　上传至服务器

2. 使用复用块

（1）打开设计中的原理图文件，单击软件右下角的 Panels 按钮，选择打开 Design Reuse

面板，可在该面板上看到刚刚创建的模块，如图 1-67 所示。

图 1-67　Design Reuse 面板

（2）单击图中 Place 按钮即可在原理图中放置复用块，Place 是以普通的原理图片段放置，Place as Sheet Symbol 则是以此模块自动创建的图表符号放置，如图 1-68 所示。

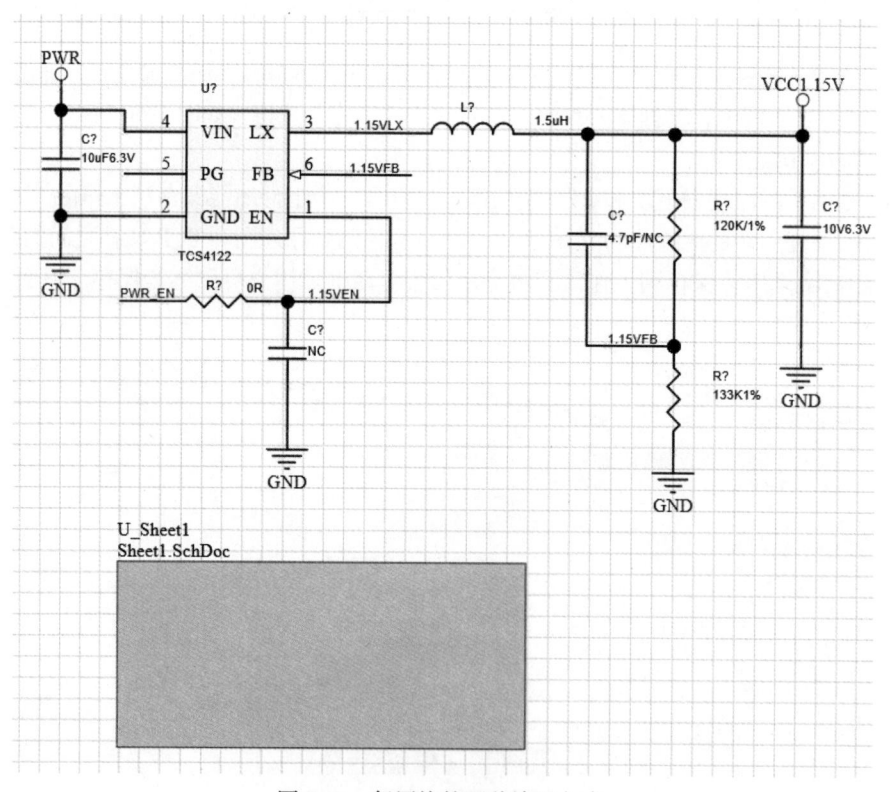

图 1-68　复用块的两种放置方式

（3）给器件添加位号，保存工程后，在原理图编辑界面执行菜单栏中"设计"→ Update 命令更新到 PCB，复用块的 PCB 将以 Union 的方式导入 PCB。

3. 编辑复用块

（1）重命名复用块。在 Design Reuse 面板中，单击对应的复用块按钮 ，执行快捷菜单中的 Rename 命令，在弹出的 Rename Reuse Block 对话框中修改名称，然后单击 OK 按钮即可，如图 1-69 所示。

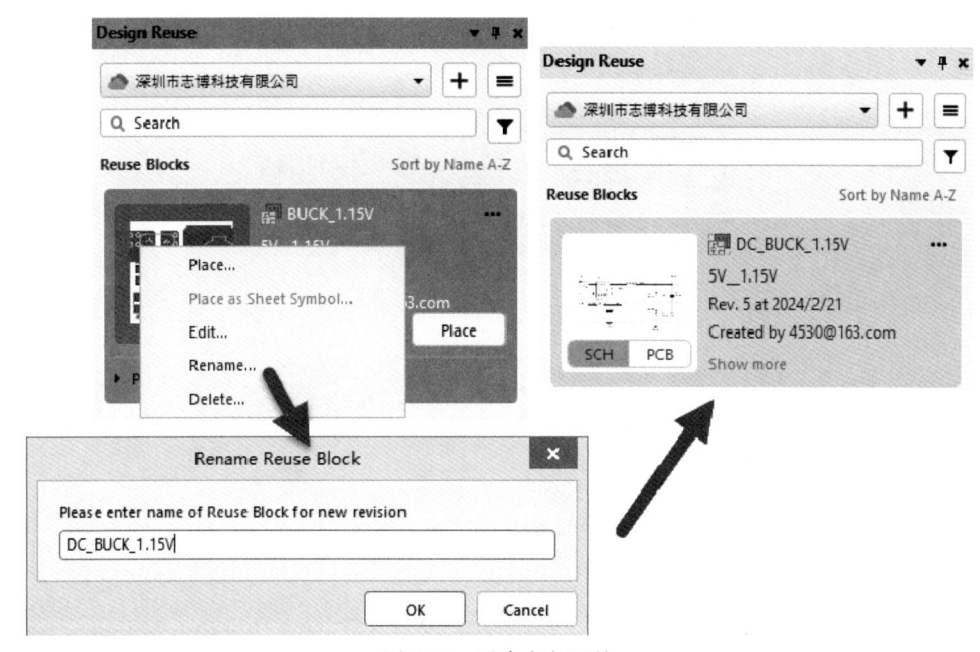

图 1-69　重命名复用块

（2）修改复用块。执行快捷菜单中的 Edit 命令，即可打开复用块的编辑界面，用户修改完成之后，执行 Save to Server 命令即可。

1.1.6　设计片段的使用

Altium Designer 的 Snippets（片段）功能可以很方便地重复使用一些现有的单元模块，其中包括原理图的电路模块、PCB（包括布局布线）和代码模块。例如在工程中需要设计电源模块，而别的工程中又恰好有比较完善的电源模块，这时就可以通过片段功能重复地使用此模块，减少工作量。

由于片段是独立的文件，首先需要在计算机硬盘中创建一个文件夹专门存放片段文件。Altium 创建了一个默认的 Snippets Examples 文件夹，用户创建的 Local Snippets 将存储在此文件夹中。

单击软件右下角的 Panels 按钮，选择打开 Design Reuse 面板，然后单击面板上的 按钮，选择 Snippets Folders 命令，即可打开"可用的 Snippet 文件夹"对话框，如图 1-70 所示。用户可在此对话框中单击"打开文件夹"按钮，添加自定义的 Snippet 存储文件夹，或保持默认。

图 1-70　Snippet 存储文件夹

使用片段的步骤如下。

（1）创建片段。打开需要创建片段的原理图文件，选中将要用到的电路模块，右击，在弹出的快捷菜单中执行"片段"→"从选定的对象创建片段"命令，如图 1-71 所示。

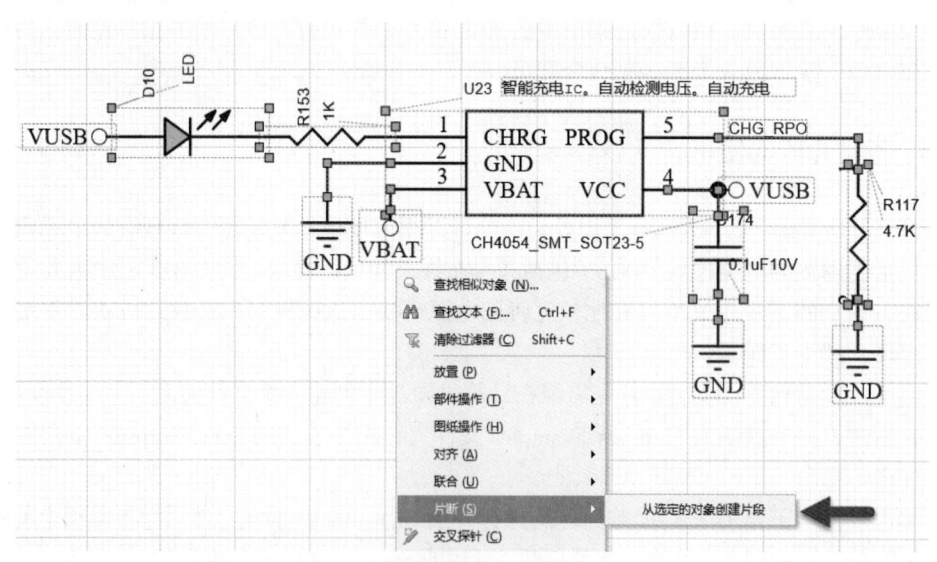

图 1-71　创建片段

（2）在弹出的 New Schematic Snippet 对话框中，输入片段名称和注释，新建并选择存放片段的文件夹，最后单击 Create 按钮创建片段，如图 1-72 所示。

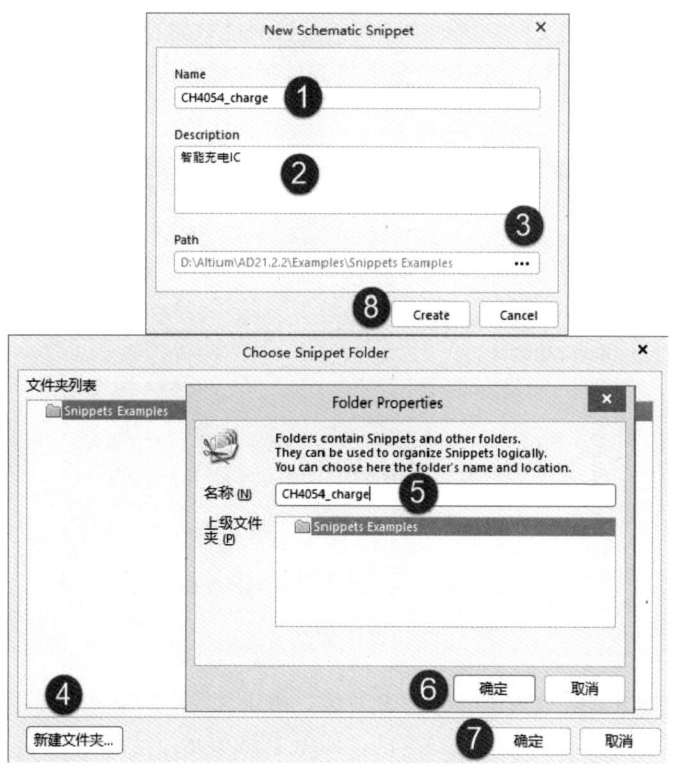

图 1-72　设置片段参数

（3）相应的 PCB 片段创建方法一致，因为是同一模块的片段，所以存放路径可以放在同一文件夹中，PCB 的片段名称不能与原理图的片段名称相同，创建完成的片段如图 1-73 所示。

图 1-73　创建完成的片段

（4）打开相同类型的文件，例如原理图的片段只能放置在原理图中，单击原理图界面右下角的 Panels→Design Reuse 面板，然后单击对应片段旁边的 Place 按钮，放置片段到原理图中，如图 1-74 所示。

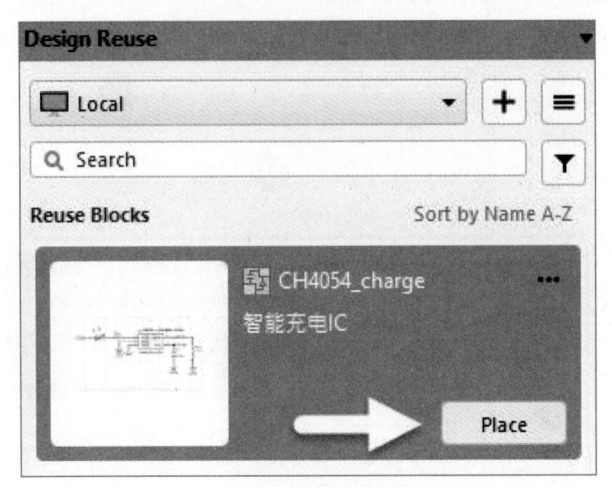

图 1-74　放置片段

（5）依照上述方式再放置对应的 PCB 片段，由于片段中的器件位号不会变化，所以原理图和 PCB 的片段中，器件位号是对应的，如图 1-75 所示。

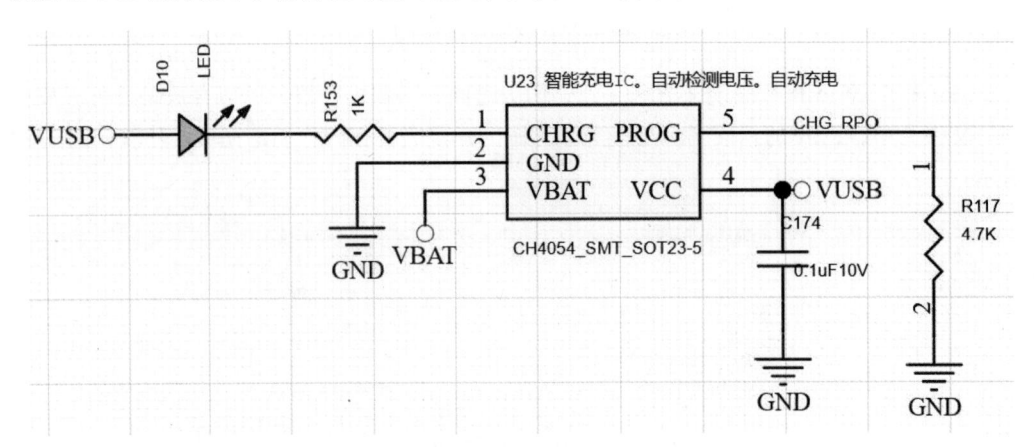

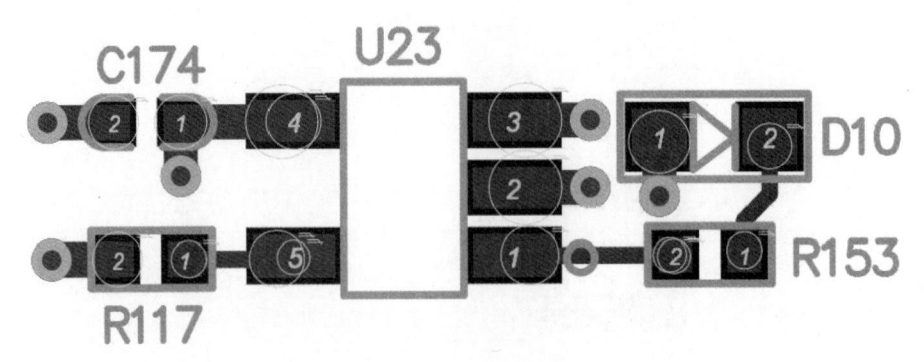

图 1-75　放置相互对应的片段

（6）若原理图中其他模块的器件位号还未标注，可以按照正常流程，使用原理图的自动标注工具进行标注，不会改变片段的位号。

（7）从图 1-75 可以看到片段中的器件焊盘是没有网络的，在完成所有原理图的器件标注后，执行菜单栏中"设计"→Update 命令，就可以导入相应的网络。

1.1.7 器件页面符的应用

原理图模块的复用除了可以使用 Reuse Blocks 和片段之外，还可以使用器件页面符。器件页面符将电路模块抽象成一个图形符号，直接放置在原理图使用，不需要像片段一样调用对应电路到图纸上，而是直接指向相应的图纸。使用器件页面符的步骤如下。

（1）设置器件页面符的存储路径。单击工作区右上角的"设置系统参数"按钮 ✿，打开"优选项"对话框，切换到 Data Management—Device Sheets 子选项卡，设置存储器件页面符的文件夹路径，如图 1-76 所示。

图 1-76 设置器件页面符文件夹路径

（2）创建原理图和 PCB 片段，其创建方式与 1.1.6 节创建片段方法一样，此处不再赘述。创建片段的路径要与器件页面符文件夹（或子文件夹）路径一致，否则无法指向器件页面符。

（3）片段创建完成后，可以在任意原理图中引入创建好的原理图片段。在原理图编辑界面下执行菜单栏中"放置"→"器件页面符"命令，然后选择相应的片段，如图 1-77 所示。

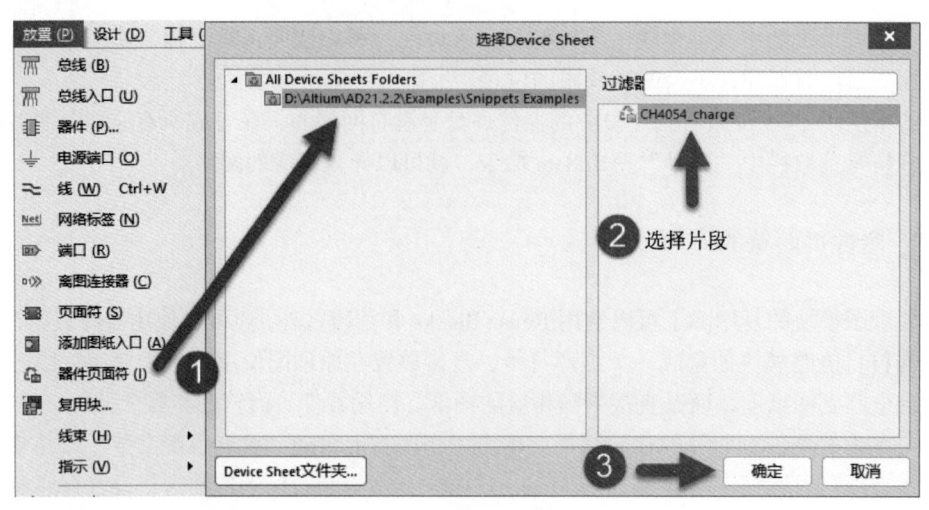

图 1-77 放置器件页面符

（4）在 PCB 编辑界面中放置 PCB 片段，打开软件右下角的 Panels→Design Reuse 面板，然后单击对应片段旁边的 Place 按钮进行放置。

（5）片段中放置出来的 PCB 电路是没有网络的，这时需要执行菜单栏中"设计"→Update 命令更新原理图数据到 PCB，如图 1-78 所示。

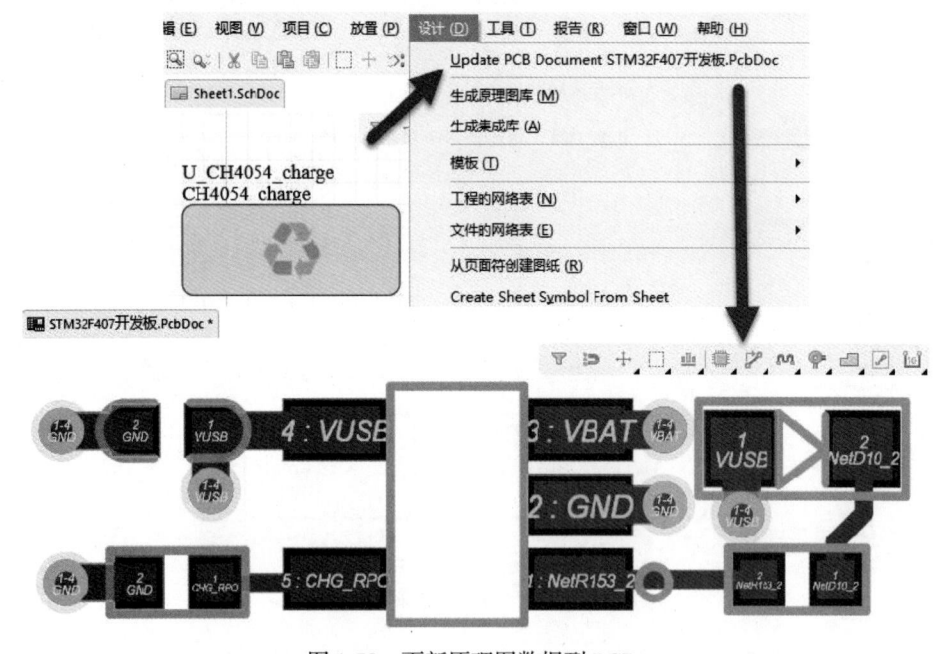

图 1-78 更新原理图数据到 PCB

1.1.8 为原理图符号链接帮助文档

Altium Designer 允许在原理图中为元件符号链接帮助文件，文件的类型有 PDF、HTML、WORD 和 TXT 文档等。

实现方法如下。

（1）打开原理图，双击要关联 Datasheet 的元件符号（例如 AT24C02），在弹出的 Properties 面板中选择 Parameters 选项，单击 Add 按钮，选择新增 Parameter 参数，如图 1-79 所示。

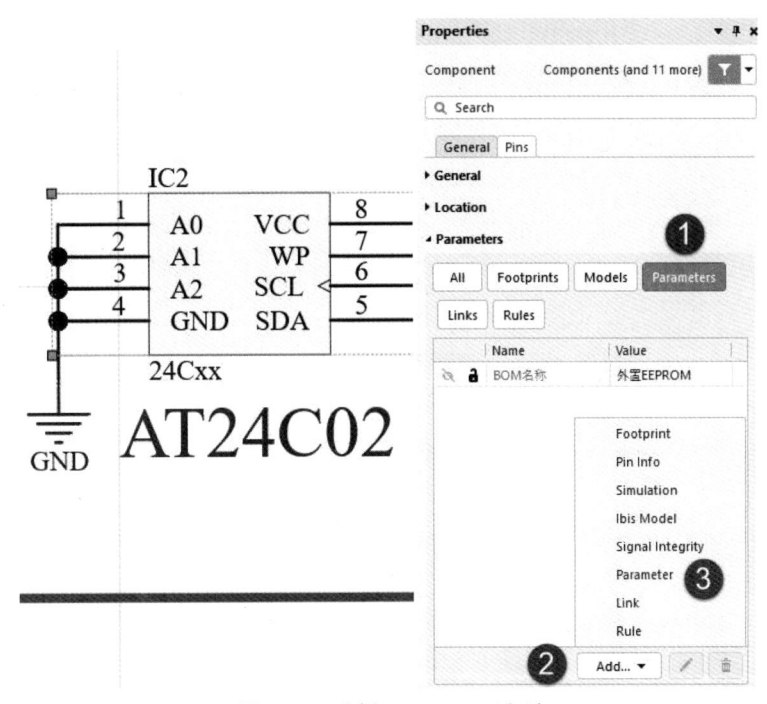

图 1-79　选择 Parameters 选项

（2）在文本框 Name 中录入关键字 helpURL，然后在 Value 栏中把需要关联的文件保存的绝对位置以及文件名和文件扩展名录入其中，如图 1-80 所示。关联文件的存放路径须避免使用中文，防止链接失效。同时，文件路径改变也会导致链接失效。

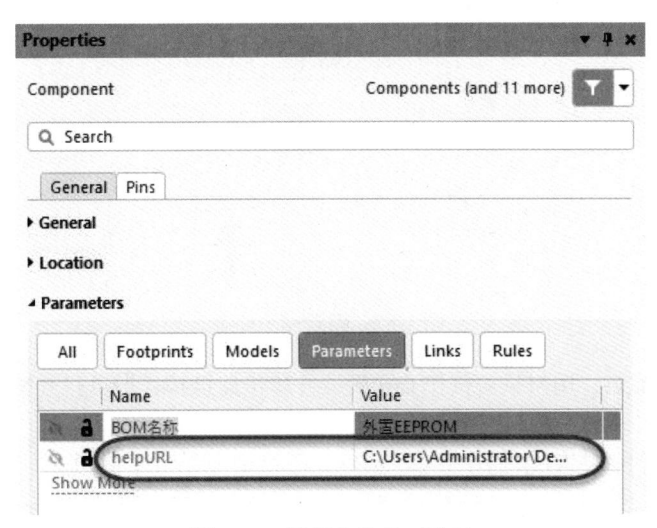

图 1-80　设置文件绝对路径

（3）帮助文档添加完成后，在原理图中选中该元件符号，然后按快捷键 F1 即可打开链接的 Datasheet。

（4）软件还支持为元件符号添加超链接，链接到网页的相关文档。双击要关联的元件符号，在弹出的 Properties 面板中选择 Links 标签，然后执行 Add→Link 命令，如图 1-81 所示。

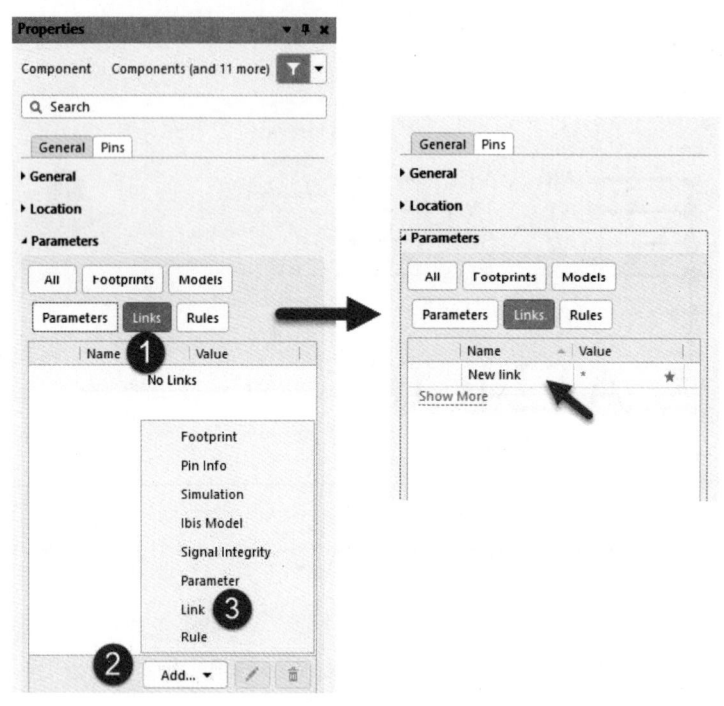

图 1-81　添加 Link

（5）在 Value 中把需要关联的文件所在的网页路径录入其中，如图 1-82 所示。

图 1-82　设置网页路径

（6）设置完成后，用户只需按住 Ctrl 键，并单击此链接，即可打开网页文档。

1.1.9　元件符号库报告的使用

在原理图库编辑界面执行菜单栏中"报告"→"库报告"命令，弹出"库报告设置"

对话框，如图 1-83 所示。

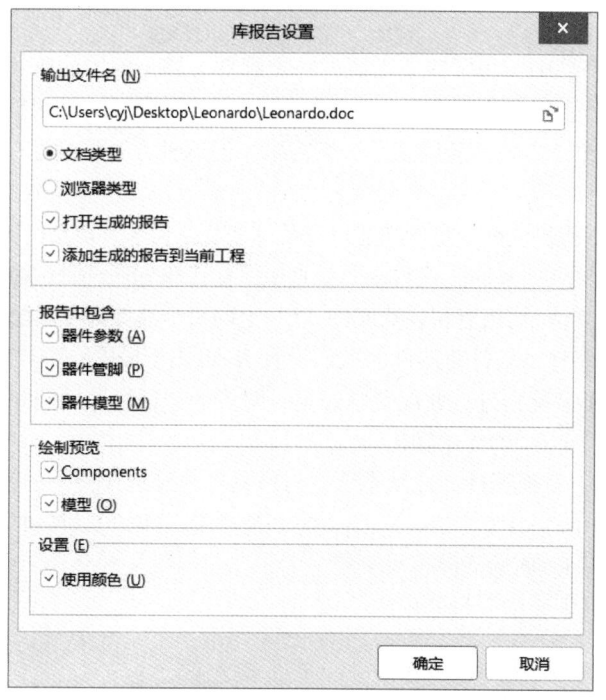

图 1-83 "库报告设置"对话框

在"库报告设置"对话框中设置报告所包含的参数，然后单击"确定"按钮，即可得到一份库报告文件，如图 1-84 所示。

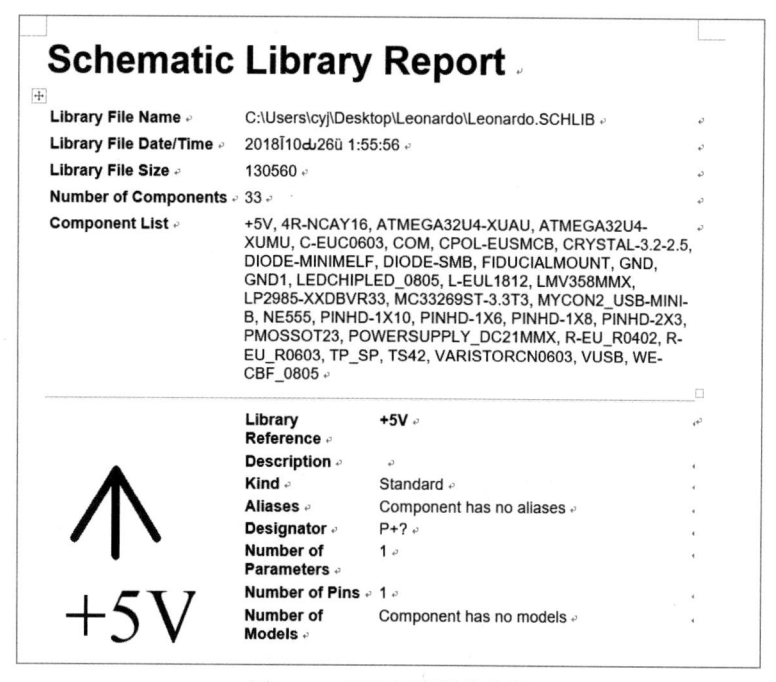

图 1-84 原理图库报告文件

1.1.10 装配变量

在不同型号的产品中，为了安装不同的特定组件，满足不同的市场需求，例如有基本功能款，或者豪华款，经常会用到同一个电路裸板。传统的方法是根据不同的硬件要求设计不同的 PCB，并改变参数信息以满足市场需求。但这种方法将延迟产品上市时间，并增加成本。

Altium Designer 提供装配变量的功能以满足这些变量需求，该功能可以设置任意数量的变体，变量信息不保存在*.Schdoc 文件，而是直接保存在*.Prjpcb 项目，装配变量的不同版本信息也会同步到 BOM 清单、制造和装配文件。PCB 上的每个器件都可以配置为以下 3 种情况。

- Fitted：装配器件（软件对器件的默认设置），可用于设置一个器件的不同参数值。
- Not Fitted：不装配器件，此配置状态下，对应的器件在原理图和 PCB 中会出现抹除标记，同时不会在 BOM 中输出。
- Alternate Part：替换器件，此状态下，对应器件封装选择另外的替换器件。

使用 Alternate Part 需注意，New Symbol 的 PIN 数量、PIN Electrical Type 和 PIN Location 必须和 Original Symbol（原始元件符号）统一。

下面简单介绍一下装配变量的用法。

1. 明确主要设计的电路版图

在定义装配变量前，设计者需要开始"主"电路板设计，包括需要安装在电路板上的所有组件。如果装配的需求是完全装载的豪华版和部分装载的基本版，则需要完成完全装载的豪华版设计。此处演示将设置 Base board、Abridged board 两个变量。

2. 创建装配变量

（1）执行菜单栏中"项目"→"装配变量"命令，如图 1-85 所示。也可在 Projects 面板中，右击工程名称，选择"装配变量"命令。

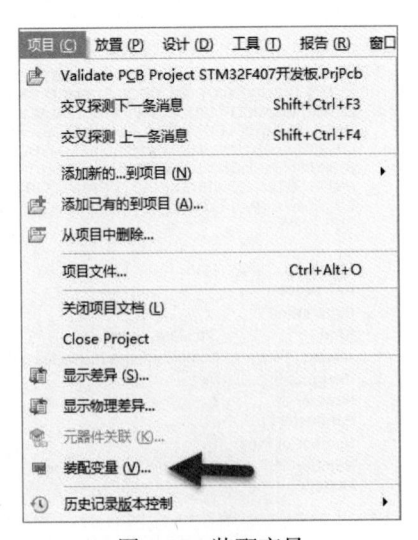

图 1-85　装配变量

（2）进入"装配变量管理器"对话框，可在此设置不同的项目变量。单击左下方"添加变量"按钮，根据需要在弹出的"编辑工程装配变量"对话框中设置变量，如图 1-86 所示。

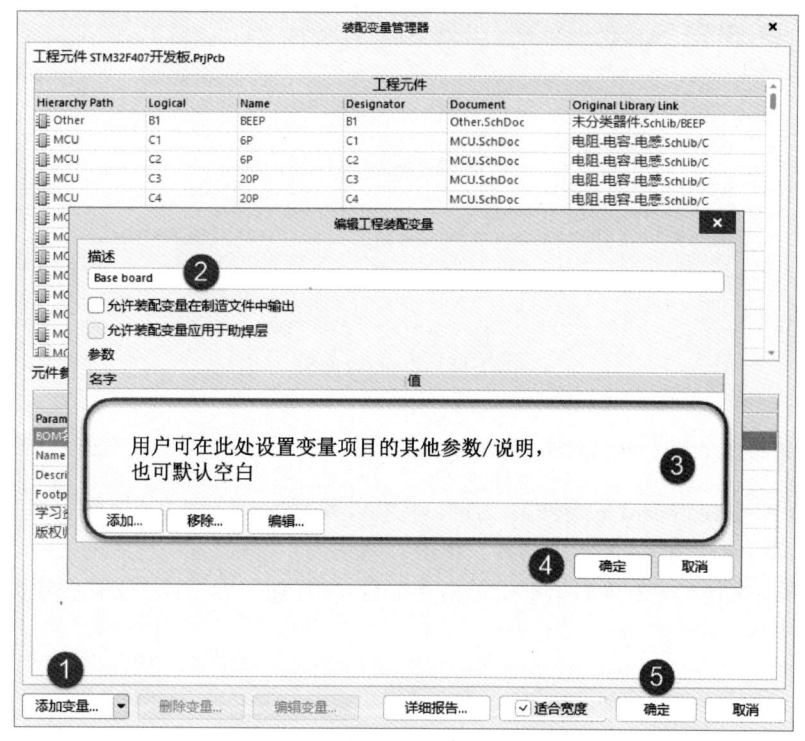

图 1-86　"装配变量管理器"对话框

（3）添加好的项目变量如图 1-87 所示，在"装配变量管理器"对话框右侧显示用户自定义的变量。

图 1-87　添加好的项目变量

（4）变量添加好后，Projects 面板中的项目工程中就增加了变量文件，如图 1-88 所示。

图 1-88 Projects 面板

3. 设置器件变量（Not Fitted）

（1）以 Abridged board 的器件 J1 为例，将其设置为 Not Fitted（不装配）状态。在"装配变量管理器"对话框中找到 J1 器件，单击 Component Variation 一栏中的按钮···，在弹出的 Edit Component Variation 对话框中单击 Not Fitted 按钮，然后单击 OK 按钮，如图 1-89 所示。

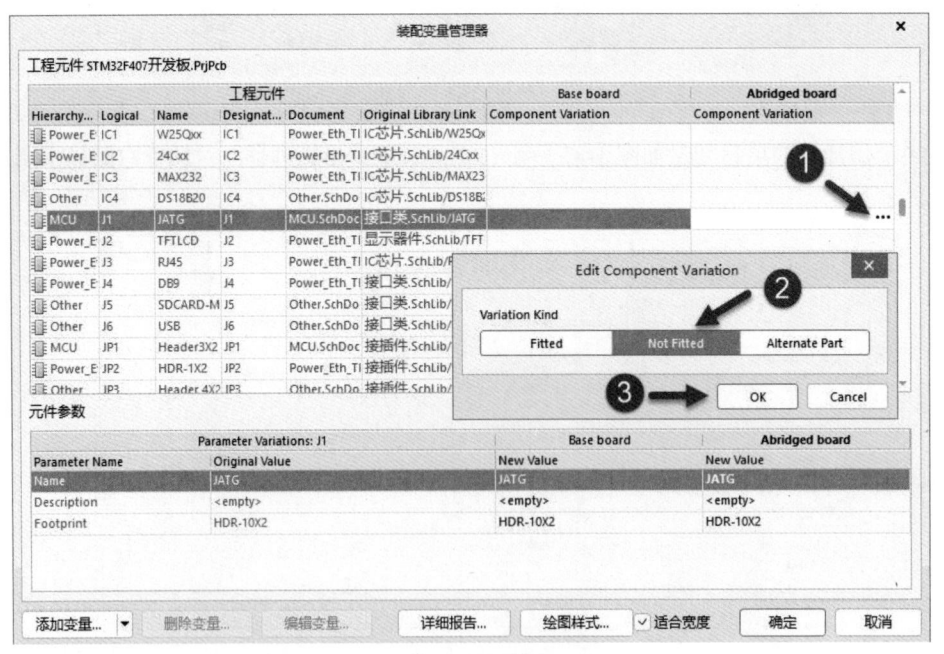

图 1-89 设置不装配器件

（2）设置好之后的元件参数变化，可在"元件参数"选项组中查看，如图 1-90 所示。因 Abridged board 的 J1 不装配，所以参数栏为空白。

图 1-90　元件参数变化

4. 设置器件变量（Alternate Part，器件参数变化）

（1）以 Base board 的 C1、C2 为例，修改器件电容值为 12pF，封装一样，保持不变。在"装配变量管理器"对话框中按 shift 键同时选择 C1、C2，然后修改 Base board 的"元件参数"选项组中的 Name 为 12P，如图 1-91 所示。

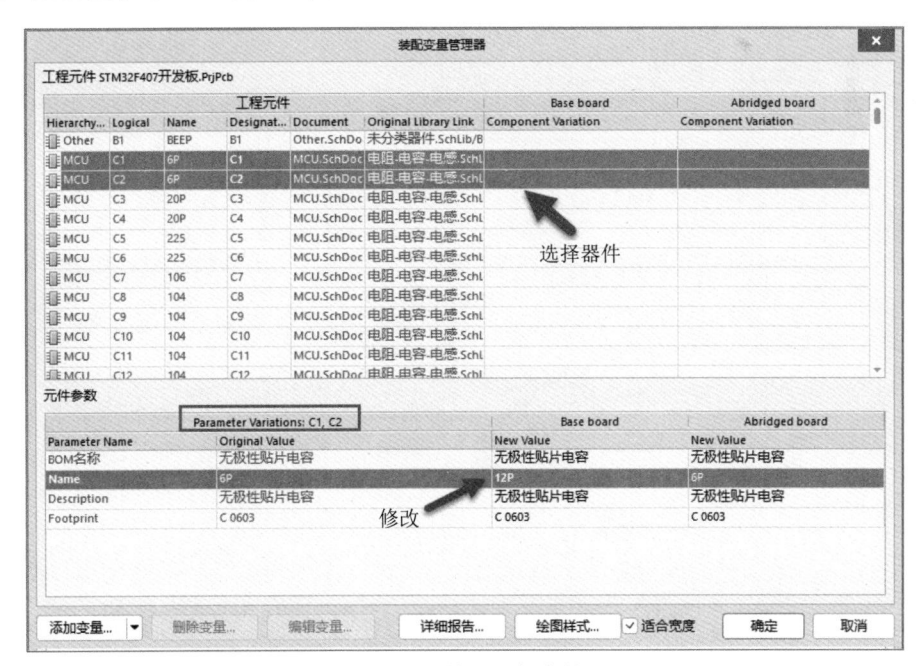

图 1-91　修改器件参数

（2）若想还原修改过的参数值，可右击修改过的参数值，在弹出的快捷菜单中执行"重置所选"命令即可，如图1-92所示。

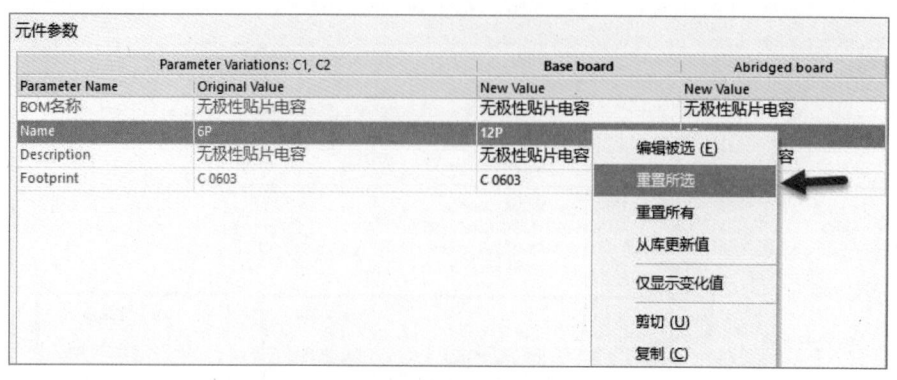

图1-92 复原器件参数

5. 设置器件变量（Alternate Part，封装变动）

（1）以 Base board 的 IC1（W25Q128）为例，将封装由 SOP8W_L 替换为 WSON-8-EP（6x8），则对应的器件变量应设置为 Alternate Part。

（2）针对 Base board，找到器件 IC1，在对应的 Component Variation 一栏中单击按钮…，然后在弹出的 Edit Component Variation 对话框中单击 Alternate Part 按钮，接着单击 Replace component 按钮，如图1-93所示。

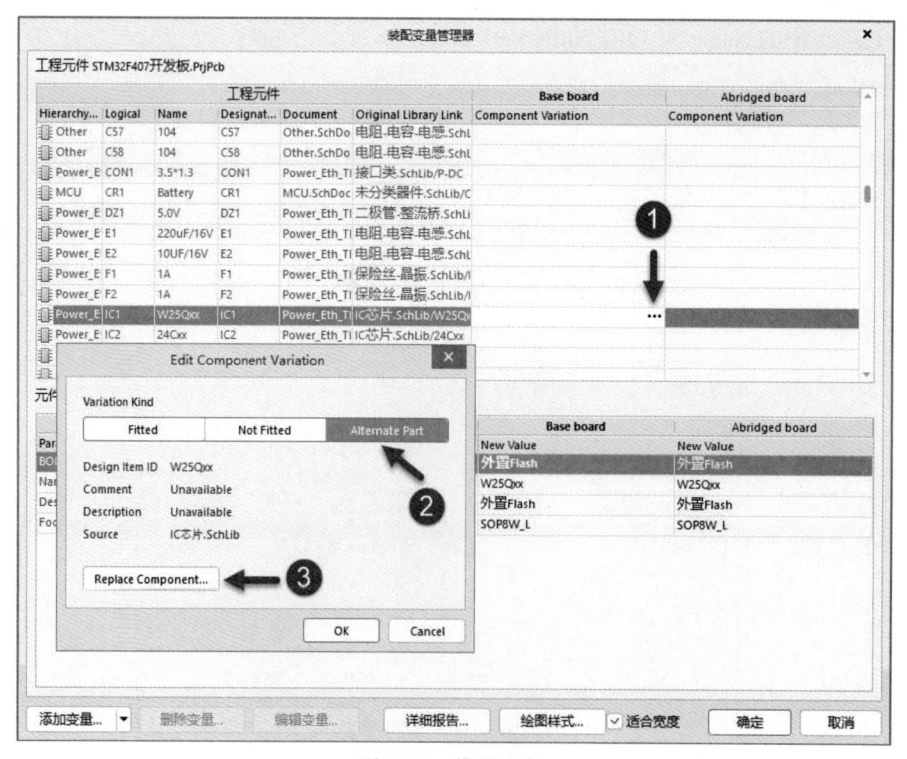

图1-93 替换器件

（3）在弹出的 Replace W25Qxx 对话框中检索想要替换的器件，此处选择 W25Q128JVEIQ TR，之后单击 OK 按钮，如图 1-94 所示。

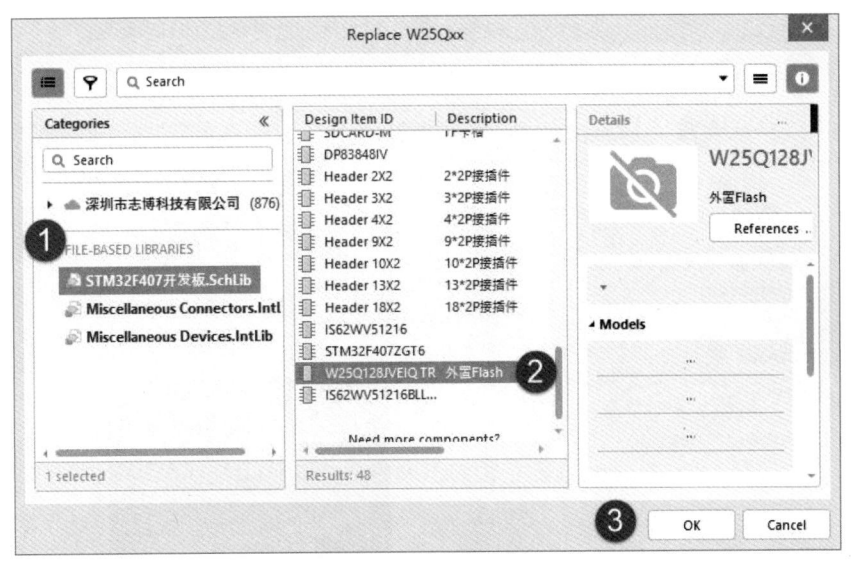

图 1-94　选择替换器件

（4）更改之后的元件参数变化如图 1-95 所示。

图 1-95　更改之后的元件参数变化

6. 原理图导入PCB

保存所有设置，执行菜单栏中"设计"→Update PCB Document STM32F407 开发板.PcbDoc 命令，将原理图电路导入 PCB。

7. 查看变量的显示情况

（1）在查看变量之前，可对变量进行显示的样式设置。在"装配变量管理器"对话框中，单击下方的"绘图样式"按钮，在弹出的"变量选项"对话框中自行设置变量字体显示效果，如图 1-96 所示。

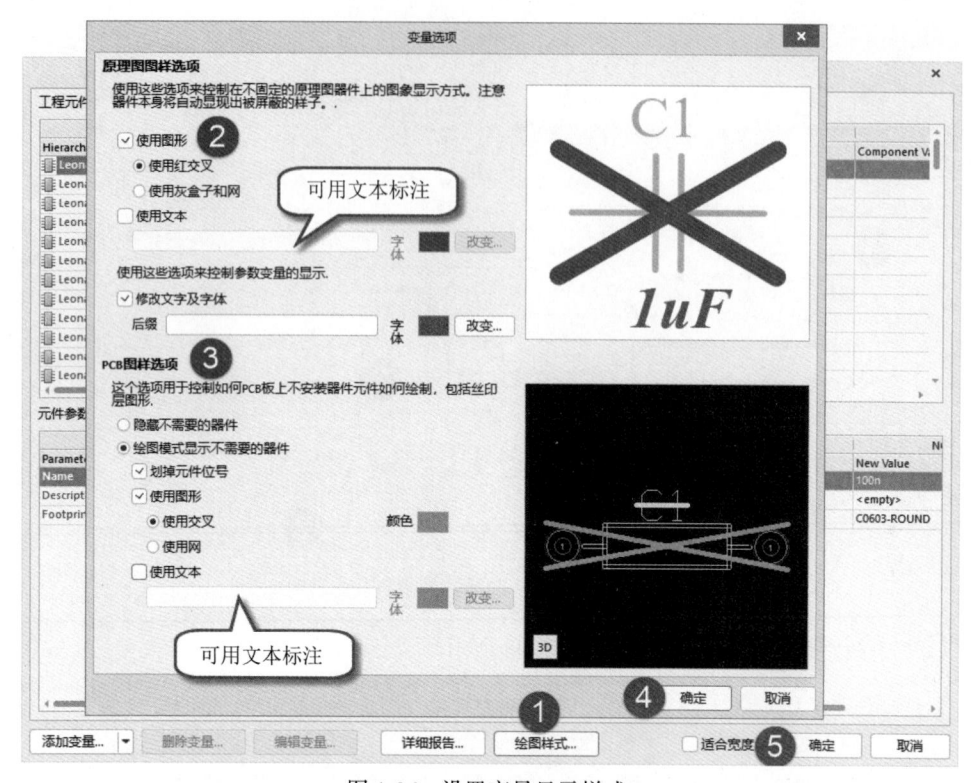

图 1-96 设置变量显示样式

（2）查看 Not Fitted 变量。

① 在 Projects 面板中双击 Abridged board 变量项目，然后切换到原理图的编译状态，即可看到原理图中 J1 被红色交叉线划掉，如图 1-97 所示。

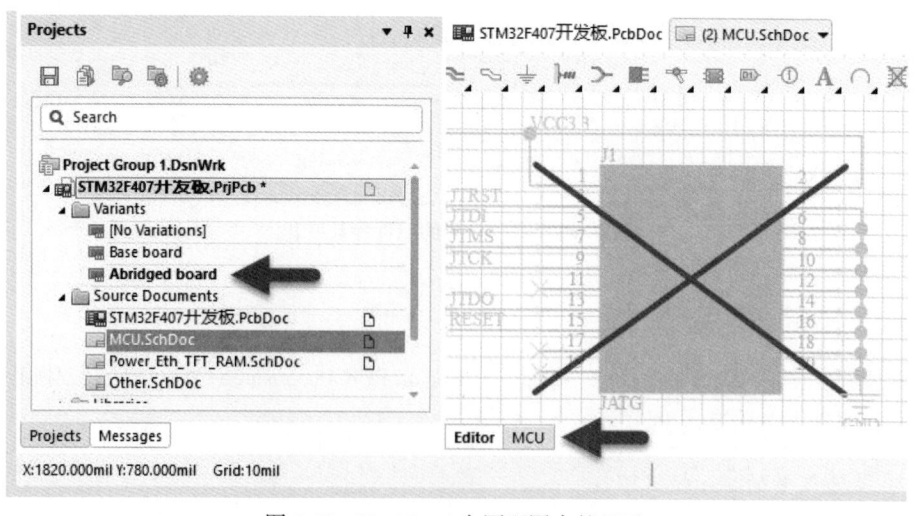

图 1-97 Not Fitted 在原理图中的显示

② 导入 PCB 后，PCB 上依然能看到 J1，只有在 3D 视图（器件须有 3D 模型）和装配图中才能明显区分，3D 视图下变量字体的 3D 模型将被删除，3D 对比如图 1-98 所示。

③ 装配图中 Not Fitted 器件被绿色交叉线划掉，器件位号也被划掉，装配对比如图 1-99 所示。

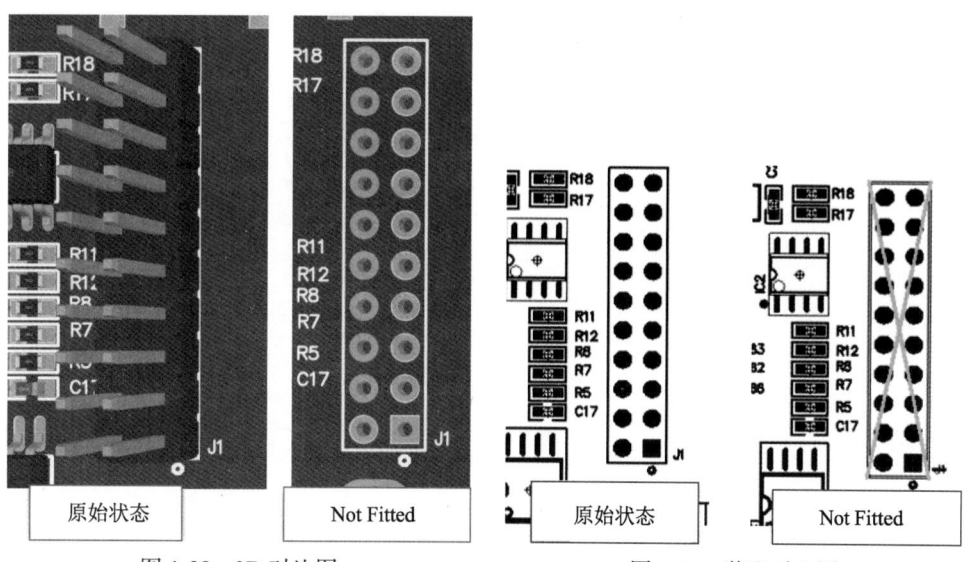

图 1-98　3D 对比图　　　　　图 1-99　装配对比图

（3）查看 Alternate Part 变量。

① 原理图上的显示效果如图 1-100 所示。

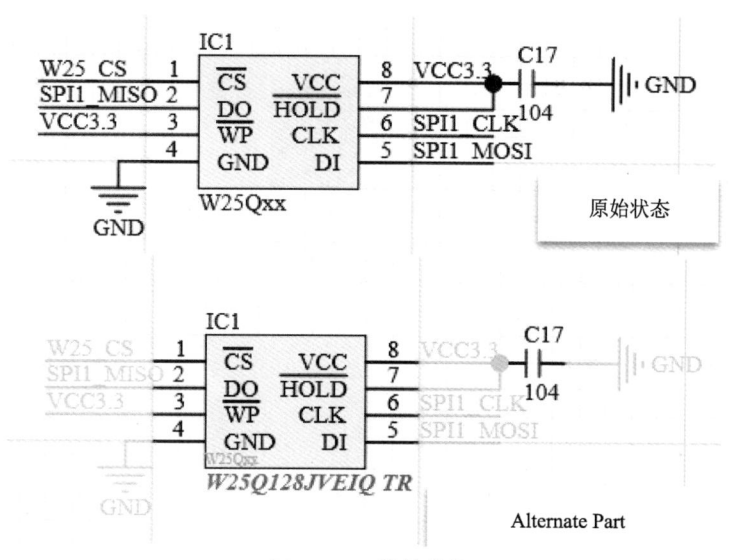

图 1-100　器件替换

② 若是替换的封装与原封装相同，PCB 上只有一个封装；若是替换器件的封装与原封装不同，PCB 将会同时存在两个相同位号的封装，如图 1-101 所示。在进行 PCB 布局时，用户可将这两个封装重叠放置。

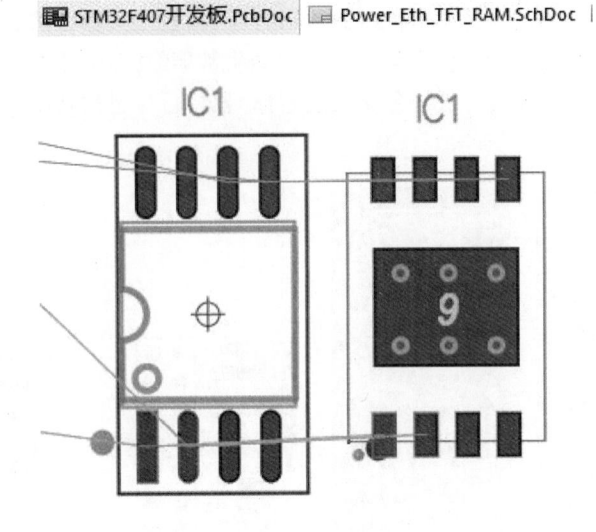

图 1-101　两个封装同时存在

8. 库的更新设置

（1）对于替代料来说，封装的更新可以直接同步到 PCB，例如给 WSON-8 封装添加散热孔之后更新到 PCB，如图 1-102 所示。

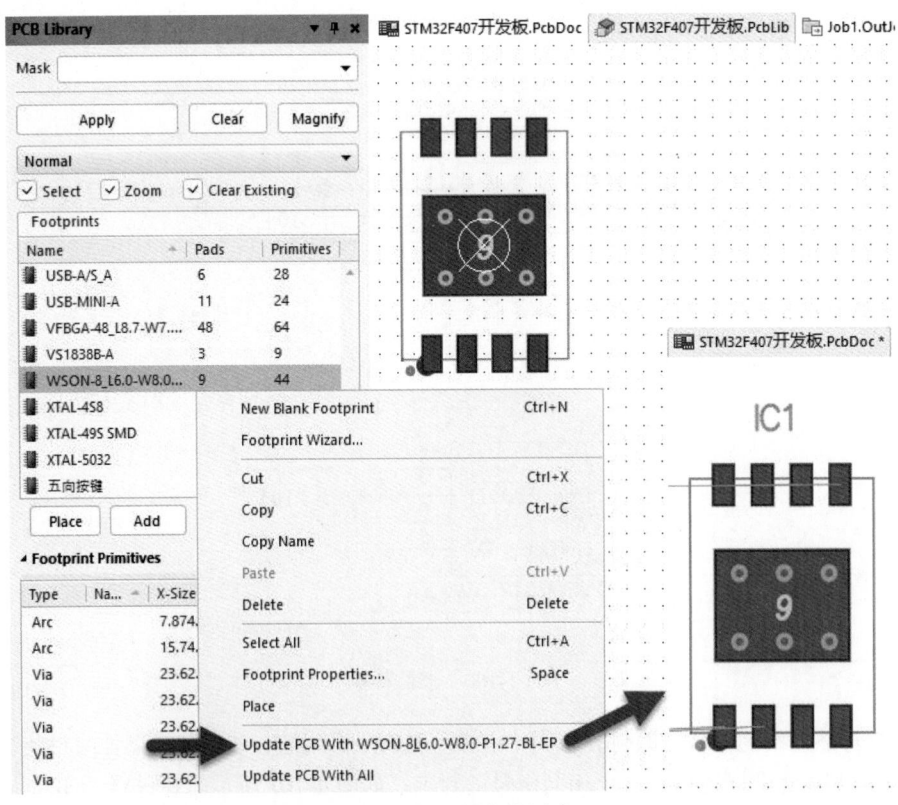

图 1-102　封装更新直接同步 PCB

（2）作为替代料的元件符号，若需要修改并更新到原理图，按常规方式在原理图库中执行"更新原理图"命令是无法实现的。以 W25Q128JVEIQ TR 为例演示替代料的 Symbol 更新方式。

（3）在原理图库中对 W25Q128JVEIQ TR 进行修改，此处将中心填充色设置为无色，并添加芯片方向弧形标识，如图 1-103 所示。

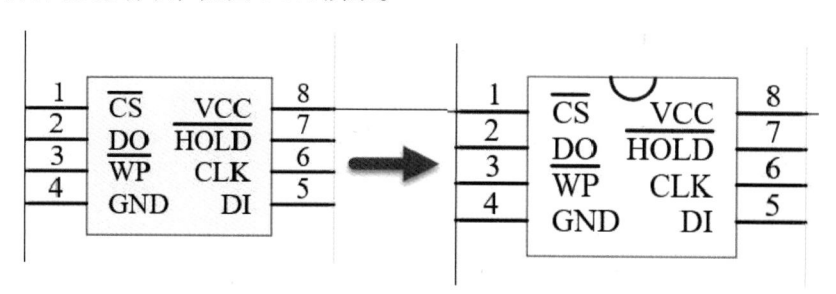

图 1-103 修改 Symbol

（4）保存文件，在原理图编辑界面执行菜单栏中"工具"→"从库更新"命令。在弹出的"从库中更新"对话框中，选中"包含装配变量"复选框，然后单击"下一步"按钮，如图 1-104 所示。

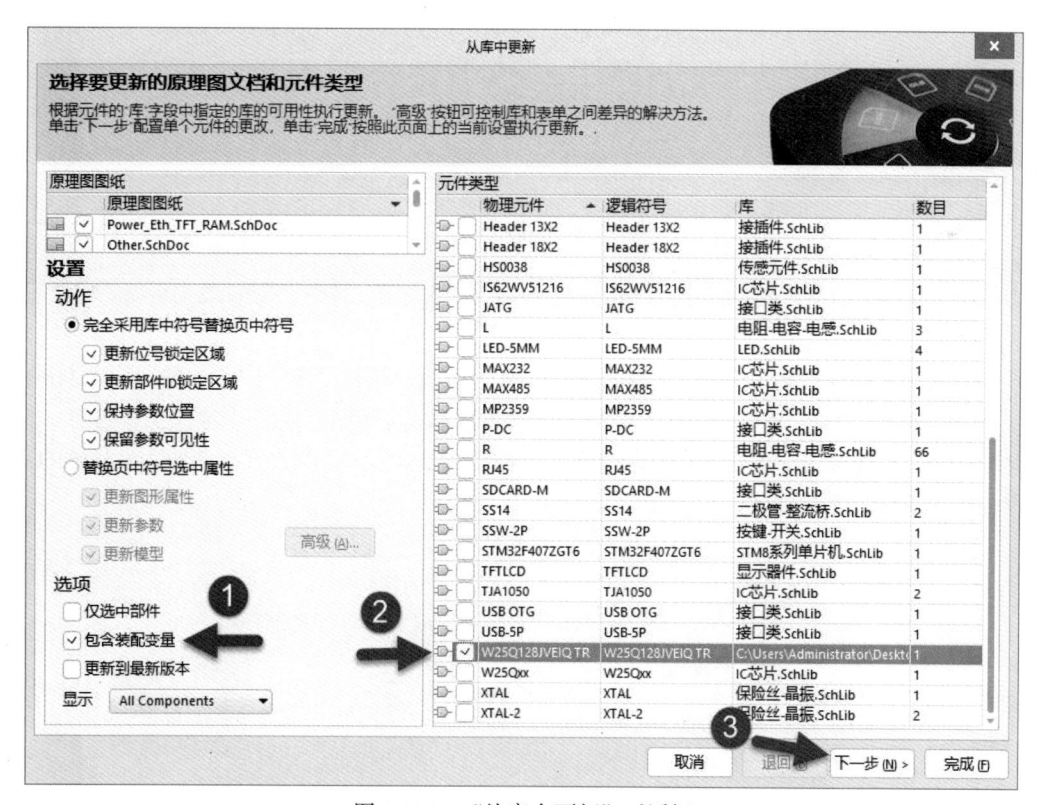

图 1-104 "从库中更新"对话框

（5）确认器件处于被选中状态，单击"完成"按钮即可，如图 1-105 所示。
（6）IC1 变量器件更新前后对比如图 1-106 所示。

图 1-105　完成更新

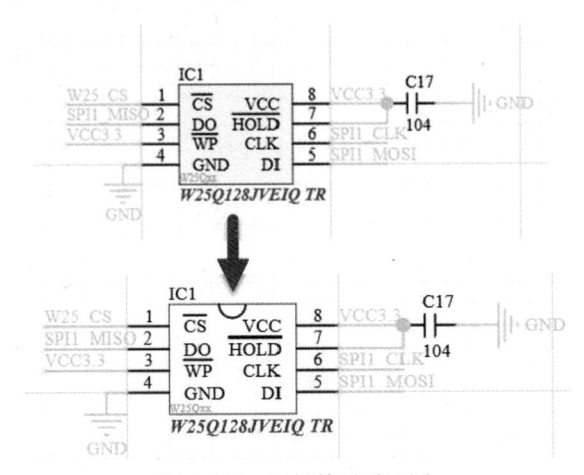

图 1-106　更新前后对比图

9. 文件输出

变量项目的文件输出，可通过 Output job 文件生成。执行菜单栏中"文件"→"新的"→"Output Job 文件"命令，在弹出的 OutJob 编辑界面下，单击"为整个输出文件选择一个装配变量"单选按钮，然后在右侧切换到需要输出的变量版本，如图 1-107 所示。具体的文件输出步骤此处不再赘述，可参照 1.3.1 节内容。

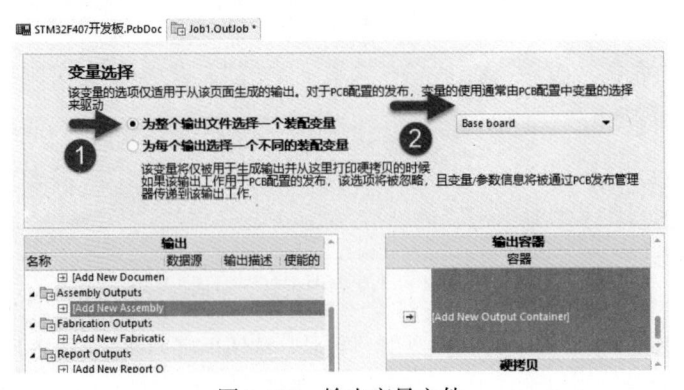

图 1-107　输出变量文件

1.2 PCB 高级功能

1.2.1 BGA 封装的制作

PCB 设计过程中，通常会涉及一些特殊的器件类型，其中，BGA 类型的芯片最为常见，本节以 TFBGA282 为例，演示 BGA 封装的制作过程。图 1-108 为 TFBGA282 的规格书。

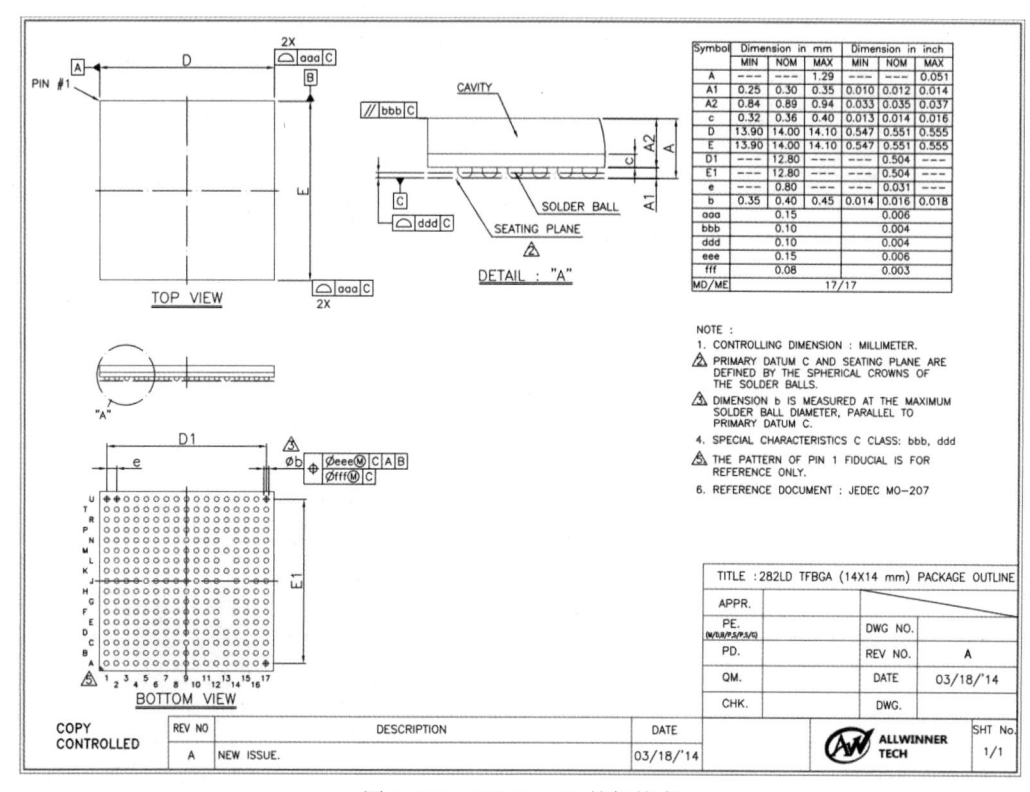

图 1-108　TFBGA282 的规格书

（1）利用 IPC 封装向导制作 BGA 类型的封装。打开 PCB 库文件，执行菜单栏中"工具"→IPC Compliant Footprint Wizard...命令，如图 1-109 所示。

图 1-109　打开 IPC 封装向导

（2）在弹出的"向导"对话框中单击 Next 按钮，进入 Select Component Type 对话框，选择 BGA 器件类型，单击 Next 按钮，如图 1-110 所示。

（3）根据规格书，依次输入相关数据（单位选择公制单位），单击 Next 按钮，如图 1-111 所示。

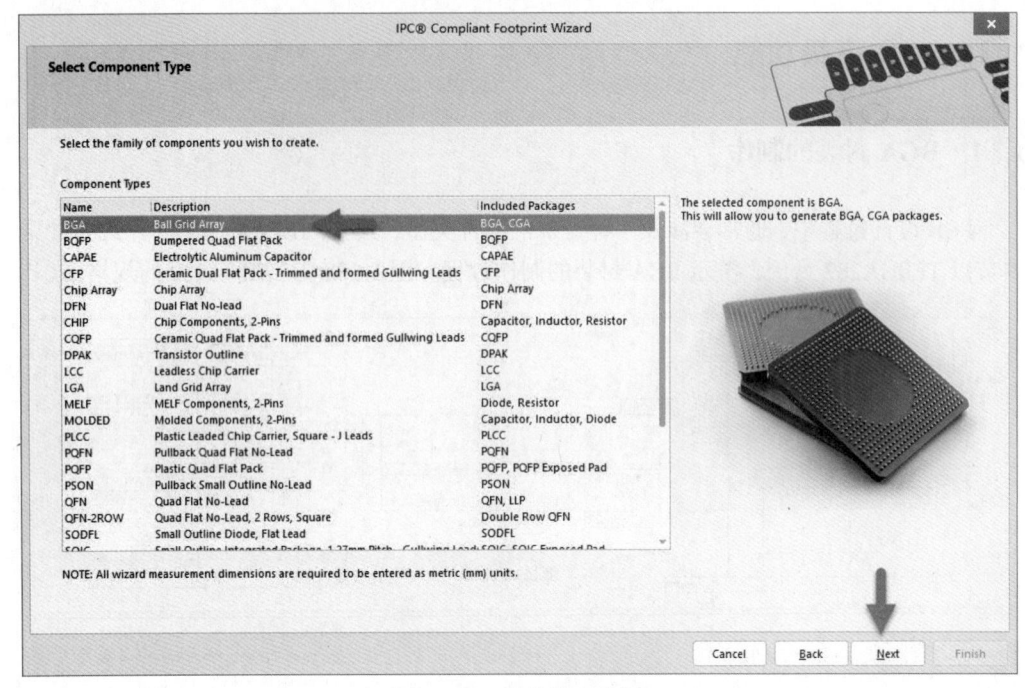

图 1-110　器件类型选择

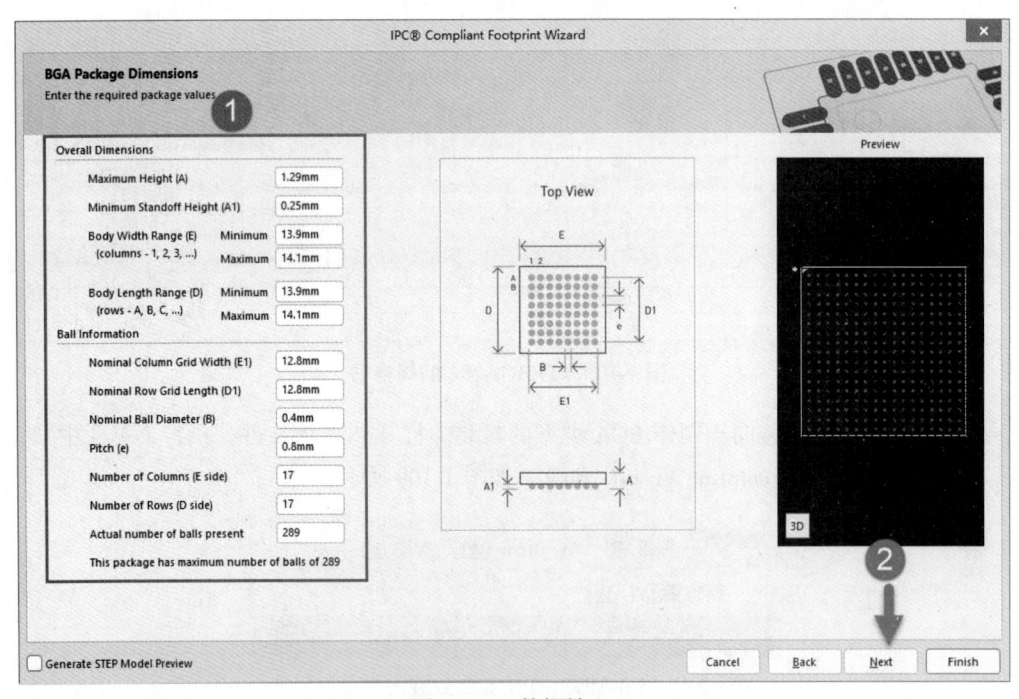

图 1-111　数据输入

（4）在 BGA Package Layout Options 和 BGA Pads Diameter 设置对话框中一直单击 Next 按钮，并保持系统默认值，弹出 BGA Silkscreen Dimensions 设置对话框时，将丝印线宽设置为 0.2mm（通常设置为 0.2mm 或 5mil），之后继续单击 Next 按钮，如图 1-112 所示。

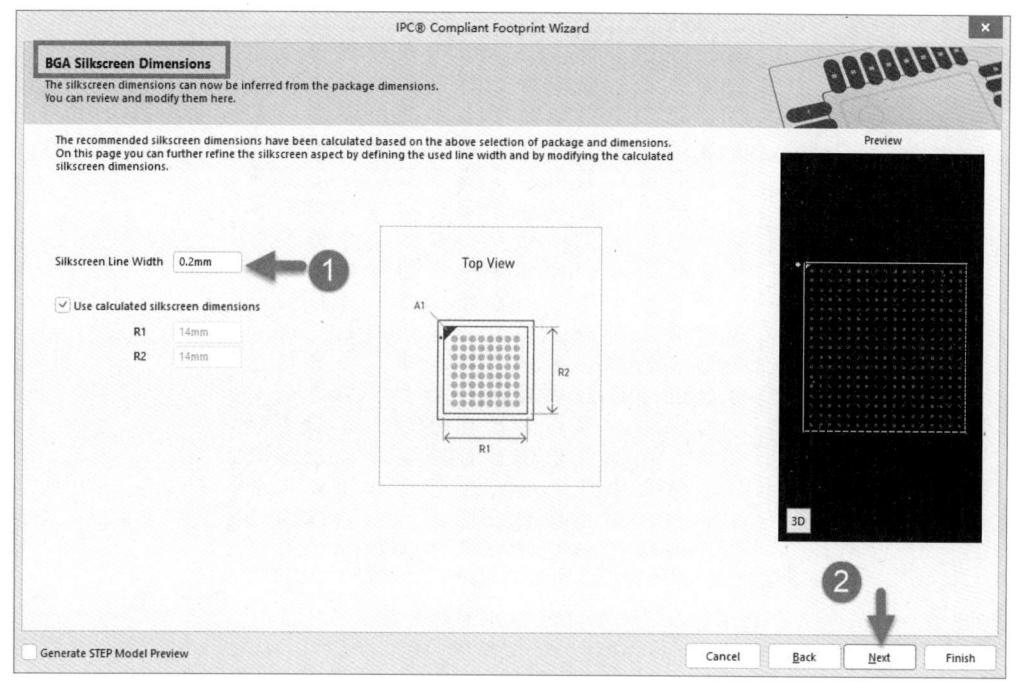

图 1-112　丝印线宽设置

（5）直到弹出信息 You have successfully completed the wizard，单击 Finish 按钮，完成 BGA 封装的制作，如图 1-113 所示。

图 1-113　完成 BGA 封装制作

（6）通过观察规格书可以发现，BGA 内部分引脚是不存在的，所以需要手工移除规格书中不存在的引脚，最终效果如图 1-114 所示，至此，BGA 的封装制作完成。

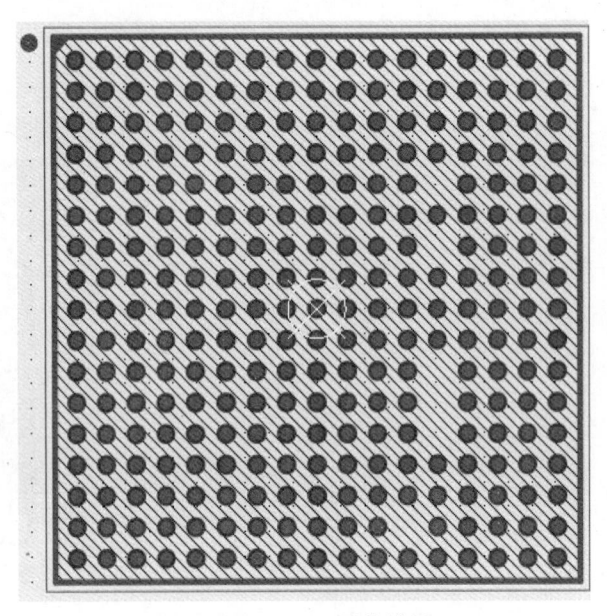

图 1-114　BGA 最终效果

1.2.2　BGA 的扇出方式

1. 软件自动扇出方式

在进行 PCB 设计时，常会遇到 BGA 类型的封装，此类封装需要扇出用于后期的布线。BGA 扇出与否的比对如图 1-115 所示。

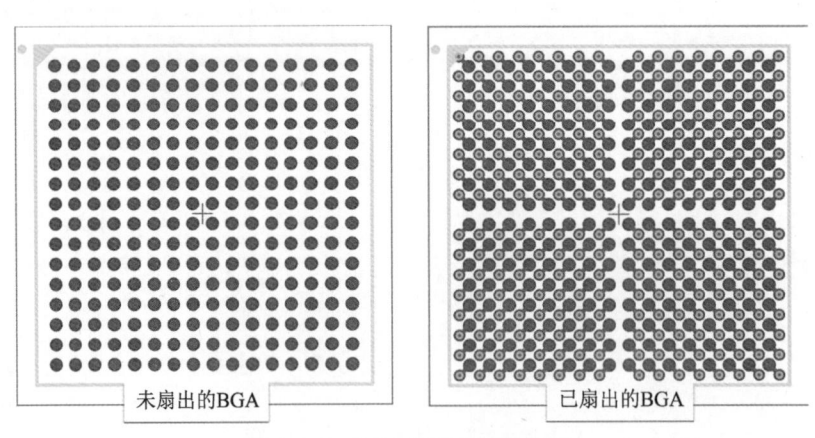

图 1-115　BGA 扇出与否的比对

（1）在进行利用软件自动扇出 BGA 操作之前，需满足以下要求。

① 选择合适的线宽、安全间距及过孔大小，即设置好线宽、间距、过孔大小等规则。

② BGA 内部没有任何对象，例如走线或者过孔等。

（2）在满足上述要求之后，将光标悬放到器件上，右击，从弹出的快捷菜单中执行"器件操作"→"扇出器件"命令，如图 1-116 所示。或者执行菜单栏中"布线"→"扇出"→

"器件"命令,如图 1-117 所示。就可以弹出对应的设置对话框,如图 1-118 所示。

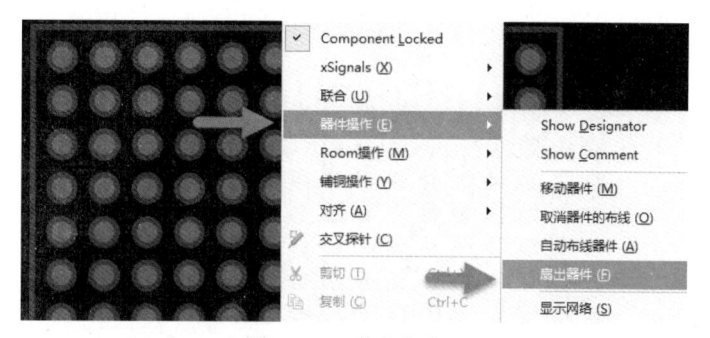

图 1-116　扇出指令 1

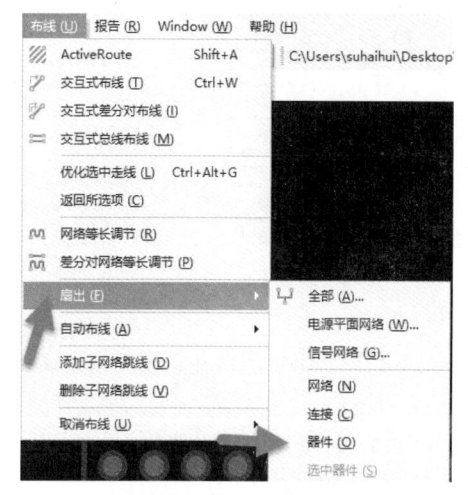

图 1-117　扇出指令 2

图 1-118　"扇出选项"对话框

(3)在"扇出选项"对话框中,各命令作用如下。

① 无网络焊盘扇出:没有网络的焊盘不扇出。

② 扇出外面 2 行焊盘:BGA 外两行的焊盘扇出,该复选框是否选中的状态如图 1-119 所示。

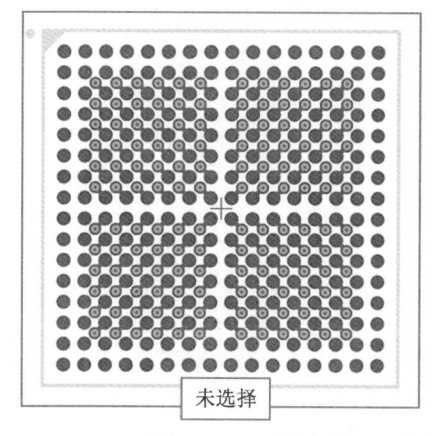

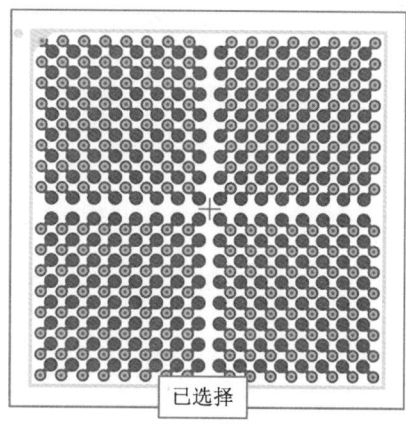

未选择　已选择

图 1-119　"扇出外面 2 行焊盘"复选框是否选中的状态

③ 扇出完成后包含逃逸布线：扇出并从 BGA 引线出来（此复选框不建议选中，因为 GND 和 Power 等线也会被引出来，占据引线空间，这是用户所不希望的），如图 1-120 所示。

图 1-120　扇出逃逸

④ Cannot Fanout using Blind Vias（no drill pairs defined）：不能使用盲孔扇出（未定义钻孔对）。

⑤ 如果可能逃逸差分对焊盘优先（同层，同边）(D)：若设计中已设置好差分信号，扇出的逃逸布线会优先保证差分信号同层同边，以保证差分对的同层等距的布线要求。

2. 手工扇出方式

（1）按快捷键 Ctrl+M 测量 BGA 焊盘引脚中心间距，以确定扇出所用过孔尺寸，如图 1-121 所示。

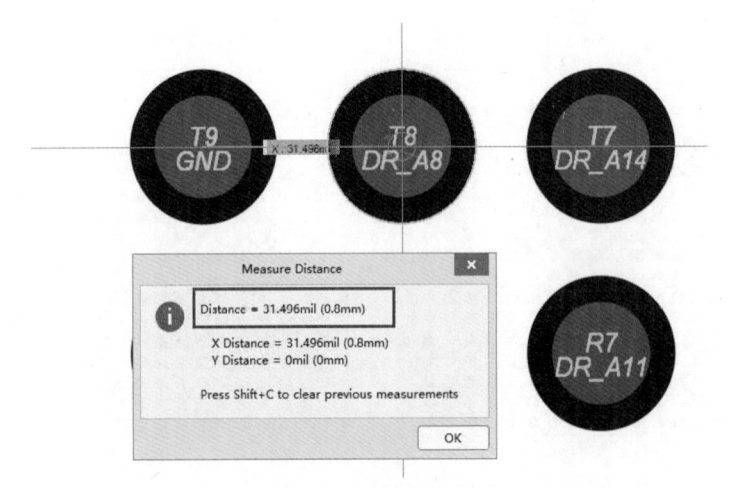

图 1-121　测量 BGA 焊盘引脚中心间距

（2）根据不同的引脚中心间距，可以参考表 1-1 所示标准设置过孔尺寸，焊盘中心间距值小于 0.5mm 的 BGA 需采用盲埋孔设置。

表 1-1 根据引脚间距确定过孔尺寸

引脚中心间距/mm	扇出过孔尺寸/mm
1.00	0.6 × 0.3
0.80	0.4 × 0.2
0.65	0.35 × 0.2
0.50	0.2 × 0.1（激光孔）

（3）将过孔放置在其中一个焊盘中间，然后选中过孔，按快捷键 M，在弹出的快捷键菜单中执行"通过 X，Y 移动选中对象..."命令，设置 X/Y 偏移量，将过孔移动到 BGA 焊盘与焊盘的中心位置，如图 1-122 所示。

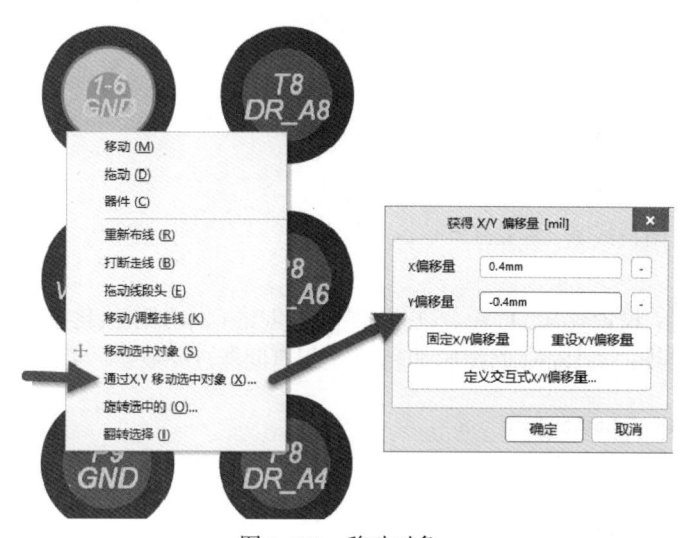

图 1-122 移动对象

（4）将孔与焊盘用导线连接起来，然后复制已经扇出的过孔和导线，并粘贴到其他焊盘完成扇出即可，如图 1-123 所示。

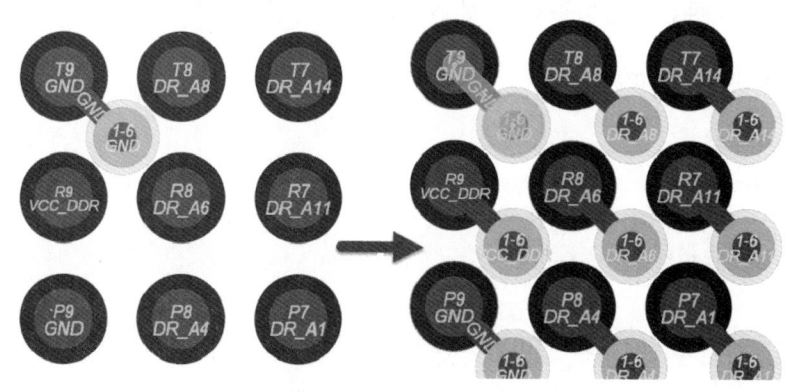

图 1-123 BGA 手工扇出

1.2.3 常见 BGA 规格的出线方式

1. BGA Pitch 1mm 出线

设计参数：

Pitch 间距：1mm。

Via 大小：8/16mil、10/20mil、0.3/0.5mm。

走线线宽：阻抗线宽 5～6mil。

要点：

①扇出设置：设置线宽、间距、过孔规则；②创建 Class，模块化布线；③先从 BGA 引出线，再优化走线；④1mm 间距的 BGA 两个焊盘间能过一根线，可以通过添加层布线。⑤相同网络最多两个焊盘共用一个过孔。

2. BGA Pitch 0.8mm 出线

设计参数：

Pitch 间距：0.8mm。

Via 大小：8/16mil、10/18mil、0.2/0.4mm。

走线线宽：阻抗线宽 4～5mil。

要点：

①扇出设置：设置线宽、间距、过孔规则；②创建 Class，模块化布线；③先从 BGA 引出线，再优化走线；④0.8mm 间距的 BGA 两个焊盘间能过一根线，可以通过添加层布线。

3. BGA Pitch 0.65mm 出线

设计参数：

Pitch 间距：0.65mm。

Via 大小：0.2/0.35mm。

走线线宽：阻抗线宽 0.1mm。

要点：

0.65mm BGA 两个引脚之间恰好只能通过 0.1mm 线宽的走线。

4. BGA Pitch 0.5mm 出线

设计参数：

Pitch 间距：0.5mm。

Via 大小：盲孔 4/10mil，埋孔 8/16mil、10/16mil、0.2/0.4mm、0.2/0.35mm 等。

走线线宽：阻抗线宽 3～6mil。

要点：

①理解盲孔、埋孔的定义，在层叠管理器（按快捷键 D+K）中设置；②盲孔、埋孔可以打在焊盘的中心。

1.2.4 蛇形线的等长设计

在 PCB 设计中，网络等长调节的目的就是为了尽可能地降低信号在 PCB 上传输延迟的差异。在 Altium Designer 中实现网络等长调节的方法如下：

（1）网络等长调节可通过蛇形走线实现，在进行蛇形等长之前需要完成 PCB 对应走线的连通，然后执行菜单栏中"布线"→"网络等长调节"命令，或者按快捷键 U+R，单击需要等长的走线并按 Tab 键调出"等长属性设置"面板，如图 1-124 所示。

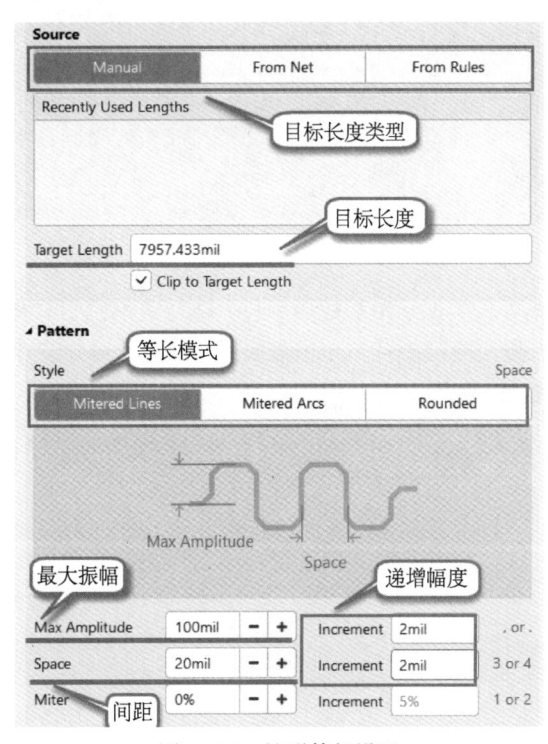

图 1-124　蛇形等长设置

① Target Length 提供如下 3 种目标长度类型可选：
Manual：手动设置目标长度；
From Net：依据网络选择目标长度；
From Rules：依据规则来设置目标长度。
② Pattern 提供如下 3 种等长模式：
Mitered Lines：斜线条模式；
Mitered Arcs：斜弧模式；
Rounded：半圆模式。
3 种蛇形等长模式的效果如图 1-125 所示，一般采用第二种斜弧模式。

（2）等长参数设置完毕之后，在需要等长的信号线上滑动即可拉出蛇形线。在等长的状态下，按键盘上

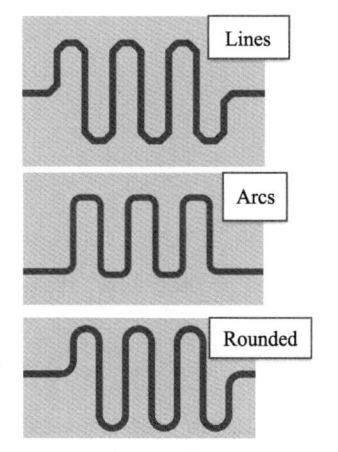

图 1-125　3 种蛇形等长模式的效果

的"<"和">"用于分别调整蛇形线的上下振幅，按数字键 1 减小拐角幅度，按数字键 2 增大拐角幅度，按数字键 3 减小 Space 间距，按数字键 4 增大 Space 间距。

（3）在完成一段蛇形等长之后，如果需要调整蛇形线可以用鼠标拖动调制线进行调整，如图 1-126 所示。调制线状态下，无法进行单个弧度的手动调整，若要手动调整蛇形线，需选中调制线，右击执行"联合"→"打散调制线"命令，解除蛇形线的联合状态。

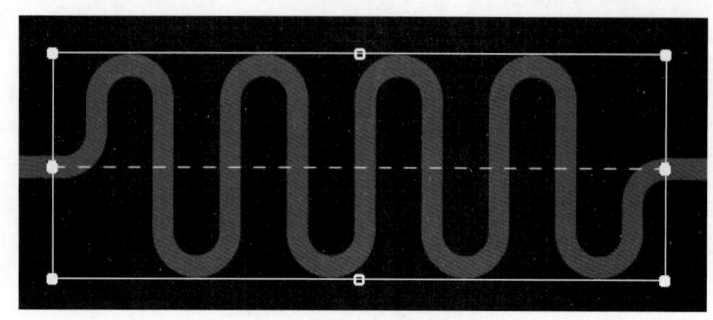

图 1-126　蛇形线的调整

（4）差分对蛇形线等长类似于单端蛇形等长，执行菜单栏中"布线"→"差分对网络等长调节"命令，或者按快捷键 U+P，单击需要等长的差分对并按 Tab 键调出"差分对等长设置"面板，如图 1-127 所示。

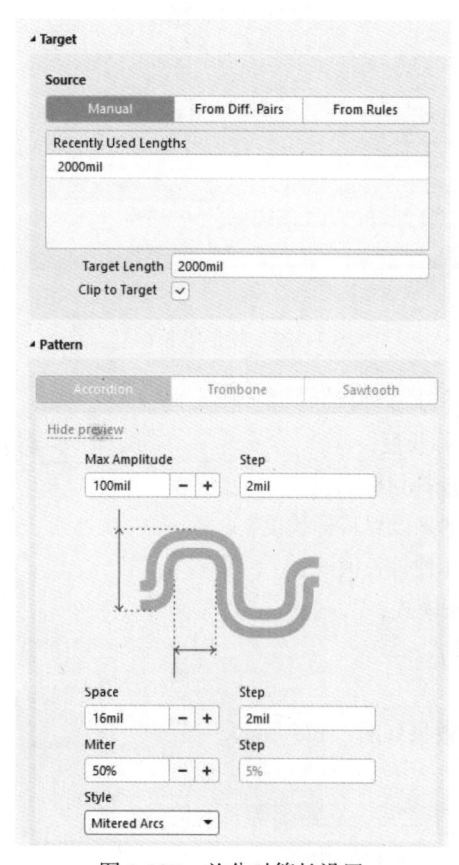

图 1-127　差分对等长设置

（5）蛇形线支持 3 种绕线调整模式：Trombone（长号绕线）、Sawtooth（锯齿绕线）和 Accordion（折叠绕线），简化了蛇形线移动和重塑的过程，可以沿布线路径弯折周围滑动调整模式。

① 首先按快捷键 U+R，接着按快捷键 Tab，在弹出的 Pattern 面板中先进行模式选择，如图 1-128 所示。设置完成后按 Enter 键退出模式状态，然后在需要等长的信号线上单击左键并拖动即可，Trombone 绕线的效果如图 1-129 所示。

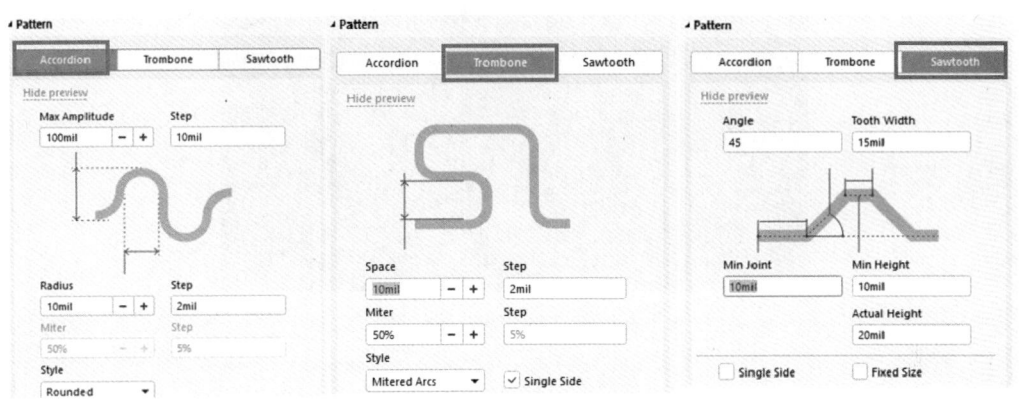

图 1-128 蛇形绕线模式

图 1-129 Trombone 绕线的效果

② Accordion 模式可实现整体旋转。选中等长调制线，然后按 Ctrl+鼠标左键拖动，可实现整个蛇形线的旋转，如图 1-130 所示。

③ Sawtooth（锯齿）模式可在空间较小的情况下使用，其设置方式如图 1-131 所示。

- Tooth Width：锯齿顶部的宽度；
- Min Joint：最小节点，在创建第一个锯齿之前放置的第一个共线走线段的最小长度；
- Single Side：单边，仅在线的一边突出绕线，按快捷键 S 可切换；
- Fixed Size：固定大小，将"锯齿高度"固定为当前高度，并删除任何未达到该固定大小的锯齿。

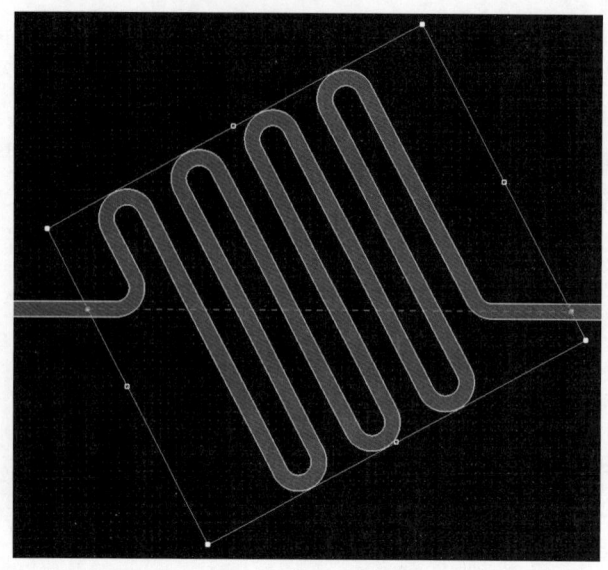

图 1-130　Accordion 绕线旋转

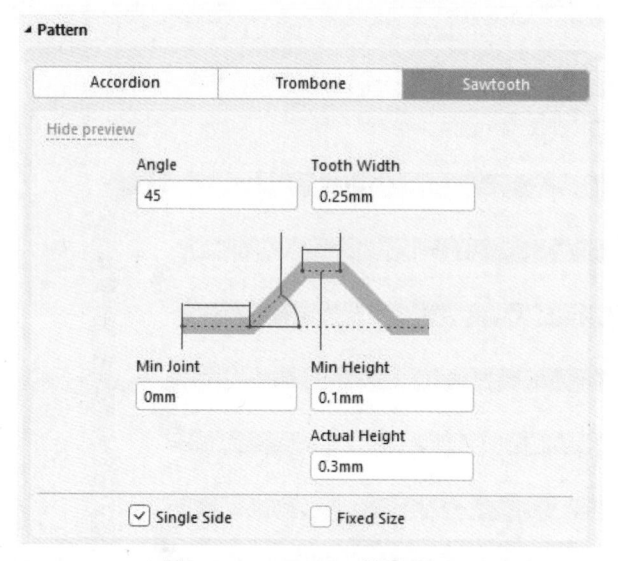

图 1-131　Sawtooth 绕线设置

Sawtooth 绕线的效果如图 1-132 所示。

图 1-132　Sawtooth 绕线的效果

（6）等长线的目标长度还可以通过规则约束。按快捷键 D+R 进入"PCB 规则及约束编辑器"对话框，在 Matched Lengths（匹配长度）规则处按需设置，如图 1-133 所示。

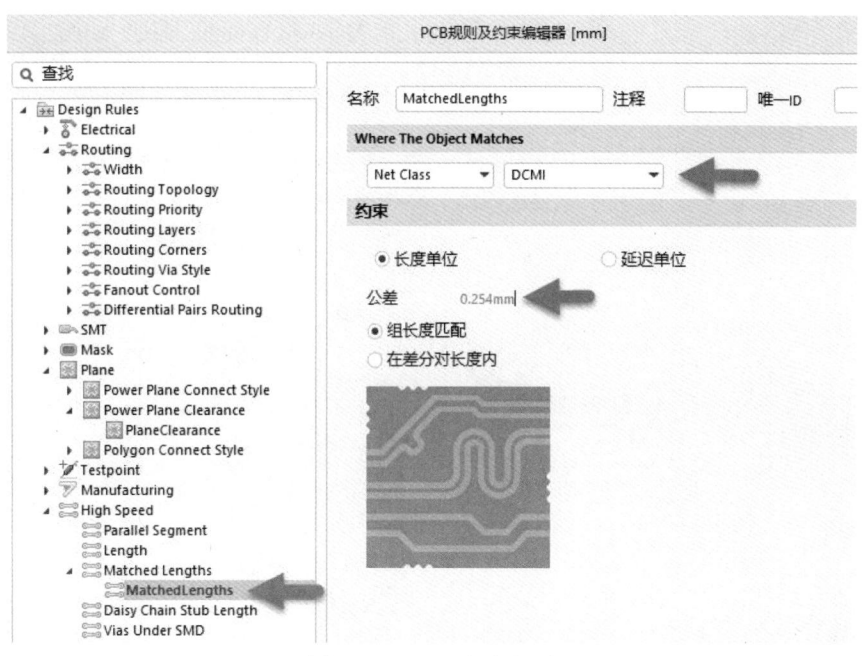

图 1-133 匹配长度规则

要使用匹配规则，在绕蛇形线时需将目标长度类型选择为 From Rules，软件将自动识别网络类中最长线，并将超出范围的网络填充为浅黄色，如图 1-134 所示。

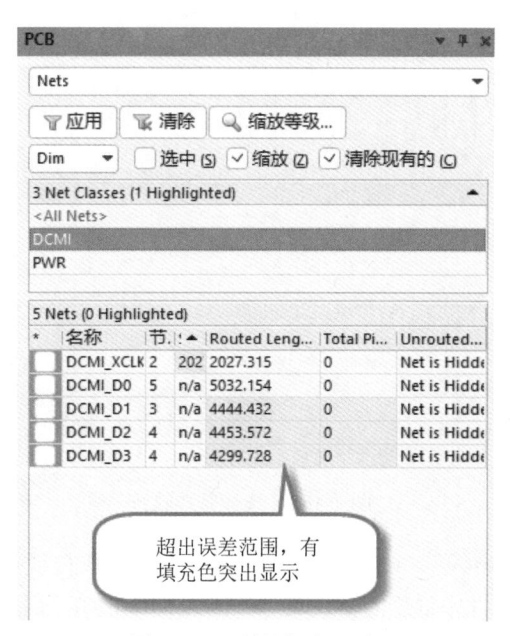

图 1-134 误差超出显示

1.2.5 多个网络的自动长度调整

使用"自动长度调整"命令可以同时对多个网络布线快速等长。对线路进行等长之前，需要对相关网络进行分组，并设置相应的匹配长度 Matched Lengths 规则，如图 1-135 所示。

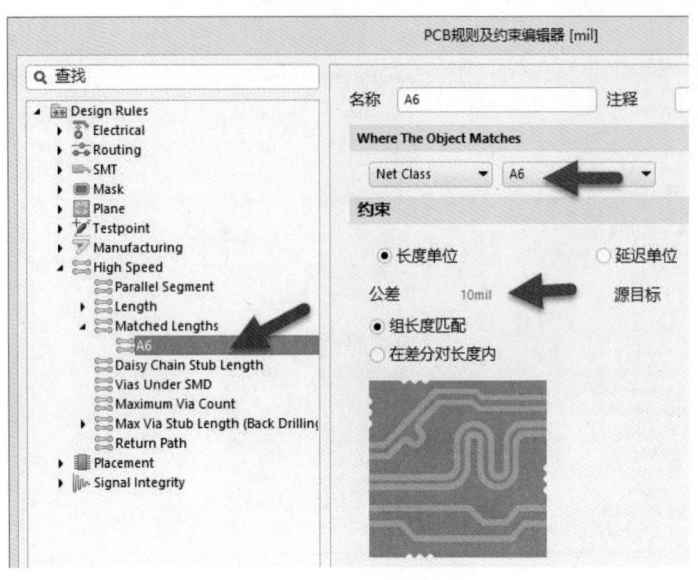

图 1-135　设置等长规则

设置好规则之后，选择需要调整的网络走线轨迹，如图 1-136 所示，可从 PCB 面板中的 Net Class 中看出布线长度最长为 856.651mil，最短为 709.73mil。

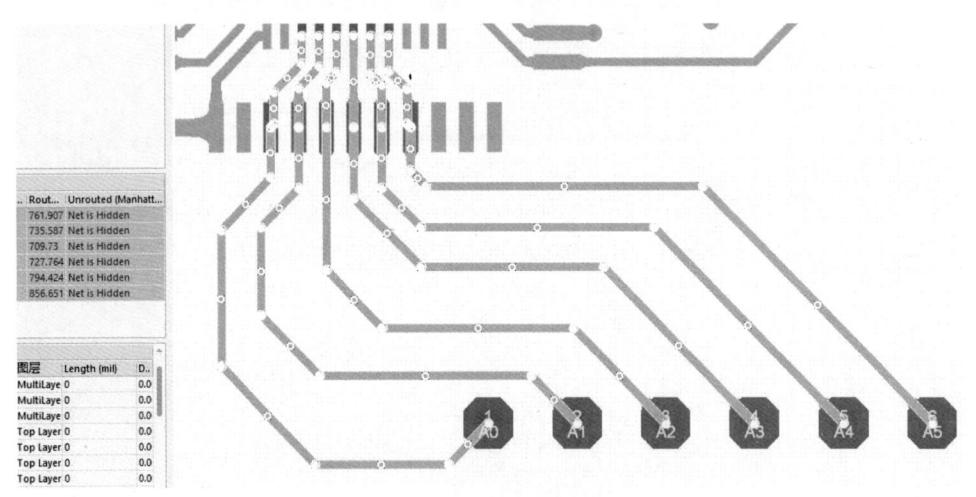

图 1-136　选择布线轨迹

执行菜单栏中的"布线"→"自动长度调整"命令或按快捷键 Ctrl+Alt+T，在弹出的 Auto Tuning Process 对话框中根据需要设置等长样式，单击 OK 按钮即可，如图 1-137 所示。

注意：如果需要等长的多个网络间距太近，需在执行"自动长度调整"命令之前手动将线间距拉开一点，使每个网络有足够的等长空间。

自动调整长度的情况如图 1-138 所示，可以看出布线长度最长为 856.651mil，最短为 854.152mil，符合规则设定的 10mil 误差。

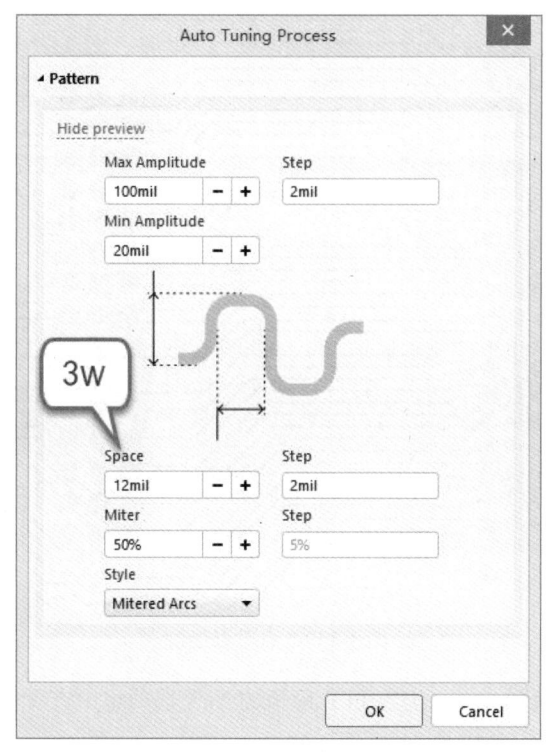

图 1-137　Auto Tuning Process 对话框

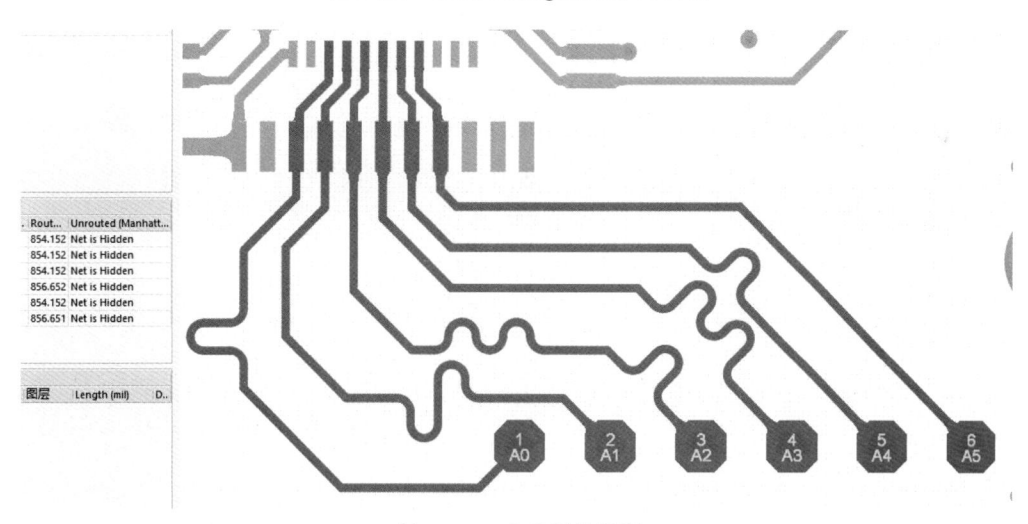

图 1-138　自动调整长度

1.2.6　等长的拓扑结构

1. 点对点连接

点对点连接，即一个焊盘连接到另一个焊盘，连接通道上是相对唯一的，主要是针对单片 DDR 而言，如图 1-139 所示。

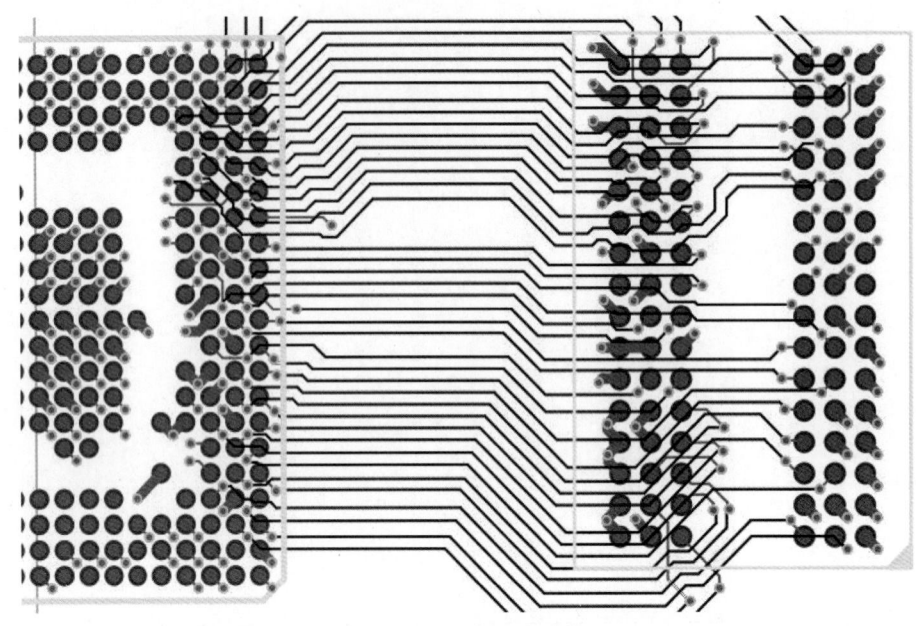

图 1-139　点对点连接

点对点的等长较为简单，只需在 PCB 面板的 Nets 选项组中查看长度，参照组内最长走线进行等长即可，如图 1-140 所示。

图 1-140　长度对比

若主控和 DDR 之间有排阻，则等长时可备份一个原理图文件，然后修改原理图，将电阻两端短接，导入 PCB 中，即可按点对点的方式等长。等长完成后，再把备份的原理图加到工程中，重新导入 PCB。又或者以电阻为分界，分次分批等长。

注意：在进行等长操作时，可使用 PCB 面板中的筛选工具，选择 Mask 或者 Dim 模式，在 PCB 面板选中网络可实现高亮效果，如图 1-141 所示。

2. T形拓扑结构

DDR2 及之后的系列与 DDR 相比，少了延时补偿技术，为了避免每片 DDR2 的时钟线和数据选通信号的长度误差太大，一般可采用 T 形结构进行绕线等长。

T 形等长简易结构如图 1-142 所示，理想状态下，本质是让 CPU 到每个 DDR 的走线长度相等，T 点两边的分支走线要求尽可能短，长度尽可能相等。实际连接如图 1-143 所示，实现 A=B=C，A1=B1=C1=A2=B2=C2。

图 1-141　筛选工具　　　　　图 1-142　T 形等长简易结构

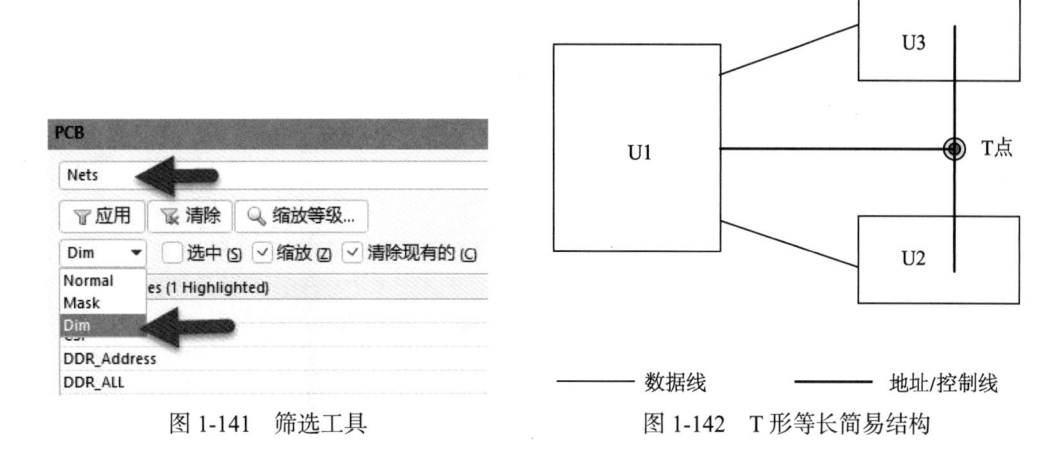

图 1-143　T 形连接

3. 菊花链拓扑结构

菊花链拓扑结构相对比较简单，其简易结构如图 1-144 所示。从图中可看出，信号是在相邻两个元件之间进行传输的，从 CPU（U1）到第一片 DDR（U2），再到第二片 DDR（U3）。实际连接图如图 1-145 所示，实现 A=B=C，A1=B1=C1。

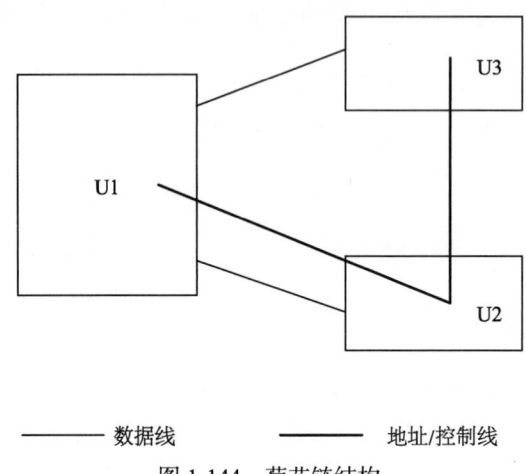

图 1-144　菊花链结构

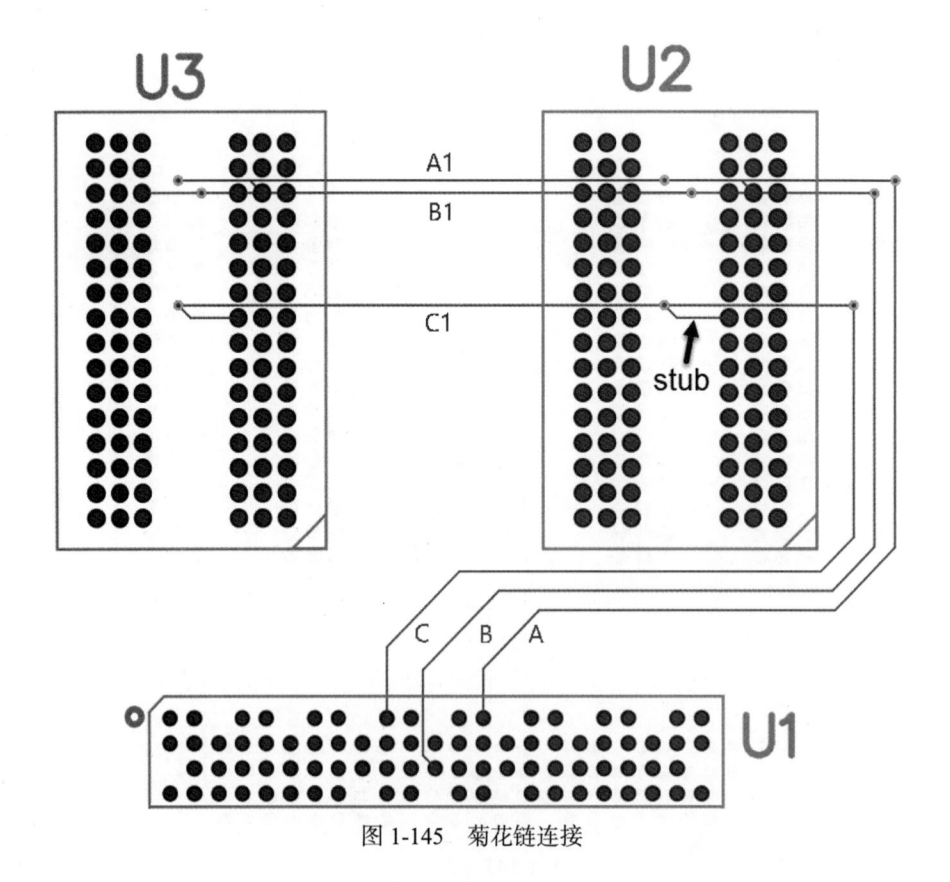

图 1-145　菊花链连接

4. Fly-by 拓扑结构

Fly-by 拓扑实际上是菊花链拓扑中的一种特殊情况。当菊花链拓扑中的支路，即 Stub 线相当短的时候（100mil 左右），可以将其称为 Fly-by，如图 1-145 所示箭头指向处。Fly-by 拓扑常见于 DDR 内存的设计中，由于 DDR 内存的存储速度极高，且 DDR 内存上的内存芯片往往是规则成行排布的，因此使用 Fly-by 拓扑相对比较合适。

需要注意的是，不是所有的 DDR 都可以使用 Fly-by 拓扑，需要保证主控芯片支持读写平衡功能，此处可通过主控芯片规格书的 DDR 控制部分查询。

5. 拓扑结构的适用范围

涉及拓扑结构，什么时候可以使用 T 形，什么时候可以使用菊花链？针对这个问题，实际并没有确切答案，设计师可以看情况进行选择。

可以综合以下几个方面考虑。

（1）DDR 的数量。一般在 4 个或者 4 个以下的拓扑，不管是 T 形还是菊花链，两者没有太大区别，信号质量都不错。若超过 4 个，建议使用菊花链，等长绕线相对简单。

（2）板子空间。有足够的空间绕线，可以使用 T 形拓扑；如果板内布线空间较紧凑，建议使用菊花链拓扑。

（3）信号速率。经仿真验证，当 DDR 速率跑到 1.6Gb/s 时，相对 T 形连接，菊花链更能满足信号完整性要求，所以此时应考虑使用菊花链拓扑结构。

1.2.7 xSignals 等长功能

Altium Designer 的线长规则 Net Length 只能检测同一网络的总线长度，无法对同一网络中某段路径进行长度显示及调试，而 xSignals 可以解决这类问题，即 xSignals 可以定义 2 个节点之间的信号路径——可以是网络中的 2 个节点，或是关联网络中被元件隔开的 2 个节点。

1. 器件之间创建 xSignals

（1）以菊花链为例，两片 DDR 之间的信号连接完之后，先将要使用 xSignals 的网络设置为一个 NetClass（本小节以 DDR_A 网络类为例）。单击 PCB 编辑器右下方的 Panels 选项打开 PCB 面板，在 PCB 面板设置为 xSignals 面板，如图 1-146 所示。

图 1-146 PCB 面板

（2）执行菜单栏中"设计"→xSignal→"创建 xSignals"命令，或者按快捷键 D+X+X，如图 1-147 所示。将会弹出 xSignal 的创建对话框。

图 1-147　创建 xSignals

（3）"在器件之间创建 xSignals"对话框中，左侧选择第一个匹配的器件位号（一般为 CPU 器件），右侧选择第二个匹配的器件位号（此处可多选），在 NetClass 处选择之前创建的网络类，然后单击"分析"按钮，等待软件创建 xSignals 即可，如图 1-148 所示。

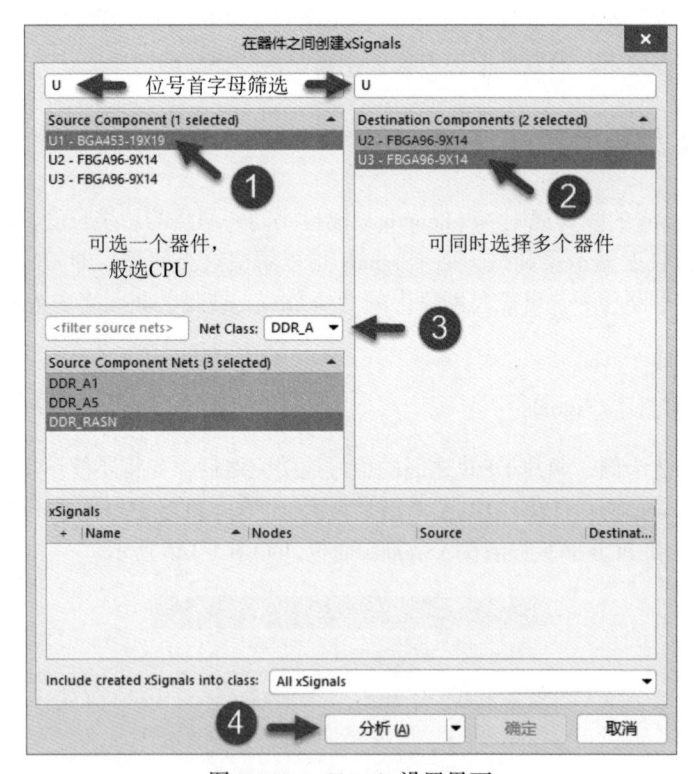

图 1-148　xSignals 设置界面

（4）为明确各个线段的长度，建议用户分开创建 xSignal，即 Destination Components 选择栏中只选一个器件，然后将 Include created xSignals into class 命名为 PP1，如图 1-149 所示。

分析完成之后，软件会自动将长度添加到 PCB 面板中，单击"确定"按钮，即可完成创建。

图 1-149　创建 PP1

（5）上述方式同样创建 PP2，创建成功的 xSignals 如图 1-150 所示，可知各网络 PP1（U1-U2）、PP2（U2-U3）的长度。

图 1-150　成功添加 xSignals

（6）单击 PP1 和 PP2 的高亮效果如图 1-151 所示。

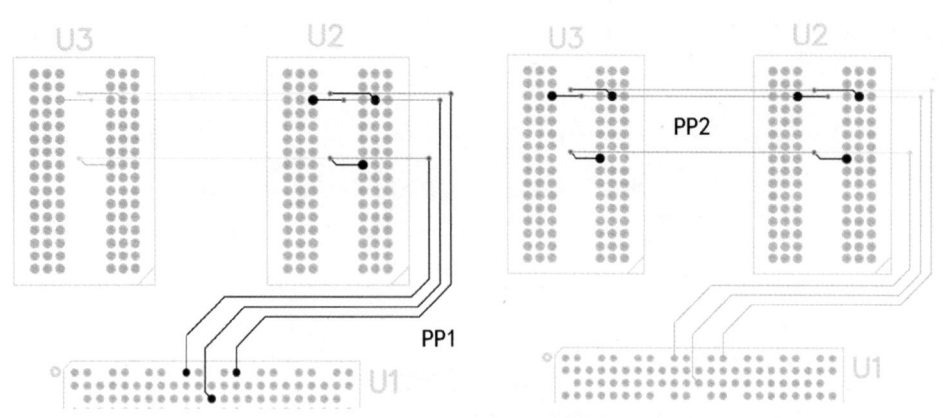

图 1-151　线路高亮图

（7）按快捷键 D+R 进入"PCB 规则及约束编辑器"对话框，设置 xSignal 等长规则，如图 1-152 所示。

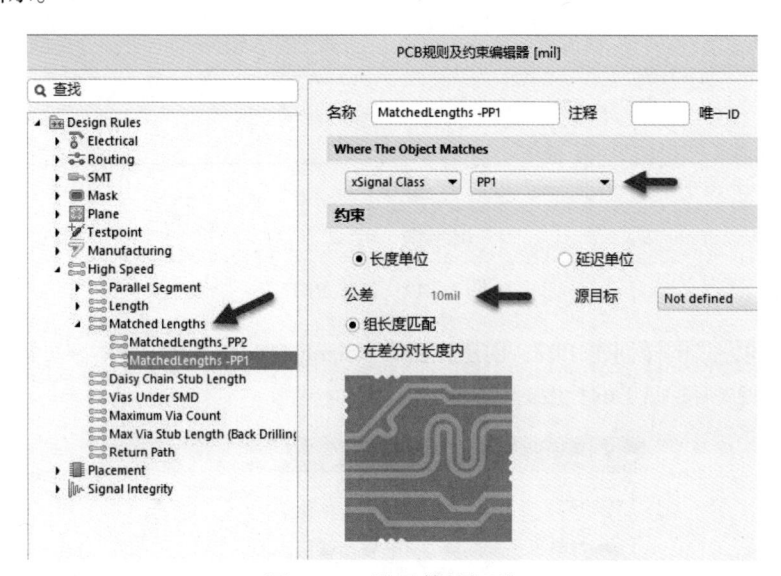

图 1-152　设置等长规则

2. 为串联端接设置 xSignal

（1）打开一组包含串联电阻的总线信号，如图 1-153 所示。

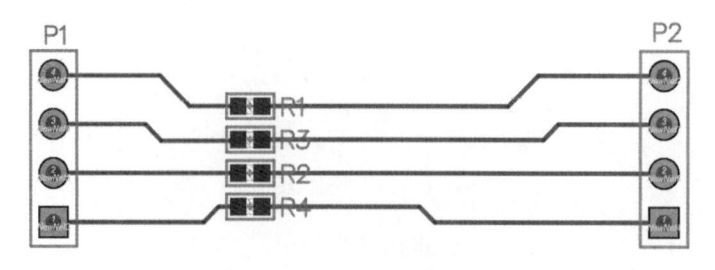

图 1-153　包含串联电阻的总线

（2）同时选择 R1～R4，然后右击其中一个器件，在弹出的快捷菜单中执行 xSignals→"以连接的网络创建 xSignal(N)"命令，如图 1-154 所示。

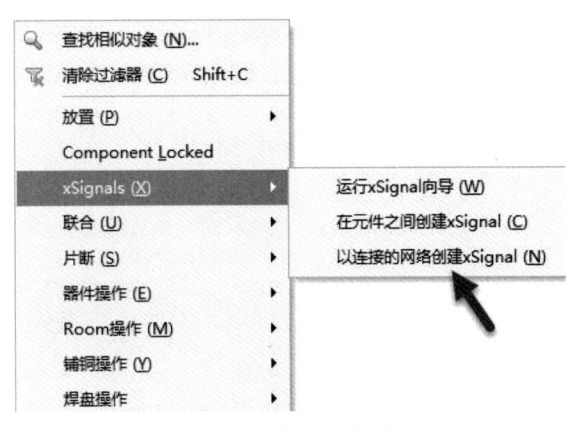

图 1-154　以连接的网络创建 xSignals

（3）在弹出的"从连接网络创建 xSignals"对话框中，确保已选择 Source Component 窗格中的 4 个电阻，已选择所有与电阻相连接的 Source Component Nets。可选择修改 xSignals class 名称或者保持默认，然后单击"分析"按钮，等待分析完成后，按"确定"按钮，如图 1-155 所示。

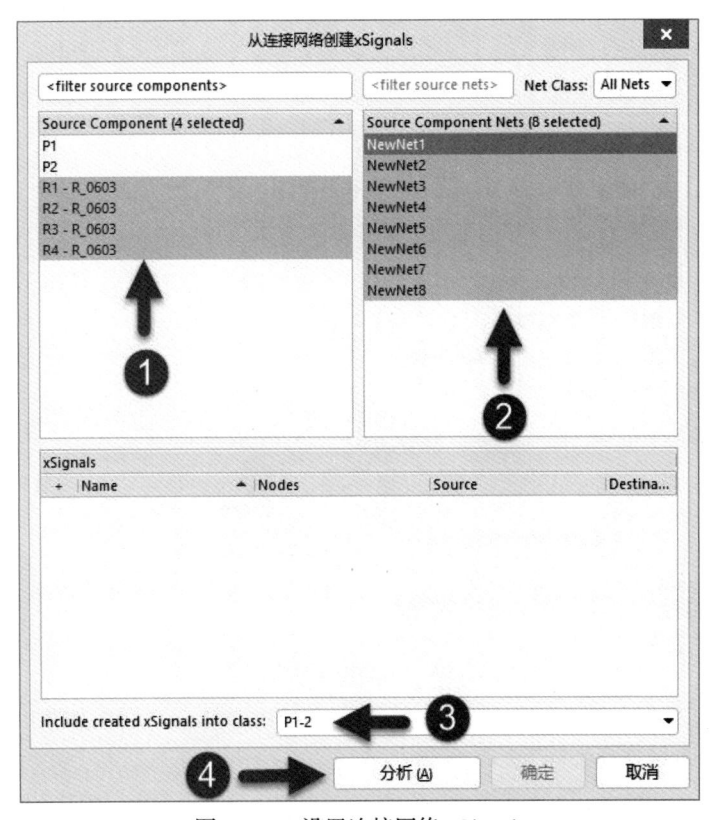

图 1-155　设置连接网络 xSignals

（4）创建完成的 P1-2 中，可看出 Signal Length 显示的是 4 个连接点的总长，单个 xSignal 的高亮效果如图 1-156 所示。

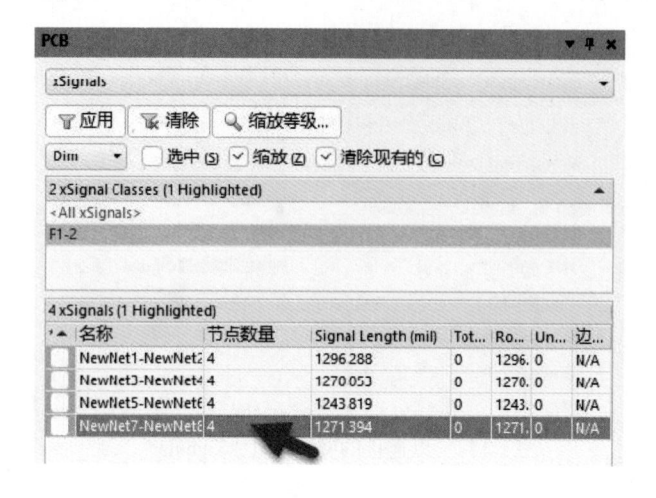

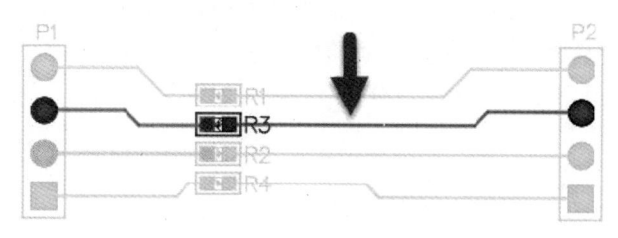

图 1-156　xSignal 的高亮效果

（5）按图 1-152 的方式设置 Matched Lengths 规则，然后按快捷键 D+R 进行等长处理，可在电阻的任一侧进行调整，等长之后如图 1-157 所示。

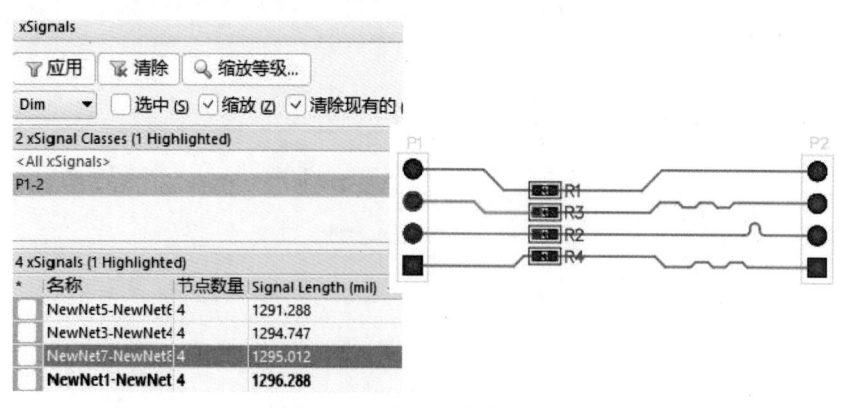

图 1-157　串联电阻的总线等长

3. 利用向导创建 xSignal

（1）执行菜单栏中"设计"→xSignal→"运行 xSignal 向导"命令，如图 1-158 所示。在弹出的向导界面中单击 Next 按钮，如图 1-159 所示。

图 1-158　运行 xSignal 向导　　　　　图 1-159　向导界面

（2）进入 Select the Circuit 对话框，选择应用的电路模式，并设置相应的长度误差。填写完后单击 Next 按钮，如图 1-160 所示。

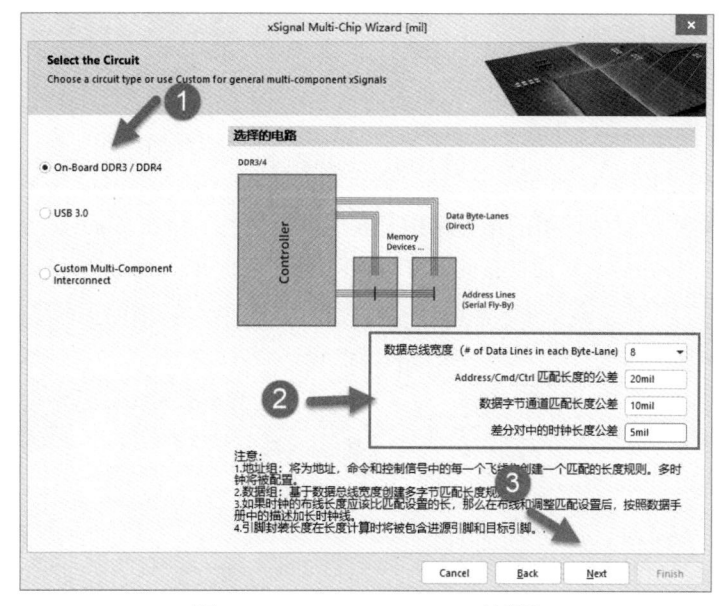

图 1-160　Select the Circuit 对话框

① On-Board DDR3/DDR4：包含有 DDR3、DDR4 这类存储器（本小节以此为例）。

② USB 3.0：板内有 USB 3.0，可处理用户制定的每个控制器到连接器之间差分对的所有 USB 3.0 的通道。

③ Custom Multi-Component Interconnect：自定义选择类型。用于在所选的目标组件之间定义多个 xSignals。

④ 数据总线宽度：用于选择数据位类型，一般为 8 或者 16，以 DDR 类型为准。

⑤ Address/Cmd/Ctrl 匹配长度的公差：地址/控制线的匹配误差，一般为 100mil，具体

应参考 DDR 的设计要求，用户可自行设置小一些。

⑥ 数据字节通道匹配长度公差：数据线之间的误差，一般为 50mil，具体应参考 DDR 的设计要求，用户可自行设置小一些。

⑦ 差分对中的时钟长度公差：差分时钟的误差，一般为 5mil。

（3）根据需要选择建立 xSignals 的器件，之后单击 Next 按钮，如图 1-161 所示。

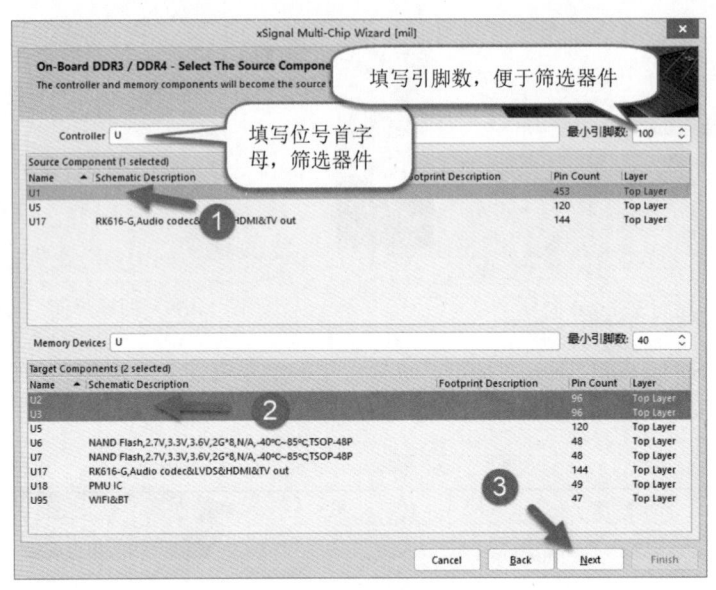

图 1-161 选择器件

（4）根据需要设置地址组的拓扑结构及相应的类名称。单击 Analyze Syntax & Create xSignal Classes→按钮后，对话框右侧会分析出对应的地址线，如图 1-162 所示。继续单击 Next 按钮。

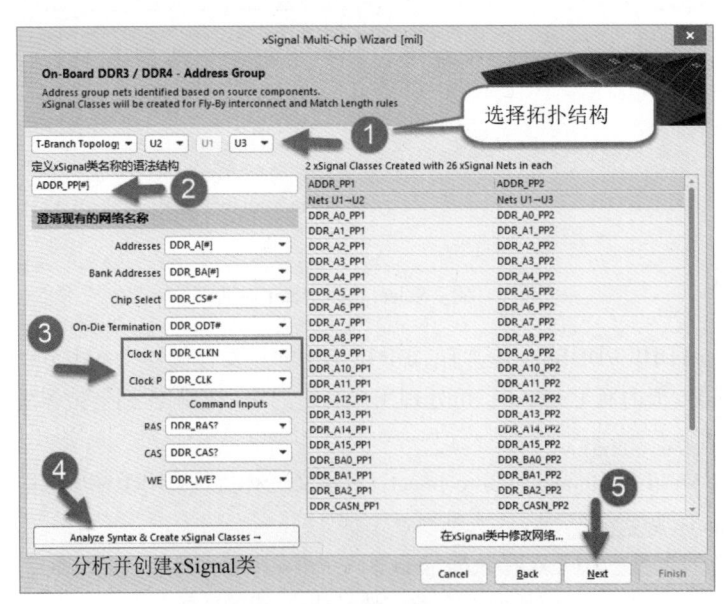

图 1-162 设置 Address Group 参数

（5）设置数据线的匹配参数。与第（4）步类似，之后会分析出相应的数据线，如图 1-163 所示（若不需要建立数据线的 xSignal 关系，此页面可不做设置）。单击 Finish 按钮，即可看到 xSignal 编辑器出现相应分类，如图 1-164 所示。

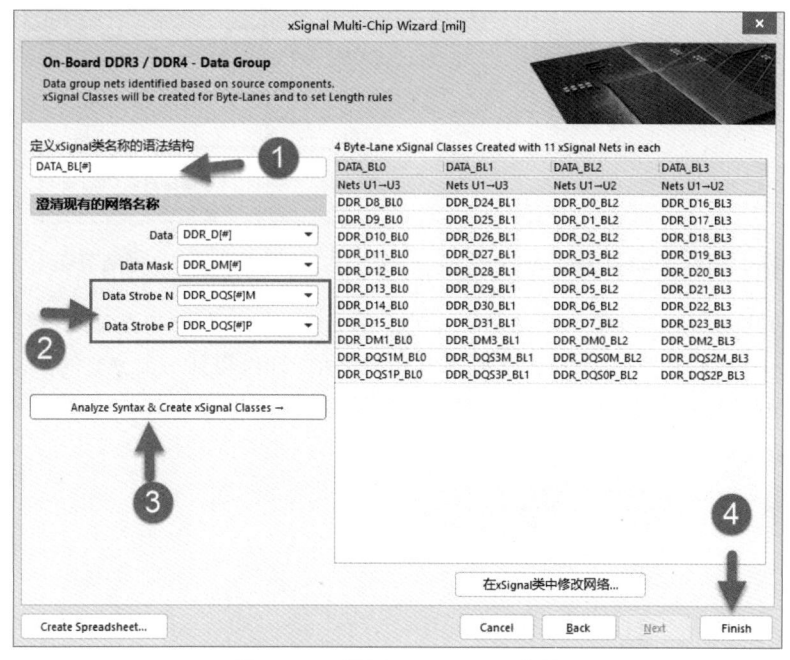

图 1-163　设置 Data Group 参数

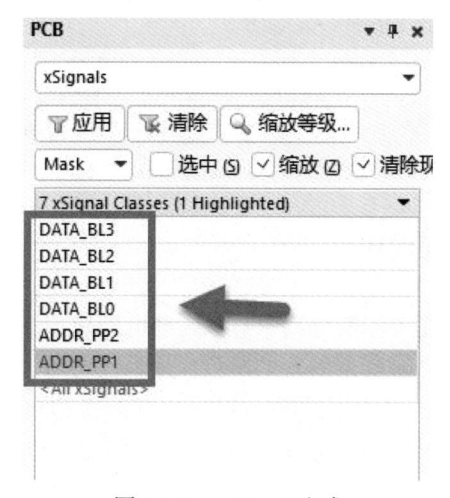

图 1-164　xSignal 生成

1.2.8　From to 等长功能

（1）打开 PCB 面板，将 PCB 下拉选项框选定为 From-To Editor，如图 1-165 所示。

（2）以 T 形连接的双片 DDR 为例。选中需要进行等长的网络，如 DDR_A0，则下方会弹出该网络所对应的网络节点，如图 1-166 所示。

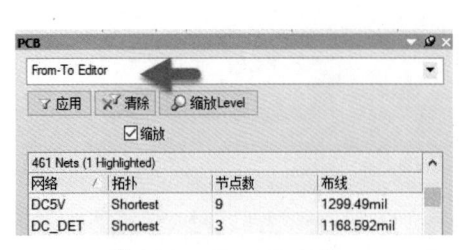

图 1-165　From-To Editor

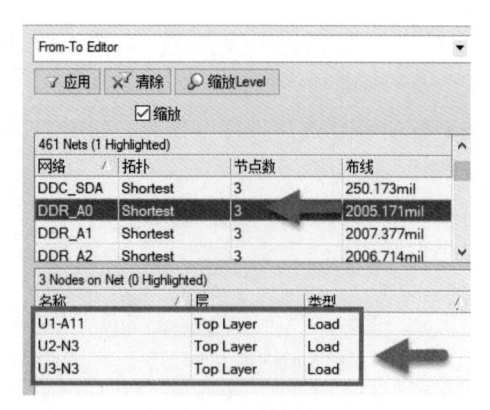

图 1-166　网络节点

（3）同时选中 CPU 和第一片 DDR 的节点，例如"U1-A11"和"U2-N3"，单击 Add From To DDR_A0（U1-A11:U2-N3）按钮，如图 1-167 所示，即可得到一个分支的 From to 路线。同样的方式建立另一分支的 From to 路线。建立好的 From to 路线如图 1-168 所示。

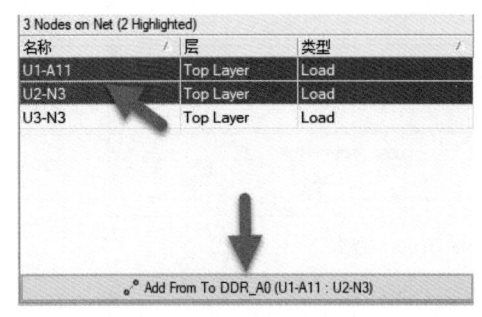

图 1-167　建立 From to 路线

图 1-168　建立好的 From to 路线

（4）由图 1-168 的"路线"一栏中看出，创建好的 From to 路线分别代表 CPU 到每片 DDR 焊盘的距离。通过数据比对及绕线可实现对左右分支的等长控制。

1.2.9　PCB 多板互连装配设计

许多产品包括多个互连的印制电路板，将这些电路板放在外壳内并确保它们正确连接是产品开发过程中的一个具有挑战性的阶段。是否已在每个连接器上正确分配网络？连接器是否正确定位？插件板是否装在一起？所有连接的电路板是否都适合机箱？产品开发周期后期的一个错误将会使得成本高昂，无论是重新设计的成本还是推迟上市的成本。

为了解决这一问题，需要一个支持系统级设计的设计环境。理想情况下，这是一个可以在其中定义功能或逻辑系统，以及可以将各种板插在一起并验证它们在逻辑上和物理上都能正确连接的空间。

Altium Designer 24 为电子产品开发过程带来了系统级设计。整个系统设计在 Altium Designer 中作为多板项目创建。在该项目中，逻辑系统设计是通过将模块放置在多板原理图上来制定的，其中系统中的每个物理板由模块表示。每个模块都参考各个模块中的 PCB 和原理图。

一旦模块在多板原理图上相互连接，就可以验证板到板的连接。这将检测网络到引脚分配错误和引脚到引脚的互连布线错误。可以解决这些错误并将修改信息更新到对应的 PCB 中，或者重新更新到源系统原理图中。

印制电路板不是孤立存在的，它们通常与其他板组装在一起，并且板的组件容纳在壳体或外壳内。Altium Designer 的多板装配功能有助于完成设计过程的这一阶段，多板装配编辑器允许单独的板旋转、对齐并相互插入。它还允许将其他零件（包括其他板、组件或 STEP 格式 MCAD 模型）导入并定位到装配中。

前面是关于 Altium Designer 多板装配的介绍，下面将通过一个案例来演示在 Altium Designer 24 中如何实现多板装配。

（1）首先创建多板项目（*.PrjMbd）。打开 Altium Designer 软件，执行菜单栏中"文件"→"新的..."→"项目"→Multiboard 命令，新建一个多板项目并选择存放路径，单击 Create 按钮即可创建一个多板项目，如图 1-169 所示。

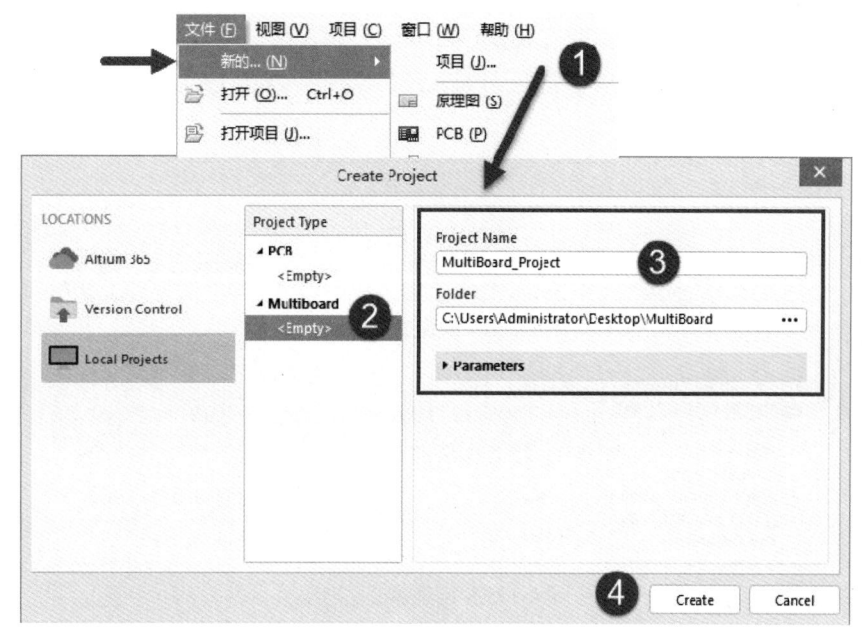

图 1-169　创建多板项目

（2）添加需要装配的子项目到多板项目中。打开 Projects 面板，在新建的 MiniPC.PrjMbd 工程文件上右击，在弹出的快捷菜单中执行"添加已有文档到工程"命令，添加需要的多板子项目到多板工程中，如图 1-170 所示。

（3）创建多板原理图。构成多板系统设计的 PCB 项目之间的连接是通过在多板原理图上放置模块，并使用虚拟连线/线缆/线束将各个模块连接在一起来建立的。新建多板原理图的方法如图 1-171 所示，多板原理图文件后缀名为.MbsDoc。

（4）放置代表子 PCB 项目设计的模块。执行菜单栏中"放置"→"模块"菜单放置在工作区中，或者在编辑器的 Active Bar 中选择 Module 按钮，如图 1-172 所示。

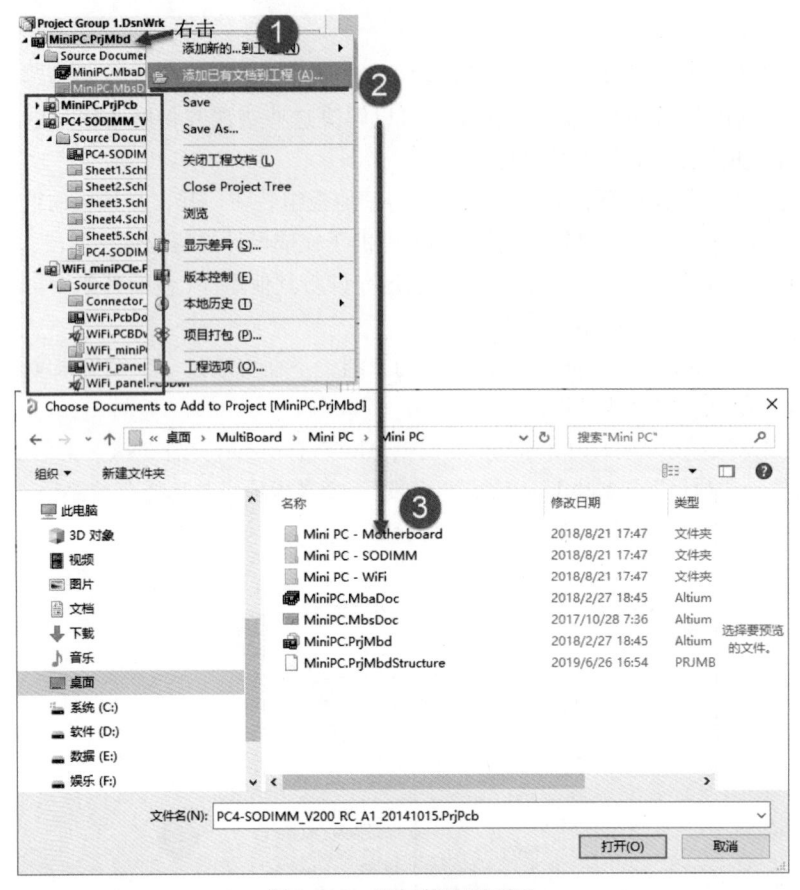

图 1-170　添加装配子项目

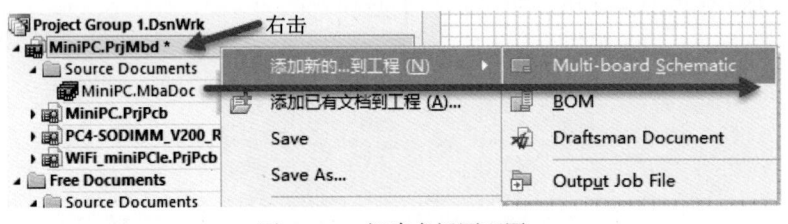

图 1-171　新建多板原理图

图 1-172　放置模块

（5）设置模块参数。选择放置的模块，并使用 Properties（属性）面板定义 Designator 和 Title 以及 Source，该源项目可以设置为本地文件（即前面需要装配的多板子项目）或基于服务器的管理项目，如图 1-173 所示。

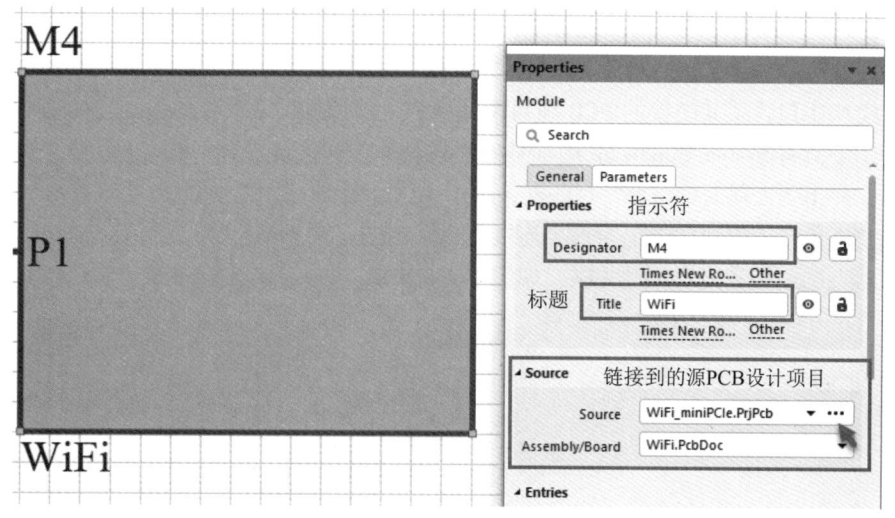

图 1-173　设置模块参数

（6）设置多板子项目源原理图文件的连接关系。代表多板系统设计中的子板设计的 Altium Designer PCB 项目将包含特定连接，例如边缘连接器或插头/插座，作为系统设计中其他 PCB 的电气和物理接口，这些连接及其相关的网络需要通过多板原理图（逻辑）设计文档进行检测和处理，以在系统级设计中建立板间连接。

通过在源 PCB 项目的原理图中设置特定元件的参数来建立板间连接，对于多板装配设计中具有连接关系的每个连接器，需要在源 PCB 项目中的原理图中选择相应的连接器部件，然后在 Properties 面板的 Parameters 标签下添加特殊的参数值，如图 1-174 所示。

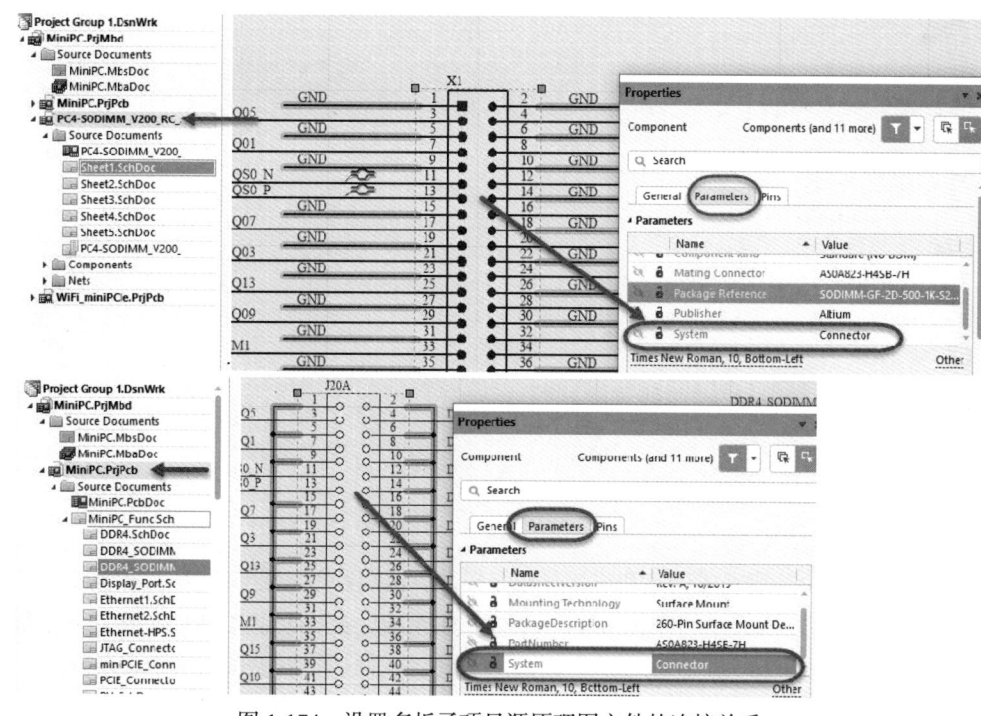

图 1-174　设置多板子项目源原理图文件的连接关系

（7）导入子项目数据。前面准备工作完成后，接下来通过执行菜单栏中"设计"→"从子项目导入"命令，或者执行菜单栏中"设计"→"从选定的子项目导入"命令导入项目数据，模块中包含了其链接的 PCB 项目设计中的设计数据。最重要的是，它处理来自子项目原理图中具有 System:Connector 附加特殊参数的每个连接器的 Pin 和 Net 数据。执行导入命令后，弹出"工程变更指令"对话框，单击"执行变更"按钮，如图 1-175 所示。导入完成后，将在各自的模块图形上为每个连接器自动创建模块 Entry。连接器 Entry 与子项目中的连接器上的引脚和网络主动关联，如图 1-176 所示。

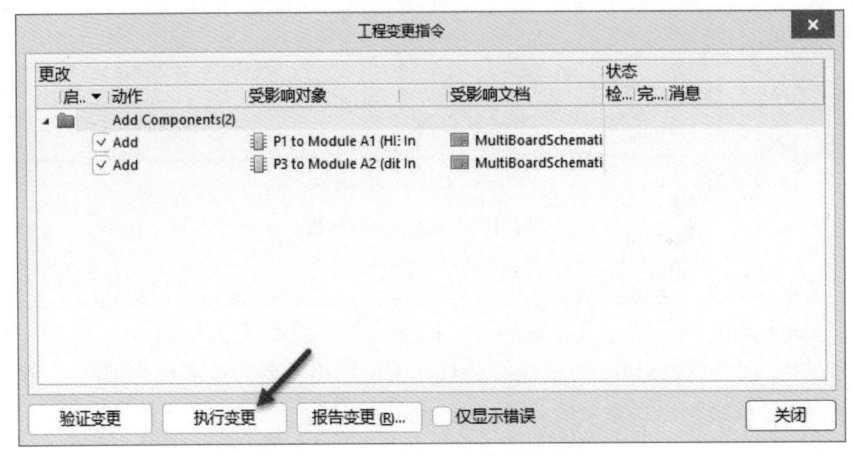

图 1-175 "工程变更指令"对话框

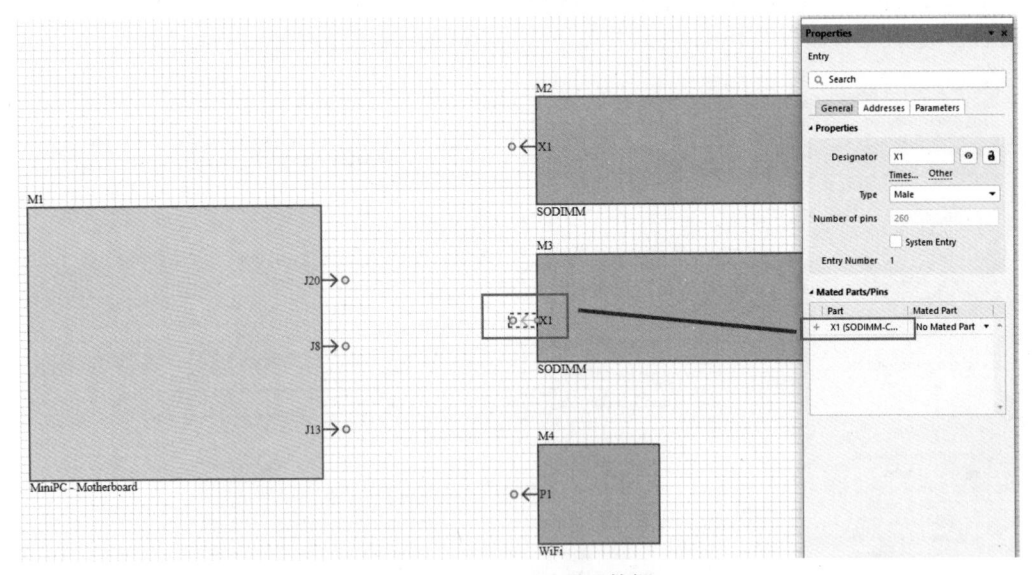

图 1-176 导入子项目数据

（8）连接模块。要完成创建和连接子项目模块，需要在模块之间放置逻辑连接。多板原理图编辑器的"放置"菜单栏提供了一系列连接类型，执行菜单栏中"放置"→"直接连接"命令，单击并拖动"模块入口"点之间的连线以创建逻辑连接。此外，多板原理图编辑器中的所有元素（包括 Entry 对象）都可以拖动到新位置，如图 1-177 所示。

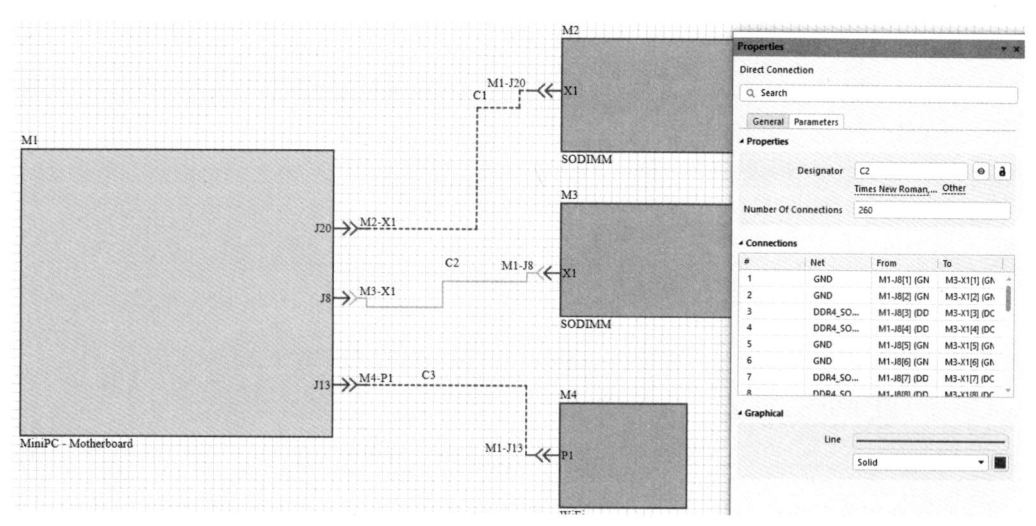

图 1-177 连接模块

（9）新建多板装配文档。执行菜单栏中"文件"→"新的"→"多板装配"命令，新建一个多板装配文档并保存到多板项目中，如图 1-178 所示。

图 1-178 新建多板装配图

（10）将多板装配设计更新到多板装配文档。打开新建的多板装配文档，在其编辑环境下执行菜单栏中"设计"→Import Changes From MultiBoard_Project.PrjMbd 命令，当执行这一命令后，软件弹出"工程变更指令"对话框，询问多板原理图中的每个模块，识别为每个子 PCB 项目选择的 PCB，并显示将每个板添加到其中所需的修改列表，如图 1-179 所示。

单击"执行变更"按钮后，多板 PCB 将加载到多板装配编辑器中，每块电路板都放置在工作空间中，如图 1-180 所示。

图 1-179　"工程变更指令"对话框

（11）在工作区定位视图。当第一次将多板 PCB 加载到多板装配编辑器中时，它们整齐地放在同一平面上，可以将它们想象成在虚拟桌面上彼此相邻布局。接下来的装配步骤需要用户移动 PCB，这时会发现一个问题，在多板装配过程中，需要移动、旋转、拉近板子，最终可能会不确定板子往哪个方向移动了，因此，需要掌握视图的定位。

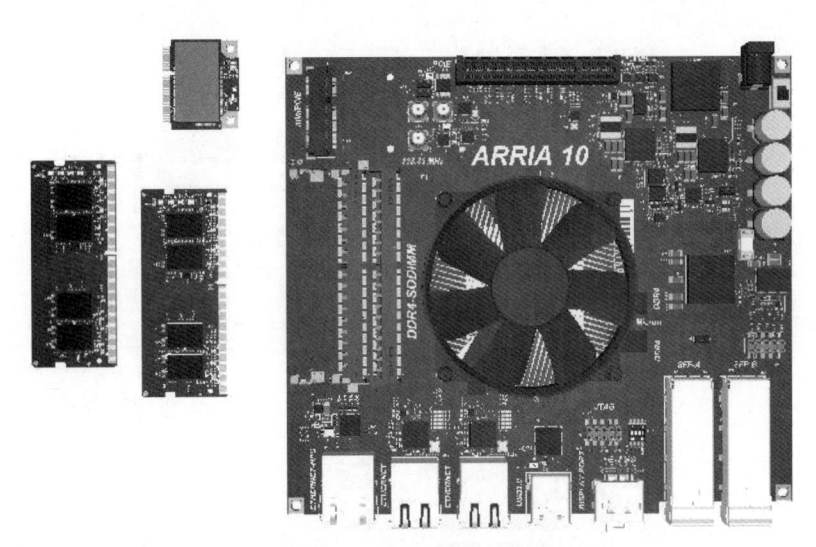

图 1-180　多板装配电路板

在多板装配编辑器工作区左下方是红色/绿色/蓝色轴标记，这称为工作区 Gizmo。当选择一个板子时，会出现另一个 Gizmo，称为对象 Gizmo，使用 Gizmo（彩色箭头/平面/圆弧）控制工作区的视图以及工作区内对象的方向，如图 1-181 所示。

工作区 Gizmo 用于将视图的方向更改为工作区。每个工作空间轴及其对应的平面都分配了一种颜色：

● 蓝色箭头——Z 轴，查看 XY 平面。可以将其视为顶视图或底视图。
● 红色箭头——X 轴，查看 YZ 平面。可以将其视为前视图或后视图。
● 绿色箭头——Y 轴，查看 XZ 平面。可以将其视为左视图或右视图。

按快捷键 Z，或单击工作区 Gizmo 上的蓝色，将视图重新定向为俯视 Z 轴，直接接入

XY 平面。再次单击蓝色可从相反方向查看，或者使用 Shift+Z 快捷键。

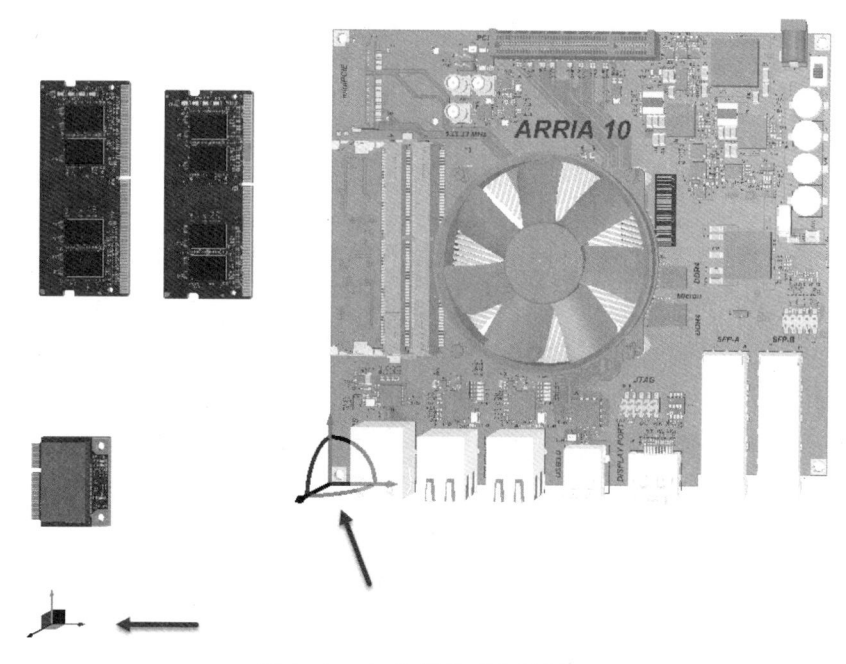

图 1-181　红色/绿色/蓝色轴标记

按快捷键 X，或单击工作区 Gizmo 上的红色，将视图重新定向为俯视 X 轴，直接进入 YZ 平面。再次单击红色可从相反方向查看，或使用 Shift + X 快捷键。

按快捷键 Y，或单击工作区 Gizmo 上的绿色，将视图重新定向为俯视 Y 轴，直接进入 XZ 平面。再次单击绿色可从相反方向查看，或使用 Shift + Y 快捷键。

对象 Gizmo 用于调整 PCB 方向和位置。当用户单击其中一块 PCB 时，它将以选择的颜色突出显示（默认为绿色），并且将出现彩色方向线和圆弧，如图 1-182 所示。这些彩色线条和弧线统称为对象 Gizmo，用户可以单击并拖动以移动或重新定向该板。

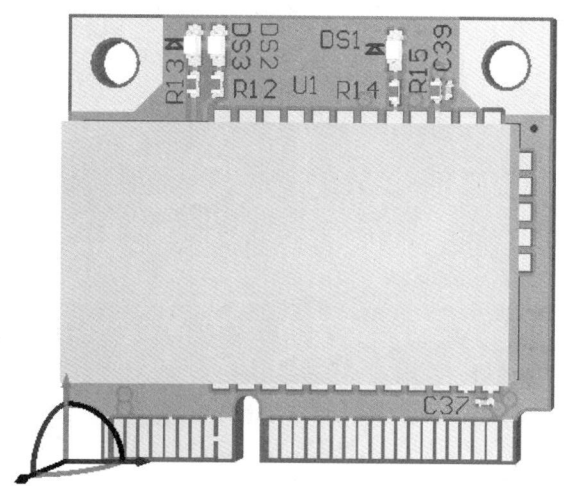

图 1-182　对象 Gizmo

显示"对象 Gizmo"时，单击并按住：
- 对象 Gizmo 箭头：沿对象轴移动对象。
- 对象 Gizmo Arc：围绕该对象轴旋转对象。在旋转期间，只要对象轴与工作空间轴对齐，就会有轻微的黏性。
- 选定对象：在当前视图平面上移动对象。由于当前视图平面是由当前具有面向视图的方式定义的，因此如果使用此技术移动对象，则很难预测对象在三维空间中的位置。

（12）进行多板装配。利用前面介绍的在工作区定位 PCB 视图的方法，将多板 PCB 进行装配。装配完成后的效果如图 1-183 所示。

图 1-183　多板 PCB 装配完成后的效果图

（13）将其他对象添加到多板装配中。除了多板原理图中引用的 PCB 之外，还可以将其他对象加载到多板组件中。通过"设计"菜单栏中的命令，可以将另一块 PCB 插入此组件中，或者将另一个多板组件插入此组件中，还可以将 STEP 格式机械模型插入此装配中，如图 1-184 所示。

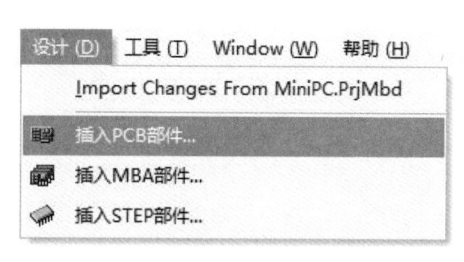

图 1-184 将其他对象添加到多板装配中

1.2.10 ActiveBOM 管理

选择良好的元件是每个电子产品成功的基础，因此工程师应该如何选择最合适的元件？设计工程师翻阅已经翻烂了的元件数据手册、在纸上匆匆记下元件列表中各元件的型号，在第一次生产时需要用到采购的元件时却又忘记了那张纸，那些日子已经一去不复返了。

因此工程师选择的元件不仅需要满足必要的技术要求，还必须考虑价格、是否有货、交货时间以及装配和测试阶段对该元件的要求。选择错误的元件可能代价高昂：不仅增加最后的单价，而且可能影响产品的交付计划，甚至决定产品在市场上的最终成败。

ActiveBOM 是功能强大的物料清单管理编辑器，它将全面的 BOM 管理工具与 Altium 强大的部件信息聚合技术结合在一起，帮助用户管理元件。无论如何，最终设计中使用的每个元件必须具有详细的供应链信息。以前，工程师不得不在创建元件库或原理图设计过程中将供应链信息添加到每个元件中，或者对其设计 BOM 进行后处理，以便随后添加供应链信息。在最新发布的 ActiveBOM 版本中，此约束已不复存在。目前，工程师可以在设计期间随时将供应链信息添加到元件；也可以直接将供应链信息输入 BOM 中而非原理图元件中。

这种将供应链详细信息直接输入 BOM 中的功能，不再只是简单地输出文件，还改变了 BOM 文档在 PCB 项目中的作用。ActiveBOM 提供了元件管理过程，使其与原理图设计和 PCB 设计过程同时进行，其中 ActiveBOM 的 BOM 文档成为了 PCB 项目所有 BOM 数据的来源并应用于所有 BOM 类型的输出。

除了布局在原理图中的元件，其他元件和特定的 BOM 数据也可直接添加到 ActiveBOM 中，例如，待详细说明的元件、紧固件、空白板或安装胶水。也可以添加自定义列，包括特定的"行号"列，支持自动和人工编号，具有全文复制/粘贴功能。

对于包含制造商信息的设计元件，ActiveBOM 可通过 Altium Cloud Services 访问详细和最新的供应链信息。本功能不仅限于来自托管内容服务器的元件，还支持"链接供应商"的元件，以及在参数中已有合适的制造商详细信息的元件。ActiveBOM 在上方列出 BOM 中的"条目"列表，而所选"条目"的供应链状态显示在下方，如图 1-185 所示。

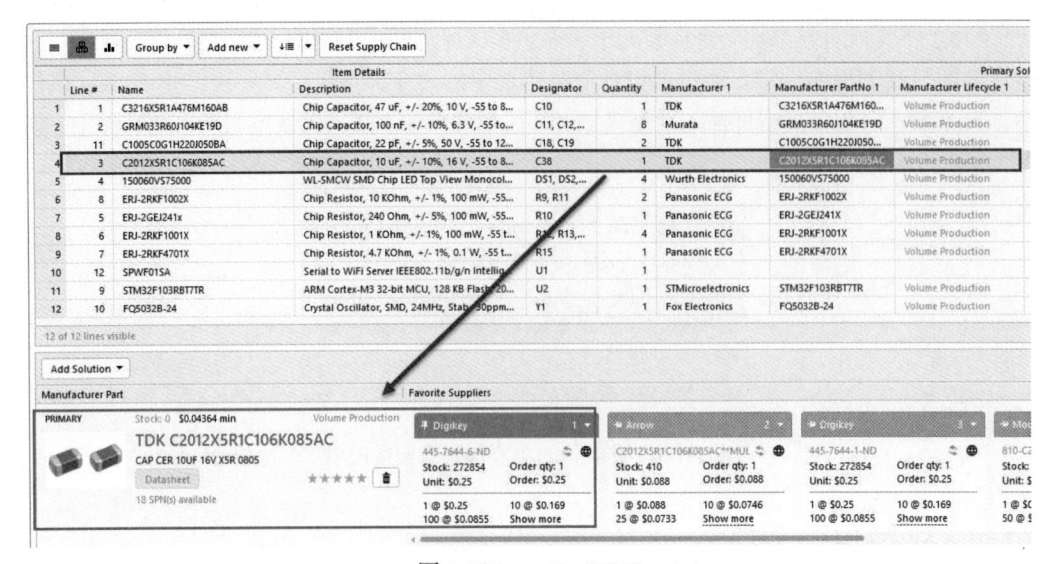

图 1-185 ActiveBOM

下面介绍在 Altium Designer 24 中使用 ActiveBOM 进行 BOM 管理的方法。

1. 创建 BOM 文档

用于 ActiveBOM 的 BOM 文档也称为 BomDoc。执行菜单栏中"文件"→"新的"→"ActiveBOM 文档"命令，或者在 Projects 面板中右击所选的项目，从弹出的快捷菜单中执行"添加新的…到工程"→ActiveBOM 命令，将新的 BOM 添加到该项目。注意，每个 PCB 项目只能仅包含一个 BomDoc。

在将新的 BomDoc 添加到项目时，原理图将自动验证并且将现有的元件列入 BomDoc 中。如果有可用的供应链数据，合适的制造商元件将详述于界面下方区域。如果有另外的元件被放在原理图上，这些元件将自动添加到 BomDoc 中。通过单击位于元件列表上方的 Add new 按钮，还可直接将其他 BOM 条目和其他参数手动添加到 ActiveBOM 中。

2. BOM 条目列表

BomDoc 的上方区域是一张表格列表，其中包括了在 PCB 设计项目中检测到的所有元件以及直接添加到此 BomDoc 中的所有其他 BOM 条目。此区域也称为 BOM 条目列表，如图 1-186 所示。

图 1-186 显示在"基本"视图中的 BOM 条目列表

有 3 种视图模式可用于展示 BOM 条目，单击表格中的按钮选择所需的模式：

① ≡ Flat view：每个元件占一行。

② Base view：项目中每个不同元件占一行，Designator 列列出了此类型所有元件的标号。多个展示选项可用于对标号进行分组，在属性面板中选择需要的标号分组模式。

③ Consolidated view：当项目包含变量时，使用该视图显示所有变量的合并 BOM。

元件清单支持多个类似于数据表的编辑功能，包括：

- 使用 Properties 面板的栏制表符来显示/隐藏栏并定义该栏的别名，如图 1-187 所示。

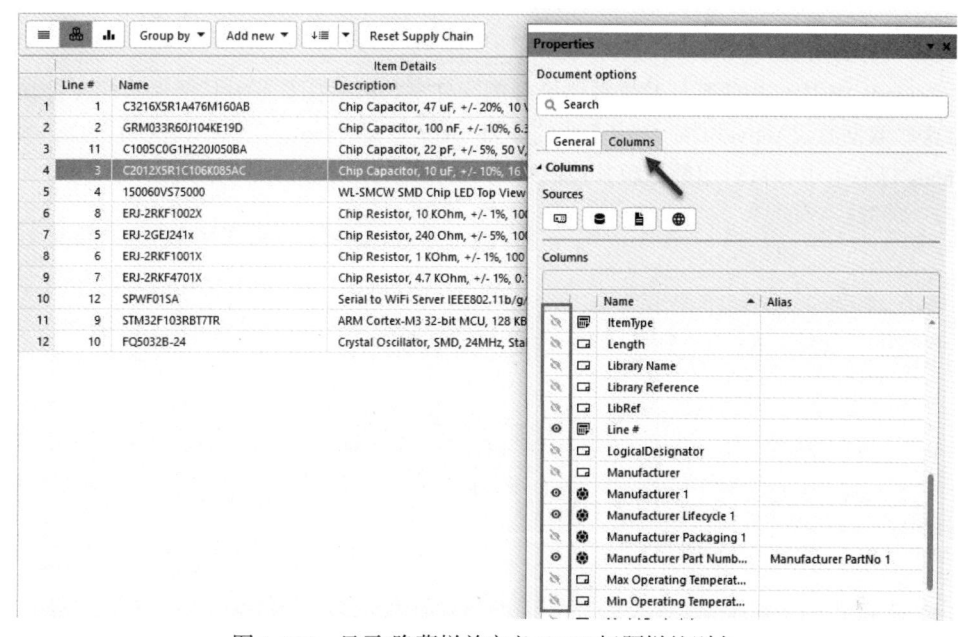

图 1-187　显示/隐藏栏并定义 BOM 标题栏的别名

- 拖动或下拉，以更改栏的顺序。
- 按照任一栏分类，按住 Shift 键，在随后的栏上进行再次分类。
- 使用标准 Windows 选择方法选择单元格。
- 从 ActiveBOM 中复制单元格内容，将值从外部数据表编辑器粘贴到定制 ActiveBOM 栏内。
- 单击基础视图内的"设置行号"按钮 ，对每一行添加行号。单击按钮右侧的下拉图标，打开"行号选项"对话框，在此定义起始值和增量值。
- 单击"添加"下拉菜单 Add new ，添加新的行或栏。

3. 自定义 BOM 条目和列

PCB 设计项目的 BOM 管理要求对布局在原理图和 PCB 之外的元件和 BOM 条目进行管理。在 PCB 设计项目中，有许多使用自定义 BOM 条目或参数的情况。对于这些情况，ActiveBOM 支持添加其他 BOM 条目和列（参数），随后可将这些条目和列纳入生成的 BOM 中。单击"添加"下拉菜单 Add new ，自定义 BOM 条目和列，如图 1-188 所示。

- Managed component...：管理元件。

- Custom item：附加的 BOM 条目，通常针对那些可能会需要但尚未完全了解或不存在于元件库中的条目。可使这些条目的成本计入板的总成本估算中。
- Custom row：可以简单地添加需要在设计中考虑的自定义 BOM 条目（裸板、胶水等）。自定义行中的所有字段均由用户限定。自定义行不受 ActiveBOM 管理，例如，如果器件数量设为 3，在"平面"视图中不会显示 3 个独立的条目。自定义行也不支持供应链搜索。
- Custom column：附加的 BOM 列，托管在 ActiveBOM 中，可包含任何用户定义的文本。

4. 数据源

ActiveBOM 中可用的默认数据源是原理图元件参数以及托管"条目"的保险库元件参数。根据这些数据源，ActiveBOM 生成主要的项目 BOM 条目表格。在 ActiveBOM 的属性面板 Columns 标签卡中，可启用数据源并控制数据源的显示，如图 1-189 所示。

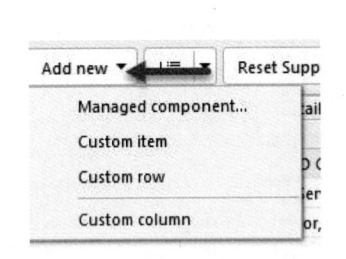

图 1-188 自定义 BOM 条目和列

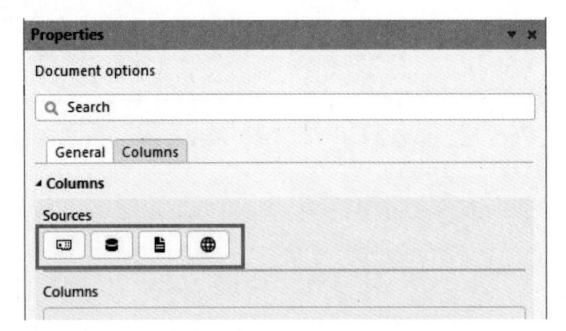

图 1-189 ActiveBOM 参数来源

- PCB Parameters：针对每个元件，将 PCB 位置/旋转/板面等数据归入可用的 Columns 中。
- Database Parameters：加载来自外部数据库的附加元件参数（通过*.DbLib、*.SVNDbLib 或*.DbLink）。
- Document Parameters：将 PCB 项目所有原理图中已检测的所有原理图文件参数归入可用的 Columns。
- Altium Cloud Services：对于已通过 Altium 元件供应商识别并显示供应链解决方案的 BOM 条目，启用本功能可访问大量附加元件数据。

5. 行号列

对于有装配图的 PCB 设计或者对于设计工程师、成本工程师或采购专员之间的 BOM 数据交换，BOM 行号（BOM 条目位置编号）是用于单独区分 BOM 行的简单方法，可用于明确识别或"查找"设计中对应的标注、元件和描述。

作为项目 BOM 数据源，ActiveBOM 支持用户定义项目 BOM 的行号，且具有手动和自动"行号"（BOM 条目位置编号）管理功能。

若要自动设置所有项目 BOM 条目（元件）的位置编号，单击 Set line numbers 按钮，行号显示在"行号"列，位于列的"条目详情"分组中。单击 Set line numbers 按钮右侧的下拉图标打开 Line # Options 对话框，可定义起始值和增量值，如图 1-190 所示。

若要重新编号或从自定义添加的编号继续编号，选择所需的条目"行号"，打开 Line # Options 对话框，在对话框中定义起始值和增量值。然后单击 Set line numbers 按钮，执行 Renumber all 命令即可完成行号的重新编号，如图 1-191 所示。

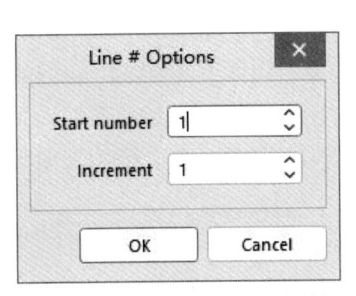

图 1-190　Line # Options 对话框

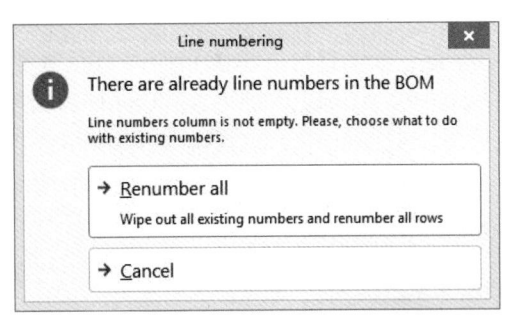

图 1-191　line numbering 对话框

6. 列组

ActiveBOM 元件列表在每个视图模式中均显示不同的列组，"基本"视图下的 ActiveBOM 如图 1-192 所示。

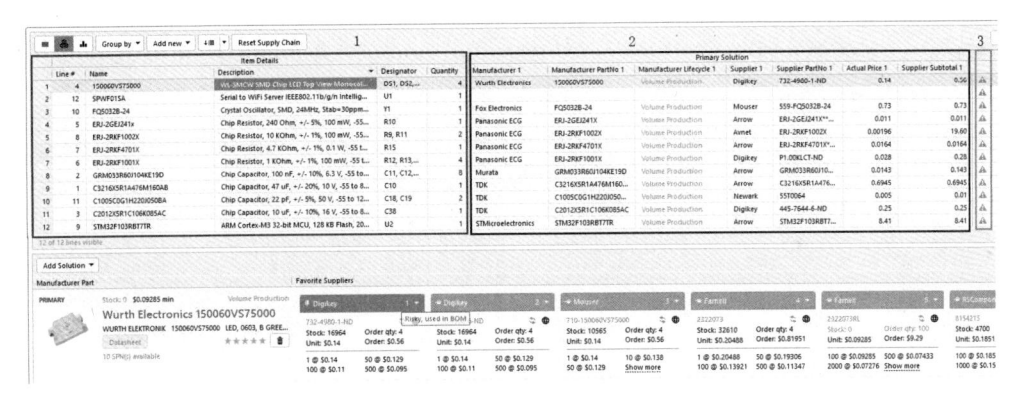

图 1-192　"基本"视图下的 ActiveBOM

BOM 条目表格主要分为以下几组。
- Item Details（图片中序号 1 方框）：这些列显示详细的元件参数，如"标号""描述""元件库参考"和其他元件参数。
- Solutions（图片中序号 2 方框）：排名最高的制造商和来自供应链的供应商。解决方案（制造商元件）的数量和各解决方案供应商的数量均可在 ActiveBOM 的属性面板中进行配置。这些信息均通过供应商名称的立体彩色旗帜标明。排名是自动的，但也可以手动设定，如下文"供应链"部分所述。
- BOM Status（图片中序号 3 方框）：表明与每个元件相关的当前风险。将鼠标悬停在图标上了解详情，或者在属性面板中启用 BOM Status 列来显示描述。

7. BOM检查

ActiveBOM 包含一套综合的 BOM 检查，且每次更新 BOM 时将自动执行此检查。

BOM 状态检查每个 BOM 条目是否违规，其状态是否显示在 BOM Status 列中。本列在 BOM 条目列表右侧始终可见，并显示表明该条目状态的图标。注意，如果 BOM 条目在多次 BOM 检查中失败，图标显示严重错误。

BOM 状态图标如下：

① ✓ 清除；② ⓘ 警告；③ ⚠ 错误；④ ⚠ 严重错误。

将鼠标悬停在图标上，即可查看该元件的状态汇总。或者启用详细 BOM Status 列的显示功能，以显示详细信息。可通过以下两种方式启用该列：在 ActiveBOM 的属性编辑面板中可以查看元件的状态，其中包含便于使用的搜索框；或者右击 BOM 条目列表的列标题区并选择 Select Columns 命令。

8. 配置BOM检查

BOM 条目可对以下内容进行自动检查。

- 与"设计条目"相关的违规行为：包括测试，如 BOM 参数与元件库参数不一致（模糊参数）的元件和重复的标号。
- 与"元件选择"相关的违规行为：包括测试，如未分级的 MPN（仅系统分配等级）、无供应商或缺失的目标价格。

在属性面板中单击"BOM 检查"检测违规列表下方的 Checks options… 图标 ⚙，打开 BOM Checks 对话框，如图 1-193 所示。在 BOM Checks 对话框中配置每次 BOM 检查的严重程度（报告模式）。

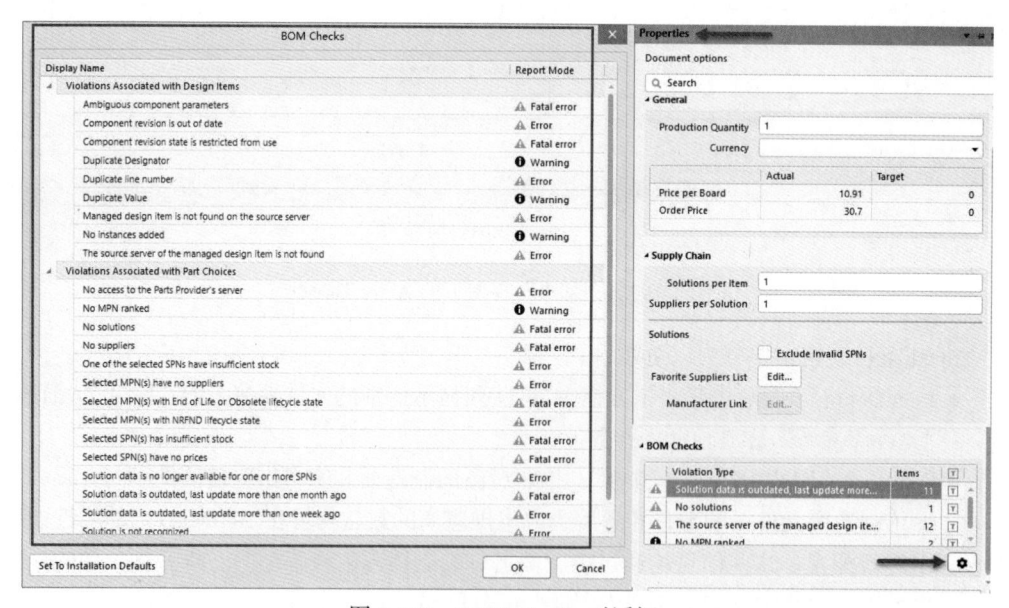

图 1-193　BOM Checks 对话框

9. 供应链

元件的选择通常是兼顾可用性、单价和制造量的过程。ActiveBOM 最大的优势之一是其能够将详细的、最新的供应链信息直接带入设计环境。访问此信息意味着工程师可轻松地监测他们的元件选择并根据需要采用元件。

如果设计元件包含识别的制造商元件号（MPN），ActiveBOM 可访问 Altium Cloud Services 并试图查找关于此元件的供应链信息。云服务的主要功能是 Altium Parts Provider，可从广泛的外部供应商列表中汇总实时元件信息，将价格、库存量、最小订单数量等信息发送到 ActiveBOM 中。

10. 解决方案

在 ActiveBOM 中，在设计元件可访问此供应链信息时，解决方案将出现在 ActiveBOM 界面下方区域。制造商元件显示在左侧，而可用的供应商说明在右侧。

每行称为一个"解决方案"。每个解决方案即为特定的制造商元件，通常称为制造商元件号（MPN），并具有可提供该元件的一个或多个供应商的详细说明，如图 1-194 所示。

图 1-194 制造商的元件和该元件可用的供应商

制造商元件号信息介绍如下。

（1）制造商详情如下：
- 元件图像；
- 制造商名称；
- 制造商元件号；
- 说明。

（2）解决方案优先顺序（初级、次级 1、次级 2）。

（3）库存合计：中意供应商（全球可得）的可用库存的总量。如果库存小于订单数量，则为红色。

（4）最低单价。如果无价格或价格为 0，则为红色。

（5）制造商批量生产周期：来自 Altium 云服务的数据，其中：
- 灰色：默认值、未知或无信息；
- 绿色：新的或批量生产状态；
- 橙色：不建议用于新设计；
- 红色：过时或停产。

（6）链接至数据表（Datasheet）。

（7）可用中意供应商的数量。

（8）用户等级，单击设置。

11. 解决方案排名

如果有多个制造商元件可供使用，即意味着有多个解决方案，则这些解决方案将根据该元件的可用性、价格和制造商的生产状态从高到低进行自动排名。

如果更倾向于使用排名较低的解决方案，例如使用特定的制造商，可以通过使用星号功能设定"用户排名"覆盖自动排名，如图 1-195 所示。

图 1-195　单击星号设定解决方案的用户排名

12. 供应商

在制造商详情的右侧是可用的供应商，每个供应商均详述于单独的抬头上。这些抬头也称为供应商元件号（SPN）。

供应商元件号根据可用性和价格自动排序。每个供应商元件号抬头包含一块彩色的横幅，如图 1-196 所示，颜色反映与选择供应商元件号相关的风险（下文有详细说明）。因为可用性和价格数据可从 Altium Parts Provider 随时刷新，供应商元件号抬头的顺序可能发生变化。

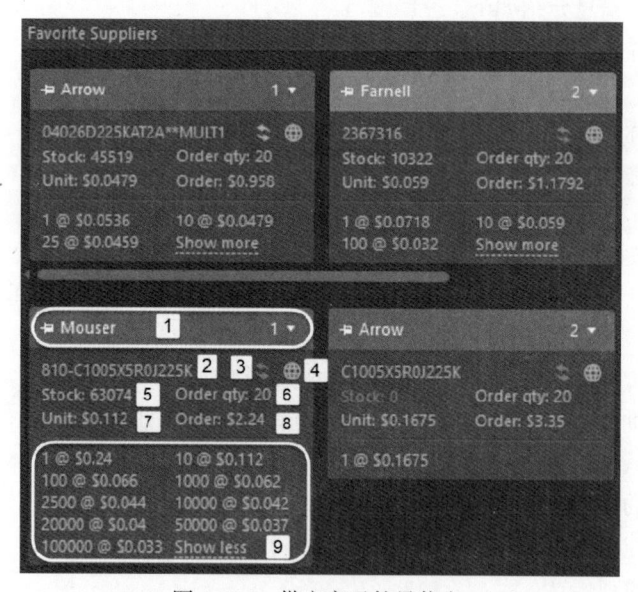

图 1-196　供应商元件号信息

供应商元件号抬头信息。

（1）图块标题，包括：锁定引脚、供应商名称、图块顺序下拉菜单，其中标题颜色表示如下。

- 绿色：最佳。
- 橙色：可接受。

- 红色：有风险。

（2）供应商元件号（链接到供应商网站上的元件）。

（3）具有详细信息的最后一次更新的图标在提示框中显示，颜色表示如下。

- 灰色：默认值，不到一周前更新。
- 橙色：1 周前<上次更新<1 月前。
- 红色：上次更新>1 月前。

（4）元件详情在提示框中显示，可能值包括 Altium 元件供应商、定制元件供应商、手动解决方案。

（5）库存，如果可用库存小于订单数量，则为红色。

（6）订单数量，如果最低订单数量（MOQ）大于订单数量，则为橙色。关于多余数量的信息在提示框中显示。

（7）单价，如果无可用价格或价格为 0，则为红色。单价包括货币图标，货币在 ActiveBOM 属性面板中设置。

（8）订单价格，如果为 0（意味着无库存或无单价），则为红色。

（9）可用价格与最低订单数量偏离。

新 BOM 条目的默认状态为自动排名"供应商"。请注意，因为特定元件的价格和可用性将发生变化，本排名可能随时间发生变化。如有要求，可以通过点击供应商元件号拼贴块横幅左侧的别针图片将供应商元件号拼贴块锁定到特定位置。通过使用供应商元件拼贴块横幅右侧的下拉菜单来设置所需位置，也可手动覆盖供应商元件号的自动顺序。如果使用下拉菜单手动设置供应商元件号拼贴块的位置，将自动启用锁定别针。

13. 给元件添加供应链信息

前文对 ActiveBOM 进行了详细的介绍，下面介绍如何给元件添加供应链信息。很多情况下，工程师设计的 PCB 项目中使用的元件是还没选择供应商的。通过一组紧密联系的服务和团队，Altium 维护元件和元件供应链数据的庞大目录。该数据作为 Altium Cloud Services 的一部分提供，通过 Altium Parts Provider 扩展程序连接到 Altium Designer 软件安装。

除了支持已经包含供应链信息的托管元件（如那些从 Altium Vault 布局的元件），新的 ActiveBOM 也可以搜索其他元件的供应链数据。

对于设计中使用的元件，可通过以下方式获取其供应链数据。

（1）Parts placed from the Altium Content Vault or a Company Altium Vault (managed parts)：自 Altium Content Vault 或公司 Vault 布局的元件已经可通过"元件选择列表"链接到全面的供应链数据。

（2）Parts placed from local libraries that include supply chain information：对于已经包含制造商名称和元件号的元件，例如从包含此信息的公司"数据库"布局的元件，ActiveBOM 可通过 Altium Parts Provider 搜索该元件。为此，ActiveBOM 需要知道哪些元件参数构成这些制造商详情。在 ActiveBOM 的 Properties 面板中单击 Manufacturer Link Edit... 按钮，打开 Define Manufacturer Link Fields 对话框，其中可以限定构成制造商详情的元件参数，然后在 ActiveBOM 中单击 Refresh 按钮开始搜索。注意，如果有多个元件，搜索过程可能需要一些时间。

（3）Parts placed from local libraries that have no supply chain information：这些元件可添加以下供应链信息。

① 在原理图绘制期间，可从 Part Search 面板使用"元件（供应商）搜索"功能。

② 直接在 BOM 中，通过在 ActiveBOM 中添加手动解决方案。此方式的优势在于其将供应链定义过程从原理图绘制过程中分离。

14. 配置可用的供应商

通过 Altium Parts Provider 提供供应链数据。Altium Parts Provider 可获取大量遍布全球的元件供应商的详细信息。一组可用供应商可配置为以下两个层次。

（1）对于软件安装：在属性对话框的 Data Management – Parts Provider 页面中配置供应商。

（2）对于当前项目：在 ActiveBOM 的属性面板中单击 Favorite Suppliers List 按钮来定义在本项目中可用的供应商。

15. 添加新的解决方案

（1）手动添加解决方案：除了 ActiveBOM 自动检测的解决方案，还可以将手动解决方案添加到任何 BOM 条目。若要添加手动解决方案，单击位于"供应链"解决方案上方的 Add Solution ▼ 按钮，并执行 Create/Edit Manufacturer Links 命令。在弹出的 Edit Manufacturer Links 对话框中单击 Add... 按钮，打开 Add Parts Choice 对话框，在对话框中可以搜索可用的制造商并添加合适的元件，如图 1-197 所示。

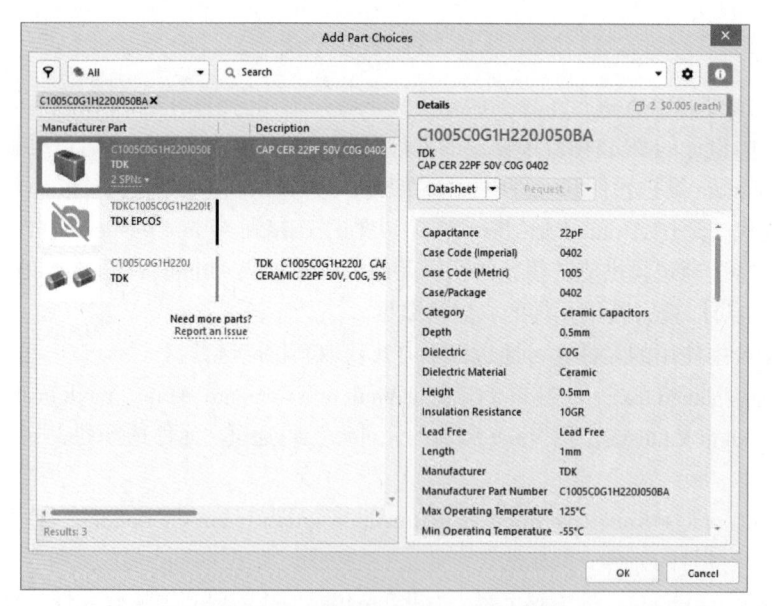

图 1-197　Add Parts Choice 对话框

在 ActiveBOM 中，手动解决方案以供应商为中心。即当用户添加元件时，仅可添加选定的供应商。通过添加另一个解决方案和选择相同的制造商元件号（MPN），可将其他供应商元件号添加到相同位置，如图 1-198 所示。图中已添加两个不同的制造商元件号，用于创建两个解决方案，接着每个制造商元件号均添加了第二供应商。

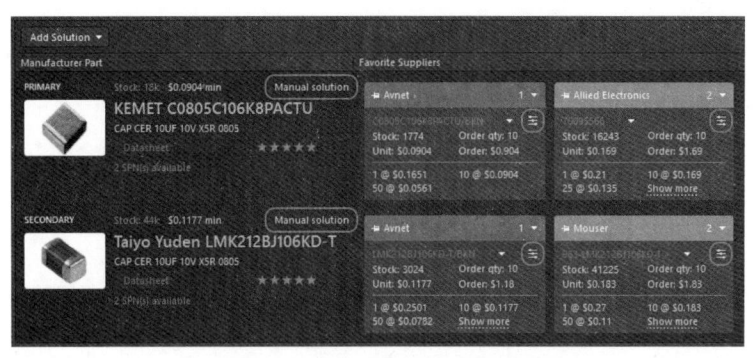

图 1-198　添加两个不同的制造商元件号

（2）编辑或删除手动解决方案：通过单击供应商元件号中的下三角按钮，可删除手动解决方案或编辑该方案的属性。执行 Edit 命令将重新打开与用于添加手动解决方案相同的对话框，其中可以进行新的搜索以定位新的制造商元件号和供应商，如图 1-199 所示。

图 1-199　编辑或删除手动解决方案

16．BomDoc、原理图和PCB之间的跳转

利用交叉探索功能，用户可以从 BomDoc "交叉选择" 或 "交叉搜索" 到原理图和 PCB，但不能从原理图和 PCB "交叉选择" 或 "交叉搜索" 到 BomDoc。

右击 BOM 条目并在弹出的快捷键菜单中执行 Cross Probe 命令即可在原理图上交叉搜索该元件。如果 PCB 文件处于打开状态，PCB 元件也将被交叉搜索，如图 1-200 所示。

图 1-200　BomDoc、原理图和 PCB 之间的跳转

17. 输出 BOM

直接从 ActiveBOM 编辑器中输出 BOM。执行菜单栏中"报告"→Bill of Materials 命令打开 Report Manager 对话框输出 BOM，如图 1-201 所示。

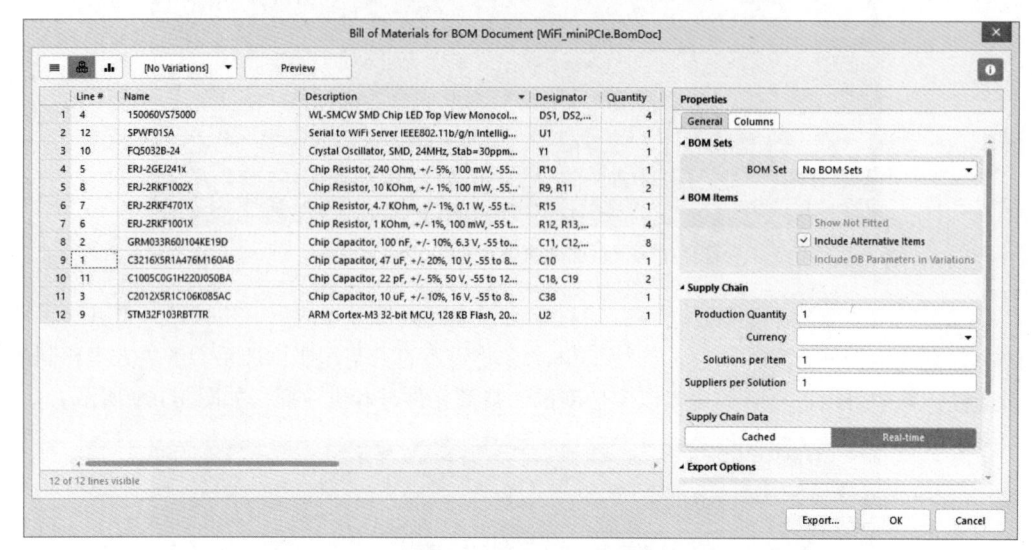

图 1-201　输出 BOM

Report Manager 是标准的 BOM 输出设置对话框，当从原理图或 PCB 编辑器的 Report 菜单选择 BOM 时或者在将 BOM 配置到输出作业文件中时，打开的对话框与该对话框相同。

1.2.11　背钻 Back Drill 的定义及应用

1. 背钻的简述

（1）背钻的概念。

背钻是一种特殊的控制钻孔深度的钻孔技术，在多层板的制作中，例如 8 层板的制作，需要将第 1 层连到第 6 层。通常首先钻出通孔（一次钻），然后镀铜。这样第 1 层直接连到第 8 层。实际只需要第 1 层连到第 6 层，第 7 到第 8 层由于没有线路相连，像一个多余的镀铜柱子。这个柱子在高频高速电路设计中，会导致信号传输的反射、散射、延迟等，给信号带来完整性方面的问题。所以需要将这个多余的柱子（业内叫 STUB）从反面钻掉（二次钻），因此叫背钻。背钻孔示意图如图 1-202 所示。背钻的工艺流程如图 1-203 所示。一个好的制造商可以让背钻孔留下 7mil 的短截线（安全距离），理想情况下剩余的短截线将小于 10mil。

（2）背钻的作用。

当电路信号的频率增加到一定高度后，PCB 中没有起到任何连接或传输作用的通孔端，其多余的镀铜就相当于天线一样，产生信号辐射对周围的其他信号造成干扰，严重时将影响到线路系统的正常工作，背钻的作用就是将多余的镀铜用背钻的方式钻掉，从而消除此

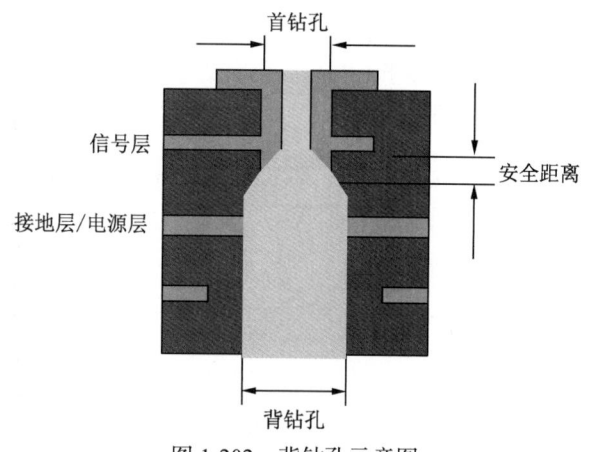

图 1-202 背钻孔示意图

类 EMI 问题。减少盲埋孔的使用，降低 PCB 制作难度，在降低成本的同时，减小杂乱信号干扰，提高信号完整性，满足高频、高速的性能要求。

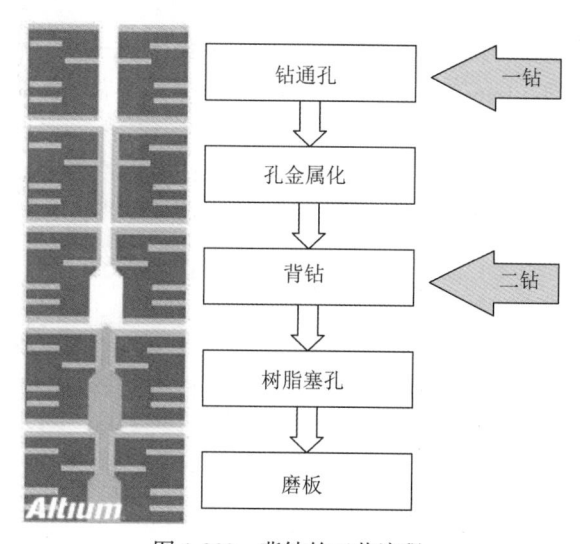

图 1-203 背钻的工艺流程

（3）背钻的应用领域。

背钻孔板主要应用于通信设备、大型服务器、医疗电子、军事、航天等领域。由于军事、航天属于敏感行业，国内背钻孔板通常由军事、航天系统的研究所、研发中心或具有较强军事、航天背景的 PCB 制造商提供；在中国背钻孔板需求主要来自通信产业，现逐渐发展壮大到通信设备制造领域。通常来说，背钻孔板有如下技术特征。

- 多数背钻孔板是硬板。
- 层数一般为 8～50 层。
- 板厚 2.5mm 以上。
- 板尺寸较大。
- 外层线路较少，多为压接孔方阵设计。

（4）背钻孔板设计需要遵循的规则。

① 一般首钻最小孔径大于或等于 0.3mm。一次钻的钻孔孔径推荐要求不小于 0.3mm。如图 1-204 所示，首钻钻孔孔径用 A 表示。

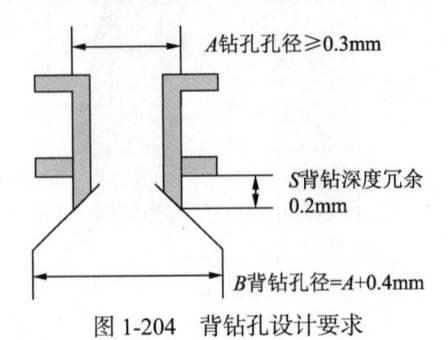

图 1-204 背钻孔设计要求

② 背钻孔通常比需要钻掉的孔大 0.4mm。背钻钻孔孔径一般推荐比一次钻孔径大 0.25~0.4mm。保险起见推荐大 0.4mm。如图 1-204 所示，背钻孔径用 B 表示。

③ 背钻深度控制冗余 0.2mm。背钻是利用钻机的深度控制功能实现的，由于背钻的钻刀是尖状的，钻到相应的层时由于钻刀的倾斜角总会保留有一小段余量。该背钻深度控制建议至少保留 8mil（约 0.2mm）。而且，在层叠设置时需要考虑介质厚度，避免出现走线被钻断的情况，如图 1-204 所示，背钻深度冗余用 S 表示。

④ 如果背钻要求钻到 M 层，那么 M 层相邻未被钻掉的层之间介质厚度最小 0.3mm。

⑤ 背钻与走线的间距。背钻孔的 Stub 钻掉层走线与背钻的距离推荐不小于 10mil（0.25mm）。如图 1-205 所示，虚线框圆圈距离背钻孔外沿的距离为 10mil，在虚线框外都是安全的走线区域。

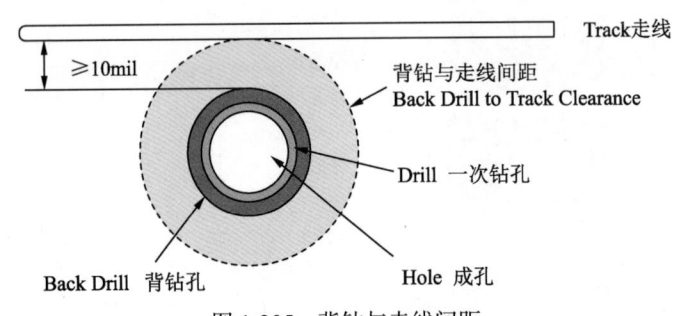

图 1-205 背钻与走线间距

2. 背钻的设置及应用

前面介绍了背钻技术以及背钻设计时需要考虑的参数。那么在 Altium Designer 中该如何进行背钻设计中各参数的设置呢？下面用一个具体案例来展示 Altium Designer 中进行背钻设计的方法。

（1）设置钻孔对。

首先打孔走线。例如一个 8 层板，从顶层 Top Layer 打孔，然后切换到 Layer 2 来布线。剩下的 Layer 3 到底层 Bottom Layer 需要背钻。此处第一步就是在"设计"→"层叠管理器"

→Back Drills 中设置。如图 1-206 所示，起始层为 Bottom Layer，终止层为 Layer 2。

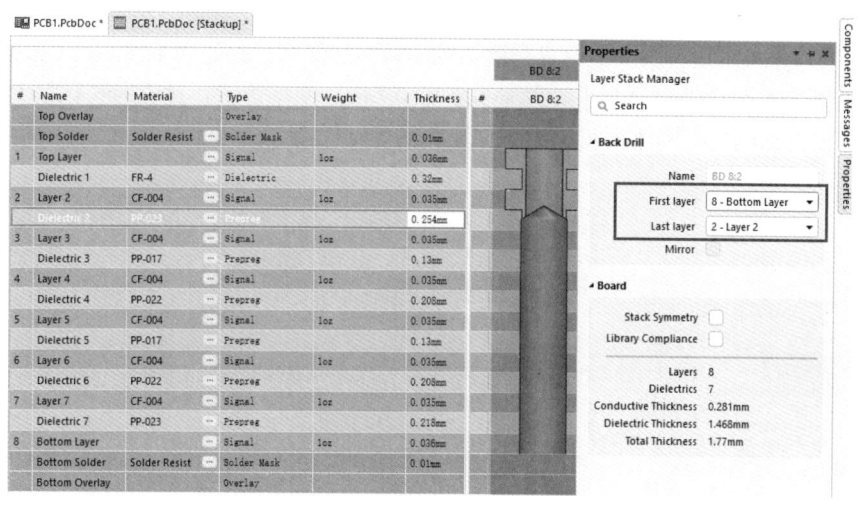

图 1-206　添加背钻孔

（2）确保信号层 Layer 2 与 Layer 3 之间层间距不小于 0.2mm。此处在层厚 Thickness 栏目，经检查满足要求。

（3）确定背钻孔需要钻掉的镀铜柱长度。

通过 Layer Stack Manager 得知从 Layer 3 到 Bottom Layer 之间的层厚加起来大概为 1mm。由于考虑到背钻深度控制冗余 8mil（0.2mm），在层叠管理器页面 Layer 2 与 Layer 3 之间的层厚正好为 0.254mm。因此可以设置需要钻掉的镀铜柱为 1mm 左右。当然这个数值需要工程师根据具体设计中的要求适当增减，如图 1-207 所示。

图 1-207　确定背钻孔需要钻掉的镀铜柱长度

（4）设置背钻规则，设置背钻大小、深度以及网络。

按快捷键 D+R 打开"PCB 设计规则及约束编辑器"对话框，如图 1-208 所示，在 Max Stub Length（最大分叉短线长度）中设置需要钻掉的镀铜柱深度，此处为 1.183mm（根据实际的层叠厚度设置）。设置背钻孔尺寸比原通孔扩大 0.2mm，使得背钻孔比原通孔孔径大 0.4mm，再设置需要背钻的过孔网络即可完成背钻相关的规则设置。

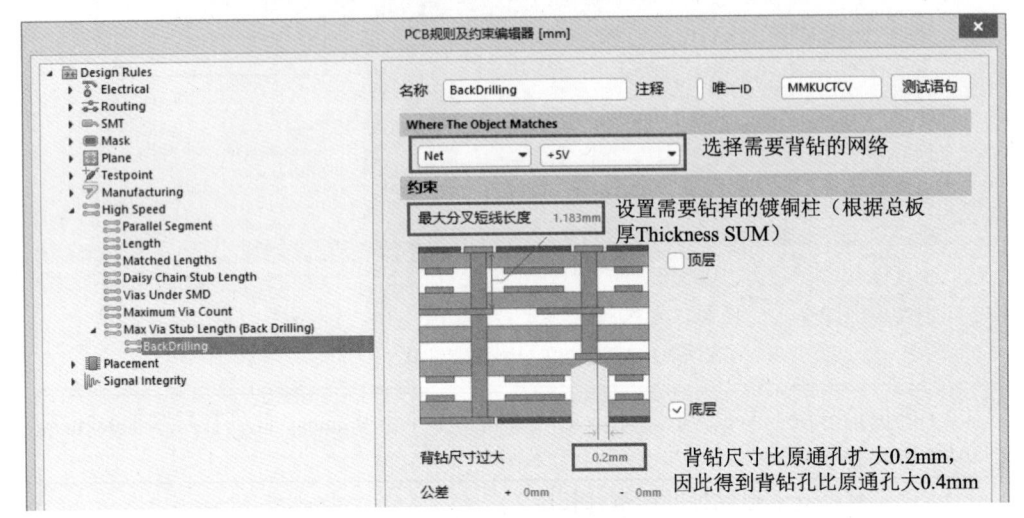

图 1-208 设置背钻规则

最终的背钻孔的效果在 Altium Designer 中 3D 显示如图 1-209 所示。

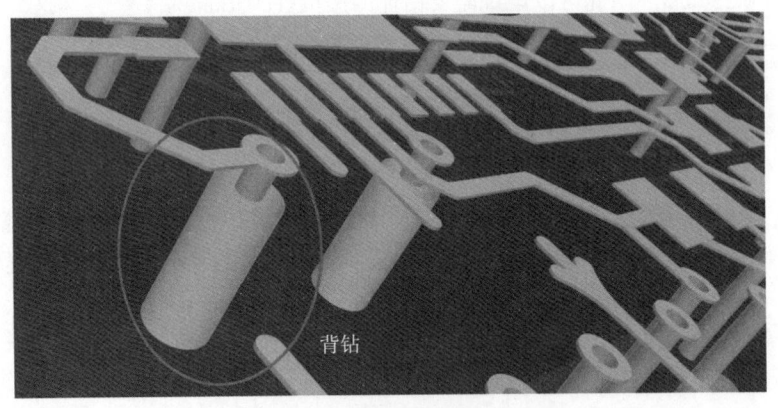

图 1-209 3D 视图下的背钻示意图

1.2.12 FPGA 的引脚交换功能

在高速 PCB 设计过程中，涉及的 FPGA 等可编程器件引脚繁多，也因此导致布线的烦琐与困难，Altium Designer 可实现 PCB 中 FPGA 的引脚交换，方便走线。

1. FPGA 引脚交换的要求

（1）一般情况下，相同电压的 Bank 之间是可以互调的。在设计过程中，要结合实际，有时要求在一个 Bank 内调整，就需要在设计之前确认好。

（2）Bank 内的 VRN、VRP 引脚若连接了上下拉电阻，不可调整。

（3）全局时钟要放到全局时钟引脚的 P 端口。

（4）差分信号的 P、N 需要对应正负，相互之间不可调整。

2. FPGA 引脚交换的步骤

（1）为了方便识别哪些 Bank 需要交换及调整，最好对这些 Bank 进行分类（建立 Class），按住 Shift 键，依次选择高亮的引脚，右击，从弹出的快捷菜单中执行"网络操作"→"根据选择的网络创建网络类"命令，即可建立 Class，如图 1-210 所示。

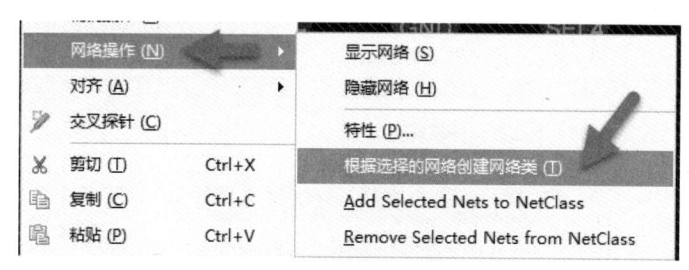

图 1-210　创建网络类

（2）给网络类设置颜色，以便更好地区分网络。在 PCB 面板中，选中需要设置颜色的网络类，右击，从弹出的快捷菜单中执行 Change Net Color 命令，修改网络颜色，如图 1-211 所示。修改好后要显示颜色，在网络类上右击，从弹出的快捷菜单中执行"显示替换"→"选择的打开"命令，如图 1-212 所示。然后按快捷键 F5，网络颜色就可以显示出来。

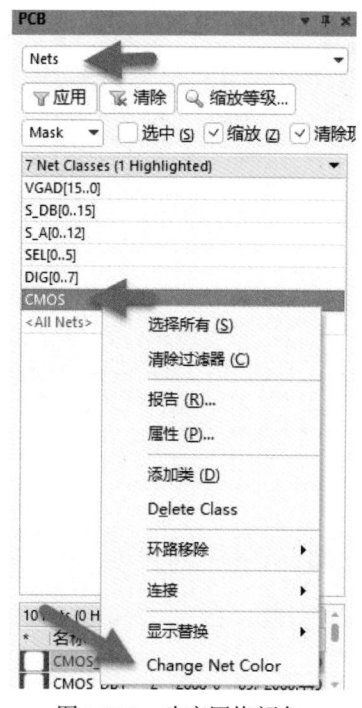

图 1-211　改变网络颜色　　　　图 1-212　显示网络颜色

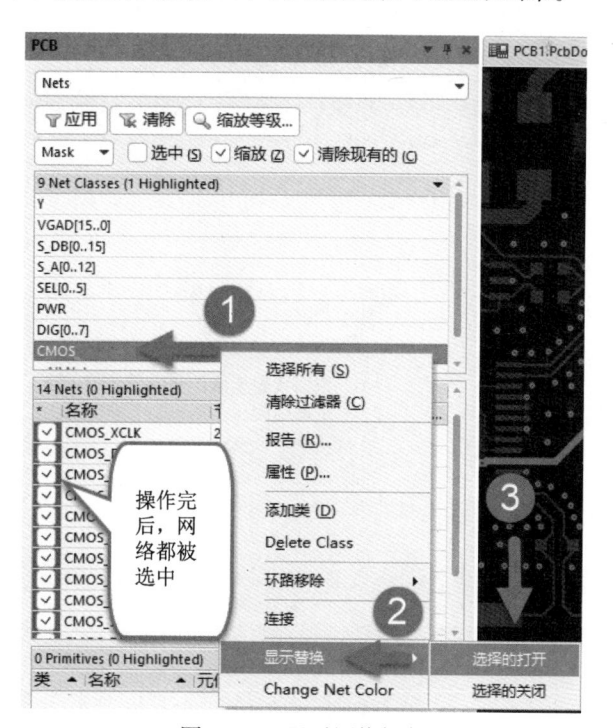

（3）回到 PCB 编辑界面，执行菜单栏中"工程"→"元器件关联"命令进行器件匹配，如图 1-213 所示。

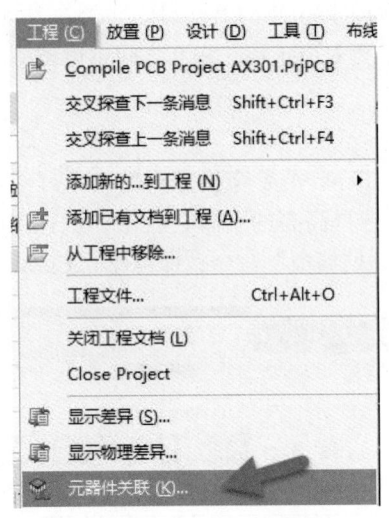

图 1-213　元器件匹配命令

（4）在打开的匹配对话框中，将左边两个方框的元器件通过 > 按钮全部匹配到右边去，确认左边方框无元器件后，单击"选择更新"按钮。如图 1-214 所示（若是左边窗口存在元器件，且不可移动，代表这个元器件没有导入 PCB 中，需要执行 Update Schematics in...命令，再重复确认元器件是否匹配）。

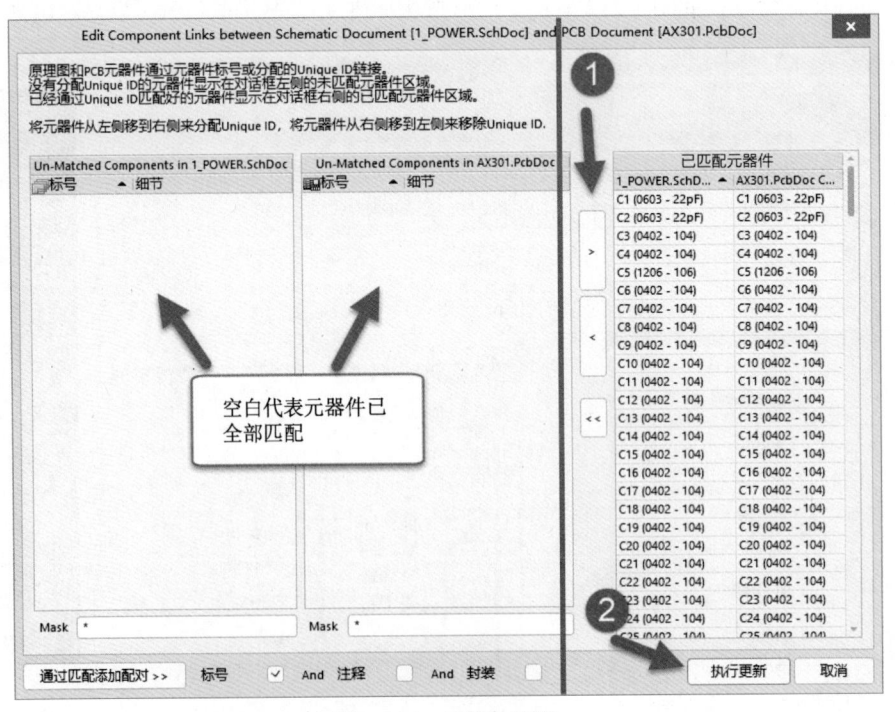

图 1-214　元器件匹配

（5）执行菜单栏中"工具"→"引脚/部件交换"→"配置"命令，如图 1-215 所示。

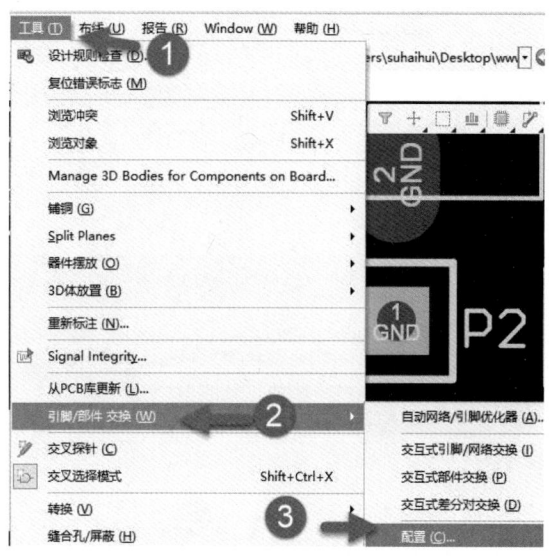

图 1-215 元器件配置指令

（6）在弹出的"在元器件中配置引脚交换信息"对话框中，选中需要交换的芯片，如图 1-216 所示。

图 1-216 选中芯片

（7）双击该芯片（如本例的 U7A），会出现 Configure Pin Swapping for…对话框，将需要的引脚选中（也可以全选），右击，从弹出的快捷菜单中执行"添加到引脚交换群组"→New 命令将它们归为一组，然后单击"确定"按钮，如图 1-217 所示。

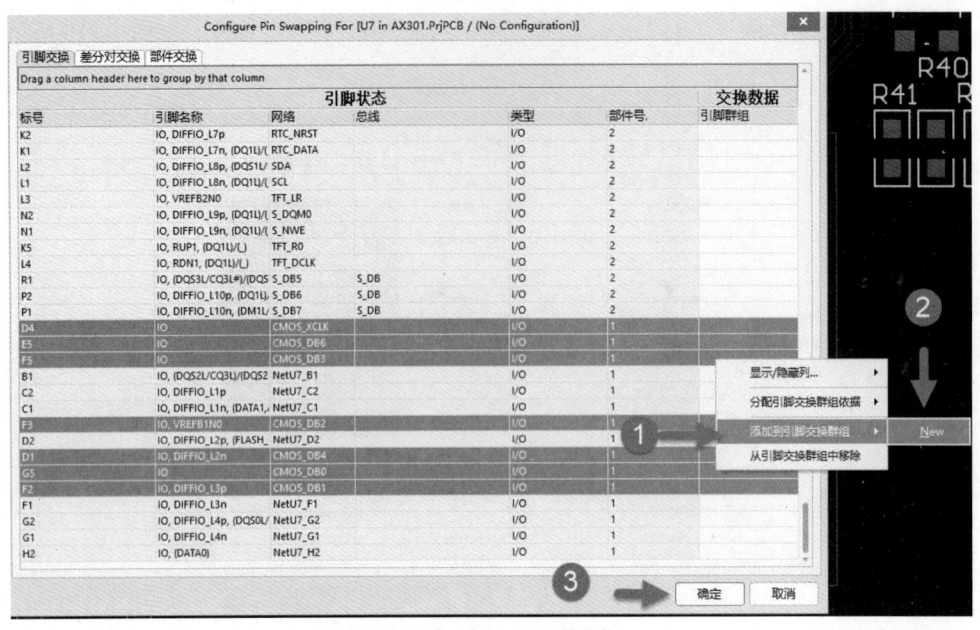

图 1-217　使能交换的引脚

（8）添加群组之后，对应引脚的"引脚群组"会出现一个"1"。如果还有另一个组，数字会依次增加（添加到群组中的引脚同样可以移除），如图 1-218 所示。

（9）回到 Configure Pin Swapping for…对话框，单击"确定"按钮就可以进行引脚交换了。按正常出线方式将 BGA 中的走线引出来，同时将接口或者模块的连线同样引出来，形成对接状态，如图 1-219 所示。

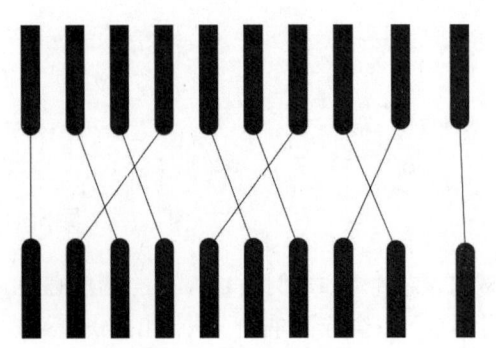

图 1-218　引脚群组　　　　　　　　图 1-219　网络引线对接

（10）选择手动交换，执行菜单栏中"工具"→"引脚/部件交换"→"交互式引脚/部件交换"命令，如图 1-220 所示。光标变为十字形状，分组的引脚高亮，单击需要进行相互交换的两根线，即可实现交换，如图 1-221 所示。

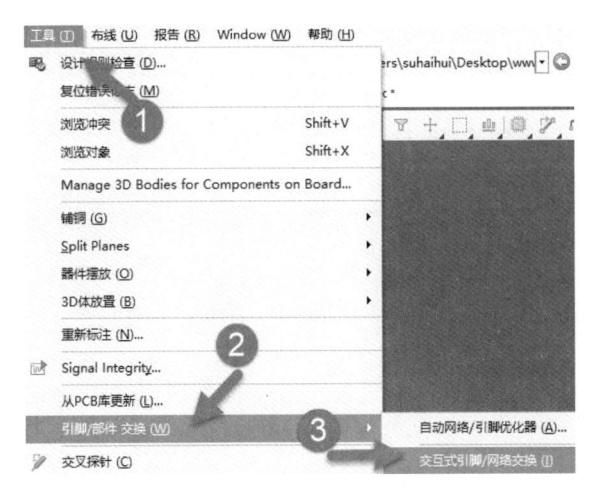

图 1-220　交互式引脚交换指令 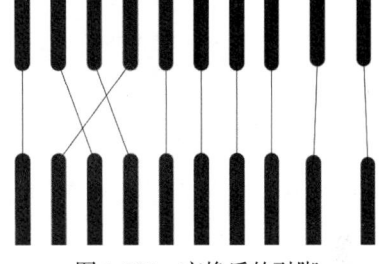　　　　图 1-221　交换后的引脚

（11）也可以选择自动交换，执行菜单栏中"工具"→"引脚/部件交换"→"自动网格/引脚优化器"命令，如图 1-222 所示。自动交换后的引脚连接情况如图 1-223 所示。从图中箭头处可看出，虽然大部分能够交换好，但也有可能会存在一些问题，因此，在交换时建议优先选择手动交换。

图 1-222　自动网格/引脚优化器 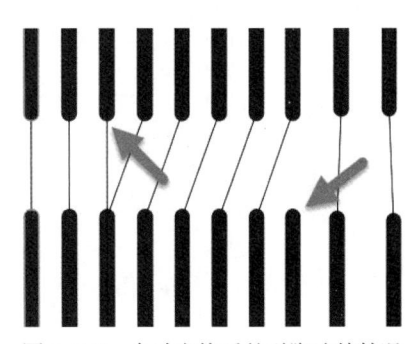　　　　图 1-223　自动交换后的引脚连接情况

（12）引脚交换完之后，需要对原理图进行同步更新。执行菜单栏中"项目"→Project Options 命令，在弹出的对话框中选择 Options 选项卡→选中"改变原理图引脚"复选框→"确定"命令，如图 1-224 所示。在 PCB 编辑界面下执行"设计"→Update Schematic in AX301.PrjPCB 命令即可，如图 1-225 所示。在弹出的"工程变更指令"对话框中，执行"选择变更"→"确定"命令。变更前后的原理图对比如图 1-226 所示（注：有时反向更新操作可能不完全，所以在变更之后再通过正向的导入方式进行核对）。

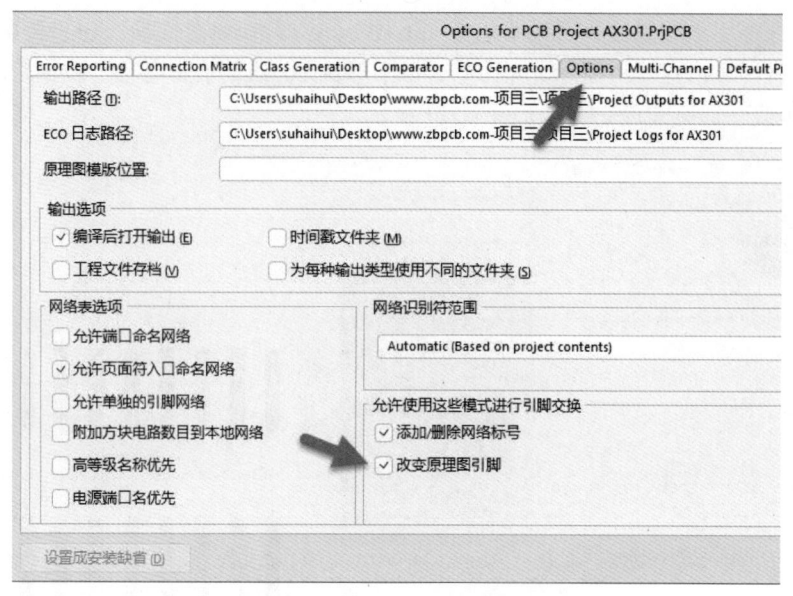

图 1-224　设置反向更新选项

图 1-225　反向更新命令

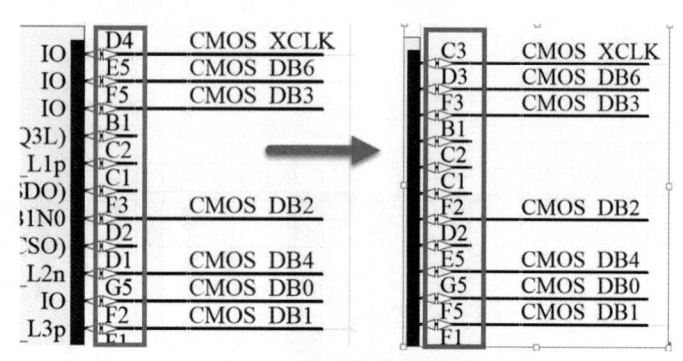

图 1-226　更新前后的原理图对比

1.2.13　位号的反注解功能

在设计过程中，若想将 PCB 位号重新编辑，然后同步更新到原理图中，可以使用 Altium Designer 的反向标注功能，其操作步骤如下。

（1）在 PCB 界面执行菜单栏中"工具"→"重新标注"命令，或按快捷键 T+N，如图 1-227 所示。

（2）在弹出的"根据位置重新标注"对话框中，根据需要选择标注方向、范围及开始的序号，单击"确定"按钮，如图 1-228 所示，位号的标注变化如图 1-229 所示。同时，系统自动生成一个后缀为.WAS 的文件。

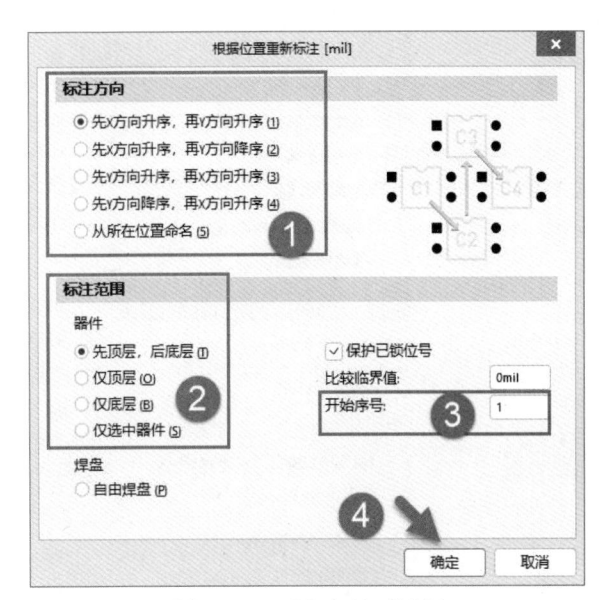

图1-227 位号重新标注　　图1-228 重新标注对话框

图1-229 位号的标注变化对比

（3）如图1-230所示，原理图的R81连接的网络为P3_RX+，而PCB中的R81，1脚网络为NetLED9_2，2脚网络为LED7，正面PCB的位号已重新标注，和原理图的不匹配。

图1-230 同步前原理图与PCB的网络对比

（4）接下来需要同步更新到原理图中。在原理图编辑界面下，执行菜单栏中"工具"→"标注"→"反向标注原理图"命令，或者按快捷键T+A+B，如图1-231所示。

（5）然后选择需要的.WAS文件，单击"打开"按钮，如图1-232所示。将会弹出如图1-233所示的提示框，提示进行更改的个数，单击OK按钮。

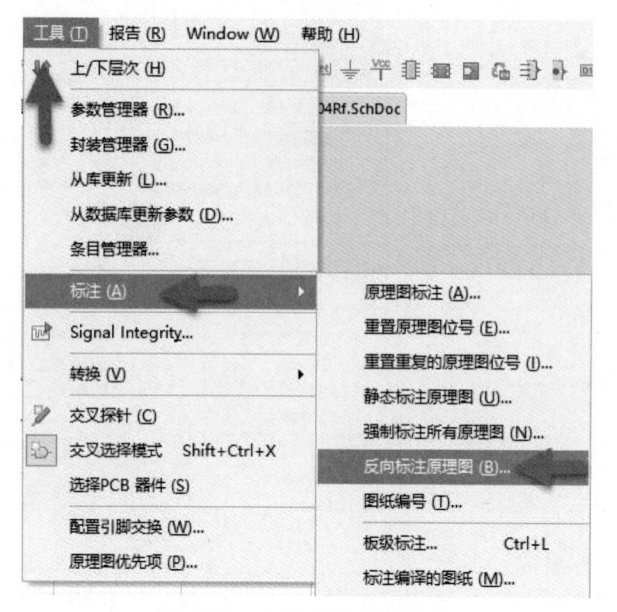

图 1-231　反向标注器件位号

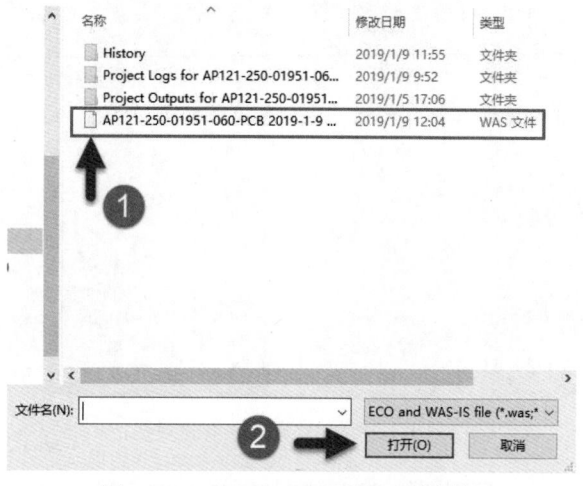

图 1-232　Choose WAS-IS File 选择框

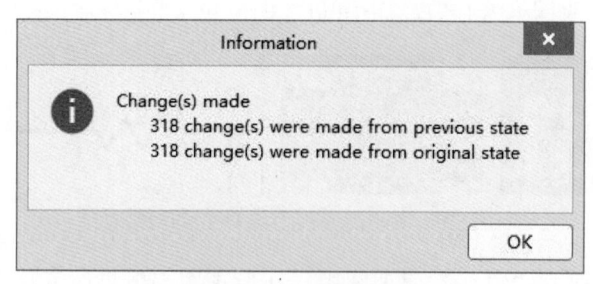

图 1-233　更新提示框

（6）在弹出的"标注"对话框中，单击"接受更改（创建 ECO）"按钮，将会继续弹出"工程变更指令"对话框，单击"执行变更"按钮，至检验状态没有报错为止，然后单击"关闭"按钮关闭对话框，如图 1-234 所示。

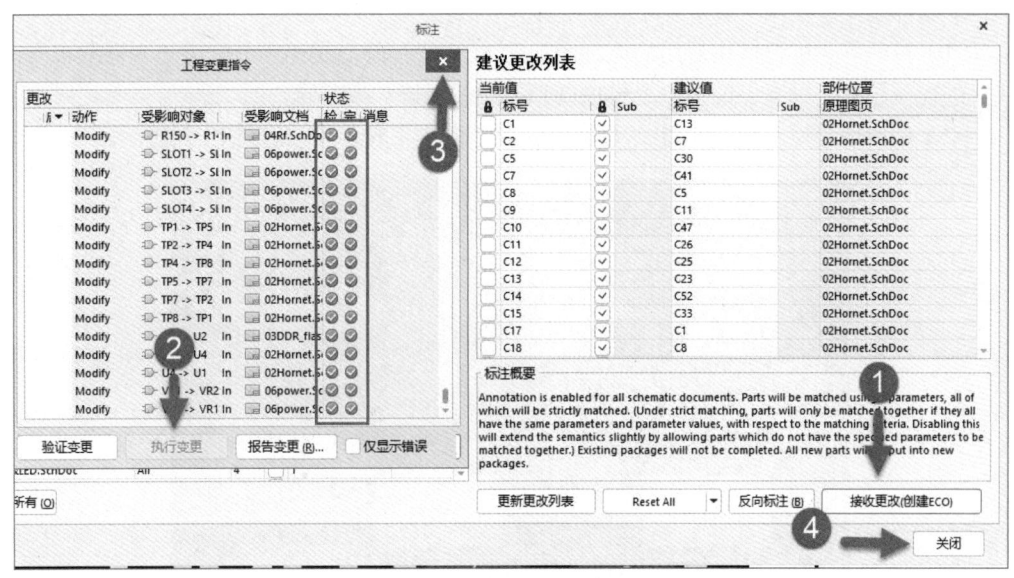

图 1-234　同步更新原理图位号

（7）如图 1-235 所示，原理图和 PCB 的 2 脚网络都是连接到 LED7 的，至此，反向标注操作完成。

图 1-235　同步后原理图与 PCB 的网络对比

注意：① 进行 PCB 的重新标注时，每操作一次，系统就会生成一个.WAS 的文件。原理图界面的反向标注必须根据.WAS 文件生成的先后顺序，依次操作。即有多少个.WAS 文件，原理图就要反向标注多少次。否则将无法正确地匹配位号。

② 为了确保设计的正确性，在完成上述操作之后，最好在原理图编辑界面执行菜单栏中"设计"→Update 命令，进行正向导入操作。

1.2.14　模块复用的操作

本节介绍 Altium Designer 两种常用模块复用方法：一种是利用 Room 实现相同模块复用，另外一种是利用复制粘贴功能实现。

1. 利用 Room 实现相同模块复用

利用 Room 实现模块复用需要满足以下条件。
（1）PCB 中相同模块的对应器件的通道值（Channel Offset）必须相同。

（2）器件不能锁定，否则无法进行 Room 复用。

下面详细介绍使用 Room 进行模块复用的方法。

（1）打开需要进行模块复用的原理图，在 PCB 中有两个或者多个模块是一样的布局布线，进行模块复用可以保证每一个模块的布局布线保持一模一样。

（2）将原理图更新到 PCB 中，并将其中一个模块完成布局，如图 1-236 所示。

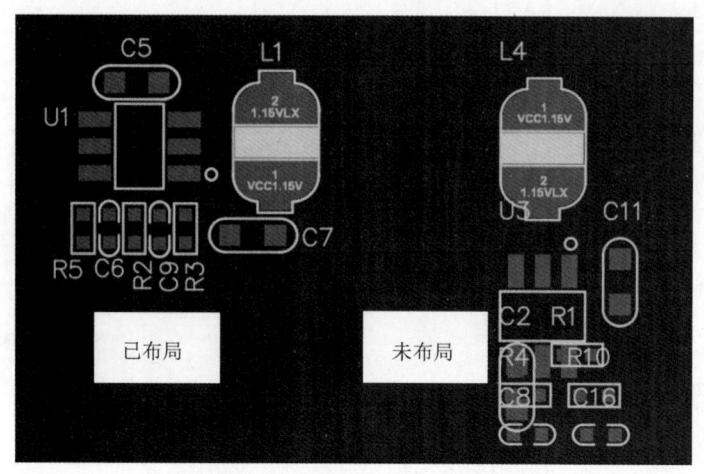

图 1-236　将其中一个模块完成布局

（3）双击元件查看元件的通道值（Channel Offset）与对应模块的元件的通道值（Channel Offset）是否一致，不一致的需要将其改为一样的通道值（Channel Offset），否则无法完成模块复用。但是从 PCB 中手工修改通道值对于元件比较多的模块来说是很耗时的，这时就可以利用 PCB List 的筛选功能来快速修改通道值，具体步骤如下：

① 在交叉选择模式下，从原理图中框选其中一个模块，在 PCB 编辑界面打开 PCB List 面板，将筛选条件设置为 Edit selected objects include only Components，只选择显示元件，然后找到这些元件的通道值，如图 1-237 所示，图中 Channel Offset 栏就是这些元件的通道值，并将其复制。

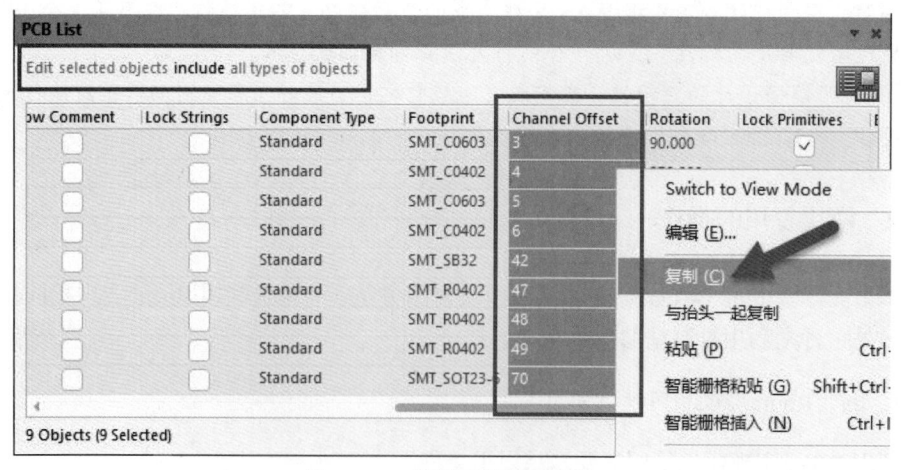

图 1-237　复制元件的通道值

② 从原理图中选中另外一个模块，同样在 PCB 编辑界面打开 PCB List 面板，也是要先设置筛选条件为 Edit selected objects include only Components，只选择显示元件，然后在 Channel Offset 栏将上面复制的通道值粘贴到该通道值里面，如图 1-238 所示。

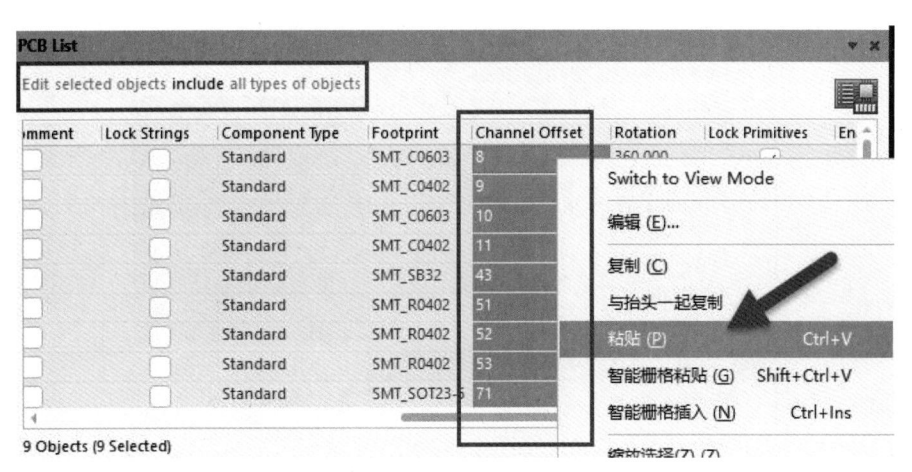

图 1-238　粘贴元件的通道值

需要特别注意的是：相同模块通道值的修改时，需打开交叉选择模式，从原理图中选择模块，确保在 PCB 中能正确修改通道值。

（4）通道值修改好以后，就可以利用 Room 实现模块复用了。框选模块，执行菜单栏中"设计"→Room→"从选择的器件产生矩形的 Room"命令，或者按快捷键 D+M+T 生成 Room。另一个模块的操作方法也是一样，这样即可得到包含器件的 Room，如图 1-239 所示。

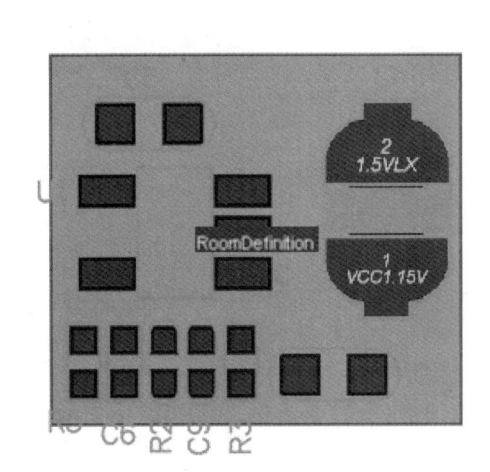

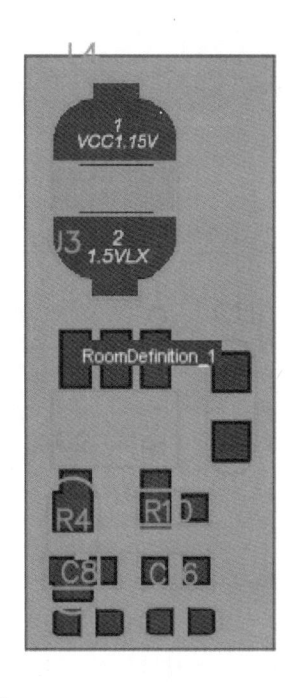

图 1-239　得到包含器件的 Room

（5）拷贝 Room 格式。执行菜单栏中"设计"→Room→"拷贝 Room 格式"命令，或按快捷键 D+M+C，如图 1-240 所示。

图 1-240 拷贝 Room 格式

（6）此时光标变成十字形状，先单击 Room1，然后再单击 Room2，如图 1-241 所示。

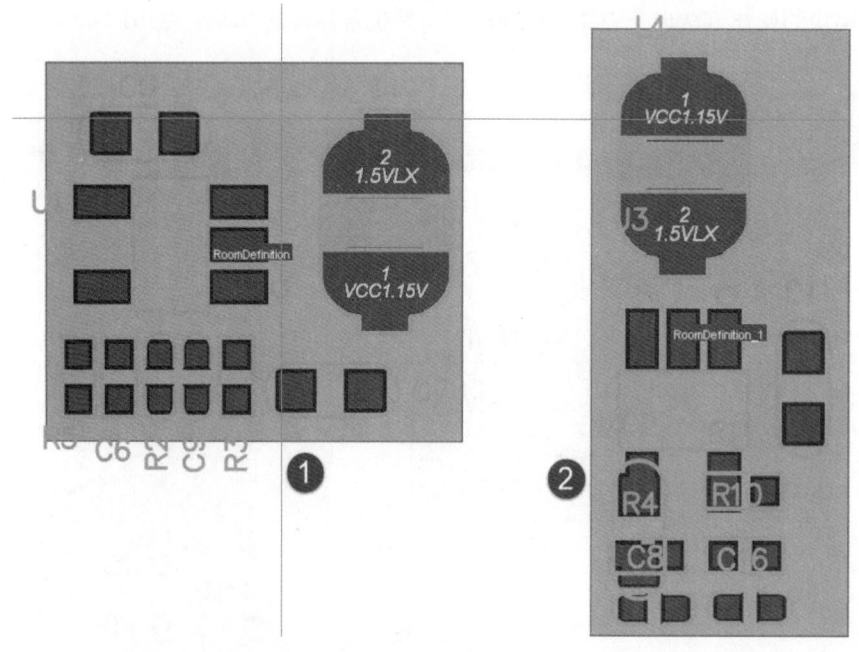

图 1-241 选择 Room

（7）弹出"确认通道格式复制"对话框，按图 1-242 所示进行设置。

（8）参数设置完毕后，单击"确定"按钮，即可完成模块的复用，如图 1-243 所示。

图 1-242　设置 Room 通道格式复制参数

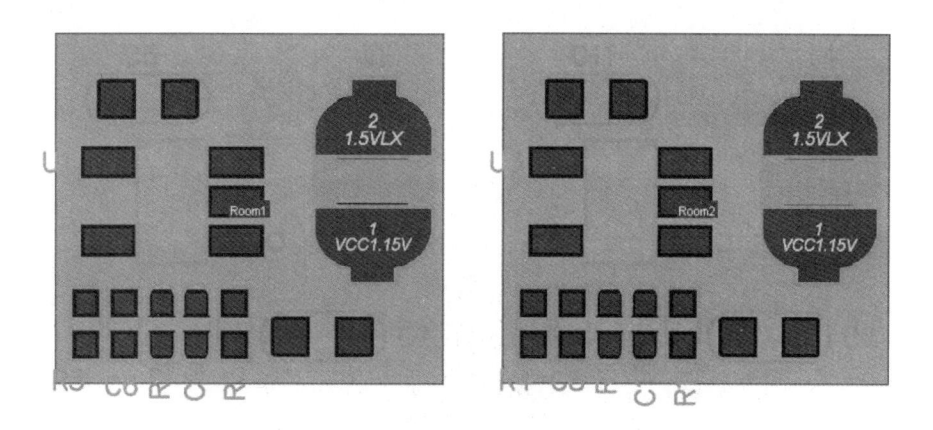

图 1-243　利用 Room 实现模块复用

2. 复制粘贴功能实现模块复用

这里使用上面的电路图来介绍利用复制粘贴功能实现模块复用的方法。

（1）复制已经布局好的模块并粘贴，粘贴过来的模块元件位号会出现"_"的下标，如图 1-244 所示。

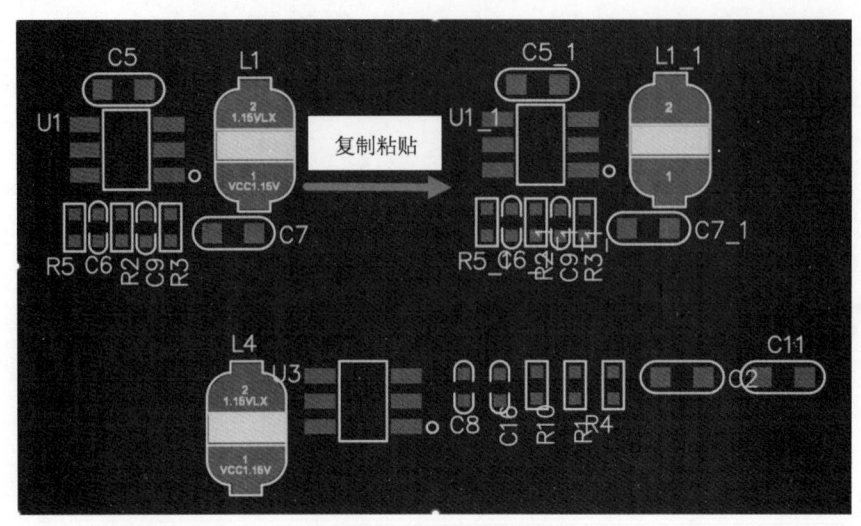

图 1-244 复制粘贴模块

（2）选中下面没有布局的元件，通过按快捷键 M+S 移动选择的对象，将元件重合地放置在粘贴过来的模块上，如图 1-245 所示。

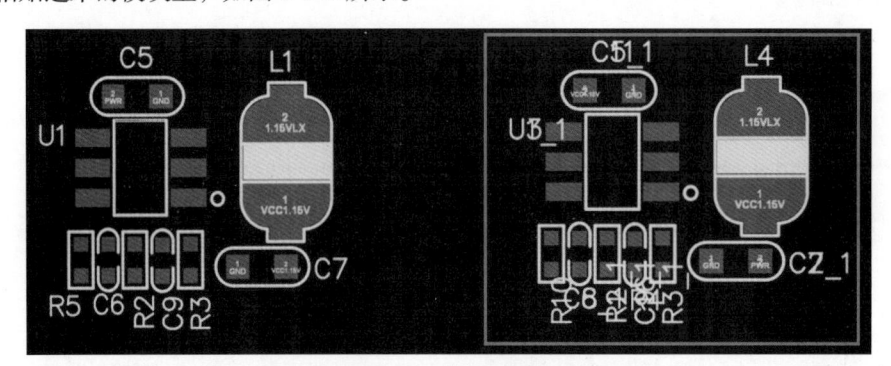

图 1-245 将元件重合放置在粘贴过来的模块上

（3）将位号中含有"_"标识的元件删掉，即可完成模块复用，如图 1-246 所示。

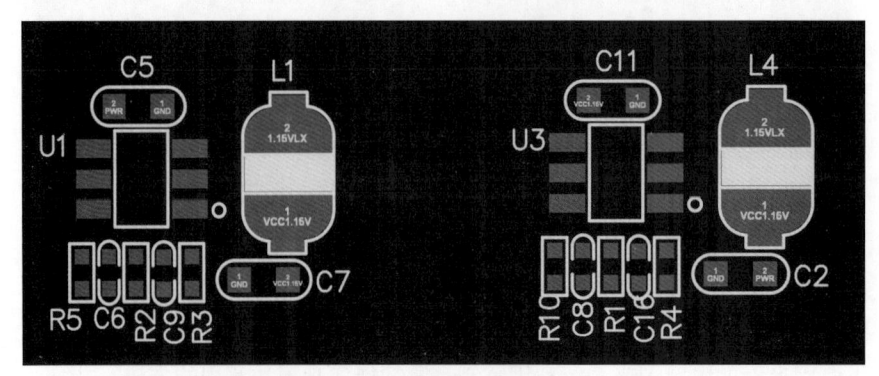

图 1-246 利用复制粘贴功能实现模块复用

1.2.15 PCB 布局复制的使用

在 PCB 设计中，一个项目如果有多个相同的电路模块（元件和电路连接性完全一致），如图 1-247 所示，设计师一般会将这些电路布局成位置相同、布线一样的模块。

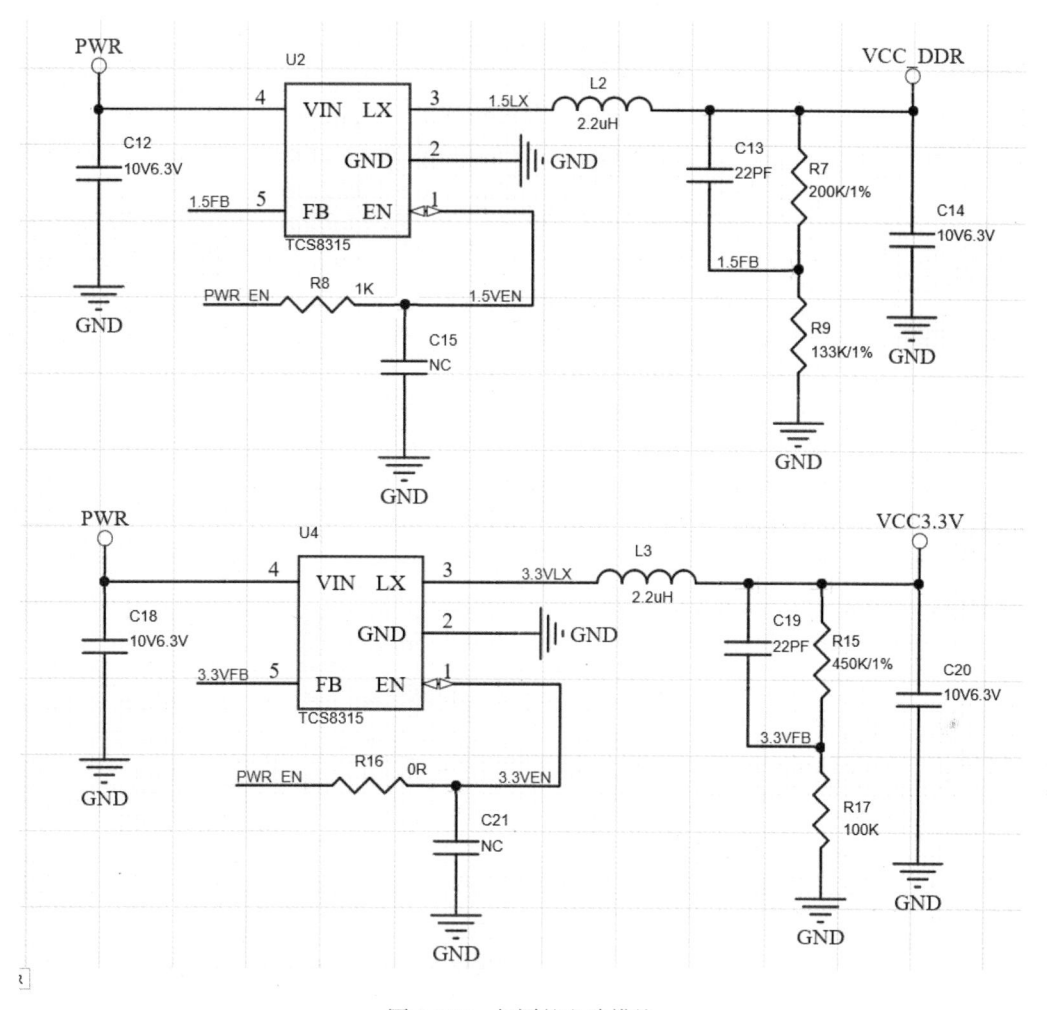

图 1-247 相同的电路模块

PCB Layout Replication 作为一种非正式的重用功能，可自动检测 PCB 上待复制的目标模块，适用于将一组组件的位置快速复制到另一组具有相同连接，但尚未放置的组件，此外需要注意的是目标模块必须具有与所选源块相同的元件（来自同一库）和连接性。

PCB Layout Replication 操作方式如下。

（1）先在 PCB 中布局好其中一个电路模块，再框选整个电路模块中所有需要应用到其他相同模块上的对象，包括元件、线、焊盘、过孔、填充等，然后执行菜单栏中"工具"→PCB Layout Replication 命令；或右击所选内容，从快捷菜单中选择 PCB Layout Replication 命令，如图 1-248 所示。

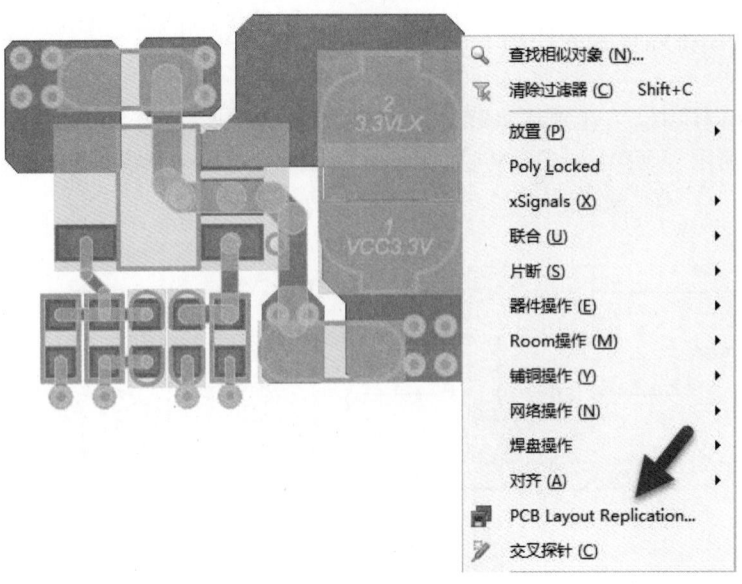

图 1-248 执行布局复制命令

（2）在弹出的 PCB Layout Replication 对话框中根据设计需求进行设置，最后单击 Replicate 即可，如图 1-249 所示。

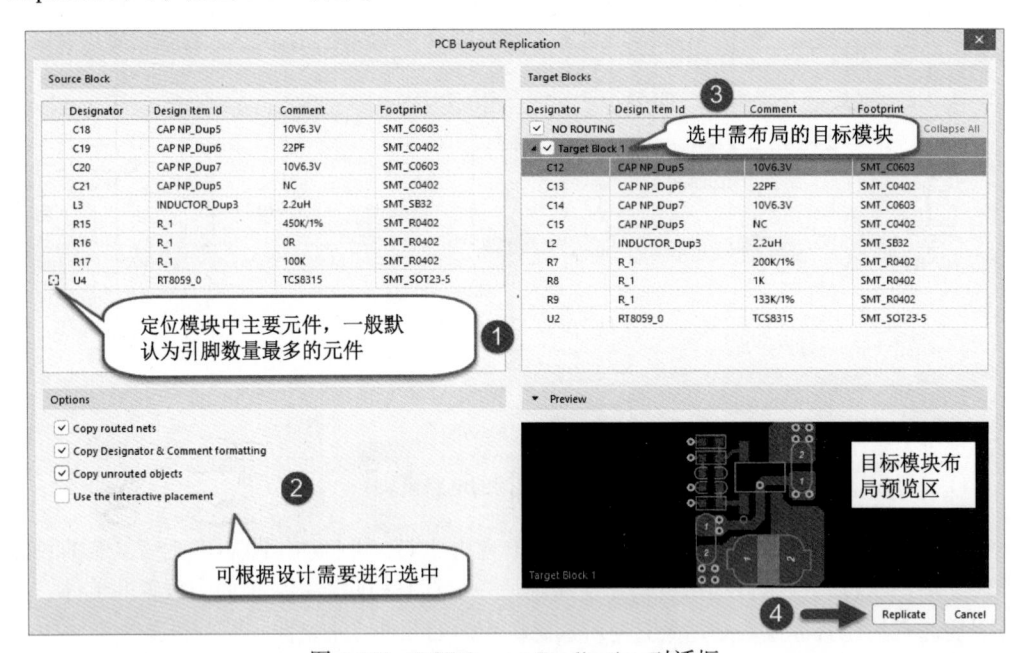

图 1-249 PCB Layout Replication 对话框

PCB Layout Replication 对话框中的 Options 复选框中可启用不同的选项以复制不同的对象，各选项作用如下。

① Copy routed nets：启用此选项，复制连接源模块中元件的铜对象（包括线、弧、焊盘、过孔、填充、区域和多边形），如图 1-250 所示。

设计对象连接了所选元件焊盘

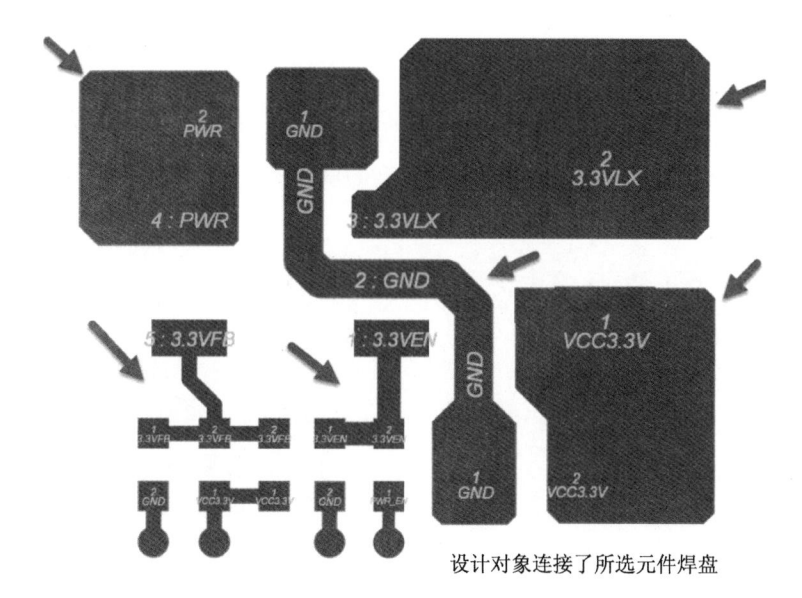

图 1-250　连接两焊盘的设计对象

② Copy Designator & Comment formatting：启用此选项，将源模块中元件的位号和注释字符串的格式应用到目标模块的组件中。

③ Copy unrouted objects：启用此选项以复制元件之间布线以外的对象，即不完全连接源模块中元件的铜线对象（线、弧、焊盘、过孔、填充和区域）。比如仅连接到源模块中元件的一个焊盘的布线对象，或者是未连接到源模块中任何元件焊盘的铜对象，如图 1-251 所示。

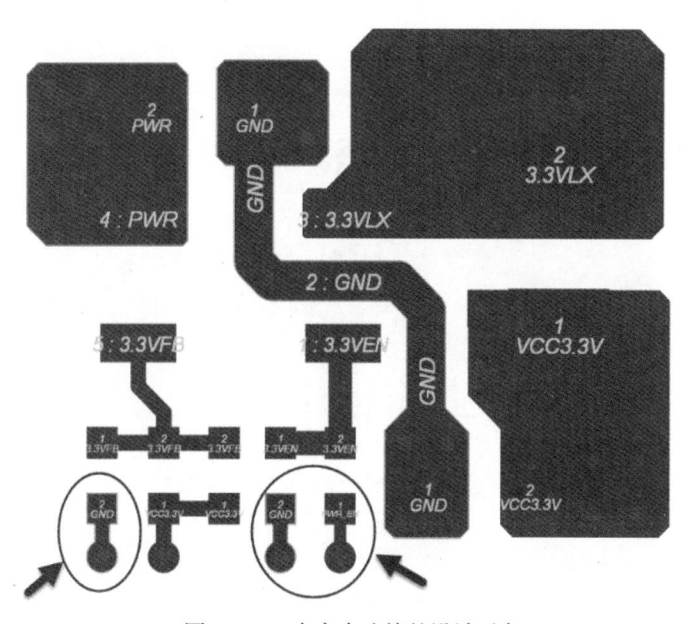

图 1-251　未完全连接的设计对象

④ Use the interactive placement：该选项的状态定义了 Replicate 后目标模块的放置方式。

当此选项被禁用（默认）时，每个目标模块将对模块中的主要元件定位。默认情况下，主要元件是目标模块中具有最大引脚数的元件，如果有多个元件具有相同的最大引脚数，则为面积最大的元件。启用此选项后，将在设计空间中手动定位每个选定的目标模块。

（3）使用 PCB Layout Replication 工具布局好的目标模块如图 1-252 所示。

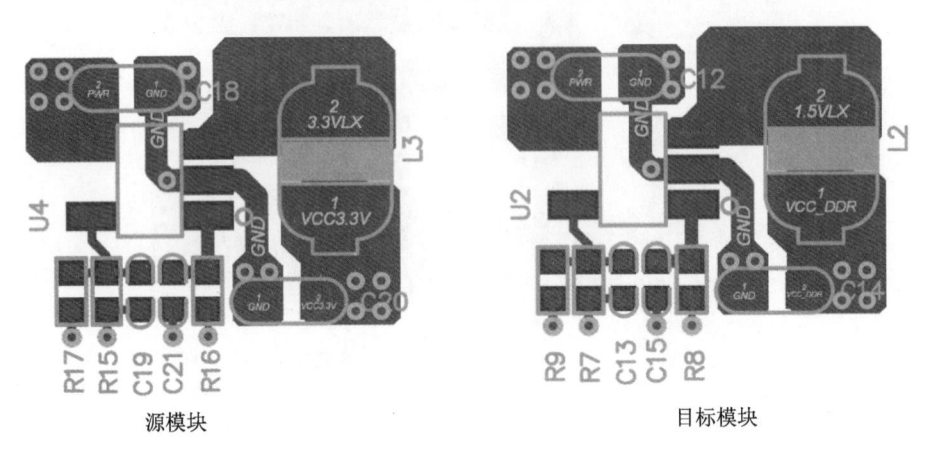

图 1-252　布局好的目标模块

1.2.16　极坐标的应用

在 PCB 设计过程中，特别是 LED 圆形灯板的 PCB 设计，需要对 LED 灯珠进行圆形等间距排列，如果每个元件都计算清楚其坐标再进行放置的话会非常烦琐。要实现如图 1-253 所示的元器件布局效果，在 Altium Designer 软件里可以使用极坐标的方法。

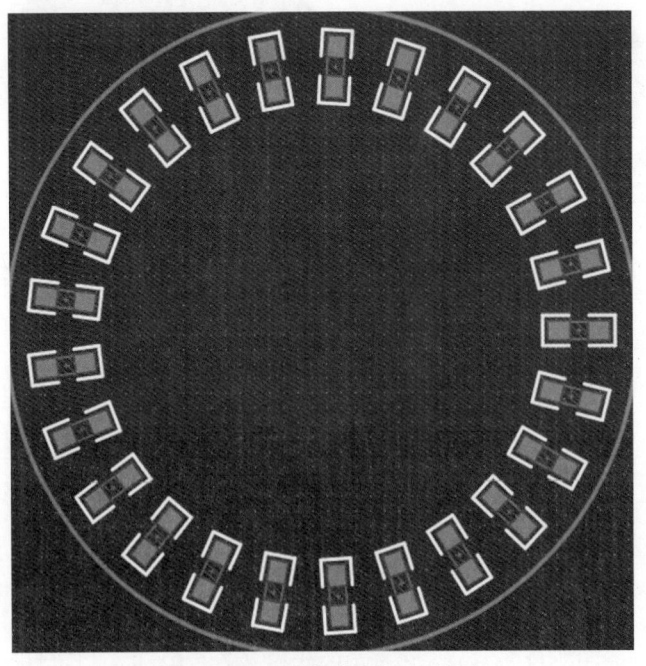

图 1-253　元器件圆形布局效果

（1）打开 Altium Designer 24 的 PCB 编辑器，在 Properties 面板中找到 Grid Manager（栅格管理器）选项，单击 Add 按钮，执行 Add Polar Grid（添加极坐标网格）命令，如图 1-254 所示。

图 1-254 添加 Add Polar Grid

（2）执行"添加极坐标网格"命令之后，栅格管理器中会出现一个 New Polar Grid（新的栅格），如图 1-255 所示。

图 1-255 New Polar Grid

（3）双击新增的 New Polar Grid，进入极坐标设置对话框，详细设置及说明如图 1-256 所示。

需要说明：角度步进值与倍增器的乘积必须能被"终止角度"与"起始角度"之差整除，否则得到的极坐标会出现"不均等分"的现象。

（4）设置好以后单击"确定"按钮，得到极坐标的效果如图 1-257 所示。

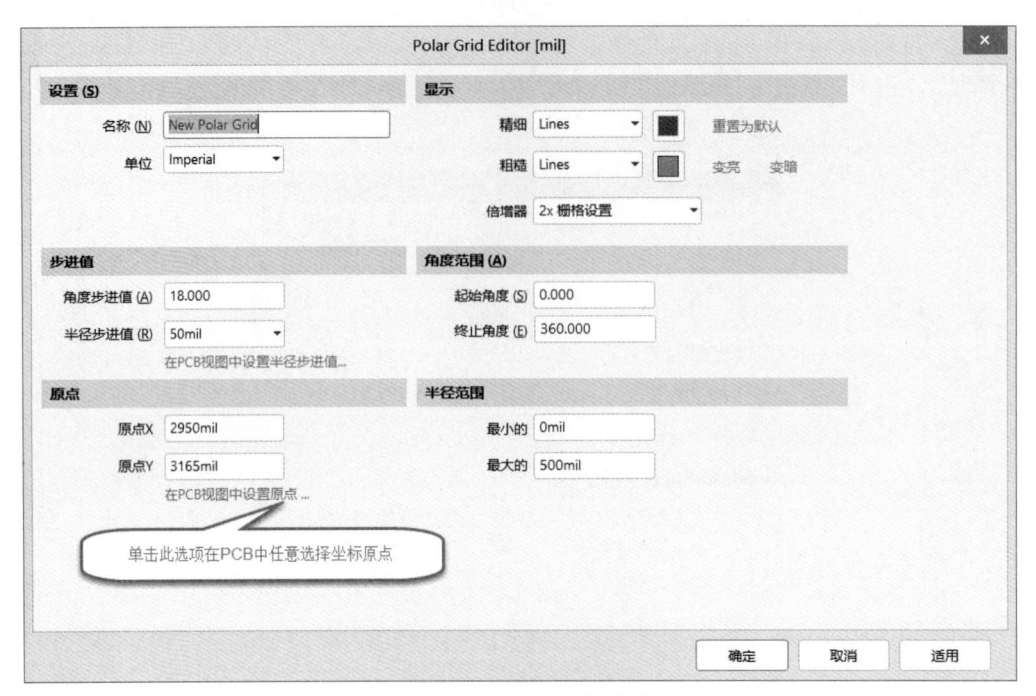

图 1-256 设置极坐标参数

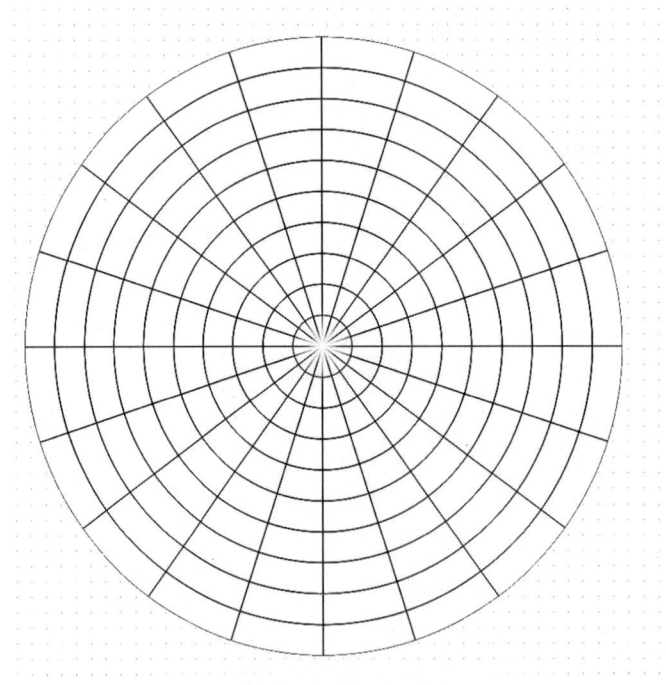

图 1-257 极坐标栅格

（5）在极坐标中放置元件的效果如图 1-258 所示。

（6）每当光标悬停在极坐标网格上方时，极坐标网格坐标（径向距离和角度）就会显示在抬头信息（按快捷键 Shift+H 可切换显示、隐藏）中，如图 1-259 所示。

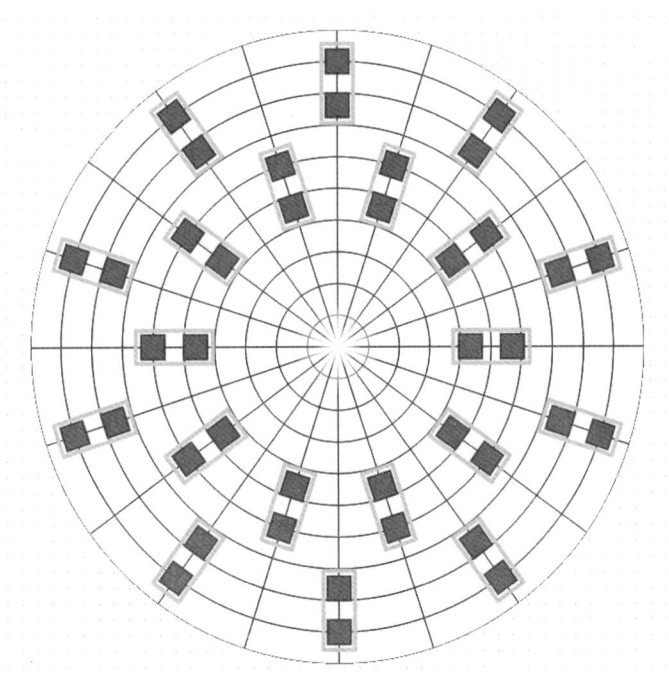

图 1-258 极坐标中放置元件的效果

图 1-259 极坐标的径向距离与角度

1.2.17 ActiveRoute 的应用

ActiveRoute 是一种引导式布线工具，适用于设计人员指定网络的连接。ActiveRoute 允许设计人员交互式地定义路线路径或向导，然后定义网络线将沿着指定路径进行连接。ActiveRoute 不等同于自动布线，不能自动放置过孔，并且不包含电源布线策略。

ActiveRoute 遵循 PCB 设计规则定义的标准和限制，因此使用 ActiveRoute 只需选择指定的网络并运行命令即可，实现步骤如下。

（1）单击 PCB 编辑界面右下角的 Panels 按钮，选择打开 PCB ActiveRoute 面板。

（2）按快捷键 Alt+鼠标左键从左向右滑动，可以选中指定的网络飞线，然后在 PCB ActiveRoute 面板中的 Layers 选项组中选中可布线的层，单击 Route Guide 按钮，如图 1-260 所示。

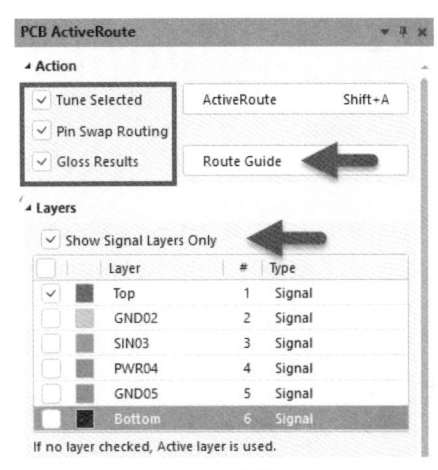

图 1-260 布线引导

（3）绘制信号的向导路径，向导宽度可在放置的过程中按上下方向键调整，放置好的向导路径如图 1-261 所示。

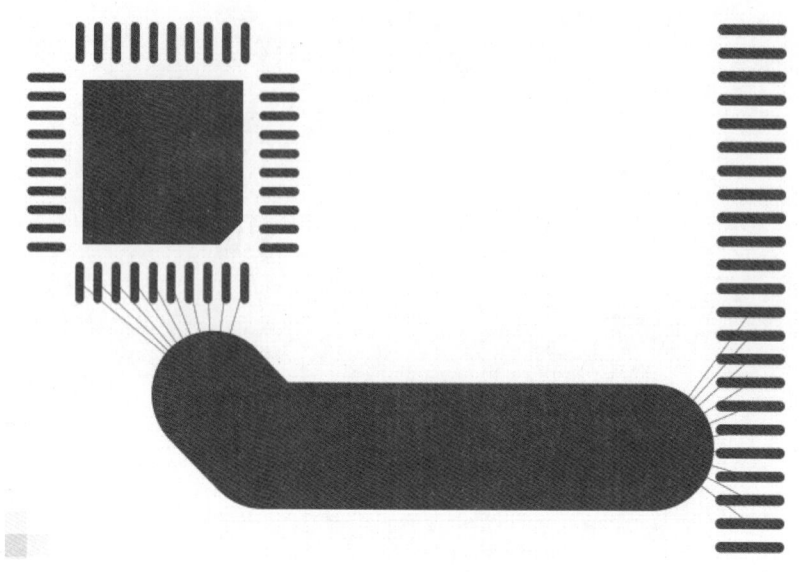

图 1-261　向导路径

（4）放置好向导后，单击 PCB ActiveRoute 面板中的 ActiveRoute 按钮，或按快捷键 Shift+A 进行连接，如图 1-262 所示，然后手动优化布线。

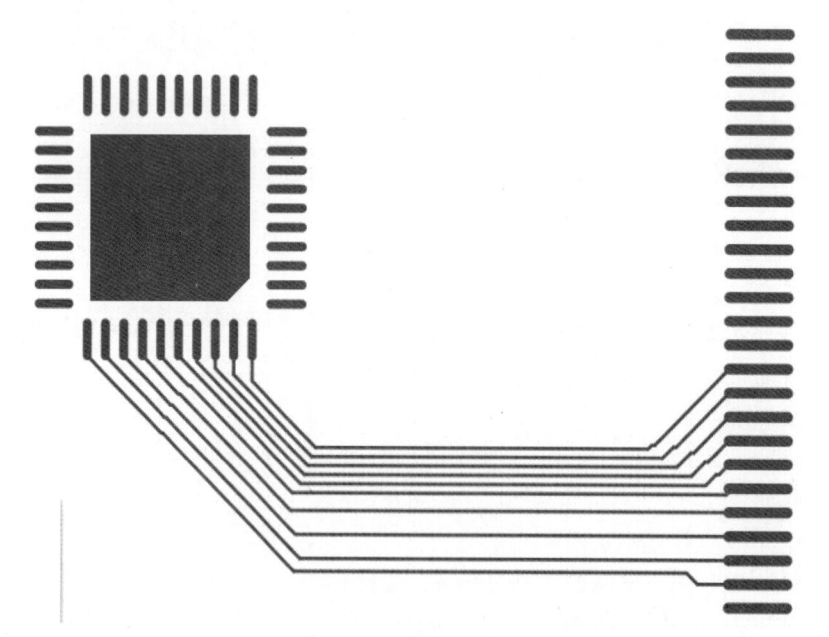

图 1-262　布线连接

（5）使用 ActiveRoute 功能可以对指定网络进行等长操作。将指定的网络设置为一个网络类 SEN，然后进行长度匹配的规则设置，如图 1-263 所示。

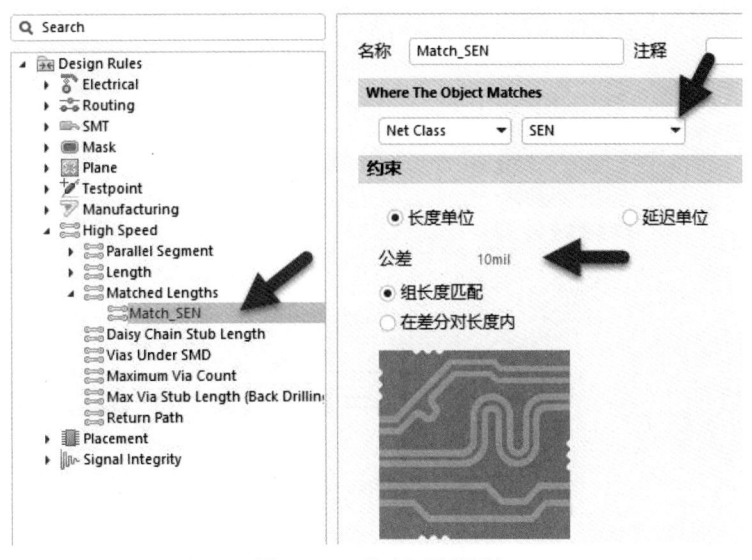

图 1-263 长度匹配规则

（6）在 PCB ActiveRoute 面板中进行等长参数设置，如图 1-264 所示，即可得到如图 1-265 所示的布线情况。

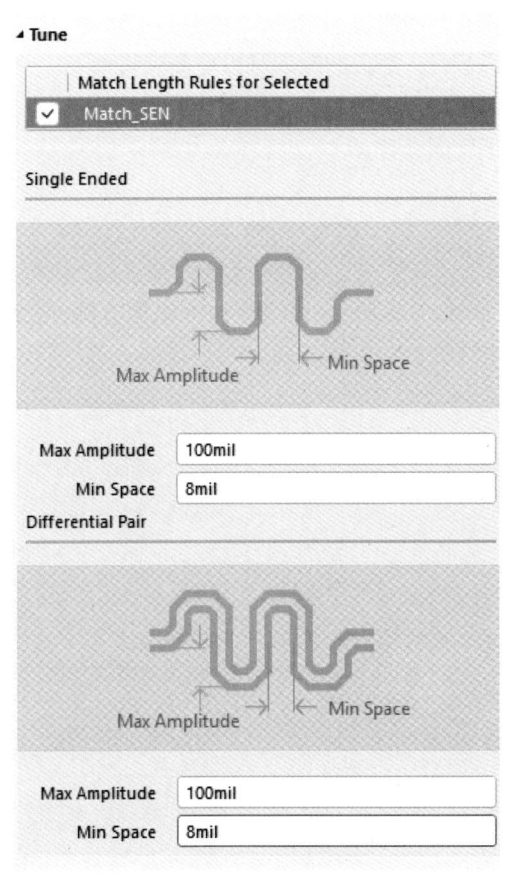

图 1-264 等长参数设置

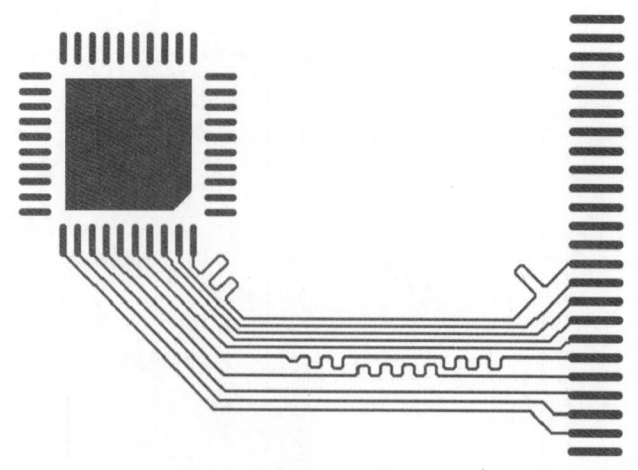

图 1-265　ActiveRoute 等长

1.2.18　拼板阵列的使用

在 Altium Designer 软件设计中进行拼板，除了能更清晰地展示设计师意图之外，还有诸多作用：
- 可以按照自己想要的方向拼板；
- 拼板文件与源板可关联，源板的改动可以更新到拼板；
- 可以将几块不同的板拼在一起；
- 可以拼阴阳板（正反面交替）。

1. 利用拼板阵列实现拼板

（1）测量板子的尺寸大小。这个可以用尺寸标注来实现，执行菜单栏中"放置"→"尺寸"→"尺寸标注"命令。如图 1-266 所示，以这块 PCB 作为范例，尺寸为 98.81mm × 49.91mm，在新建的 PCB 文件中拼出 2×2 的 PCB 阵列。

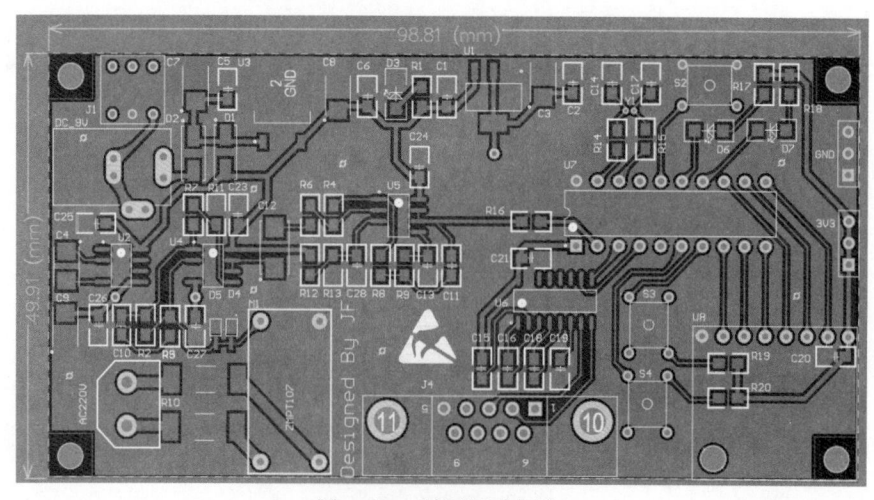

图 1-266　放置尺寸标注

（2）执行菜单栏中"文件"→"新的"→PCB 命令，创建一个新的尺寸为 210mm×110mm 的 PCB 文件，新建的 PCB 文件用于拼板的 PCB，保存在源 PCB 文件的工程目录下，如图 1-267 所示。

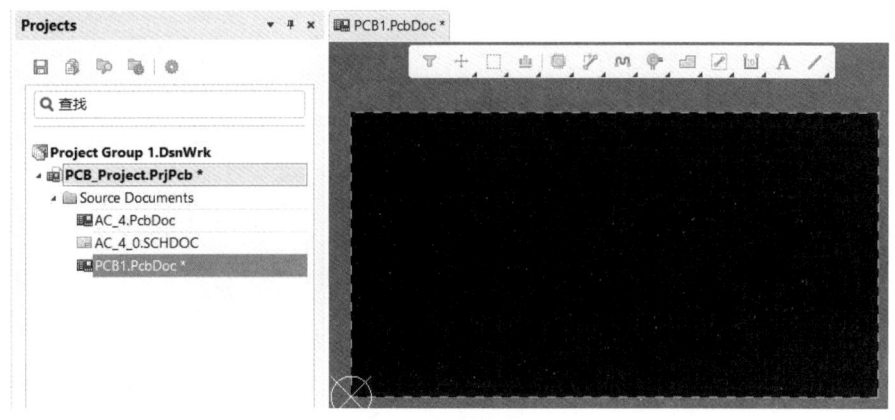

图 1-267　新建 PCB 文件

（3）在新建的 PCB 文件中，执行菜单栏中"放置"→"拼板阵列"命令，如图 1-268 所示。

图 1-268　放置拼板阵列

（4）执行"拼板阵列"命令后，光标变成十字形状并附有一个阵列图形，按 Tab 键将弹出 Properties 面板，用户可在此设置阵列拼板的参数，如图 1-269 所示。在 PCB Document 栏选择需要拼板的 PCB 文件，在 Column Count 和 Row Count 的输入框中输入要拼板的横排和竖排的数量，这里各自输入 2。然后在 Column Margin 和 Row Margin 中输入需要的参数（这个参数视自己需求而定），输入这两个参数后，Row Spacing 和 Column Spacing 会随之自动改变。

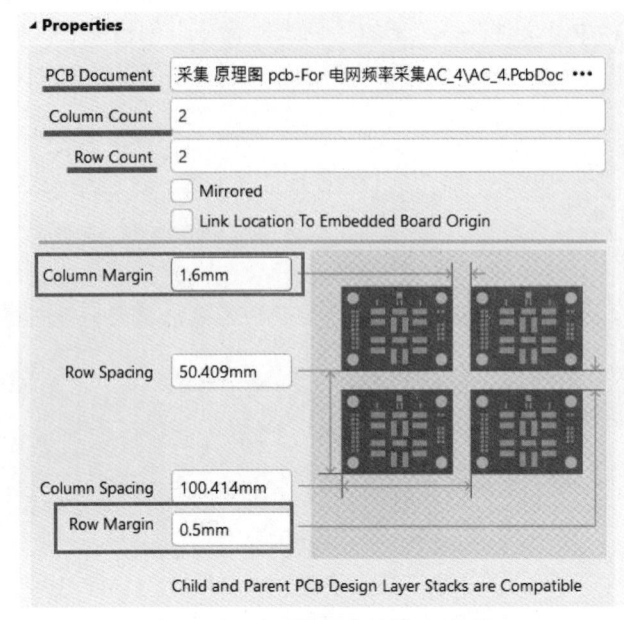

图 1-269　阵列拼板参数设置对话框

（5）设置好以上参数后，按 Enter 键，放置阵列拼板到 PCB 中，如图 1-270 所示。

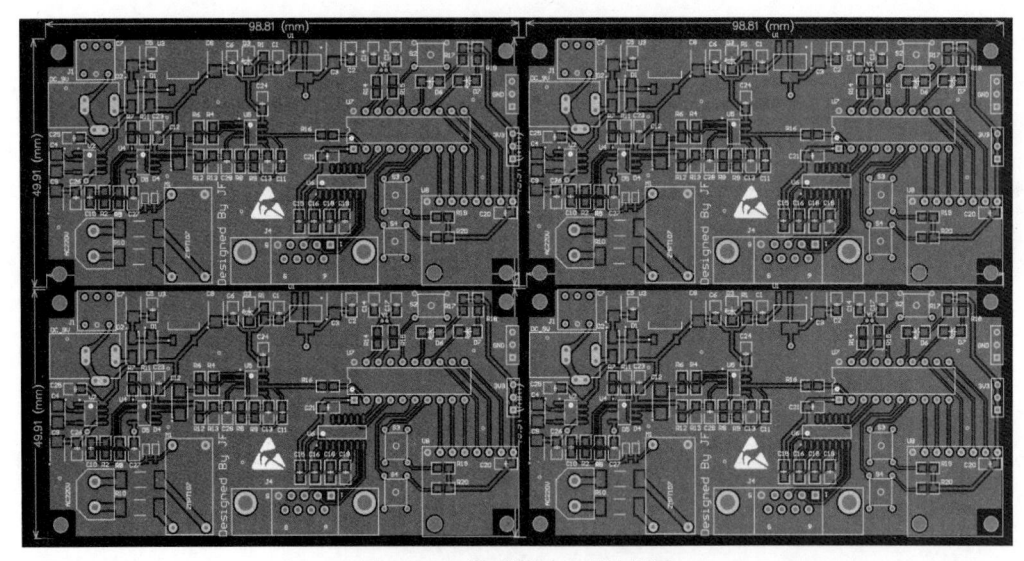

图 1-270　得到拼板阵列效果图

（6）按快捷键 L，进入层颜色管理器，如图 1-271 所示。把 Mechanical 2 改名为 Route Cutter Tool Layer，在这个层上绘制的线定义为铣刀铣穿 PCB 的走线；把 Mechanical 5 改名为 FabNotes，在这个层上绘制的线定义为要在 PCB 上铣出 V-Cut 的走线（放置这些标注信息的 Mechanical 层可自行选择）。

图 1-271　修改机械层名称

（7）如图 1-272 所示为画好细节走线的阵列拼板。

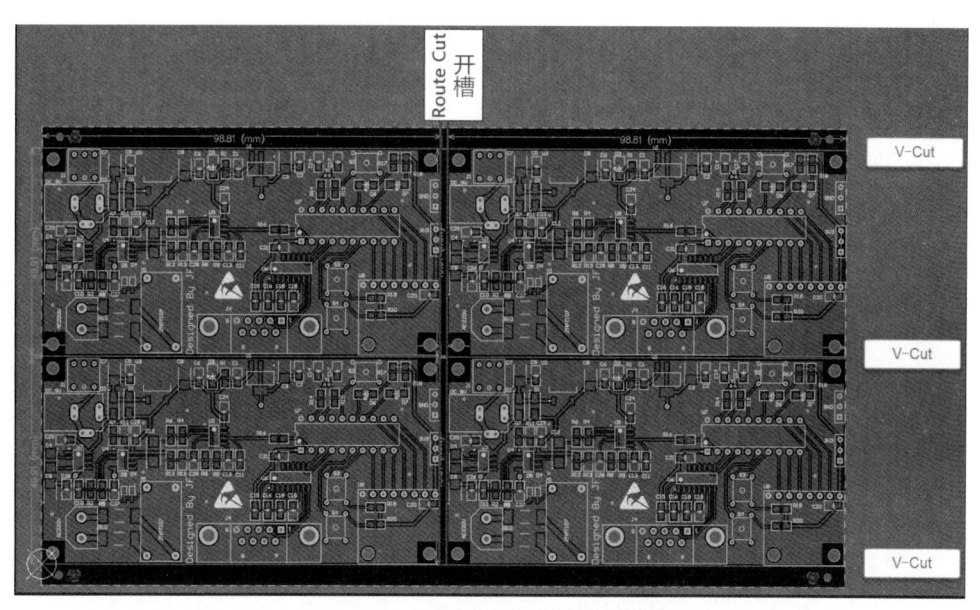

图 1-272　画好细节走线的阵列拼板

（8）阵列拼板可以任何角度放置在 PCB 面板中，从而能最大限度地利用板面空间。为 Properties 面板 Location 选项组中的 Rotation 参数设置角度，即可实现拼板的任意角度旋转，如图 1-273 所示。

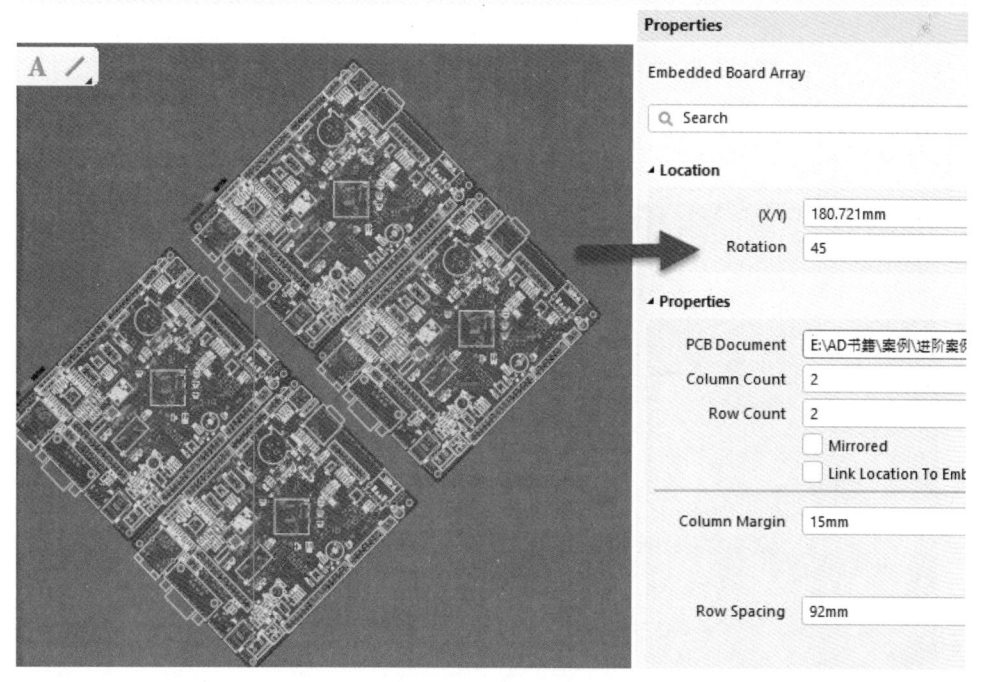

图 1-273　旋转的拼板

注意：在 PCB 阵列板上画出需要的 V-Cut 的走线和开槽的走线，让加工板厂 CAM 图纸处理的人员明白客户具体的需求和意图。但具体要走 V-Cut 还是开槽，以设计人员与板厂工程师的沟通和交流为准，此处只是示意图。

最后，放置工艺边和定位孔及 Mark 点等，将 PCB 文件转换成 Gerber 文件发给 PCB 加工板厂，与板厂沟通具体工艺要求和细节。

2. 拼板与源板同步更新

如果在源 PCB 上做任何改动，这些改动会在 PCB 拼板文件中自动更新。如图 1-274 所示，在源 PCB 中放置一个过孔。

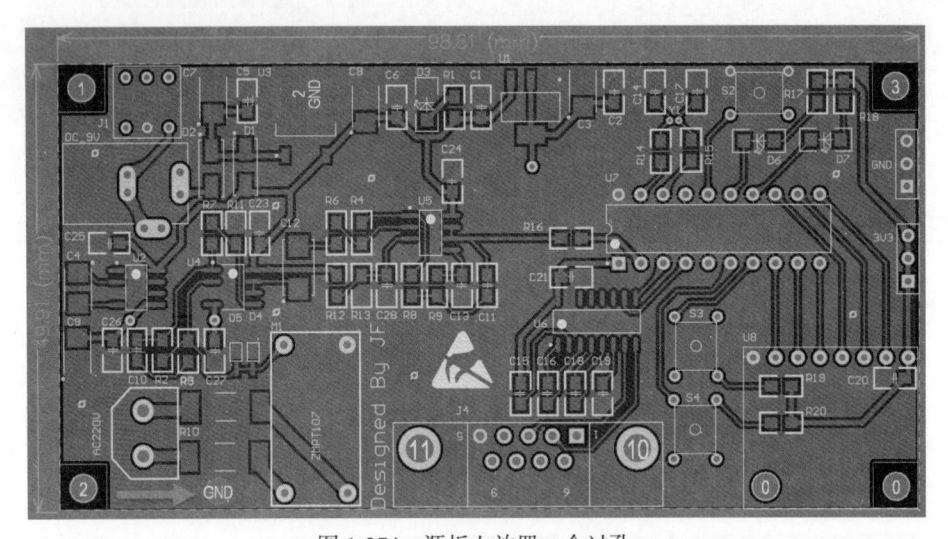

图 1-274　源板上放置一个过孔

然后回到 PCB 拼板文件，这些每个板子上都会多出这样一个过孔，随源板同步更新，如图 1-275 所示。

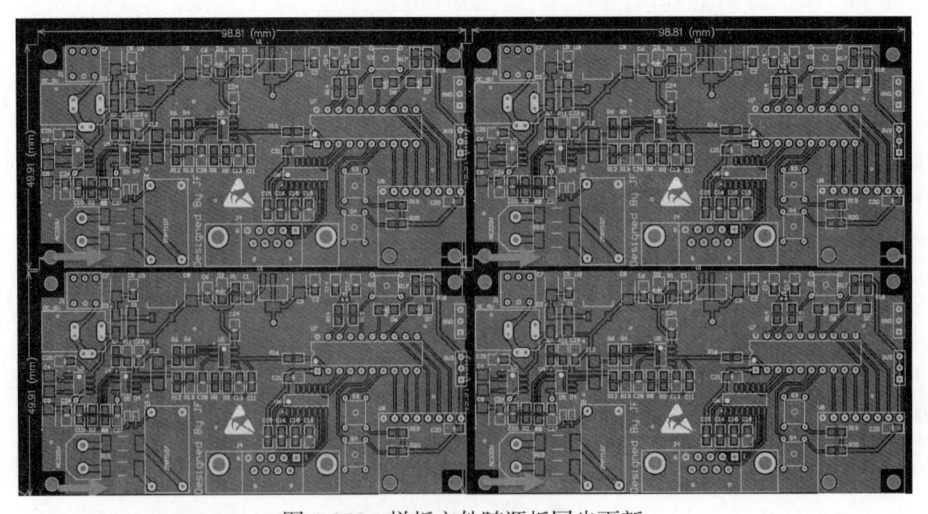

图 1-275　拼板文件随源板同步更新

3. 不同PCB的拼板

将不同的 PCB 拼在一起，只需要选择某个 PCB 文件，拼出阵列。然后再选择其他的 PCB 文件，再拼出阵列。

如要拼阴阳板的话，方法是先用此拼板功能放置一个拼板阵列，然后再放置另外一个拼板阵列，选中 Mirrored 复选框即可。此外，阴阳板一定要保证板厚都一样才能拼在一起进行加工。

1.2.19 在3D模式下体现柔性板（Flex Board）

1. Rigid-Flex印刷电路的定义及作用

Rigid-Flex Board，软硬（刚柔）结合板，就是传统硬性线路板与柔性线路板，经过诸多工序，按相关工艺要求组合在一起，形成的同时具有 PCB 特性与 FPC 特性的线路板。硬性电路可以承载所有或大部分元件，柔性部分作为刚性部分之间的互连。

PCB 设计趋势是往轻、薄、小方向发展，针对高密度的电路板、软硬结合板的三维连接组装等电路设计，使用柔性板不仅节省产品内部空间，减少成品体积，还可以通过大幅减少互连线路的需求来降低组装复杂性，由于互连硬件的减少和装配产量的提高，产品可靠性也有所提高；当将其作为整体产品制造和装配成本的一部分时，可以降低成本。

柔性电路通常分为两种使用类别：静态柔性电路和动态柔性电路。静态柔性电路（也称为用途 A）是那些经受最小弯曲的电路，通常使用在组装和维修期间。动态柔性电路（也称为用途 B）是为频繁弯曲而设计的电路；例如磁盘驱动器头、打印机头，或作为笔记本计算机屏幕中铰链的一部分。这种区别很重要，因为它影响材料选择和构造方法。

2. 定义和配置Rigid-Flex Substacks

刚柔结合板设计中，每个单独的刚性板或柔性板可能由不同的层叠结构。为此，用户需要在 Altium Designer 24 中定义多个堆栈，这些堆栈称为子堆栈，如图 1-276 所示。

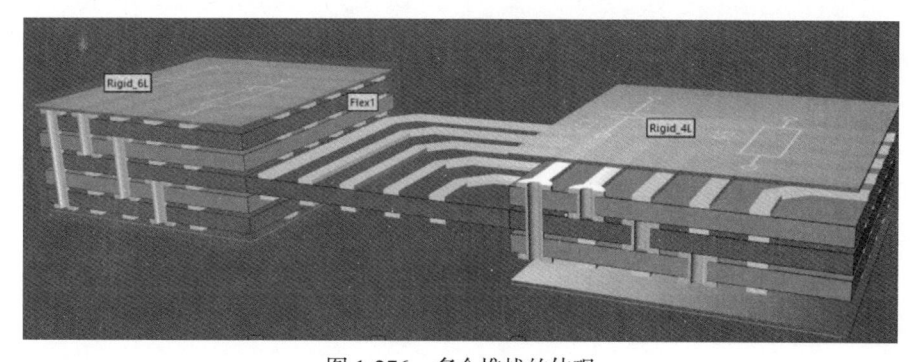

图 1-276　多个堆栈的体现

定义多个堆栈的步骤如下。

（1）按快捷键 D+K，打开层叠管理器，执行 Tools→Features→Rigid/Flex 命令，或单击

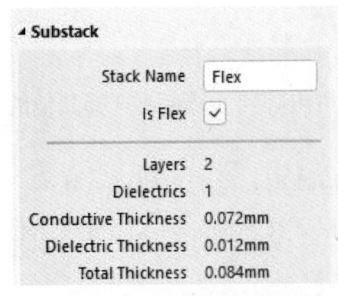

图 1-277　命名新的 Substack

管理器右上角的按钮 Features，启用 Rigid-Flex 选项。

（2）其他控件将显示在层叠管理器的顶部，包括显示默认子堆栈名称的 Substack 选择下拉按钮 Board Layer Stack。若想添加新的 Substack，请单击按钮，可在 Properties 面板中将 Substack 命名为 Flex，并在需要时选中 Is Flex 选项，即可添加柔性板的堆栈，如图 1-277 所示。

（3）通过 Substack 选择下拉按钮 Board Layer Stack，可查看各个子堆栈的层叠情况。如图 1-278 和图 1-279 分别为刚性板和柔性板的层叠情况（Flex 特定的覆盖层只能添加到具有以下特性的子堆栈中：启用 Is Flex 选项，取消选中 SolderMask 层）。

图 1-278　刚性板层叠

图 1-279　柔性板层叠

（4）在层叠管理器界面中，执行 Tools→Layer Stack Visualizer 命令，即可看到设置完成的多个子堆栈的可视化 3D 效果，如图 1-280 所示。

3．定义并分配整板区域

（1）定义整板的外形区域。无论板子是否为刚柔结合板，整板边框都被定义为板外形，如图 1-281 所示。选中外形，按快捷键 D+S+D 可定义。

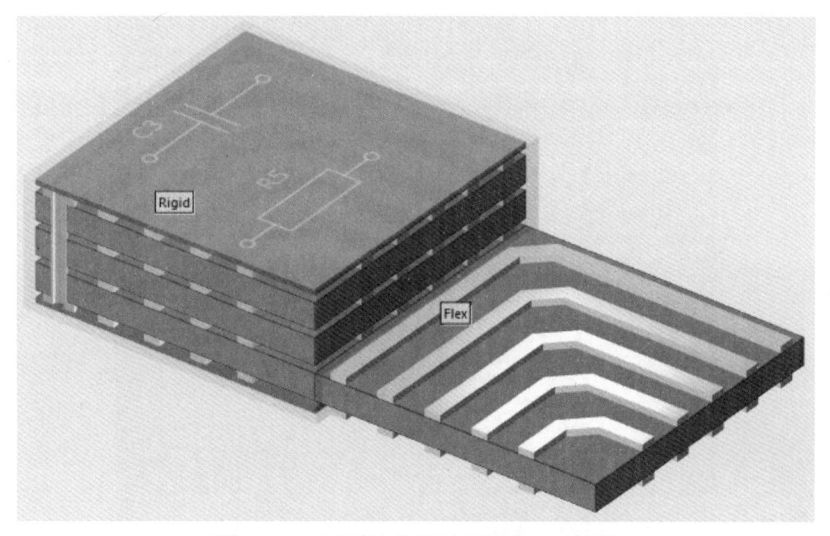

图 1-280 刚柔结合板的可视化 3D 效果

图 1-281 刚柔结合板的板外形

（2）分割整板区域。刚柔结合板需要将单个板区域拆分为多个区域，并为每一个区域分配唯一的层堆栈。将图 1-281 的板区域分为 3 部分：上下两个圆形为刚性板，中心矩形设置为柔性板。具体步骤如下。

① 在 PCB 编辑界面下，执行菜单栏中"视图"→"板子规划模式"命令，或按快捷键 1，进入电路板规划模式。

② 放置分割线，拆分整板区域。在规划模式界面中，执行菜单栏中"设计"→"定义分割线"命令，或按快捷键 D+S，在中心矩形处放置分割线。分割之后的板区域如图 1-282 所示。注：删除分割线时，单击并按住其中一个端点，然后按 Delete 键。

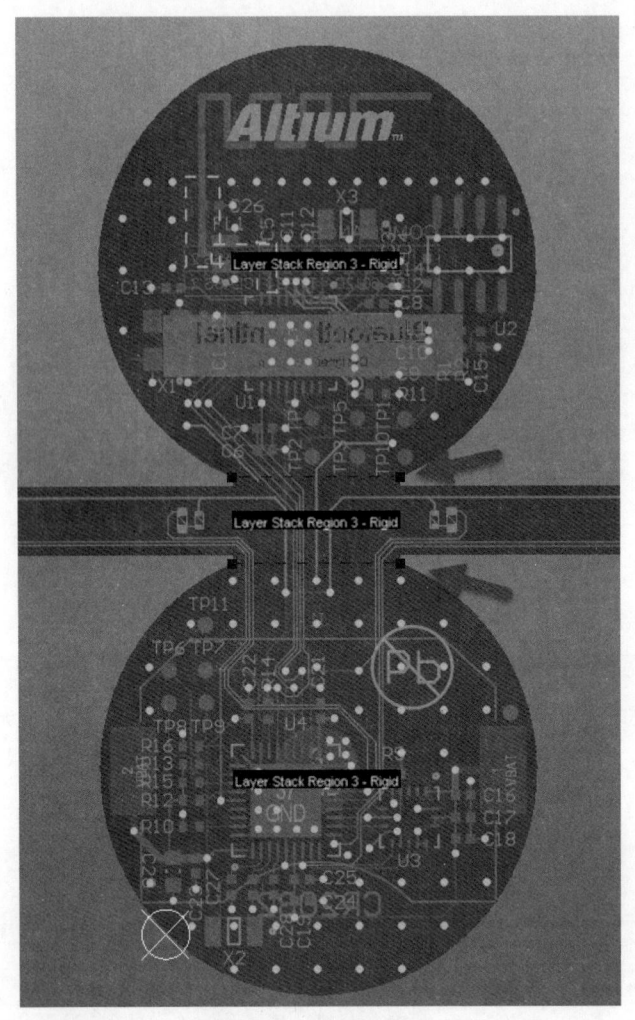

图 1-282 分割板区域

（3）给各个板区域分配层堆栈并重命名。双击相应的板区域，打开"板区域"对话框，设置"名称"，并选择层堆栈，如图 1-283 所示。将实例中的板子两个圆形设置为刚性板，中心矩形设置为柔性板，如图 1-284 所示。

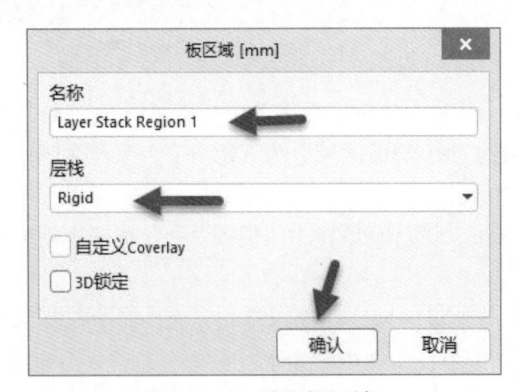

图 1-283 设置板区域

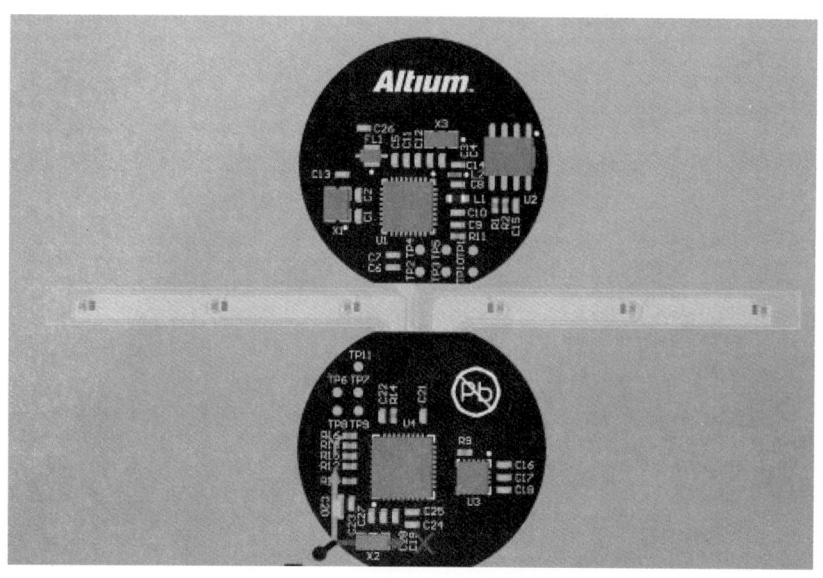

图 1-284　分配完成后板子的 3D 视图

（4）放置和定位弯曲线，实现柔性板的可弯曲性。在板子规划模式中，执行菜单栏中"设计"→"定义弯曲线"命令，或按快捷键 D+E，放置好的弯曲线如图 1-285 所示。根据实际需要放置弯曲线。

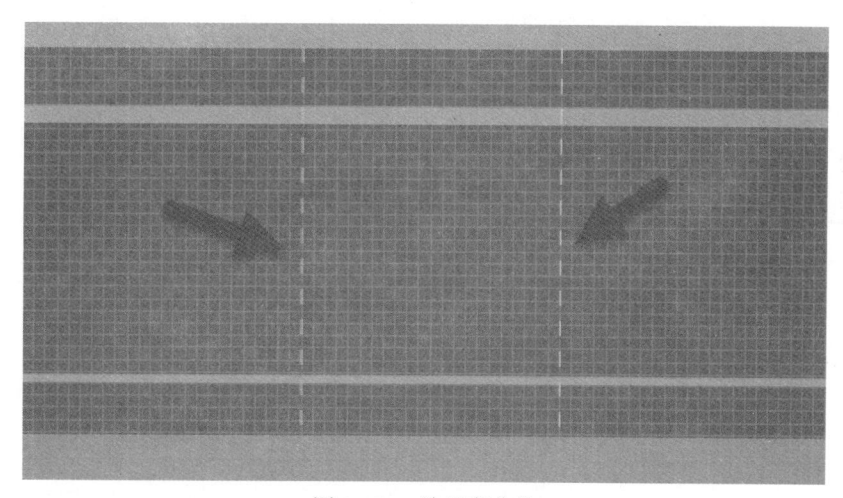

图 1-285　放置弯曲线

注意： ① 弯曲线只能放置在层叠管理器中配置为 Flex 的区域，如演示中的中心矩形区域。

② 弯曲线放置位置可使用机械层构造辅助，以便精确定位弯曲线的上下参考点。

（5）配置弯曲线，设置弯曲线影响区域。其具体步骤如下。

① 在 PCB 面板中，在选择下拉列表框中选中 Layer Stack Regions，并在"层堆栈"中选择名为 Flex 的板区域，单击下方的区域名称，即可展开区域内所有折线，如图 1-286 所示。

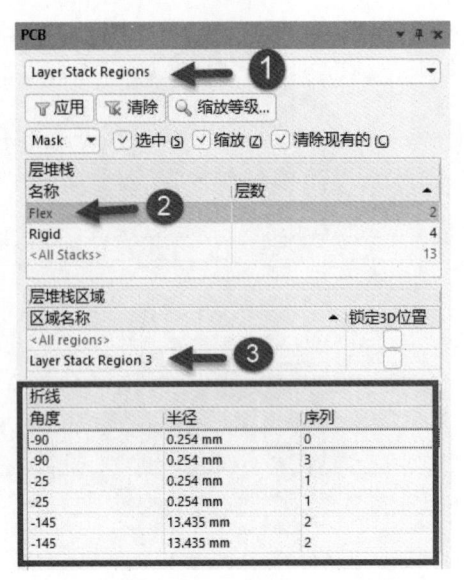

图 1-286 显示区域内所有弯折线

② 双击任意一个弯曲线，打开"弯折线"对话框，如图 1-287 所示，设置相应属性。
- 弯折角：Flex 区域表面弯曲的角度。
- 半径：弯曲中心点所在的弯曲表面的距离。
- 受影响区域宽度：根据给定的半径和弯折角，得到的弯曲表面区域的宽度。

若弯折角为 A，半径为 R，受影响区域为 W，三者之间的关系为：$W=A/360 \times 2 \times \pi \times R$。

- 字体索引：用于弯曲折叠操作时的折叠顺序。

注意：选择任意一个刚性板区域，在"区域名称"中启用"锁定 3D 位置"复选框，如图 1-288 所示，以定义 3D 显示模式的物理接地参考（其中 $Z=0$），即固定一个刚性板，以便后期的折叠。如果不启用，则不会显示每个定义的弯曲线的"受影响区域宽度"，显示的宽度区域如图 1-289 所示。

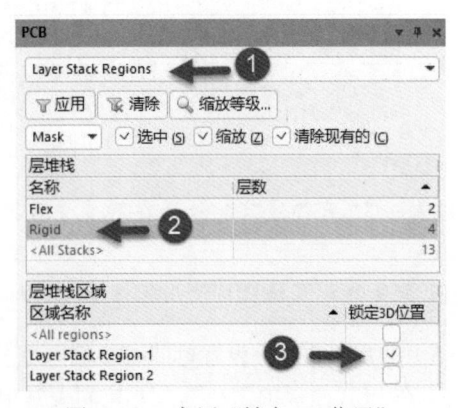

图 1-287 "弯折线"对话框　　图 1-288 启用"锁定 3D 位置"

（6）将 PCB 切换到 3D 模式，拖动 PCB 面板的"折叠状态"进行折叠状态调整，折叠效果如图 1-290 所示。按快捷键 5 可实现"展开/折叠"操作。

图 1-289　弯曲线受影响区域宽度　　　　图 1-290　折叠效果图

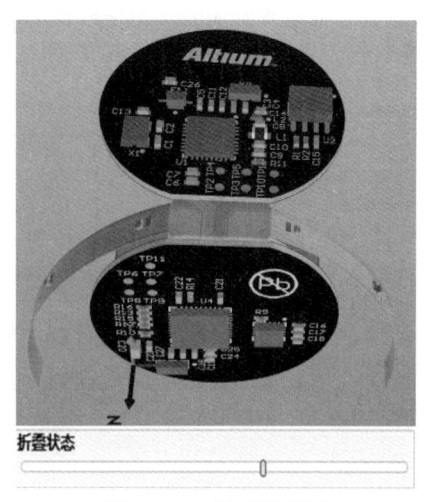

4. 在Flex区域上添加Coverlay（覆盖层）

刚柔结合板的一个共同特征是有选择地使用覆盖材料（绿油）。将覆盖材料切割并层压到板子的特定区域上，由于这种选择性，覆盖层也称为活动层。

添加软板覆盖区域的步骤如下。

（1）添加覆盖层。PCB 编辑界面下按快捷键 D+K，进入层叠管理器中。切换到 Flex 堆栈，在信号层处右击，选择 Insert layer above（below）选项下的 Bikini Coverlay 命令，在层堆栈中添加覆盖层，如图 1-291 所示。

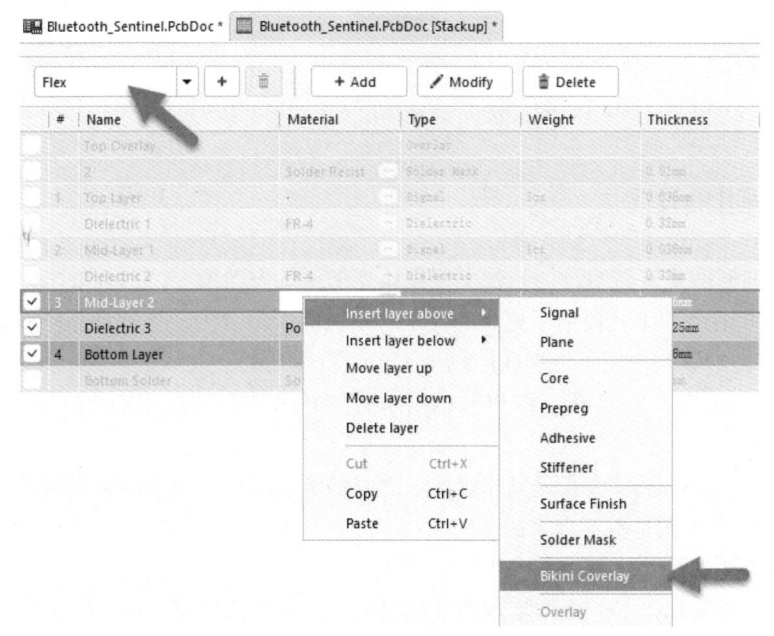

图 1-291　添加覆盖层

（2）可在 3D 状态下查看添加覆盖层的状态，或者按快捷键 1 切换到板子规划模式，可在界面下方看到所添加的覆盖层，如图 1-292 所示。覆盖层的颜色由图层颜色确定，双击 Flex Top Coverlay（Flex）的颜色方框，可在弹出的"选择颜色"对话框中修改颜色。

图 1-292　覆盖层显示

（3）添加覆盖区域。板子规划模式中，在 Flex 区域右击，选择 Coverlay Actions→Add（Remove）Coverlay，即可添加或移除覆盖区域。或者在 Properties 面板 Actions 选项下单击 Add（Remove）Coverlay 按钮，如图 1-293 所示。

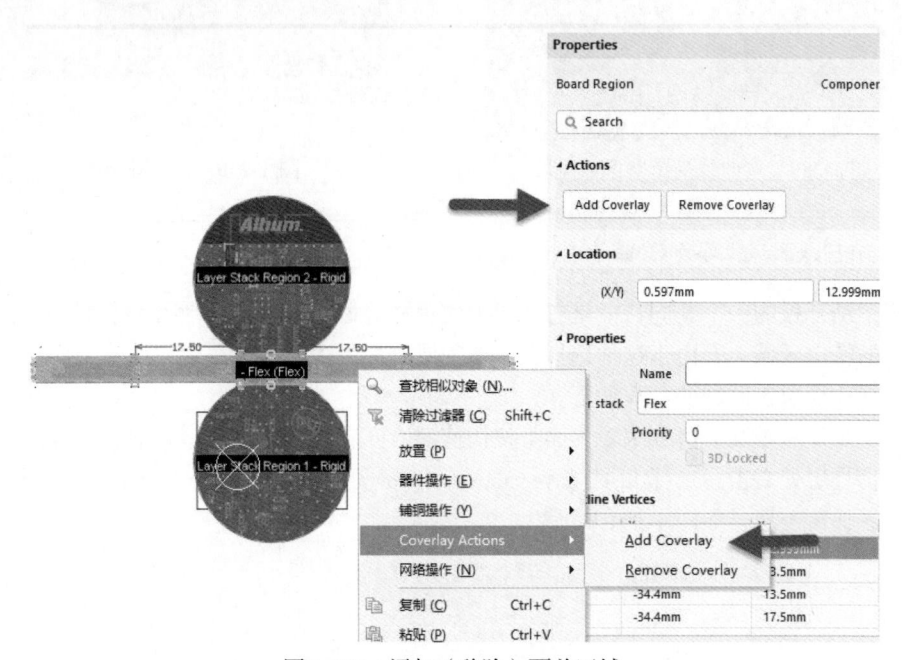

图 1-293　添加（移除）覆盖区域

1.2.20　盲埋孔的设置

随着目前便携式产品的设计朝着小型化和高密度的方向发展，PCB 的设计难度也越来越大，对 PCB 的生产工艺提出了更高的要求。在目前大部分的便携式产品中 0.5mm 及其以下间距的 BGA 封装均使用了盲埋孔的设计工艺，盲埋孔的定义如下。

盲孔（Blind Vias）：盲孔是将 PCB 内层走线与 PCB 表层走线相连的过孔类型，此孔不会穿透整个板子。

埋孔（Buried Vias）：埋孔是只连接内层之间的走线的过孔类型，它是处于 PCB 内层中的，所以从 PCB 表面是看不出来的。

实现盲埋孔设计的步骤如下。

（1）在 Altium Designer 24 中实现盲埋孔设计，首先按快捷键 D+K 进入层叠管理器，单击左下角的 Via Types 按钮，添加过孔的类型，如图 1-294 所示。

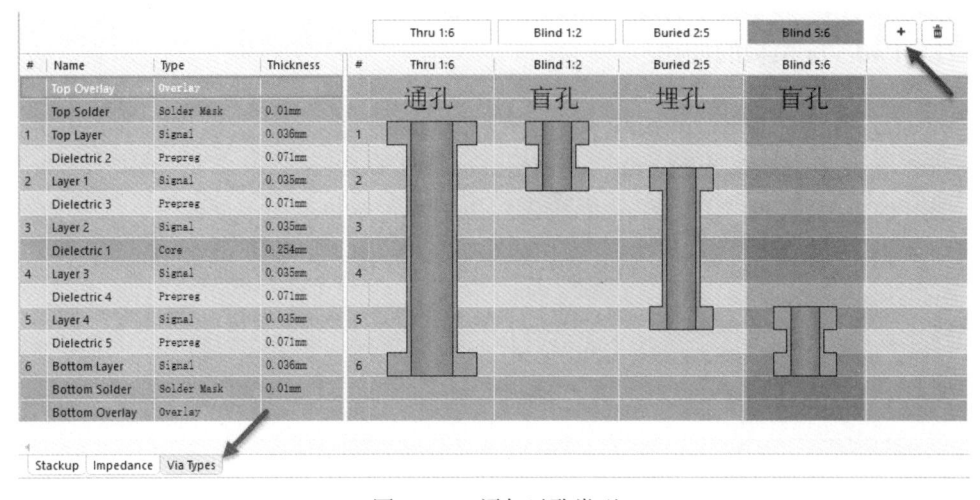

图 1-294　添加过孔类型

（2）单击"+"按钮，增加过孔类型，选择其中一个过孔类型，按快捷键 F11 设置钻孔对，可修改过孔连接的层，如图 1-295 所示。

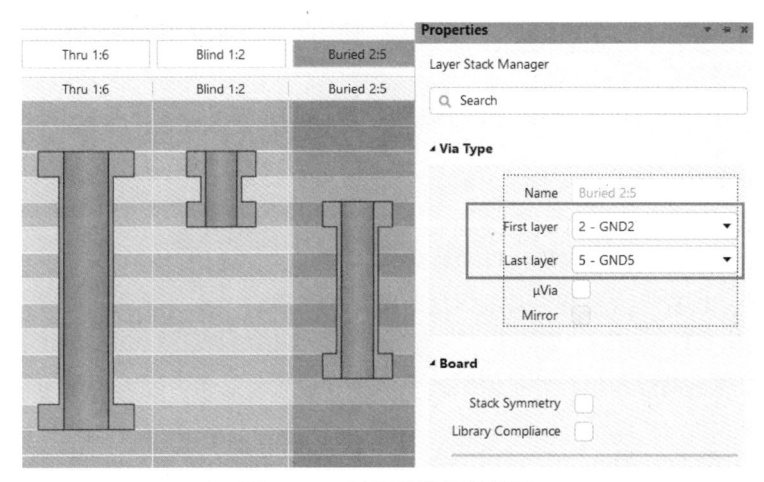

图 1-295　过孔连接层的设置

（3）在 PCB 中放置过孔时，在"过孔属性"编辑对话框中选择需要的过孔类型即可，如图 1-296 所示。

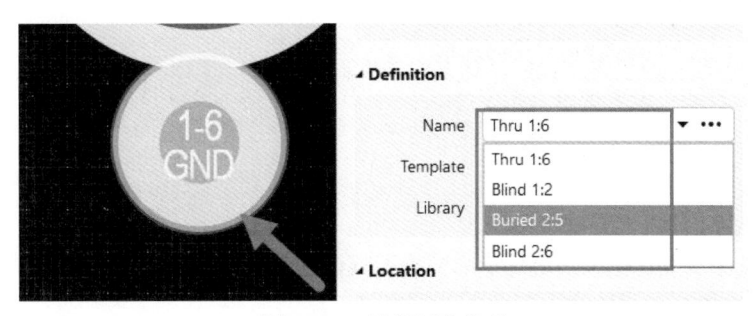

图 1-296　选择过孔类型

1.2.21 Pad/Via 模板的使用

在 Altium Designer 中使用 Pad/Via 模板,可以帮助我们节省大量的时间,避免出错。下面详细介绍 Altium Designer 24 中 Pad/Via 模板的使用。

(1)创建焊盘过孔库。在 PCB 编辑环境下执行菜单栏中"文件"→"新的"→"库"→"焊盘过孔库"命令,弹出 Pad Template Editor 界面,如图 1-297 所示。

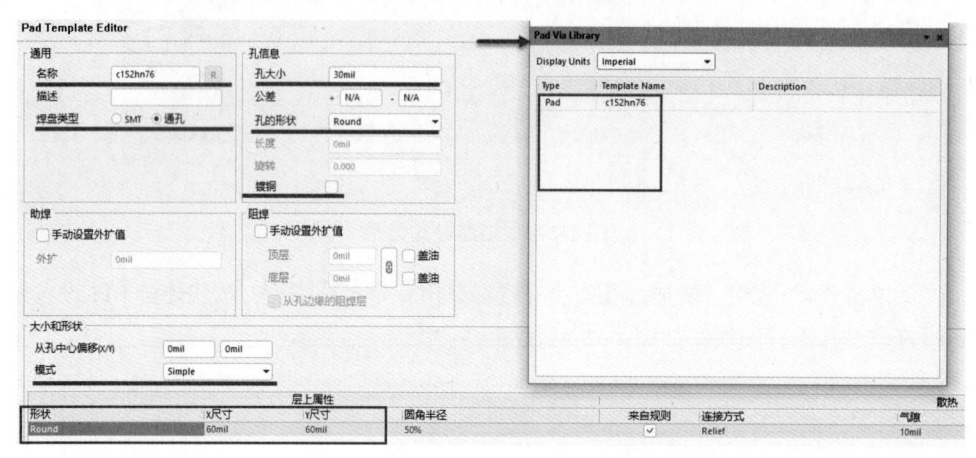

图 1-297 Pad Template Editor 界面

各选项组介绍如下。

① 通用选项组。

名称:设置焊盘模板的名称,可随意命名。

焊盘类型:设置焊盘类型,SMT 焊盘或者通孔焊盘。

② 助焊/阻焊选项组。

用于设置焊盘助焊和阻焊外扩值,选中"手动设置外扩值"复选框即可修改焊盘助焊和阻焊外扩值。

③ 大小和形状选项组。

模式:如果当前设置的焊盘模板为通孔焊盘,在模式下拉列表框中可以设置焊盘的外形,并且可以针对不同层设置不同的焊盘外形。

④ 层上属性选项组。

形状:设置焊盘外形,有 Round(圆形)、Rectangular(矩形)、Octagonal(八角形)、Rounded Rectangle(圆角矩形)四种外形。

X 尺寸/Y 尺寸:设置焊盘外形尺寸。

⑤ 孔信息选项组。

孔大小:设置焊盘内径。

孔的形状:设置焊盘孔的形状。

镀铜:选中该复选框以设置焊盘内壁是否沉铜。

⑥ Pad Via Library 对话框。

该对话框列出了当前焊盘过孔库模板,新建焊盘过孔库时,软件默认的是焊盘模板。

⑦ Display Units 下拉列表框。

设置单位，Metric（公制）或 Imperial（英制）。

（2）添加需要的焊盘过孔模板。在 Pad Via Library 对话框的焊盘过孔模板列表中右击，从弹出的快捷菜单中可以添加焊盘模板或过孔模板，以及删除列表中的模板，如图 1-298 所示。例如添加常用的焊盘过孔模板，如图 1-299 所示。

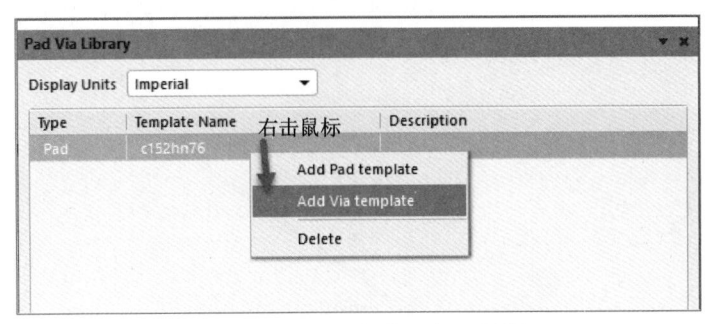

图 1-298　添加焊盘模板或过孔模板

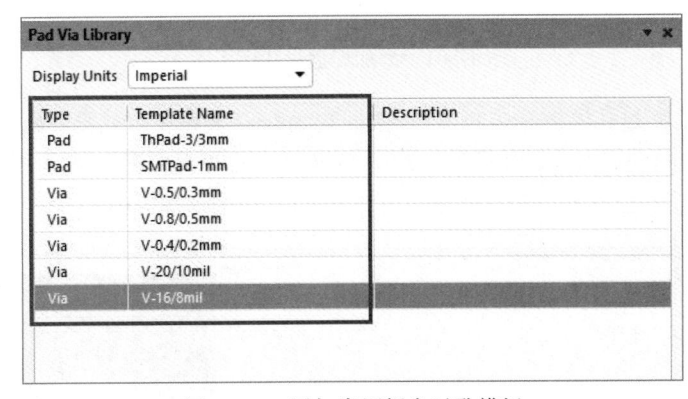

图 1-299　添加常用焊盘过孔模板

（3）保存 Pad Via Library。单击菜单栏左上角的"保存"按钮，或者按快捷键 Ctrl+S 将创建的焊盘过孔库保存起来，如图 1-300 所示。

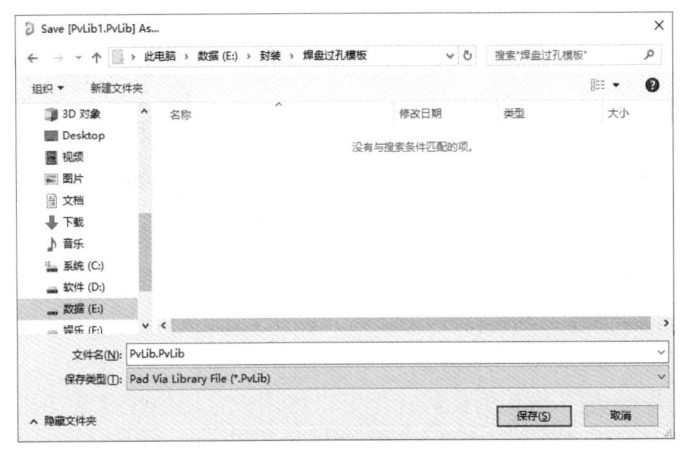

图 1-300　保存焊盘过孔库

（4）添加 Pad Via Library 到 Altium Designer 软件中。在 PCB 编辑环境下打开 PCB Pad Via Templates 面板（如找不到该面板，可在右下角的 Panels 选项中找到），按照图 1-301 所示添加焊盘过孔模板库。

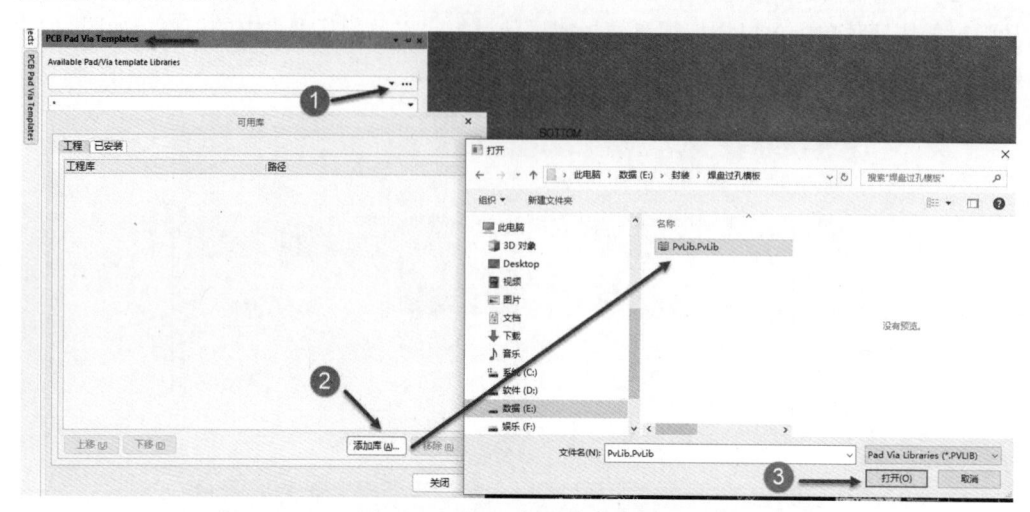

图 1-301　添加焊盘过孔模板库

（5）放置焊盘/过孔模板。在 PCB Pad Via Templates 面板中可放置前面添加的焊盘过孔模板，可以直接拖动焊盘或过孔模板放置在 PCB 中，也可以右击，执行 Place 命令放置，如图 1-302 所示。

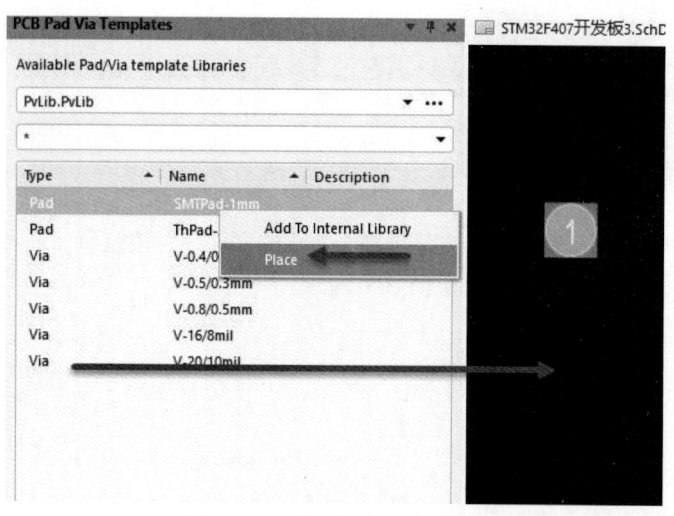

图 1-302　放置焊盘/过孔模板

（6）已经放置过的焊盘或者过孔模板，会自动添加到焊盘/过孔属性面板的模板列表中，用户在 PCB 中按照常规的方法添加焊盘/过孔时可在 Properties（属性）面板中的模板下拉选项框中选择已经放置过的焊盘/过孔模板，如图 1-303 所示。

总之，使用焊盘/过孔模板的优势在于可以将用户常用的焊盘及过孔添加到 Pad Via Library 中，这样，在不同的工程项目中都能便捷的使用这些常用的焊盘过孔尺寸。

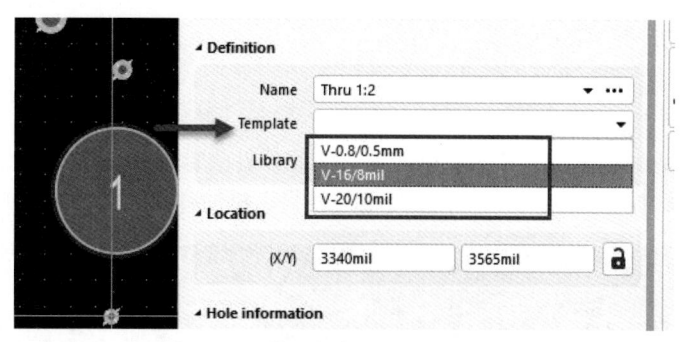

图 1-303　放置焊盘/过孔时选择模板

1.2.22　缝合孔的使用

1. 利用缝合孔快速给信号线添加屏蔽过孔

在信号线两边添加屏蔽过孔的工作量不比 PCB 布线轻松。Altium Designer 24 中的"添加网络屏蔽"功能可以让软件来自动完成信号线两旁添加屏蔽过孔工作。添加网络屏蔽的具体实现的步骤如下：

（1）打开 PCB 编辑界面，执行菜单栏中"工具"→"缝合孔/屏蔽"→"添加网络屏蔽…"命令，打开"添加屏蔽到网络"对话框，设置相应的参数，如图 1-304 所示。

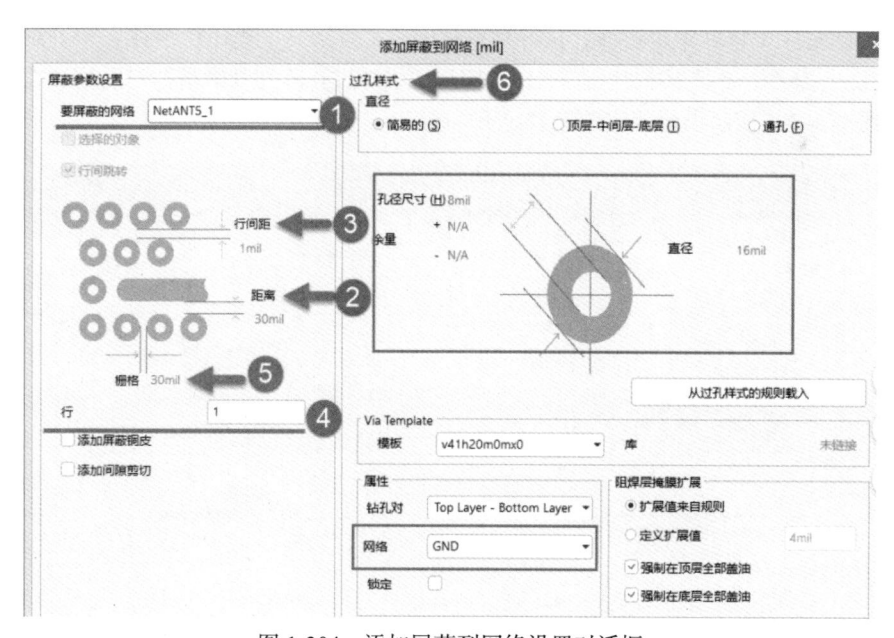

图 1-304　添加屏蔽到网络设置对话框

① 设置需要屏蔽的信号线网络（Net to shield）。例如，此处选择要屏蔽的网络为 NetANT5_1。

② 设置过孔边缘到信号线边缘间距距离（Distance）。例如，此处设置为 30mil。

③ 设置两排过孔之间的行间距（Row spacing）。如果过孔行数为 1，可忽略该间距值。

④ 设置过孔行数（Rows）。
⑤ 设置过孔之间的间距（Grid）。
⑥ 在过孔样式（Via Style）中设置过孔尺寸及过孔网络。

（2）参数设置完毕之后，单击"确定"按钮，软件会自动添加屏蔽过孔。

（3）使用"添加网络屏蔽..."功能实现信号线自动添加过孔屏蔽效果，如图 1-305 所示。

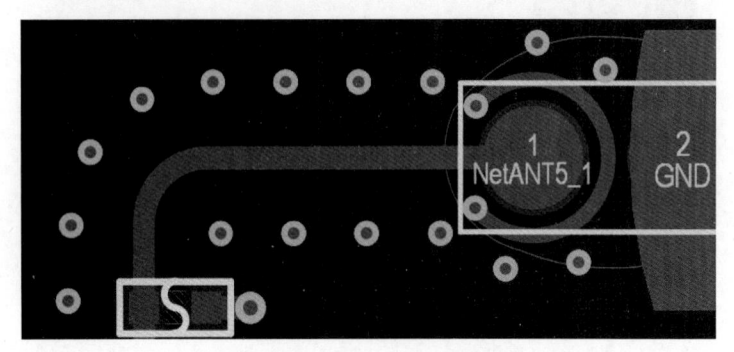

图 1-305　自动添加过孔屏蔽

2. 利用缝合孔快速给整板添加地过孔

PCB 整板添加地过孔的工作也不是那么轻松的，但可以通过 Altium Designer 24 中的"给网络添加缝合孔"功能让软件来自动完成整板添加地过孔工作。

（1）首先打开 PCB 编辑界面，执行菜单栏中"工具"→"缝合孔/屏蔽"→"给网络添加缝合孔..."命令，或者按快捷键 T+H+A 打开"添加过孔阵列到网络"对话框，在该对话框中按照 1-306 所示设置相应的参数。

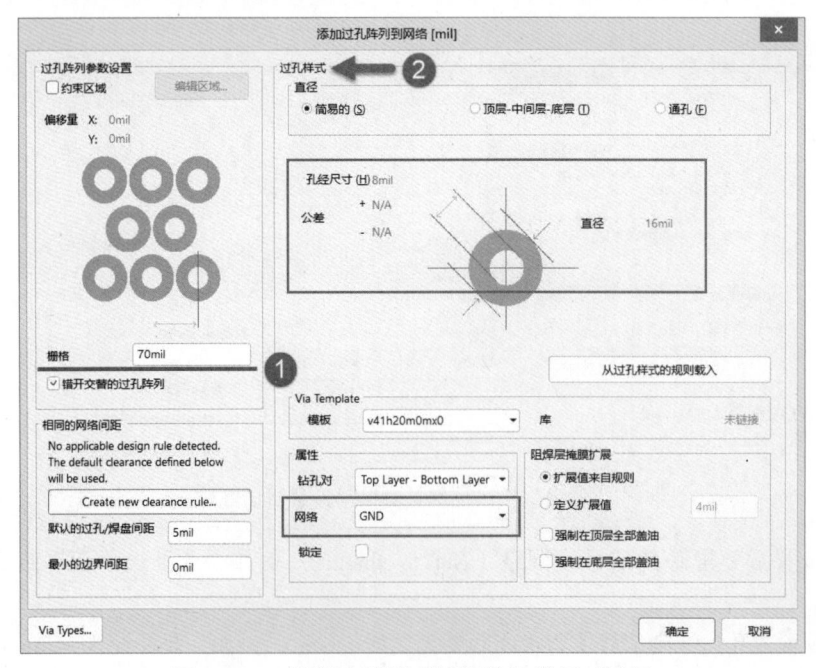

图 1-306　"添加过孔阵列到网络"设置对话框

① 设置过孔之间的间距（Grid）。

② 在过孔样式（Via Style）中设置过孔尺寸及过孔网络。

说明：给整板添加地过孔之前，需要对 PCB 顶层和底层铺上地铜皮，否则无法自动添加地过孔，且会弹出如图 1-307 所示的提示信息。

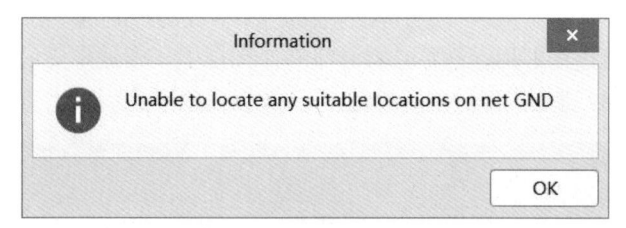

图 1-307　Information 对话框

（2）参数设置完毕，单击"确定"按钮，等待软件完成地过孔的添加即可。添加完地过孔的效果如图 1-308 所示。

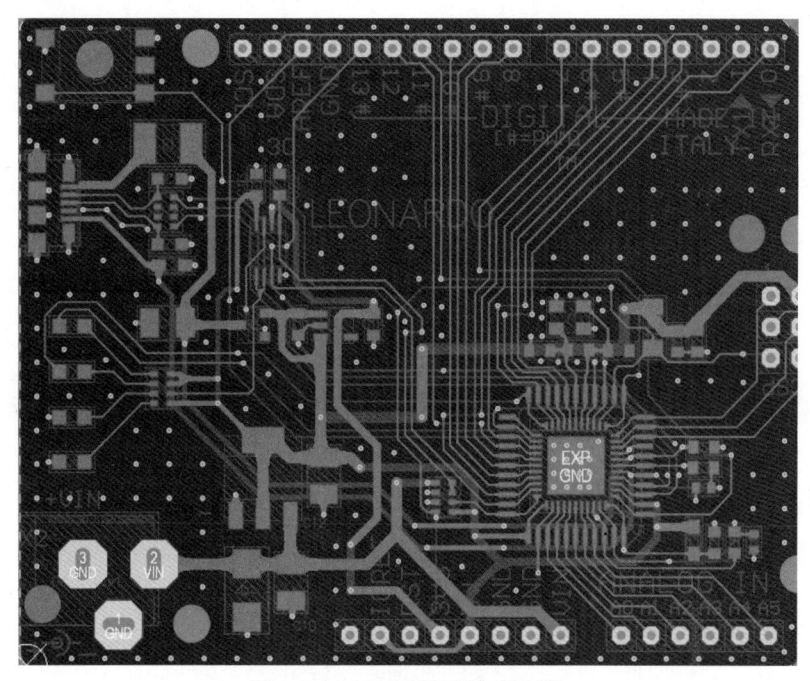

图 1-308　PCB 整板添加地过孔

1.2.23　MicroVia 的设置

μVias（微过孔）用作高密度互连（HDI）设计中的层之间的互连，以适应高级元件封装和电路板设计的高输入/输出（I/O）密度。顺序构建（SBU）技术用于制造 HDI 板。HDI 层通常构建在传统制造的双面核心板或多层 PCB 上。由于每个 HDI 层都建立在传统 PCB 的每一侧，因此可以使用以下方法形成 μVias：激光钻孔，通孔形成，金属化和通孔填充。因为孔是激光钻孔的，所以它具有锥形形状。

如果连接需要通过多个层的路径，则原始方法是使用阶梯状模式错开一系列 μVias。现在，技术和工艺的改进使 μVias 可以直接堆叠在一起。

需要填充掩埋的 μVias，而外部层上的盲 μVias 不需要填充。堆叠的 μVias 通常填充有电镀铜，以在多个 HDI 层之间形成电互连，并为 μVia 的外层提供结构支撑。

Altium Designer 24 支持从一层到相邻层的 μVias，支持的另一种类型的 μVias 称为 SkipμVia，此类型跳过相邻层，然后连接在下一个图层上。根据定义的图层跨度自动检测 Via 类型，如图 1-309 所示。经过多个层时，μVias 会自动堆叠。

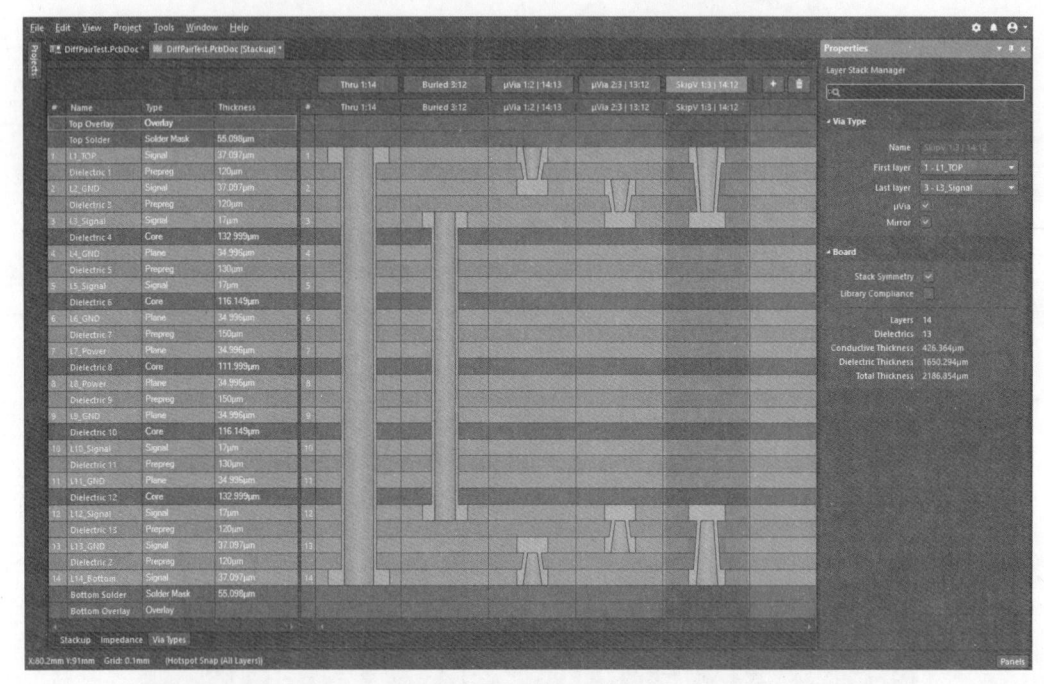

图 1-309　定义 μVias

过孔在"层叠管理器"的"过孔类型"选项卡中定义。选择 Via Types 选项，单击 + 按钮添加新的过孔跨度定义。在 Properties（属性）面板中选择过孔要跨越的第一层和最后一层。注意，如果过孔是 μVia，则选择两个图层的顺序定义钻孔方向，如图 1-309 中锥形 μVia 形状的方向所示。

要定义 μVia，需要选中 μVia 复选框。当通孔跨越相邻层或相邻的+1（称为跳过通道）时，此选项可用。新的 Via 定义自动命名为<Type> <FirstLayer>：<LastLayer>（例如，Thru 1：2）。根据跨越的层和 μVia 选项自动检测类型。如果启用了"堆栈对称"选项，则"镜像"复选框将可用，启用此选项可定义从相反方向钻取的对称 μVia。过孔类型添加及属性设置如图 1-310 所示。

在 PCB 中使用 μVias 进行设计时，放置过孔的状态下按 Tab 键修改过孔属性，如图 1-311 所示。

当更改布线图层时，将自动选择最适合该层跨度的 Via 类型。

过孔尺寸属性根据适用的 Routing Via Style 设计规则进行设计，所以需要在 PCB 设计规则及约束编辑器中定义合适的 Routing Via Style 设计规则，以确保放置的 μVias 尺寸正确。

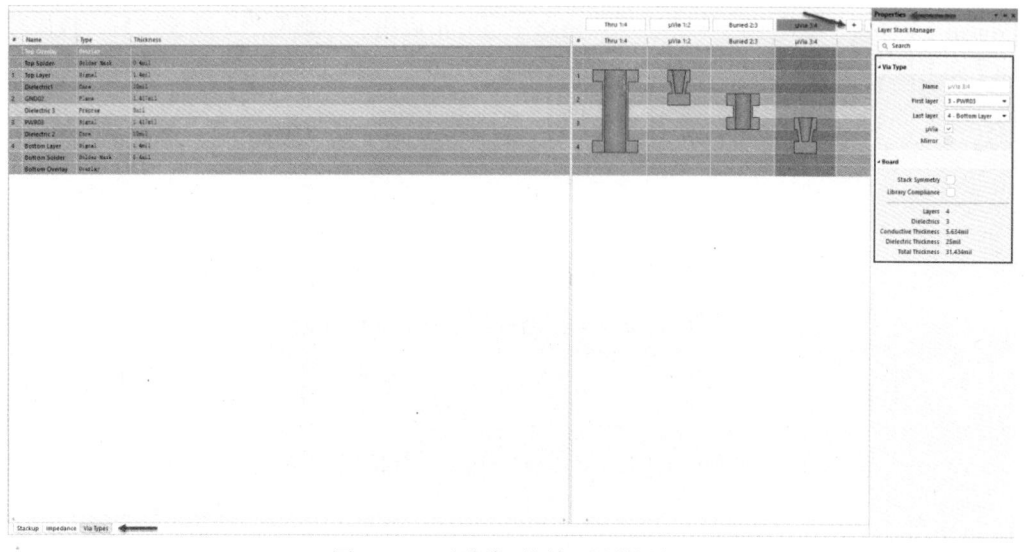

图 1-310　过孔类型添加及属性设置

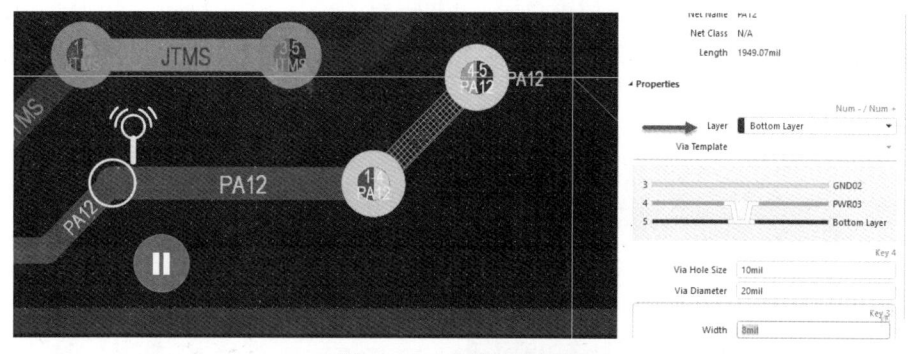

图 1-311　设置过孔属性

如果有多个"通道类型"组合可用于适合跨越的图层，可以按快捷键 6 以循环显示可用组合。

1.2.24　PCB 印刷电子的设置

能够将电子电路直接印制到基板上，减少沉积和蚀刻等相应步骤，使其成为产品的一部分，在设计需要相互交叉的路径的情况下，在该位置印刷一小片介电材料，充分扩展到交叉之外，以实现不同信号之间所需的隔离水平，实现无层设计概念。这种面向表面的技术被称为 Printed Electronics（印刷电子）。印刷电子目前还处于产业发展的初期阶段，但是已显现其市场规模具有很大的发展潜力。

基于这样的理念，Altium Designer 对 Printed Electronics 层叠设计的支持为设计人员提供了优势明显的新选择，Altium Designer 也将与使用印刷电子产品开发产品的公司密切合作，强化未来软件版本的功能。

在 Altium Designer 中设计印刷电子产品的步骤如下。

（1）定义图层堆栈。按快捷键 D+K 进入层叠管理器，在 Features 下拉选项中，选择

Printed Electronics，如图 1-312 所示。由图中可看出启用"印刷电子"功能之后，板层移除了介电层，因为印刷电子设备需要每层的输出文件不使用介电层，介电层不用于生成输出文件。

图 1-312　印刷电子层叠

（2）添加非导电层，在导电层之间插入非导电层，并定义介电贴片。在图层上右击，从弹出的快捷菜单中执行 Insert layer below→Non-Conductive 命令，在上方或下方插入非导电图层，如图 1-313 所示。

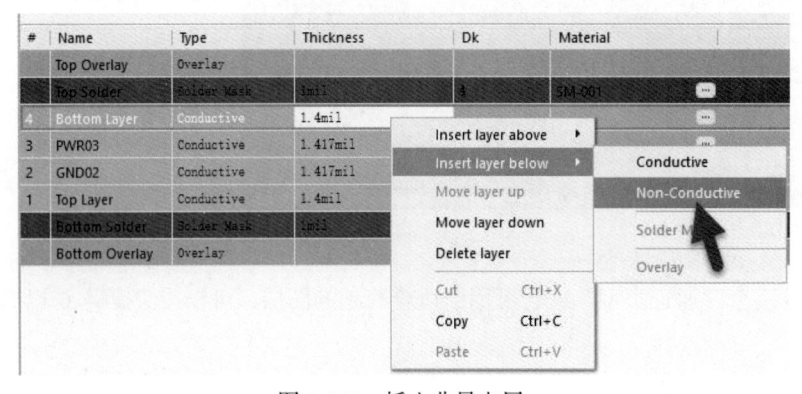

图 1-313　插入非导电层

印刷电子产品不使用底部焊料或底部覆盖层，可移除。最终层叠效果如图 1-314 所示。Material 参数下的 （省略号）按钮，可为每个图层设置材质属性。

图 1-314　印刷电子层叠效果

（3）对任意不同网络交叉处创建电介质形状。电介质形状须放到非导电层上，可手动定义，也可通过介电形状发生器自动创建。

① 手动定义。切换到非导电层，在走线交叉处可放置圆弧、直线、填充或实心区域，如图 1-315 所示。

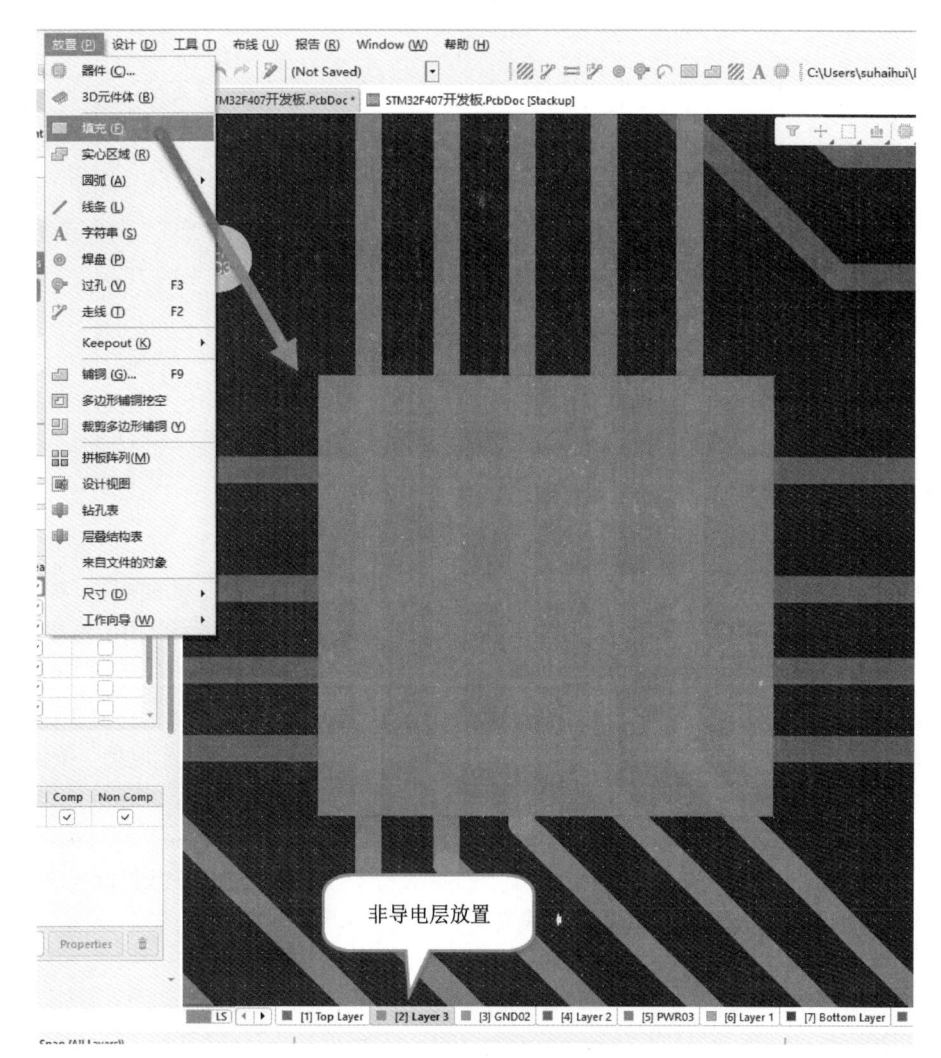

图 1-315　手动定义电介质形状

② 通过介电形状发生器自动创建电介质形状。在 PCB 编辑界面下，执行菜单栏中"工具"→Printed Electronics→Generate Dielectric Patterns…命令，即可进入 Dielectric Shapes Generator 对话框，如图 1-316 所示。

- Layers：生成器将识别所有相交处并根据对话框中的设置添加电介质块。若选择 All，可以在介电层上所有层之间的所有交叉产生介电形状；若选择指定的介电层，则 Layer Above 和 Below 分别选择介电层的上下信号层。
- Dielectric Shapes Expansion：介电形状扩展。选择 Auto，电介质形状会自动扩展，以满足适用的间隙约束设计规则的要求。选择 Manual，生成器构建一个形状以匹配交叉对象形成的形状，然后根据输入的距离扩展该形状。

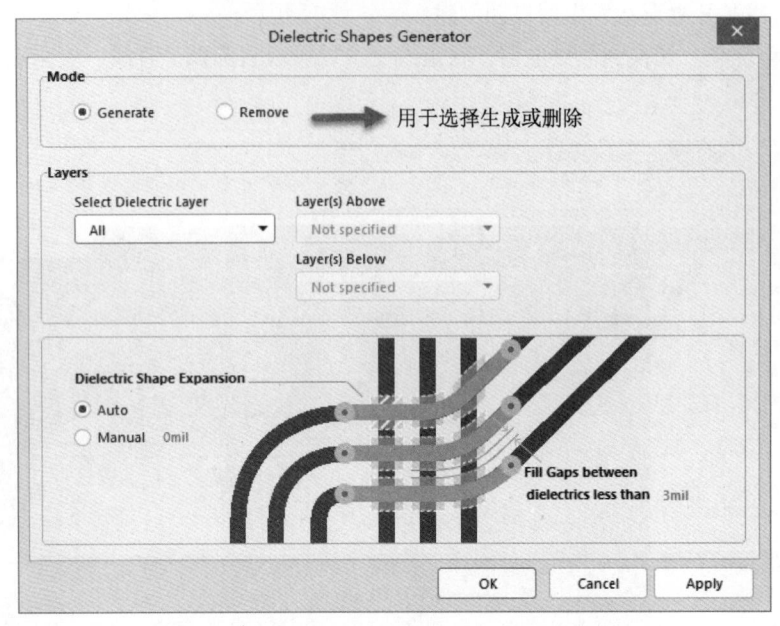

图 1-316　Dielectric Shapes Generator 对话框

- Fill gaps between dielectrics less than xx：填充小于 xx 的电介质之间的间隙。如果要在介于小于指定数字的电介质之间填充间隙，请指定间隙值。这可以用于将相邻的电介质片合并成更大的片。

③ 使用介电形状发生器的注意事项如下。
- 介电形状发生器需要安装扩展程序。单击菜单栏右侧的"当前用户信息"按钮 ❷▾，下拉选择执行 Extensions and Updates…命令，如图 1-317 所示。
- 在 Extensions & Updates 页面下，单击"购买的"按钮，在 Software Extensions 选项中选择 Patterns Generator 扩展程序，如图 1-318 所示。然后单击 ⬇ 下载扩展程序。必须重新启动 Altium Designer 才能完成安装。

图 1-317　扩展程序的扩展和更新 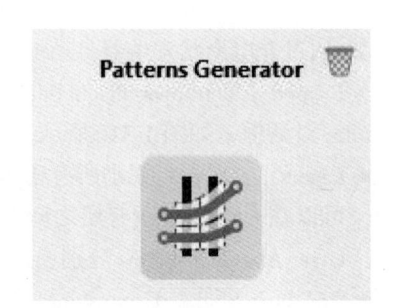　　　　图 1-318　Patterns Generator 扩展程序

- 运行介电形状生成器时，它将删除目标层上的所有形状，然后重新创建。如果已手动定义形状，请在运行介电形状生成器之前锁定它们。

（4）通过上述设置后，可得如图 1-319 所示的印刷电子效果图。

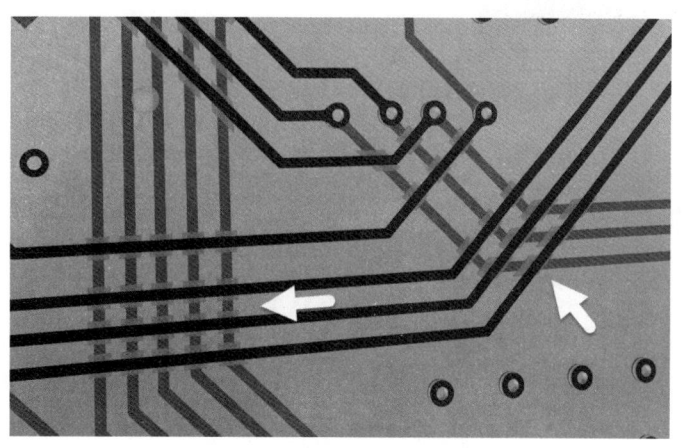

图 1-319　印刷电子局部效果图

1.2.25　元器件的推挤和交换功能

1. 元器件的推挤功能

实现元器件的推挤功能比较简单，按快捷键 O+P，打开系统"优选项"对话框，在 PCB Editor-Interactive Routing 页面中，将元器件推挤模式设置为 Push，如图 1-320 所示，即可实现元器件移动过程中的推挤（注：移动过程中按 R 键，可使元件推挤在环绕、推挤和忽视 3 种模式下转换）。

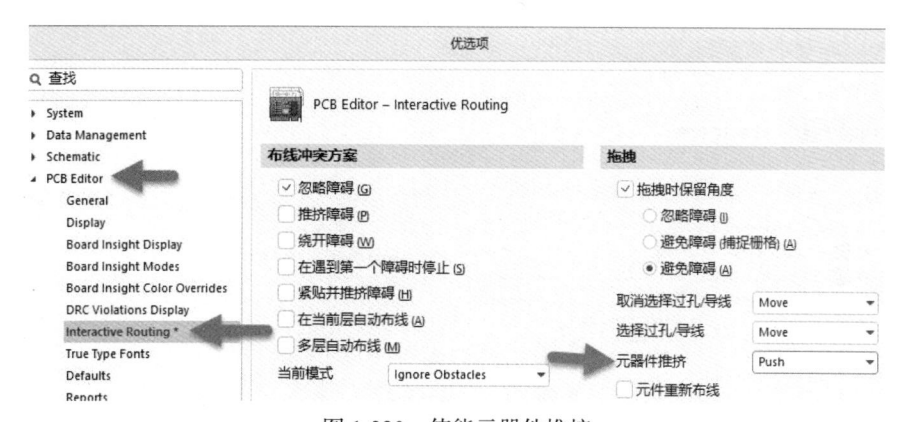

图 1-320　使能元器件推挤

2. 器件的交换功能

布局过程中实现两个器件的交换，选中需要进行交换的器件，右击，从弹出的快捷菜单中执行"器件操作"→"交换器件"命令，如图 1-321 所示，即可实现器件的交换。

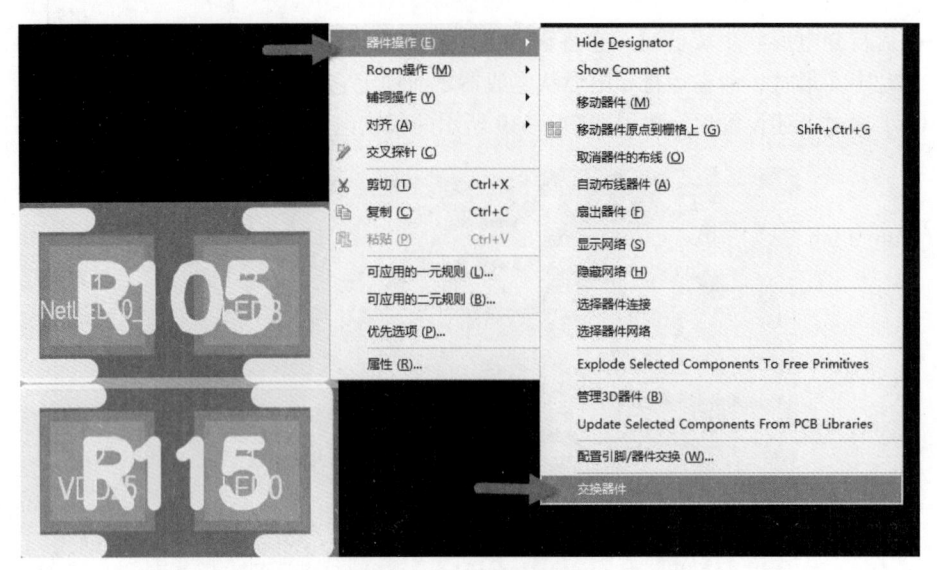

图 1-321 器件交换

1.2.26 PCB 机械层的无限制添加

利用 Altium Designer 24 开展设计项目时，不同项目的工作方式存在微小的差异。在工程师之间，设计方式存在更多差异。Altium Designer 24 在所有项目和库之间保持层的统一，这在共享设计数据时尤其有用，可确保每个人都在同一页面上。为了更好地组织和支持设计过程，Altium Designer 24 不限制用户可以创建的图层数量，使用户可以按照自己的方式工作。

在 View Configuration 面板中，右击机械图层，从弹出的快捷菜单中执行 Add Mechanical Layer 命令，可以在 PCB 上添加任意数量的 PCB 机械层，如图 1-322 所示。

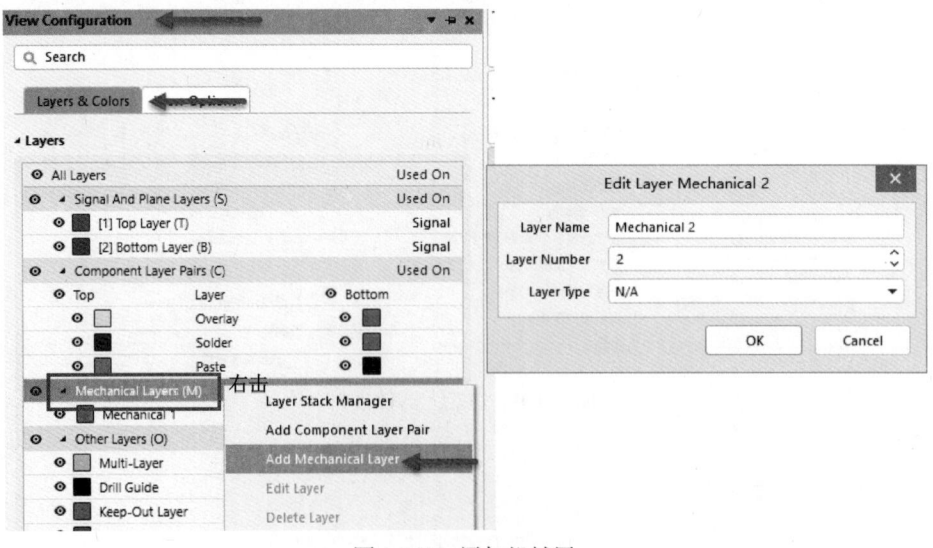

图 1-322 添加机械层

1.3 PCB 后期文件输出

1.3.1 Output job 设计数据输出

Output job 是一组预先配置的输出，每个输出都配置有自己的设置和自己的输出格式，例如输出到文件或打印机。Output job 非常灵活，可以根据需要包含尽可能多的输出，并且任何数量的 Output job 都可以包含在 Altium Designer 项目中。最好的方法是使用一个 Output job 来配置从项目生成的每种特定输出类型所需的所有输出。例如，制造裸板所需的所有输出都在一个 Output job 中，组装板所需的所有输出都进入第二个 Output job，以此类推。

Output job 可以进行验证类型检查，例如 ERC 和 DRC 报告。在生成输出之前用于最终的检查是有用的，然后可以将这些报告保存起来。Output job 也可以在设计之间重复使用，只需将 Output job 从一个项目复制到下一个项目，然后根据需要重置数据源。

下面将以 STM32 项目为例详细介绍 Altium Designer 24 中设置 Output job 的步骤。

1. 添加 Output job

执行菜单栏中"文件"→"新的"→"Output job 文件"命令，新建的 Output job 文件会添加到工程项目 Settings → Output Job Files 子文件中，如图 1-323 所示。

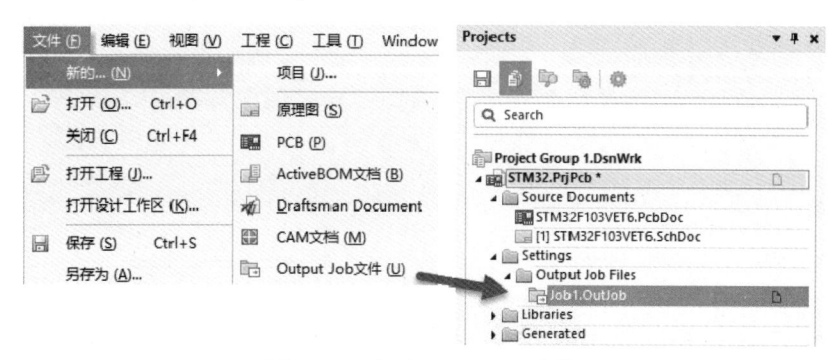

图 1-323 新建 Output job 文件

2. 将输出内容添加到 Output job

通过单击类别底部相应的"Add New[类型] Output"文本并从弹出的菜单中选择所需的输出类型，添加所需类型的新输出，如图 1-324 所示。

（1）添加原理图 PDF 输出。

① 在 Documentation Output 类型中添加 Schematic Prints，如图 1-325 所示。

② 对输出的原理图文件进行输出参数的设置。双击已添加的 Schematic Prints，如图 1-326 所示。在弹出的 Preview SCH 对话框中选择 General 选项组，将 Color Set 改为 Color，对话框右侧可预览输出的原理图，单击 OK 按钮即可。

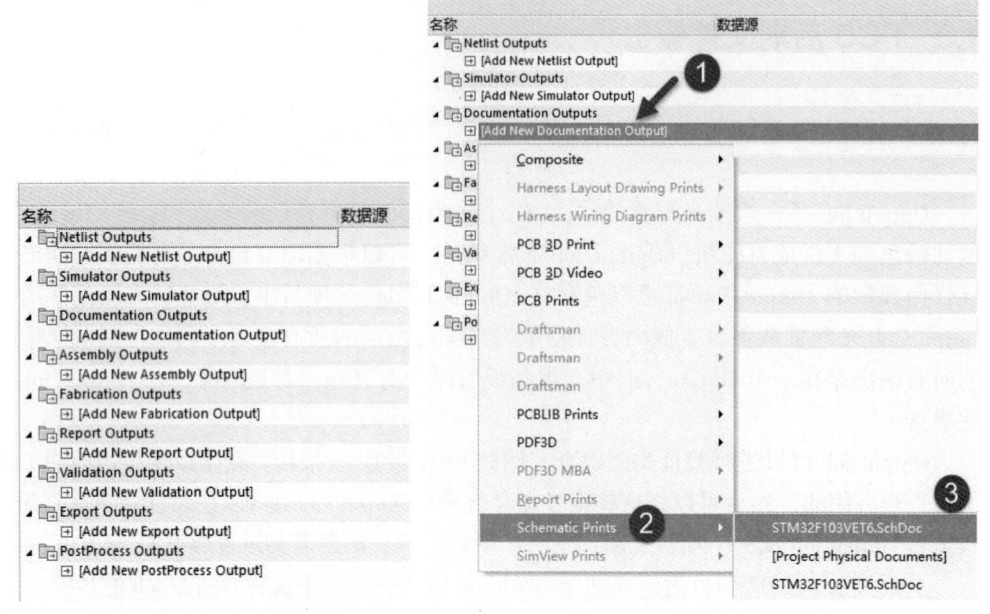

图 1-324　将需要输出的内容添加到 Output job

图 1-325　添加原理图输出

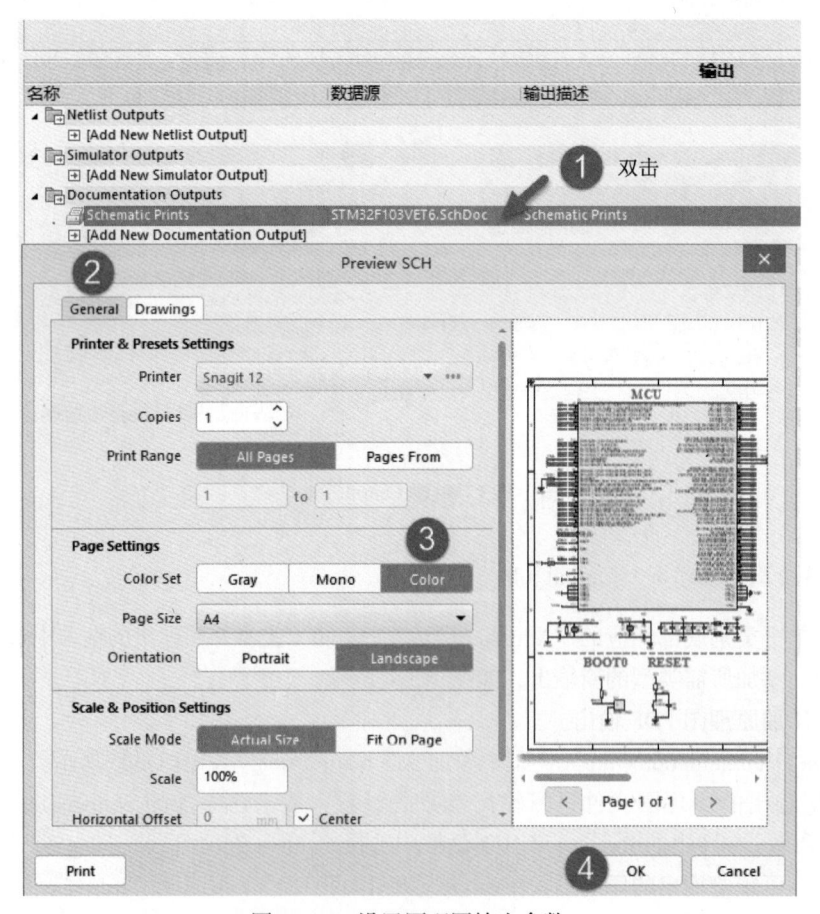

图 1-326　设置原理图输出参数

③ 软件支持重命名输出文件，单击"名称"选项下的 Schematic Prints，将其改为 STM32 原理图，如图 1-327 所示。

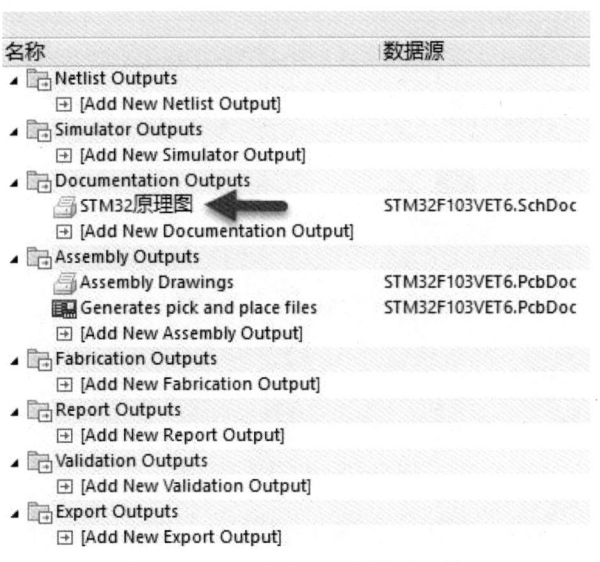

图 1-327　重命名原理图输出文件

（2）添加装配（位号）图和坐标文件 pick and place files 输出。

① 在 Assembly Outputs 类型中添加 Assembly Drawings 和 Generates pick and place files，如图 1-328 所示。

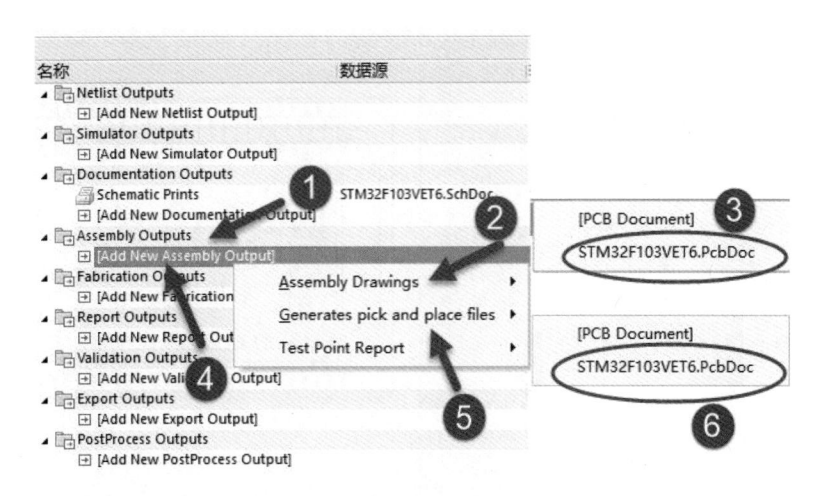

图 1-328　添加装配输出

② 设置装配图参数。双击已添加的 Assembly Drawings，在弹出的 Preview PCB 对话框中选择 General 选项组，将 Color Set 改为 Mono，然后切换到 Pages 选项组，单击 ••• 按钮，将 Bottom LayerAssembly Drawing 删除，如图 1-329 所示。因为本次演示的案例中 Bottom Layer 没有器件摆放，所以不需要输出。若 PCB 的 Bottom Layer 放有器件，此项不可删除。

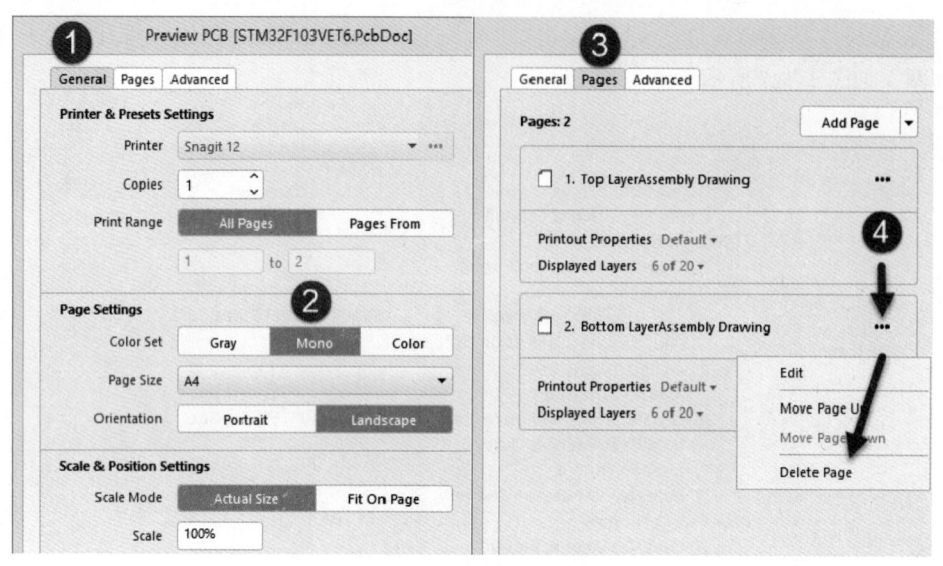

图 1-329　设置装配输出

③ 设置 Top LayerAssembly Drawing 输出的图层，如图 1-330 所示，只显示 Top Overlay 和 Mechanical 1 即可，单击 OK 按钮完成输出装配图的设置。

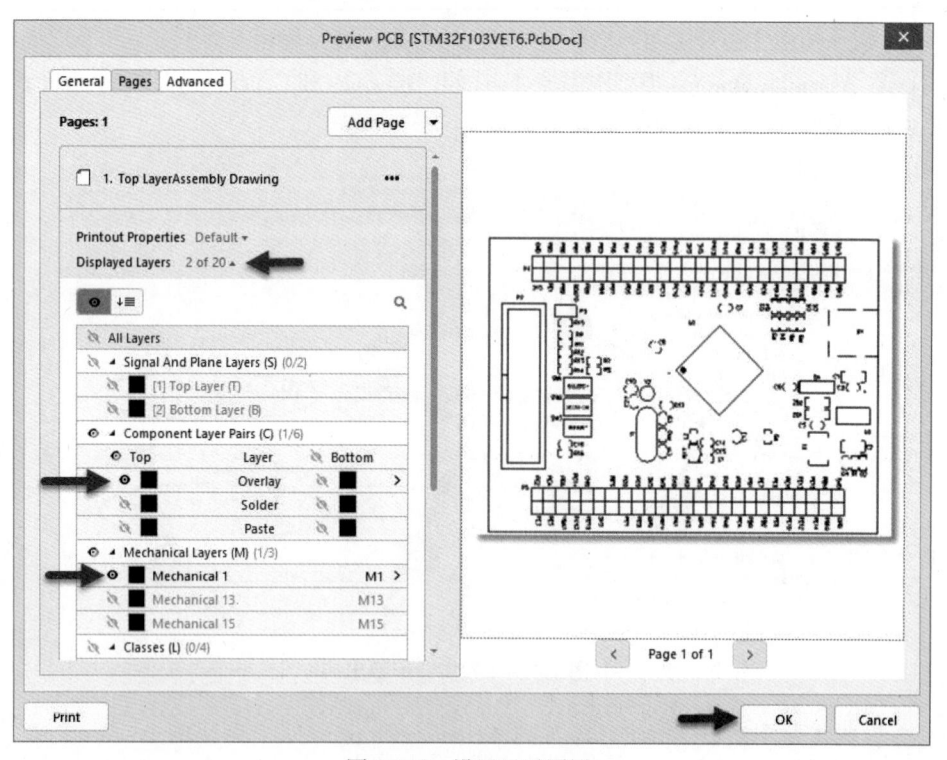

图 1-330　设置显示图层

④ 配置坐标文件参数。双击已添加的 Generates pick and place files，按图 1-331 所示设置坐标文件。

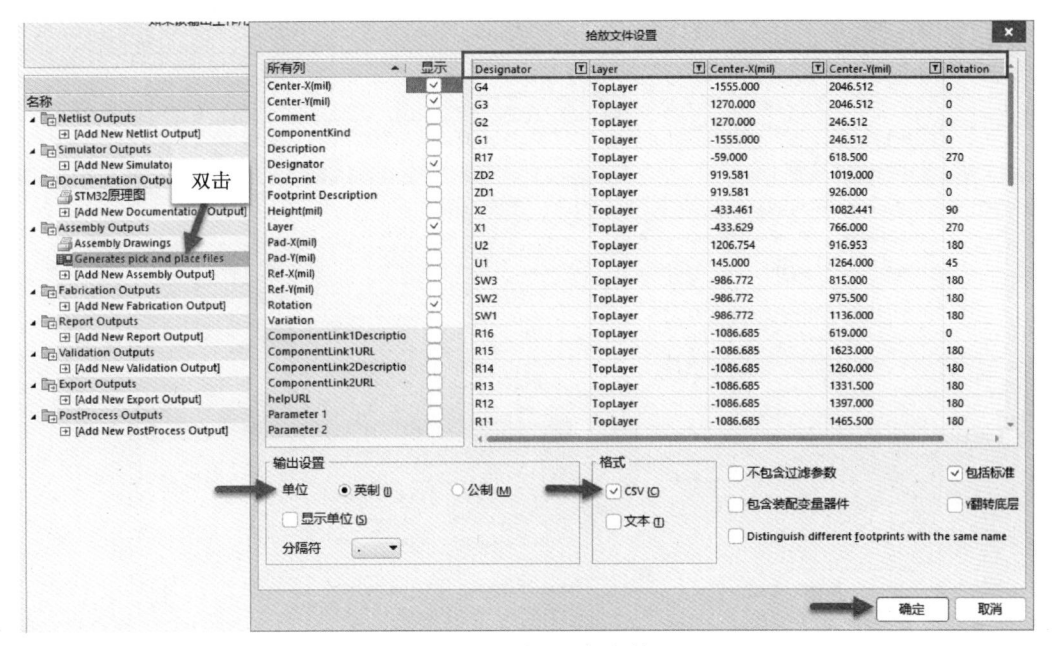

图 1-331　设置坐标文件

（3）添加生产文件输出，如图 1-332 所示。

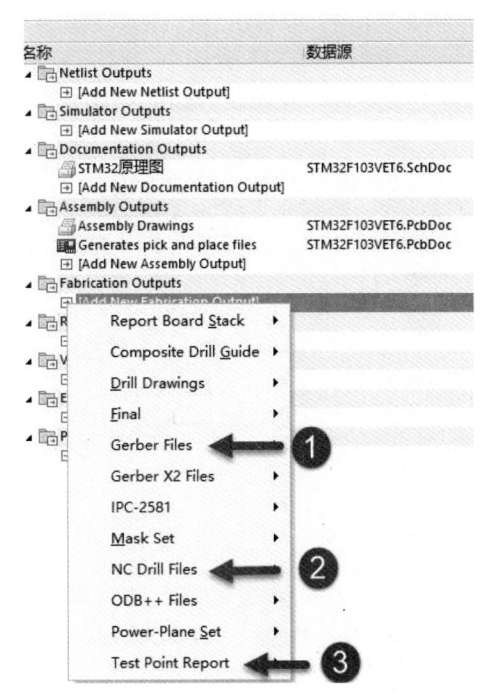

图 1-332　添加生产文件

① 配置 Gerber Files 输出参数。双击已添加的 Gerber Files，在弹出的 Gerber Files 对话框中选择 Layers to plot 选项组，按图 1-333 所示设置。

② 切换到 Advanced 选项组，按图 1-334 所示设置即可，单击 Apply 按钮。

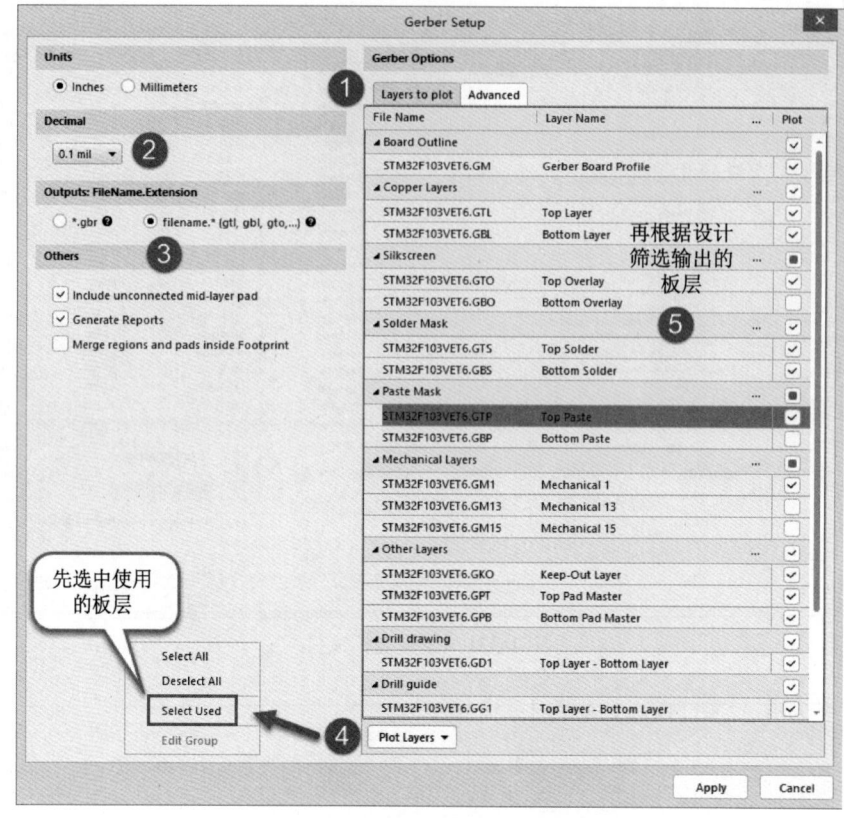

图 1-333　设置生产输出的图层

图 1-334　配置 Advanced

③ 配置 NC Drill Files 输出参数。双击已添加的 NC Drill Files，在弹出的"NC Drill 设置"对话框中按图 1-335 所示设置，单击"确定"按钮。

图 1-335　配置钻孔文件

④ 配置 Test Point Report 输出参数。双击已添加的 Test Point Report，在弹出的 Fabrication Testpoint Setup 对话框中按图 1-336 所示设置，单击"确定"按钮。

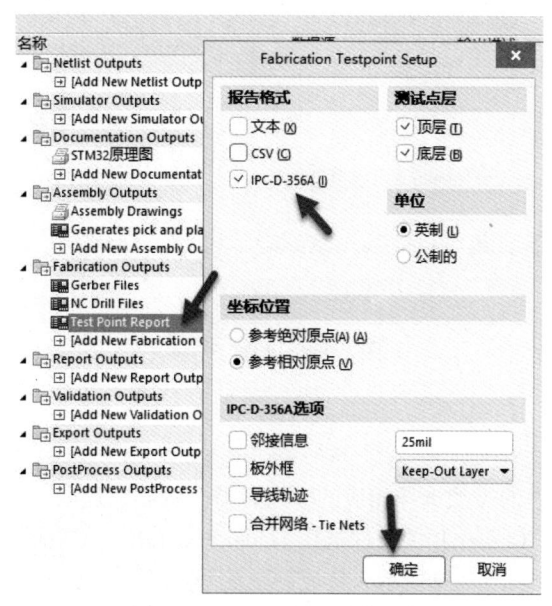

图 1-336　配置 IPC 网表文件

（4）添加 BOM（物料清单）输出，如图 1-337 所示。

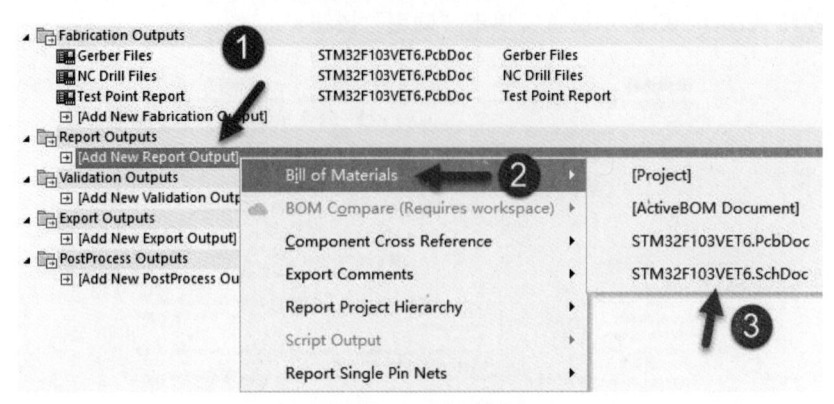

图 1-337　添加物料清单

（5）双击已添加的 Bill of Materials，在弹出的 Bill of Materials for Schematic Document 对话框中根据需要选择相关参数，可按图 1-338 所示设置。

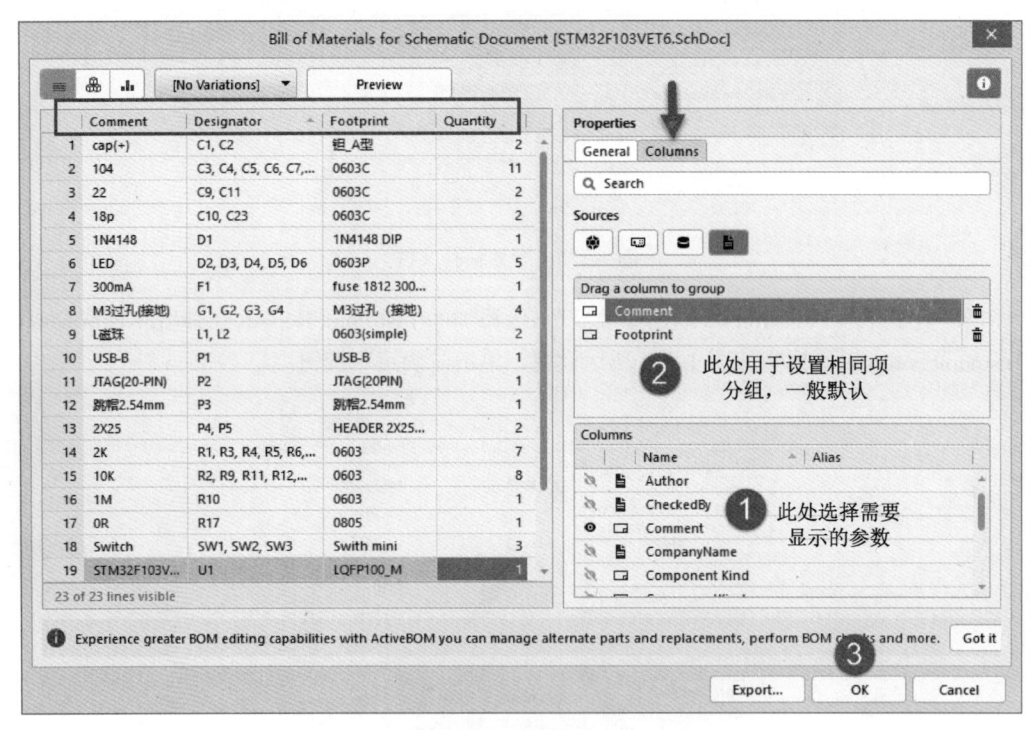

图 1-338　配置 BOM

3．选择输出容器

（1）根据输出文件的类型选择相应的输出容器。例如原理图、阻值图、位号图等装配文件选择 PDF，BOM、Gerber 相关文件选择 Folder Structure。在左侧选择输出文件，右侧选择相应的输出容器，如图 1-339 所示，形成关联关系。

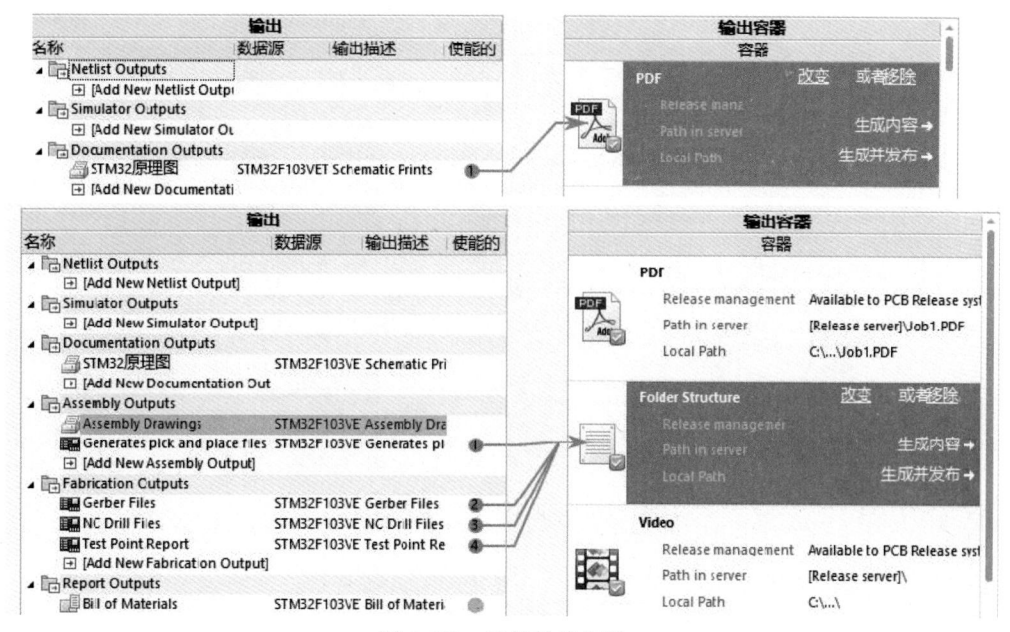

图 1-339 选择输出容器

（2）为了避免 BOM 和 Gerber 相关文件输出到同一个文件中，可新添一个 Folder Structure 输出容器。同理，给 Assembly Drawings 也新增一个 PDF 容器，如图 1-340 所示。

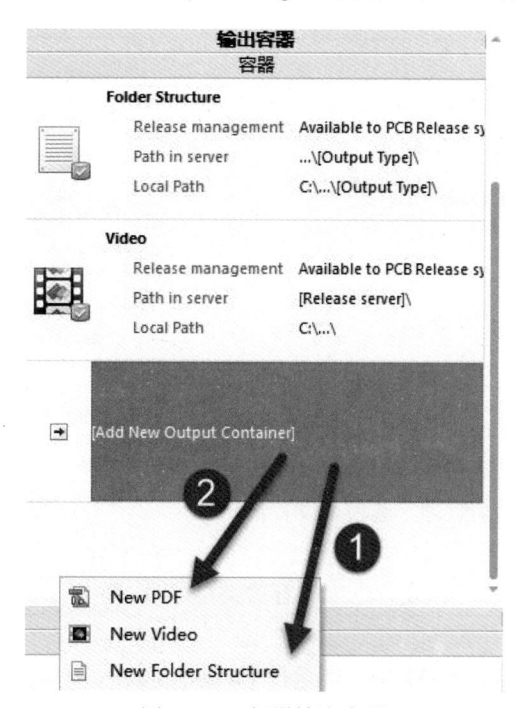

图 1-340 新增输出容器

（3）将 BOM 与 New Folder Structure 容器建立关联，Assembly Drawings 与 New PDF 容器建立关联，如图 1-341 所示。

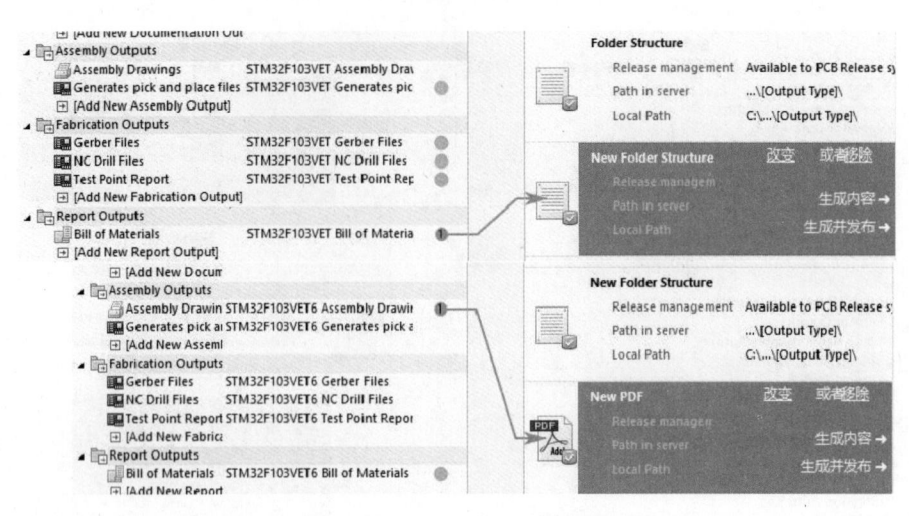

图 1-341　BOM 关联输出容器

4. 设置输出文件名

（1）系统支持用户设置输出容器的路径、容器类型文件夹、输出文件夹/输出文件名等参数。选择一个输出容器，这里以 Assembly Drawings 关联的 PDF 为例，单击输出容器上的"改变"按钮，进入 New PDF settings 对话框，如图 1-342 所示。

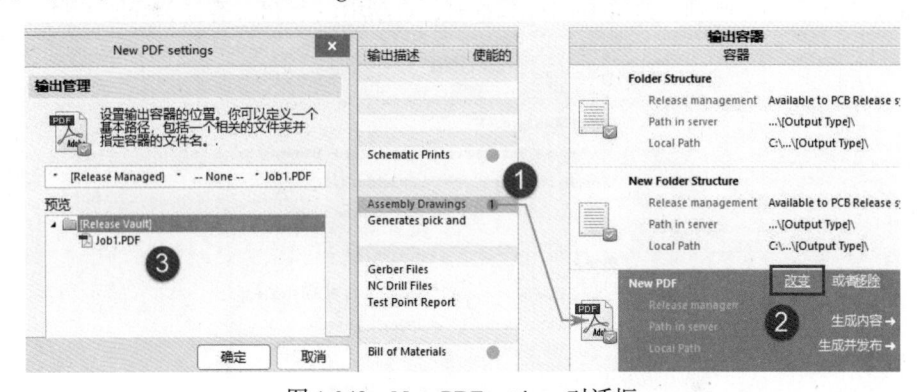

图 1-342　New PDF settings 对话框

① 单击 Release Managed 按钮，可设置输出路径。如图 1-343 所示，其中"发布管理"选项是默认的基本路径，可以切换到"手动管理"选项来设置输出路径。此处案例保持默认。

② 单击 None 按钮，可以设置生成的容器类型定义子文件夹。它可以由系统命名，也可由用户自定义名称。案例中此处可以保持默认，即选择 Do not include any container folder，如图 1-344 所示。

③ 输出文件夹/输出文件名，为其指定输出位置的输出容器类型。在默认情况下，生成容器中的多个输出将整理到单个文件中，系统可以根据需要为

图 1-343　输出路径管理

每个输出生成单独的文件。案例中修改输出的文件名称，如图 1-345 所示。

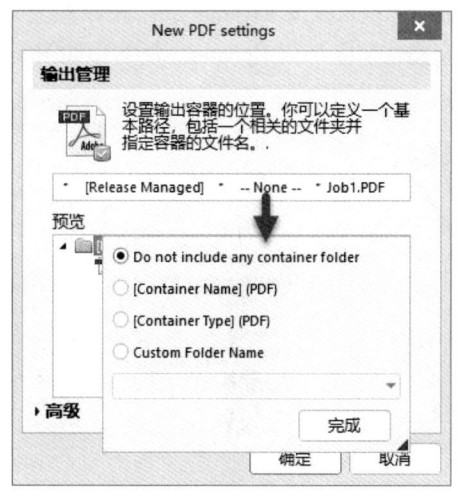

图 1-344　定义容器类型文件夹　　　　图 1-345　修改输出文件名

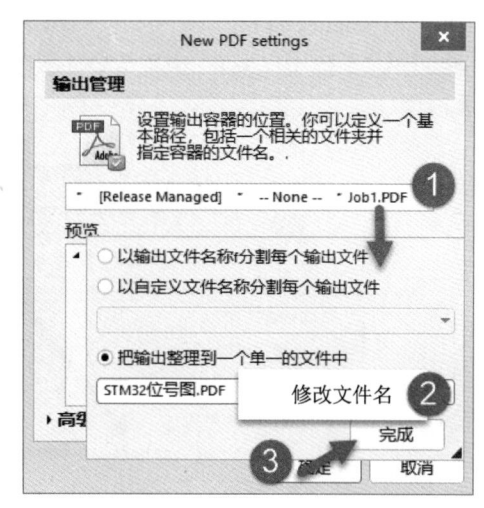

④ 其他的输出容器可自行选择是否设置相关参数。

（2）输出生成内容。单击各个输出容器中的"生成内容"按钮，即可将输出内容输出到指定的路径下。若没有更改输出路径，输出的内容将默认保存在工程文件路径下的 Project Outputs for… 文件夹中，如图 1-346 所示。

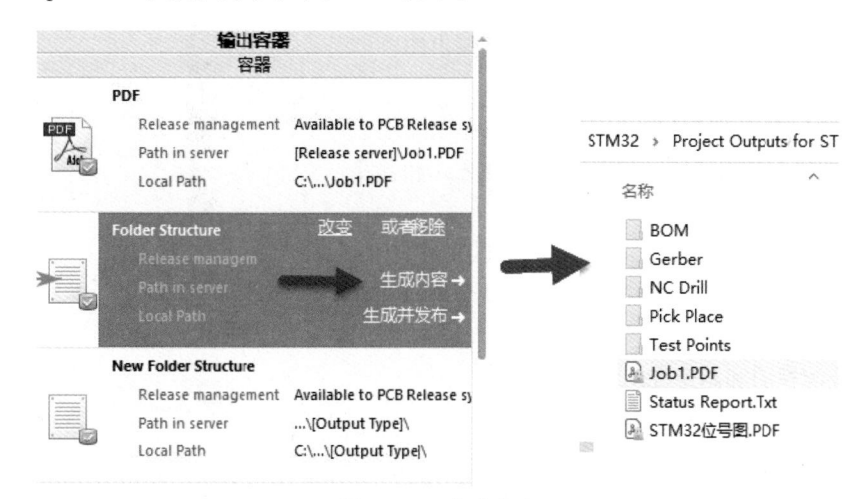

图 1-346　生成内容

至此，Output Job 文件的输出结束，执行菜单栏中"文件"→"全部保存"命令。

1.3.2　Draftsman 的应用

Draftsman 是为电路板设计制作图形文档的另一种方法。基于专用文件格式和绘图工具集，Draftsman 绘图系统提供了一种交互式方法，可将制作和装配图与自定义模板、注释、尺寸、标注和注释结合在一起。

Draftsman PCB 绘图功能可以通过 Altium Designer 扩展应用程序获得，该应用程序随 Altium Designer 自动安装。可以从 Extensions & Updates 页面手动安装/删除或更新扩展（也可从"系统用户菜单"中单击 ☻ ▾ 图标执行 Extensions and Updates...命令），如图 1-347 所示。

图 1-347　Draftsman 应用程序

Draftsman 能做什么？
（1）Draftsman 可以快速、简洁而且不会出错地提供实时文档录入和出图系统。
（2）不需要导入导出设计数据，避免数据传输过程可能出现的错误。
（3）不需要额外设置机械层来记录用户的设计意图和说明信息。
（4）提供新的绘图引擎和插图工具。
（5）自动维护和遵循公司标准进行批量出图。
（6）客户定制的文档录入模板。
（7）预先设置好多张图纸规范或者对单张图纸进行个性化设置。
（8）出图一致性，每次出图采用同种方式和套路。

Draftsman 主要功能如下。
（1）从源 PCB 设计文件自动提取绘图数据。
（2）单击即可更新更改过的 PCB 数据。
（3）可实时交互式放置和布局如下内容：
① 装配视图和制造视图；
② 板级详细视图和板级剖视图；
③ 层堆栈图例；
④ 钻孔图和钻孔列表；
⑤ 材料清单（BOM）；
⑥ 标注、注释和测量尺寸。
（4）以自定义的模板自动生成图纸。
（5）支持装配变量。
（6）可用作输出 Output Job 文件。
（7）直接生成 PDF 文件或打印输出。
下面详细介绍在 Altium Designer 24 中 Draftsman 的应用。

1. 创建Draftsman文档

打开一个需要创建 Draftsman 的工程，然后执行菜单栏中"文件"→"新的"→Draftsman Document 命令，弹出 New Document 对话框，在该对话框中可以选择预定义的文档模板（安装时提供三个）或创建空白 A4 文档的[Default]选项，新建的 Draftsman Document 文件后缀为.PCBDwf 且默认存放到工程文件路径下，如图 1-348 所示。

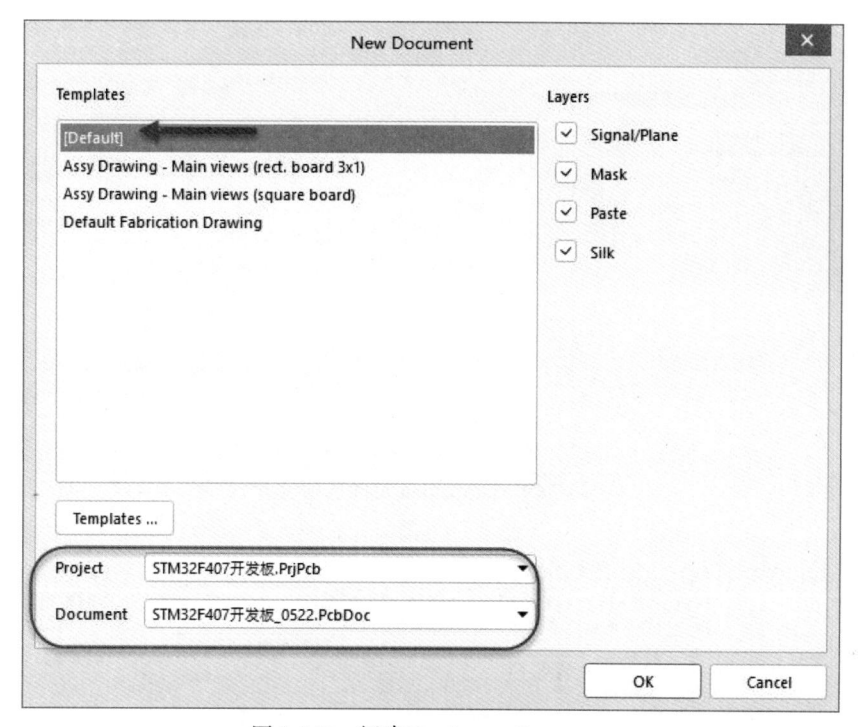

图 1-348　新建 Draftsman Document

PCB Draftsman 文件是一种多页格式，允许文档包含分配给特定类型的电路板项目生产信息的单个页面（表格）。可以执行菜单栏 Tool→Add Sheet 命令添加新的页面，也可以在 Draftsman 编辑区域右击，从弹出的快捷菜单中执行 Add Sheet 命令添加新的页面。

2. Draftsman页面选项设置

Draftsman 页面可以在 Properties 面板中进行当前页面或文档中所有页面的基本参数（大小、边距等）的设置。例如，可以将页面格式定义为自定义大小，或者加载工作表模板文档，如图 1-349 所示。

3. 放置绘图数据

1）装配图

在 Draftsman 编辑环境下执行菜单栏中 Place→Board Assembly View 命令即可放置 PCB 文件的装配图。Draftsman Board Assembly View 是一个自动图形复合材料，包括有源 PCB 项目的电路板轮廓、切口、孔和元件图形以及附加符号。通过菜单栏放置，或者右击，从弹出的快捷菜单中执行 Place→Board Assembly View 命令将指定源项目 PCB 的装配视图放置在文档中，如图 1-350 所示。

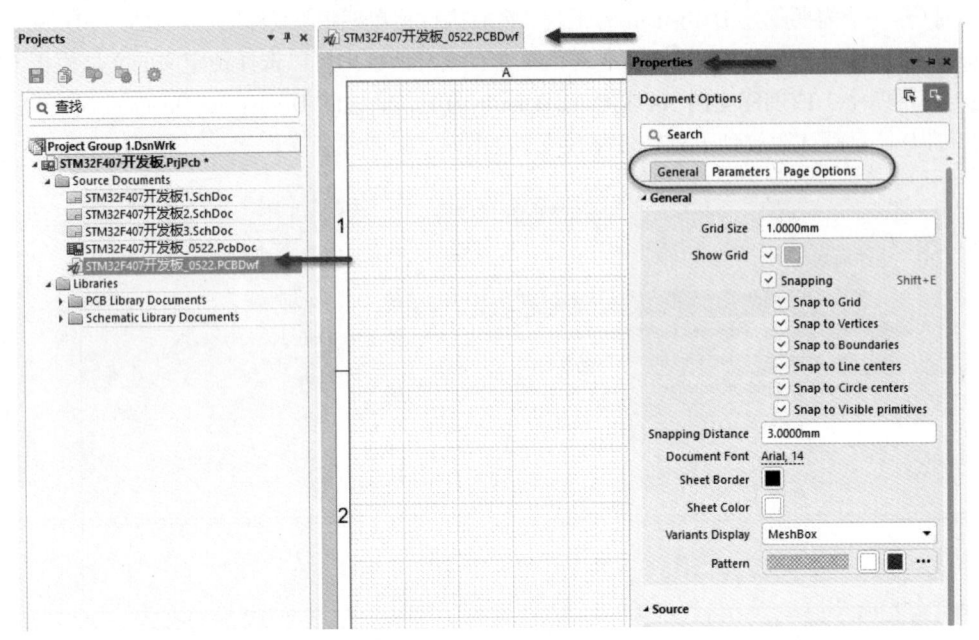

图 1-349　Draftsman 页面选项设置

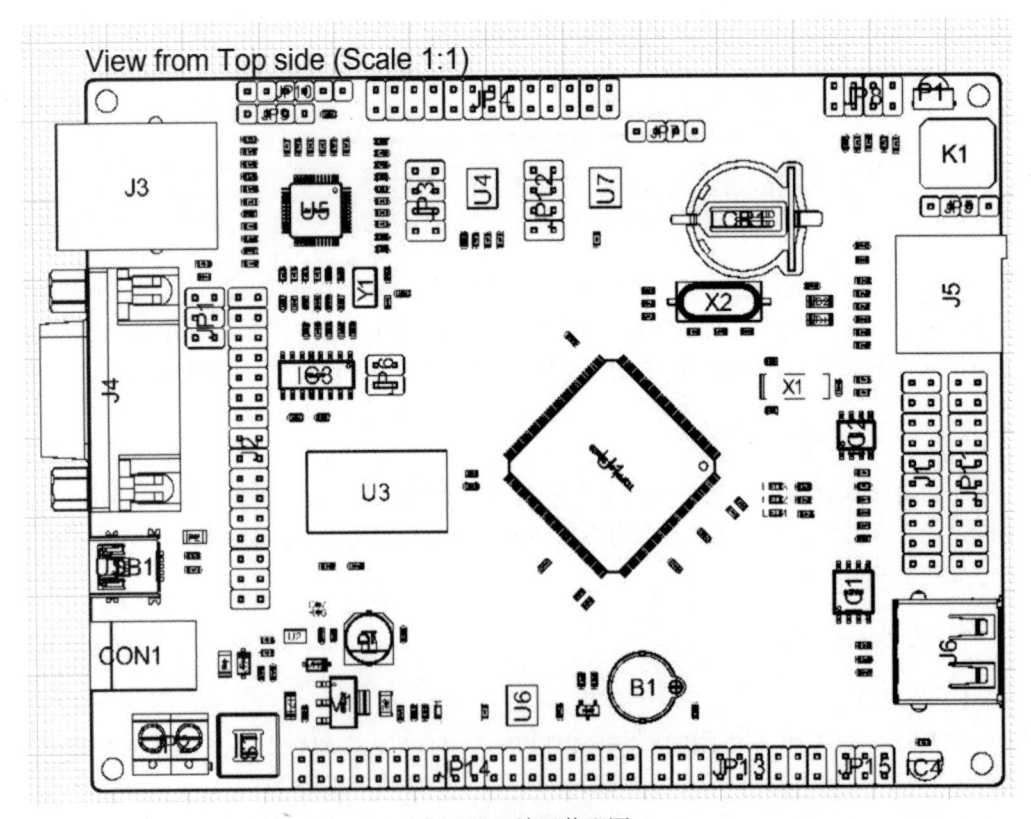

图 1-350　放置装配图

Board Assembly View 的组件图形是自动生成的,并从多个来源优先获取数据,例如:
- 板组件的三维模型(3D 模型)的投影——默认使用。
- 从顶部/底部覆盖层获取的组件的丝印图形——在 3D 模型不可用时使用。
- 组件尺寸的图形来自其接触垫(其边界框)——当 3D 模型和屏幕叠加都不可用时使用。

可以放置不同视图的装配视图,双击 View from...打开属性面板,在 View Side 中修改装配视图,如图 1-351 所示。

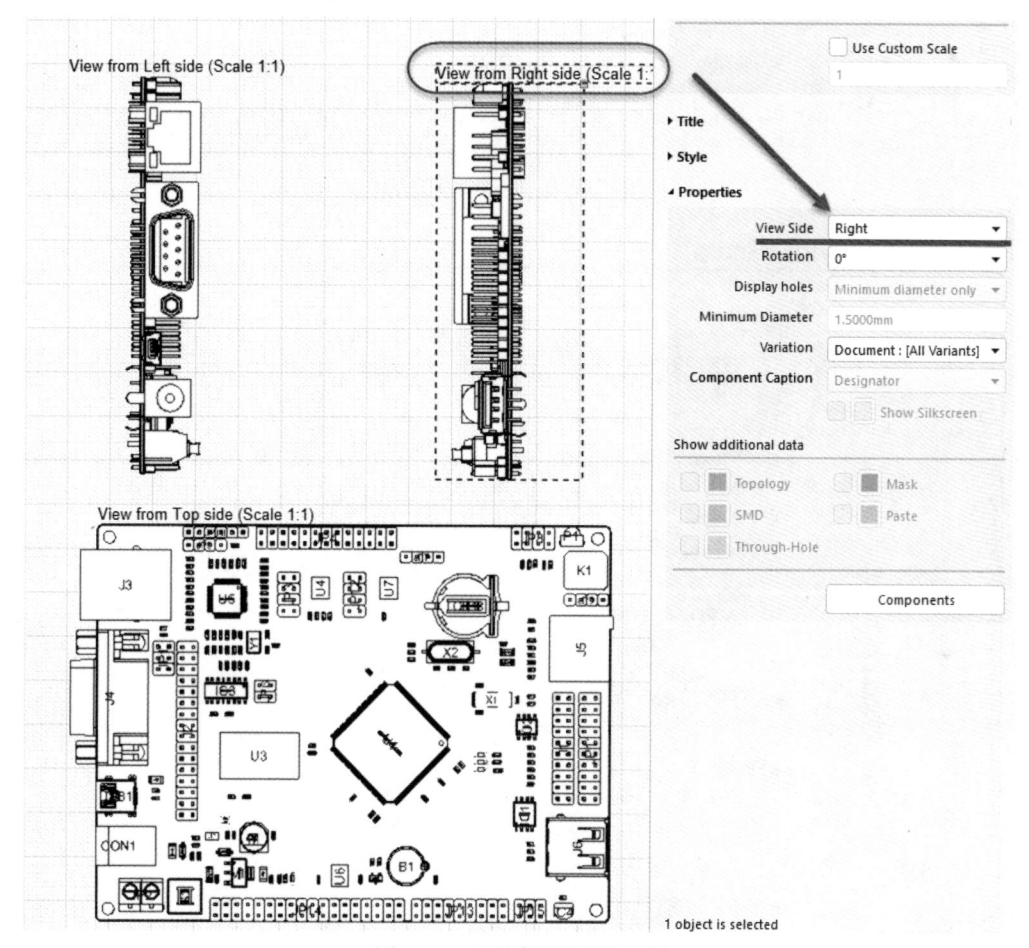

图 1-351 不同视图的装配图

2)板制造图

Board Fabrication View 是 PCB 项目未填充(裸)板的自动图形复合材料,从顶部或底部看。可通过执行菜单栏 Place→Board Fabrication View 命令放置,或单击工具栏中 Insert board fabrication view 按钮 进行放置,如图 1-352 所示。

3)钻孔图和钻孔列表

Drill Drawing View 是源 PCB 文件项目的板轮廓和钻孔的自动图形复合材料。通过执行菜单栏中 Place→Additional Views→Drill Drawing View 命令放置钻孔图,如图 1-353 所示。

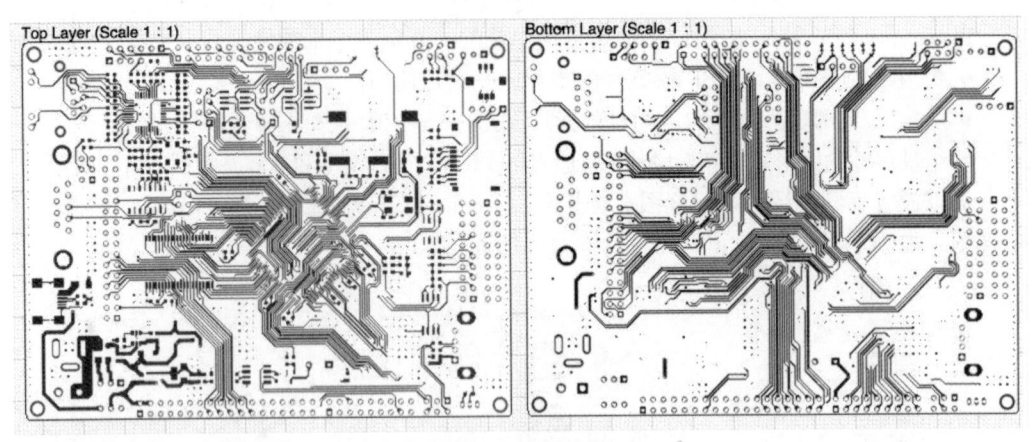

图 1-352 板制造视图

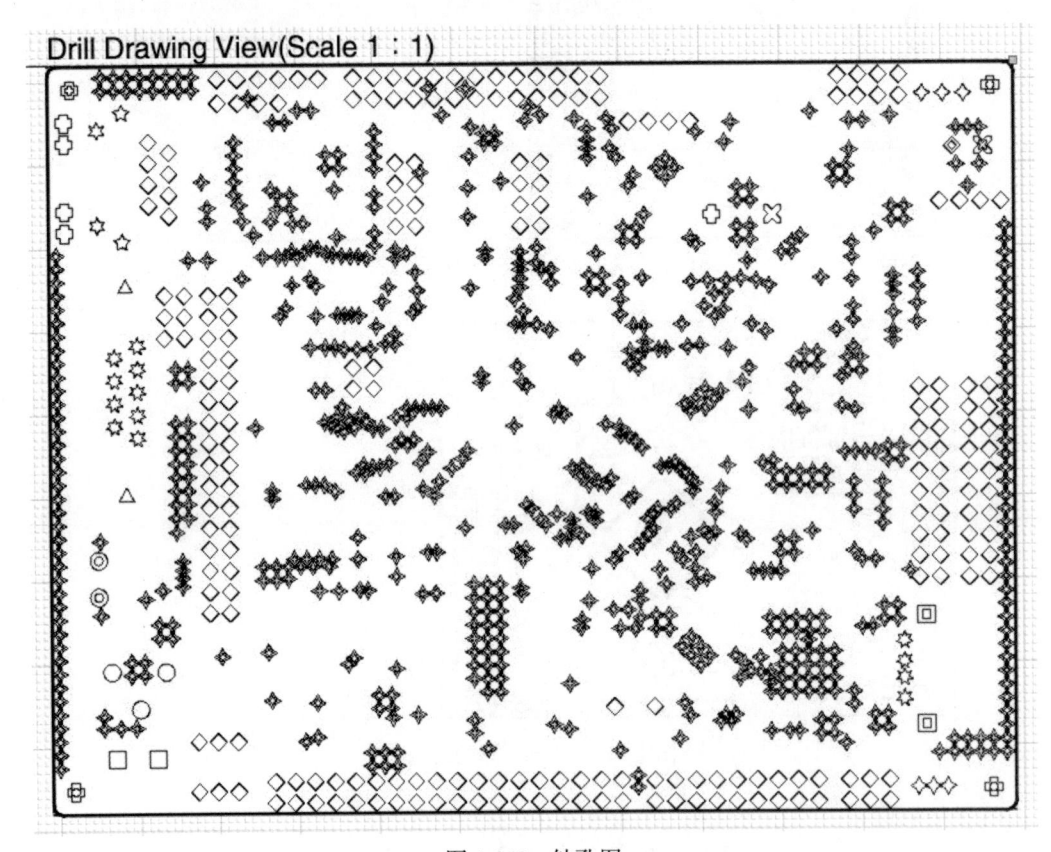

图 1-353 钻孔图

  Drill Table 提供了板钻孔符号和相关数据的表格视图，其中表示指定类型钻孔的符号行可以包括一系列孔信息，例如尺寸、电镀结构和偏差数。孔类型按 Symbol 框中指定的符号分组。执行菜单栏中 Place→Drill Table 命令可放置当前 PCB 钻孔列表，如图 1-354 所示。

  4）图层堆栈图例

  图层堆栈图例视图用以放大剖视图显示了电路板的内部结构。它包括堆栈中每个层的详细描述和信息，包括与每个层关联的 Gerber 文件。执行菜单栏中 Place→Layer Stack Legend 命令放置图层堆栈图例，如图 1-355 所示。

Drill Table				
Symbol	Count	Hole Size	Plated	Hole Tolerance
◆	743	0.25mm	Plated	None
◈	1	0.75mm	Plated	None
◇	6	0.80mm	Plated	None
◇	226	0.90mm	Plated	None
◎	2	0.90mm	Non-Plated	None
✿	13	1.00mm	Plated	None
✖	1	1.05mm	Plated	None
⬠	5	1.10mm	Plated	None
○	3	1.20mm	Plated	None
✕	1	1.45mm	Plated	None
□	2	1.50mm	Plated	None
☆	2	2.00mm	Plated	None
▣	2	2.30mm	Plated	None
⊕	4	3.00mm	Plated	None
△	2	3.25mm	Plated	None
✶	2	3.50mm	Plated	None
	1015 Total			

图 1-354　钻孔列表

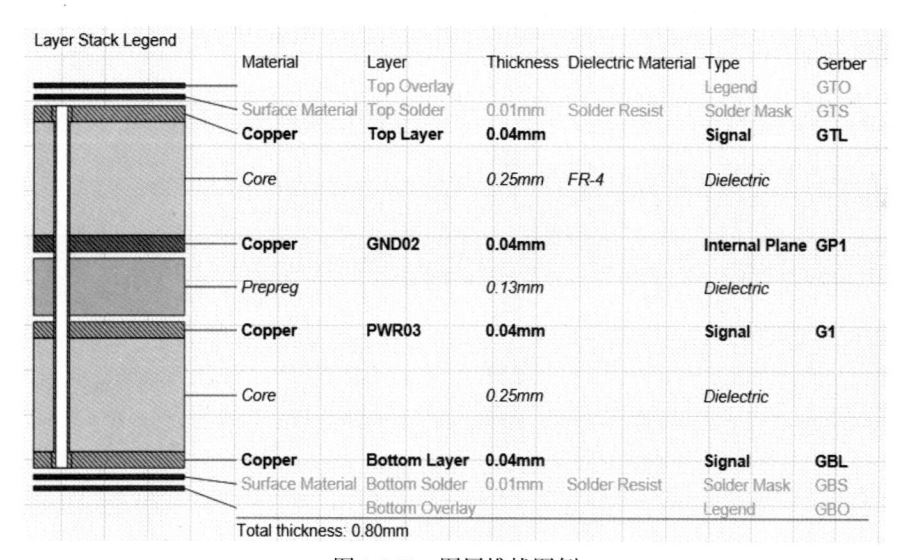

图 1-355　图层堆栈图例

默认情况下，每个图层的信息都是从"层叠管理器"（PCB 编辑器中的"设计"→"层叠管理器"命令）中定义的"板层堆栈"中相应属性派生而来，但是可以编辑和扩展图层描述属性。在 Draftsman 中通过"属性"面板和"图层信息"对话框进行设置。

5) BOM

物料清单（BOM）是一个自动生成的表对象，列出了 PCB 设计中的物理组件项。BOM 表数据直接来自项目 PCB 文件，执行菜单栏中 Place→Bill Of Materials 命令放置 BOM，如图 1-356 所示。

Bill Of Materials

Line #	Designator	Comment	Quantity
1	B1	BEEP	1
2	C1, C2	6P	2
3	C3, C4	20P	2
4	C5, C6	225	2
5	C7, C22, C27, C31, C43, C47, C48	106	7
6	C8, C9, C10, C11, C12, C13, C14, C15, C16, C17, C19, C20, C21, C23, C24, C25, C26, C28, C29, C30, C32, C33, C34, C35, C36, C37, C38, C39, C40, C41, C42, C44, C45, C46, C49, C50, C51, C52, C53, C54, C55, C56, C57, C58	104	44
7	C18	103	1
8	CON1	3.5*1.3	1
9	CR1	Battery	1
10	DZ1	5.0V	1
11	E1	220uF/16V	1
12	E2	10UF/16V	1
13	F1, F2	1A	2
14	IC1	W25Qxx	1
15	IC2	24Cxx	1
16	IC3	MAX232	1
17	IC4	DS18B20	1

图 1-356　Bill Of Materials

在 Properties 面板中可以对 BOM 表进行设置，该面板提供 BOM 的大多数配置选项，包括其可视属性和数据内容源。可以设置 BOM 中显示的条目、控制 BOM 列表的可见性、文本对齐、宽度和数据排序顺序，还可以通过表格参数名称的别名来更改 BOM 标题，如图 1-357 所示。

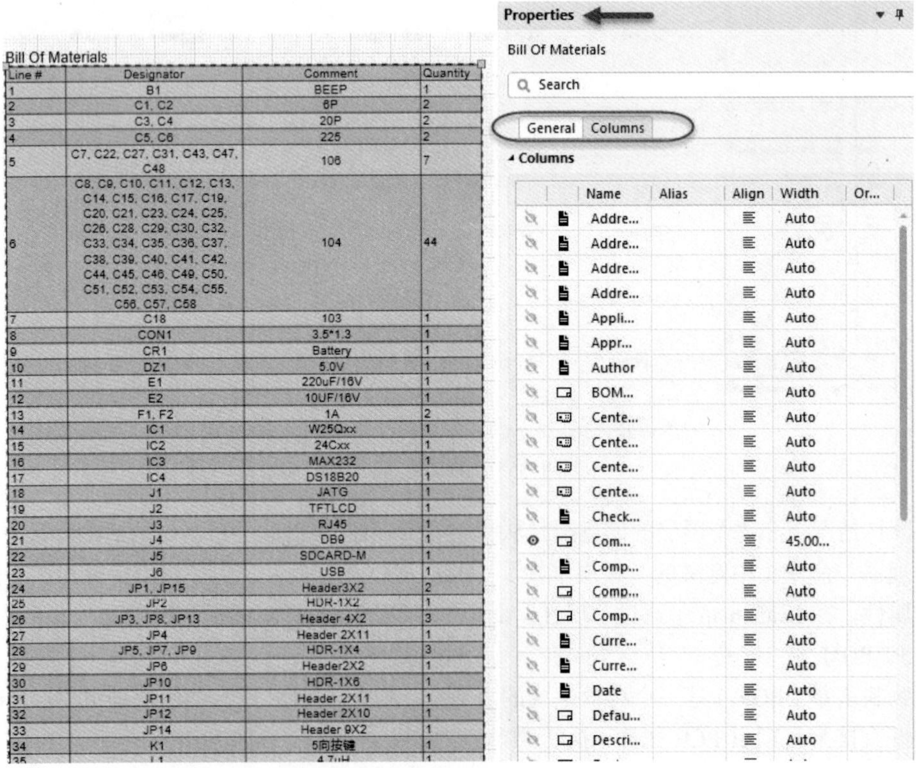

图 1-357　BOM 属性设置

此外，在 Draftsman 中还可以拆分 BOM 表。大多数高级 PCB 项目的物料清单文档往往具有大量条目，这些条目很难重新创建为适合绘图文档的表格。Properties 面板中的"拆分 BOM"功能允许在多个"页面"上显示 BOM 表。

要创建多个 BOM 页面，先选中已经放置的 BOM 表（可能超过文档工作表高度），然后在"属性"面板的 Pages 选项中选中"Limit Page Height（限制页面高度）"复选框，这会将 BOM 的高度限制为指定的高度条目（Max Page Height，mm），从而限制 BOM 表中显示的行数，如图 1-358 所示。

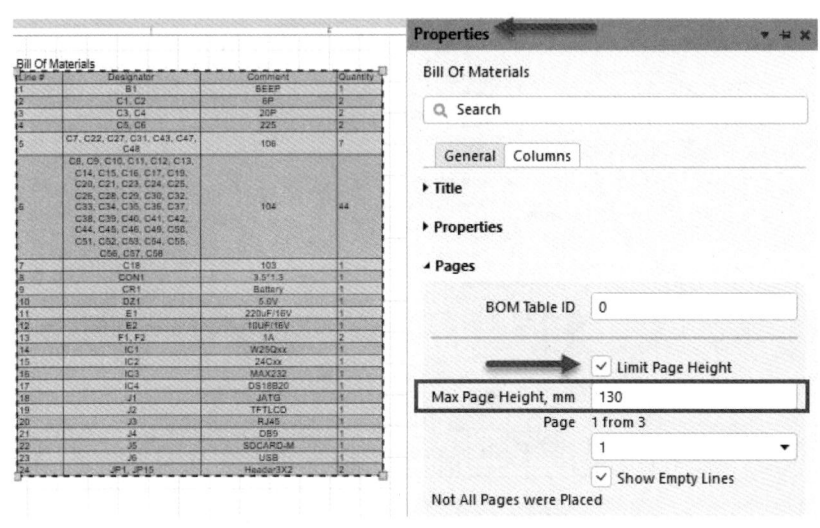

图 1-358　限制 BOM 页面高度

Draftsman 检测到整个 BOM 未完全显示，如面板页面条目所示（例如 Page 1 form 3），相关的下拉菜单允许用户指定显示哪个页面。要放置为显示的 BOM 表，需放置另一个 BOM，并在"属性"面板的 Page 选项中指定 page 下的下一页，如图 1-359 所示。

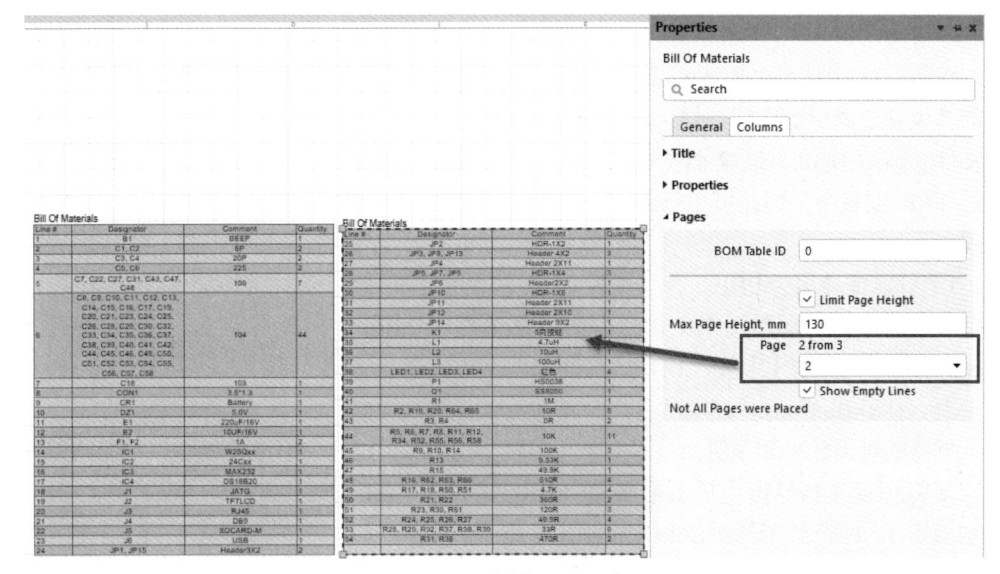

图 1-359　拆分 BOM 表

6）标注、注释，测量尺寸

Draftsman 支持放置和配置行业标准几何尺寸和几何公差符号元素的功能，这些元素定义图形中包含的对象的制造属性。Draftsman 提供了一系列额外的绘图和注释工具，旨在为绘图文档添加重要信息。这些信息包括自动注释和突出显示系统以及自由格式绘图功能。可以将对象尺寸图形放置在板视图（装配、制造、部分、细节等）上以指示对象轮廓的长度、尺寸和角度，或指定的对象之间的距离。通过 Place 菜单栏或者绘图工具栏放置这些标注信息，如图 1-360 所示。

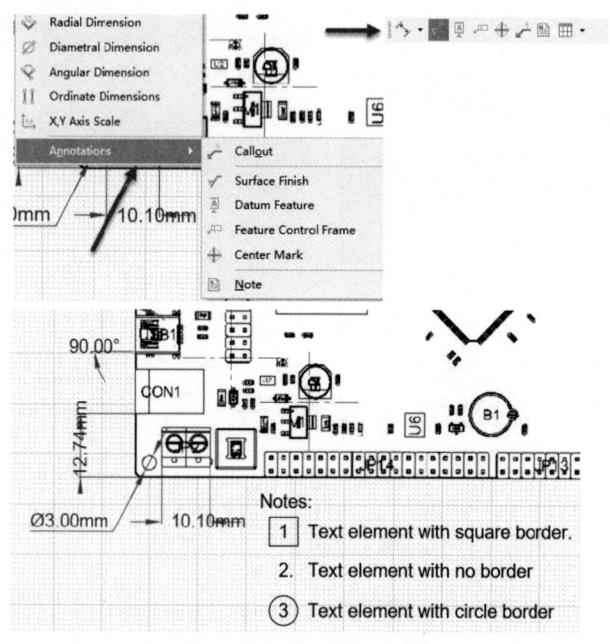

图 1-360　放置标注信息

4. 文档输出

Draftsman 文档可以和 Altium Designer（原理图、PCB 等）中的其他基于图形的文档一样，以相同的方式打印或生产输出文件。新的 Draftsman 文档（一旦保存）会自动添加到相关的 PCB 项目中，因此可用于所有正常的文档生成和打印过程。

1）打印或导出为 PDF

要打印当前活动的图纸文档，可执行菜单栏中 File→Print...命令，或者按快捷键 Ctrl+P，然后以正常方式选择打印选项。对于 Draftsman 文档，"打印"对话框包括带页面导航选择器的可缩放打印预览。

要将图纸文档导出为单页或多页 PDF 文件（由文档结构确定），执行菜单栏中 File→Export to PDF...命令，如图 1-361 所示。

图 1-361　打印或导出为 PDF

2）添加到 Output Job

通过打开现有的 Output Job 文件或创建新的 Output Job 文件，将 Draftsman 文档添加到 Output Job。

要将 Draftsman 文档添加到输出作业，需选择 Documentation Outputs 部分下的[Add New Documentation Output]选项，然后选择 Draftsman 文件（或所有可用文档）。通过选择输出容器选项，选中与 Draftsman 条目关联的 Enable（使能的）选项，将新添加的 Output 文件分配给 PDF 输出或打印输出，如图 1-362 所示。

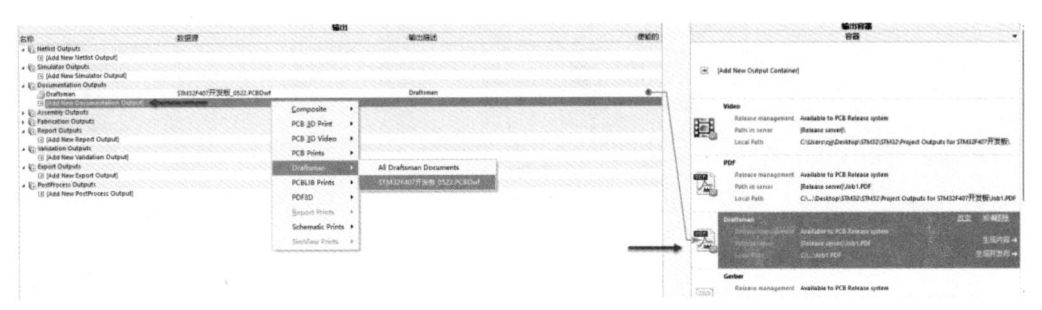

图 1-362　添加到 Output Job

1.3.3　新的 Pick and Place 生成器

Altium Designer 24 提供新的 Pick and Place 生成器，允许用户在生成输出之前选择 Pick and Place 选项。生成器使用户可以更轻松地准备坐标文本文件，而无须始终执行后处理。在其他功能中，用户可以按参数（层、类型或封装）过滤组件、自定义列、设置单位类型和输出格式。生成器还可以在标题中选择过滤器以及按一列或多列对数据进行排序。在新生成器底部的设置中，可以选择不在生成的输出中包含用于过滤的参数，方法是启用排除过滤器参数。要包括输出.txt 文件中未安装的所有组件，启用"包含变体组件"。

用户可以通过以下两种方式从 PCB 编辑器访问新的 Pick and Place 生成器。一是从 Output Job 生成 Pick and Place 文本文件，双击 Output Job 的"输出"区域中的 Assembly Outputs 下的[Add New Assembly Output]选项，选择添加 Generates pick and place files，如图 1-363 所示。

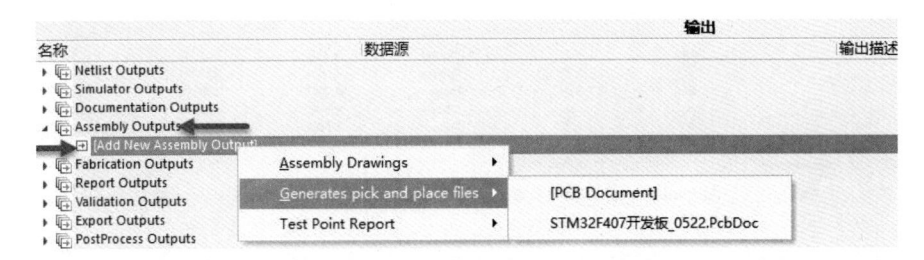

图 1-363　从 Output Job 生成 Pick and Place

二是从 PCB 编辑器中，执行菜单栏中"文件"→"装配输出"→Generates pick and place files 命令，进行坐标文件输出，如图 1-364 所示。

Altium Designer 24 PCB 设计官方教程（高级实践）

图 1-364　从 PCB 编辑器中生成 Pick and Place

在"拾放文件设置"对话框中，可以在"所有列"中选择包含在输出文件中的内容。"输出设置"可以设置单位类型和输出格式，如图 1-365 所示。

图 1-365　拾放文件设置

单击"确定"按钮后将生成输出文本文件，输出文件的示例如图 1-366 所示。

图 1-366　输出 Pick and Place 文件示例

1.3.4　3D PDF 的输出

Altium Designer 24 带有 3D 输出功能，能够直接将 PCB 的 3D 效果输出到 PDF 中。

（1）打开带有 3D 模型的 PCB 文件，执行菜单栏中"文件"→"导出"→PDF3D 命令，选择导出文件的保存路径，弹出 Export 3D 设置对话框，保持默认即可，单击 Export 按钮等待软件导出 3D PDF，如图 1-367 所示。

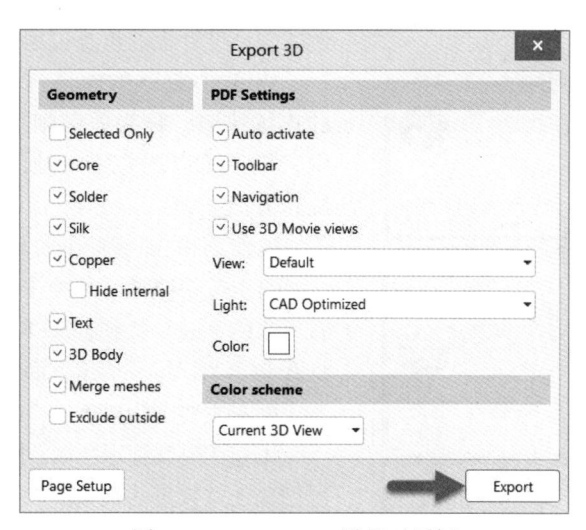

图 1-367　Export 3D 设置对话框

（2）用 Adobe Acrobat DC 软件打开导出的 3D PDF 文件，如图 1-368 所示。这个 3D PDF 文件是有物理连接的，可支持编辑，也可以旋转角度。在 PDF 文件的左边，可以选择需要查看的参数，如 Silk、Components 等。

注意：导出的 3D PDF 文件需要用能查看 3D 的 PDF 软件打开，否则看不了 3D 效果。

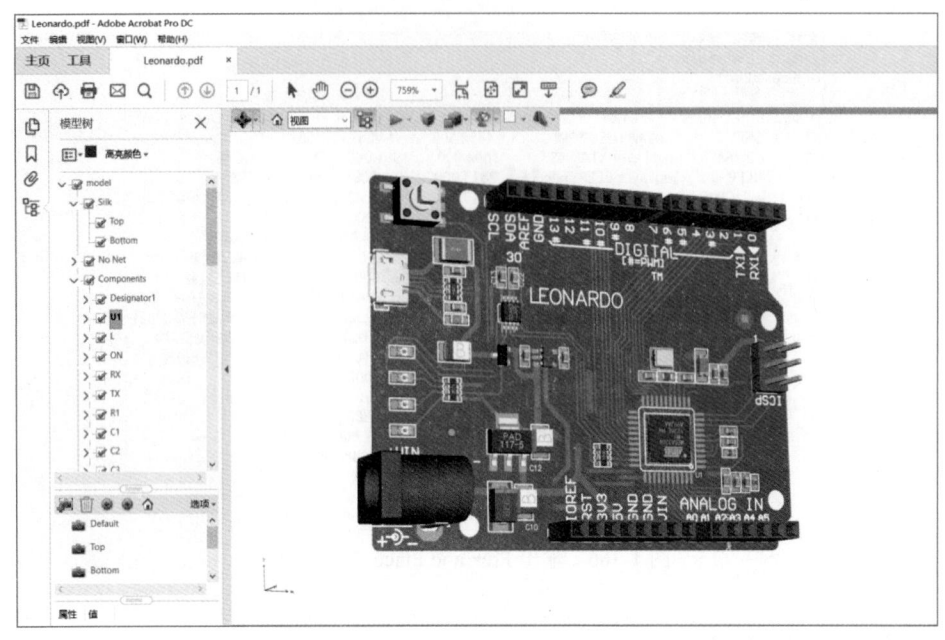

图 1-368　导出的 3D PDF

1.3.5　制作 PCB 3D 视频

为了提供更具吸引力和有用的电路板文档，Altium Designer 提供了生成 PCB 3D 视频文档的功能，用户可以获得特定物体的详细信息，例如软硬结合板的折叠过程。

PCB 3D 视频的内容就是一系列 PCB（3D）的连续快照，称为关键帧。在每个关键帧序列中，用户可以调整每一帧的放大比例、角度和旋转方向。

制作 PCB 3D 视频的步骤如下。

（1）按快捷键 3 切换 PCB 到 3D 模式，单击右下角的 Panels 按钮，选择 PCB 3D Movie Editor，打开 PCB 3D Movie Editor 面板，如图 1-369 所示。

面板主要分为以下三个区域。

① 3D 视频管理区域：用于添加和删除视频，可创建任意数量的视频。

② 定义关键帧序列区域：在此区域可添加新的关键帧，并根据对工作区中 3D 板显示所做的更改来更新现有关键帧。

③ 控件区域：提供用于直接在 PCB 工作空间中播放所选视频的控件，实现对视频的播放控制。

图 1-369　PCB 3D Movie Editor 面板

注意：① 3D 视频的所有配置信息都存储在 PCB 文档中，即每个 PCB 都有相应的 3D 视频列表。

② 3D 模式下才能对 PCB 3D Movie Editor 面板进行编辑，在 2D 模式时，会提示警告，如图 1-370 所示。

（2）添加新视频。在视频管理区域单击 New 按钮，或按快捷键 Ctrl+N，即可添加并命名新视频。

（3）定义关键帧序列。视频实际是由一帧一帧的画面组成，所以用户需定义组成视频的每一帧画面。3D 模式下，在 PCB 面板中将 PCB 的板子旋转或调整到用户想要呈现的样子，然后切换到 PCB 3D Movie Editor 面板中的 BT_Sentenial Video 列表进行添加，如图 1-371 所示。

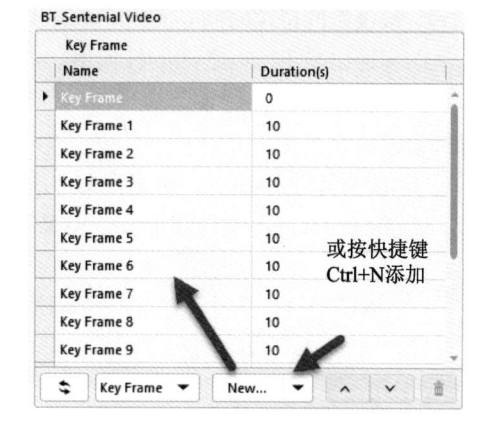

图 1-370　2D 模式下视频失效警告　　　图 1-371　添加新视频操作

注意：① Name 选项可修改关键帧名字，软件默认命名为 Key Frame、Key Frame 1 等。

② Duration(s)用于设置关键帧的播放持续时间，软件默认 3.0s，用户可自定义 0.0～100.0s。

③ 通过单击 ∧ 和 ∨ 按钮，可以调整关键帧的顺序。

④ 软件自定义初始关键帧的固定时间持续为 0.0，用户无法删除初始关键帧，并且不能在其上方添加新的关键帧。

⑤ 若是修改关键帧，在调整好画面后，单击 Key Frame ▼ 按钮，选择 Update 更新修改，或按快捷键 Ctrl+A。

（4）视频播放预览。添加并设置好关键帧之后，可以直接在设计工作区中预览生成的视频。单击控件区域中按钮 ▶，即可播放视频。

注意：① 视频至少有两个帧才能播放。

② 按钮 ⏮：用于将电影倒回初始关键帧；按钮 ⏪：跳转到序列中上一个关键帧的开头。按钮 ⏩：跳转到序列中下一个关键帧的开头。

③ 插值设置。用于在一个关键帧和下一个关键帧之间创建无缝流的插值样式，以及播放帧的速率。Altium Designer 可以使用两种类型的插值，并在两者之间切换，如图 1-372 所示。

图 1-372　插值设置

- Key Frame to Key Frame：关键帧间线性插值——在关键帧间使用球面线性插值算法，会导致在每个帧的最后变慢。
- Velocity between Key Frame：关键帧间匀速插值——在关键帧间使用二次样条插值算法，细分旋转的范围使其小于 90°。得到的结果是速度稳定、更加完美的关键帧之间的变化，在两帧之间不会产生显著的减慢速度。
- PCB 编辑器内的播放默认帧速率为 25 帧/秒。视频中使用的帧总数取决于为每个关键帧设置的持续时间。使用 Frame Rate（帧速率）可根据需要增加或减少此速率。帧速率可以是 1～50 之间的任何值。

（5）输出 3D 视频文件。PCB 3D 视频输出是 Output job 的可配置的一部分，可以使用多媒体输出媒介产生。

① 按快捷键 F+N+U，给工程文件添加一个 Output job 文件。

② 给 Output job 文件添加一个多媒体输出媒介，操作如图 1-373 所示。

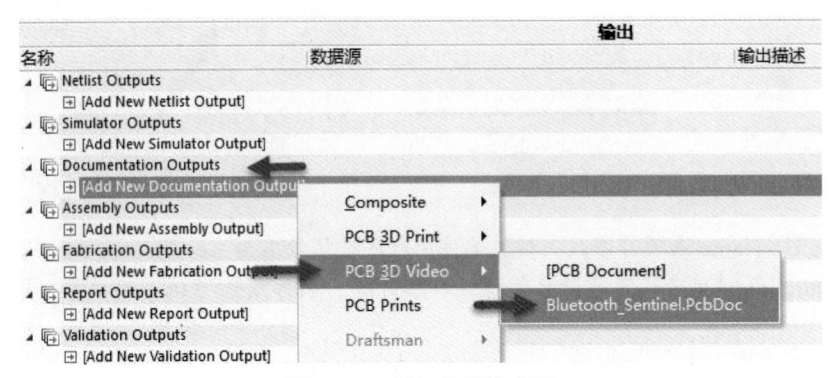

图 1-373　添加多媒体内容

③ 配置 3D 视频输出。双击 PCB 3D Video，可设置视频相应显示效果，如图 1-374 所示。

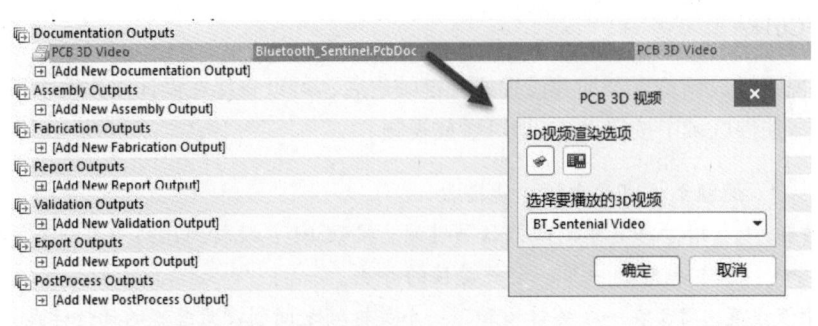

图 1-374　打开配置选项

- ：单击此按钮可切换电路板阴影效果的显示。
- ：单击此按钮可打开"视图配置"对话框，在该对话框中可以调整电路板的外观和风格，并根据需要更改 3D 机身和通用 3D 模型的任何设置，如图 1-375 所示。

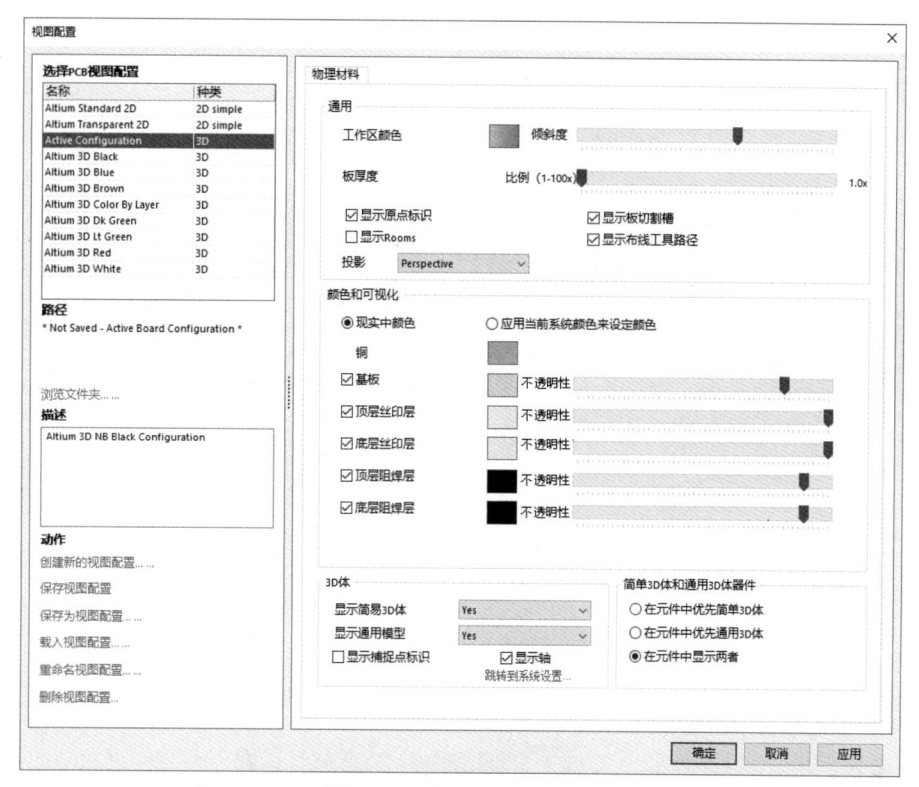

图 1-375　视图配置对话框

④ 为 3D 视频选择输出容器，如图 1-376 所示。

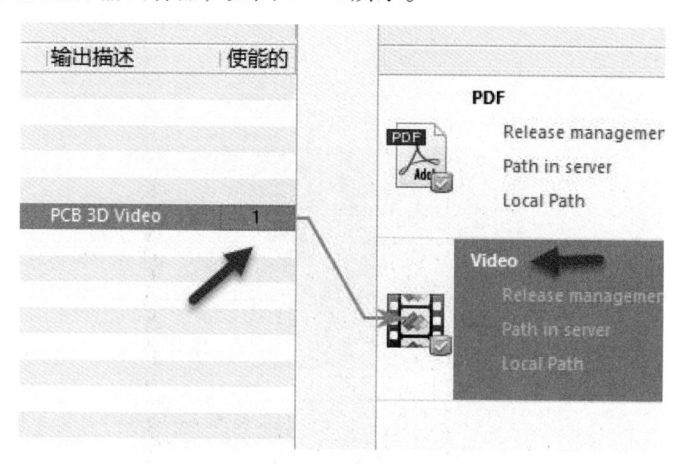

图 1-376　选择输出容器

⑤ 设置输出容器。可通过单击 Video "输出容器"中的"改变"按钮打开 Video settings 对话框，如图 1-377 所示，根据需要进行设置。

⑥ 设置完成之后，即可单击"输出容器"中的"生成内容"，视频将会输出工程文件下的 Project Outputs for …文件夹中，效果如图 1-378 所示。

图 1-377　Video settings 对话框

图 1-378　输出的 3D 视频

1.3.6　导出钻孔图表的方法

在 PCB 中导出钻孔图表的步骤如下。

（1）切换至 Drill Drawing 层，放置文本.Legend，这时软件会提示 Legend is not interpreted until output（直到输出才会解释图例），如图 1-379 所示。

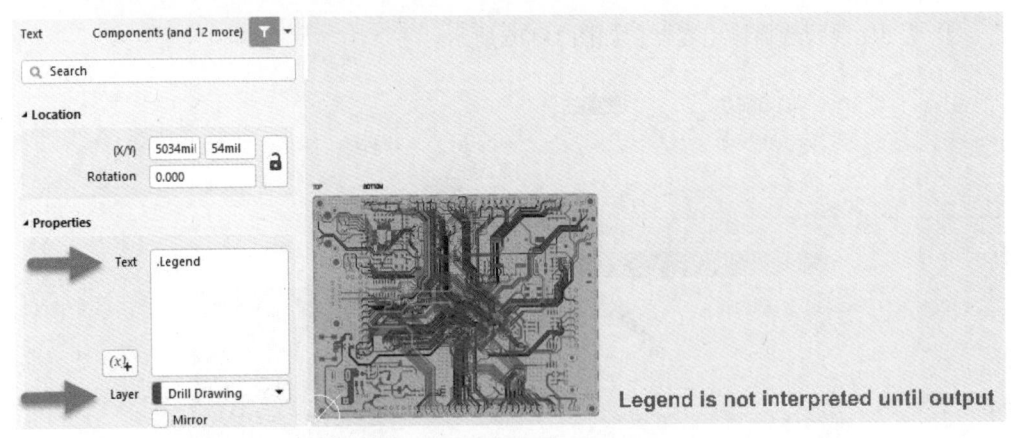

图 1-379　放置文本 Legend

（2）执行菜单栏中"文件"→"制造输出"→Drill Drawings 命令，即可输出如图 1-380 所示的钻孔图表。图中列出了分别用了几种孔径，PTH 和 NPTH 以及每种的图示和数量总结表。

还可以利用 Draftsman 导出钻孔图表，方法在前文已经介绍，这里不再赘述。

	3	55.12mil (1.400mm)	11
	52	33.47mil (0.850mm)	-
	56	37.40mil (0.950mm)	-
	623	10.00mil (0.254mm)	-
	736 Total		

Slot definitions : Routed Path Length = Calculate
Hole Length = Routed Path Length

图 1-380　钻孔图表

1.3.7　邮票孔的设置

PCB 中的邮票孔一般有两种用途。一是在拼板设计时用于主板和副板的分板，或者 L 形板子的折断，主板和副板有时候需要筋连接，便于切割，在筋上面会开一些小孔，类似于邮票边缘的那种孔，所以称为邮票孔。这种孔主要是为了方便 PCB 的分割。二是用在 PCB 边的邮票孔，也叫 PCB 半孔，不同于拼板邮票孔，这种邮票孔主要用在核心板和模块上，用于核心板与底板的焊接或者模块的焊接。

1. PCB拼板邮票孔

这种孔的做法是放置孔径（包括焊盘大小）为 0.5mm 的非金属化孔，邮票孔中心间距为 0.8mm，每个位置放置 4~5 个孔，主板与副板之间的距离为 2mm。邮票孔的放置效果如图 1-381 所示。

图 1-381　拼板邮票孔

2. PCB半孔

按照如图 1-382 所示的尺寸演示 PCB 半孔的设计。

（1）邮票孔焊盘的制作。如图 1-383 所示，在 Altium Designer 的焊盘属性编辑对话框中将焊盘的长设为 2mm，宽设为 0.9mm，钻孔半径设为 0.3mm。

（2）焊盘的定位。其方法与绘制 PCB 封装时快速定位焊盘位置的方法一致，这里不再赘述，完成后的 PCB 半孔如图 1-384 所示。

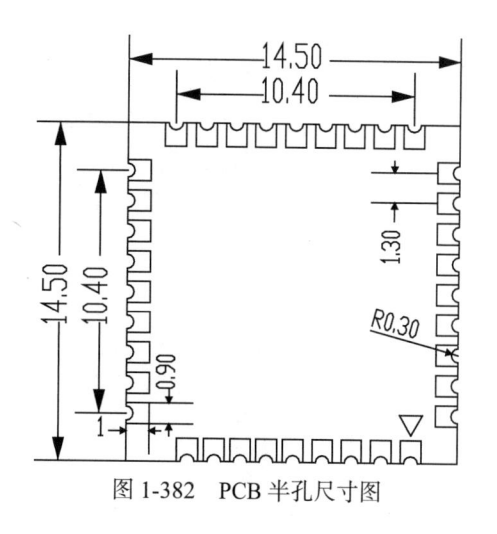

图 1-382　PCB 半孔尺寸图

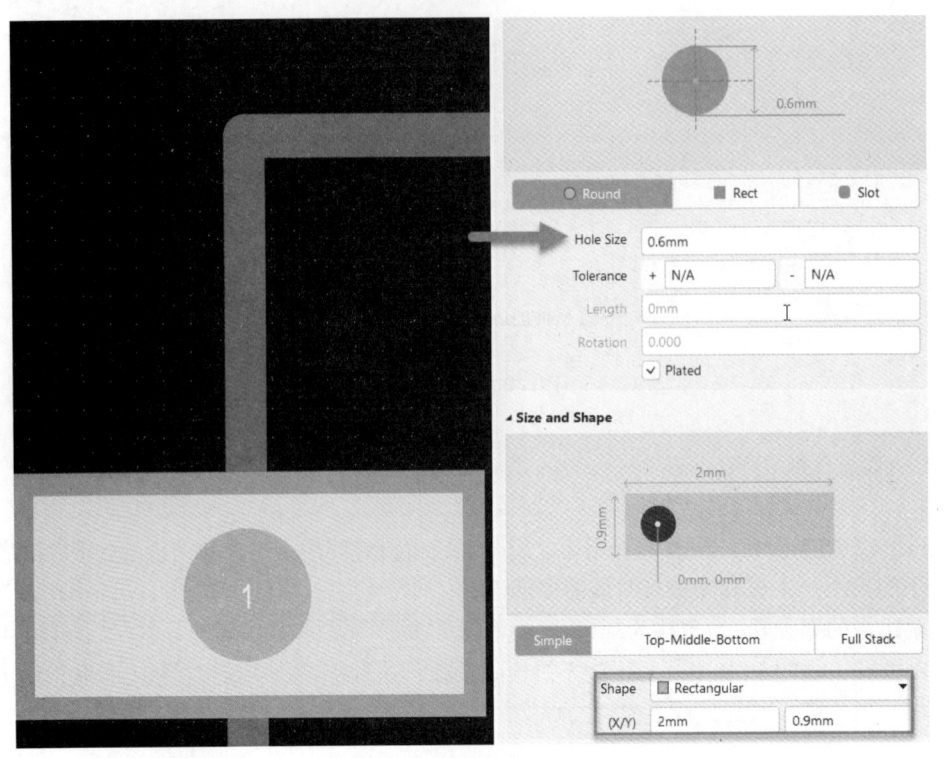

图 1-383 设置焊盘参数

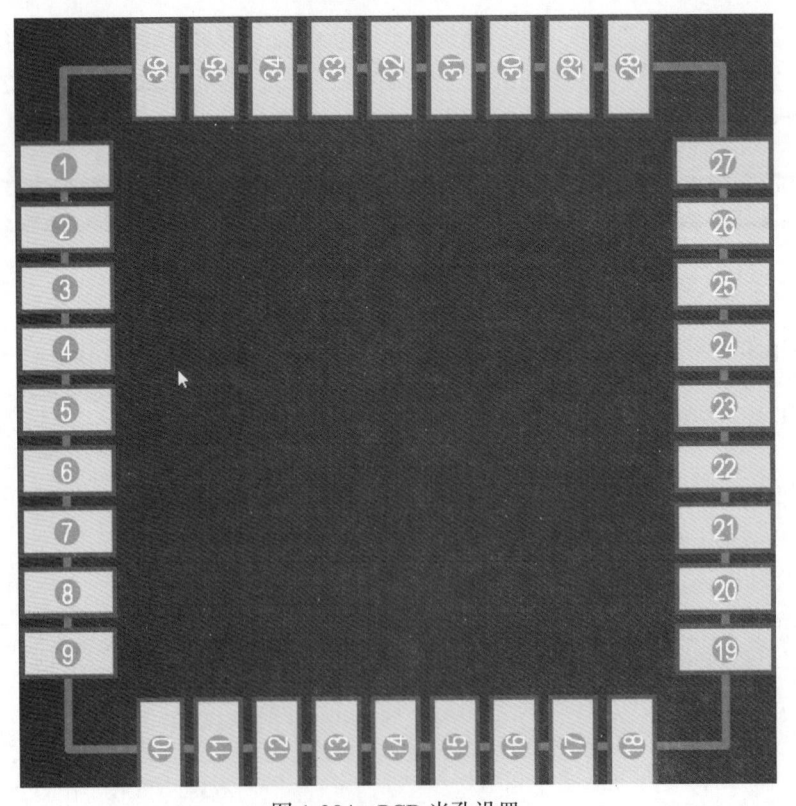

图 1-384 PCB 半孔设置

1.3.8 Gerber 文件转换成 PCB 文件

Altium Designer 导入 Gerber 文件并转换成 PCB 的操作步骤如下。

（1）打开 Altium Designer 软件，执行菜单栏中"文件"→"新的"→"项目"命令，新建一个 PCB Project，并且新建一个 CAM 文档添加到工程中，如图 1-385 所示。

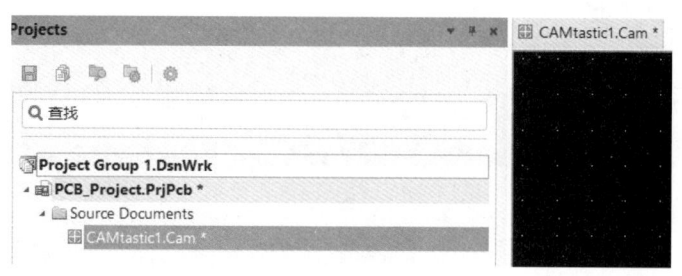

图 1-385　新建 CAM 文档

（2）Gerber 文件有两种方法导入，一种是执行菜单栏中"文件"→"导入"→"快速装载"命令，能直接将 Gerber 所有文件导入，包括钻孔文件等。另一种是先导入 Gerber 文件，再导入钻孔文件，得到的效果与第一种方法一样。Gerber 文件的导入如图 1-386 所示。

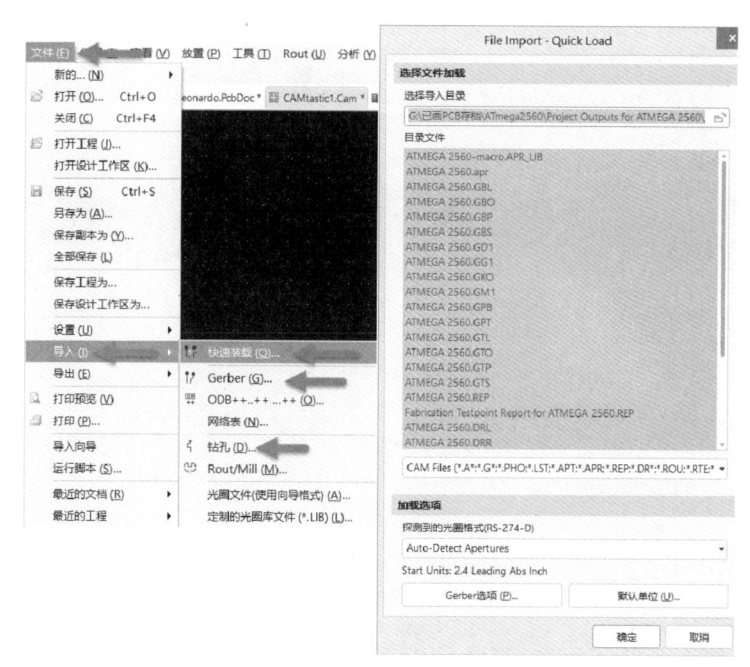

图 1-386　导入 Gerber 文件

（3）单击"确定"按钮，等待软件导入 Gerber 文件并转换，转换之后的效果如图 1-387 所示。

（4）Gerber 文件导入之后，核对层叠是否对应一致，执行菜单栏中"表格"→"层"命令，在弹出的"层表格"对话框中设置好层顺序，如图 1-388 所示。

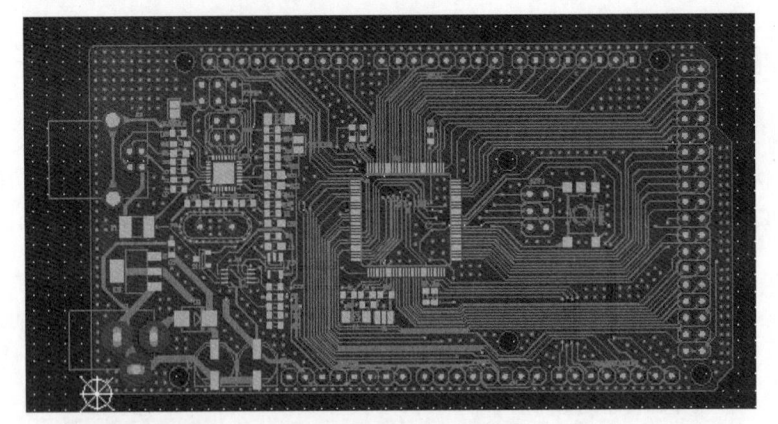

图 1-387　Gerber 导入效果

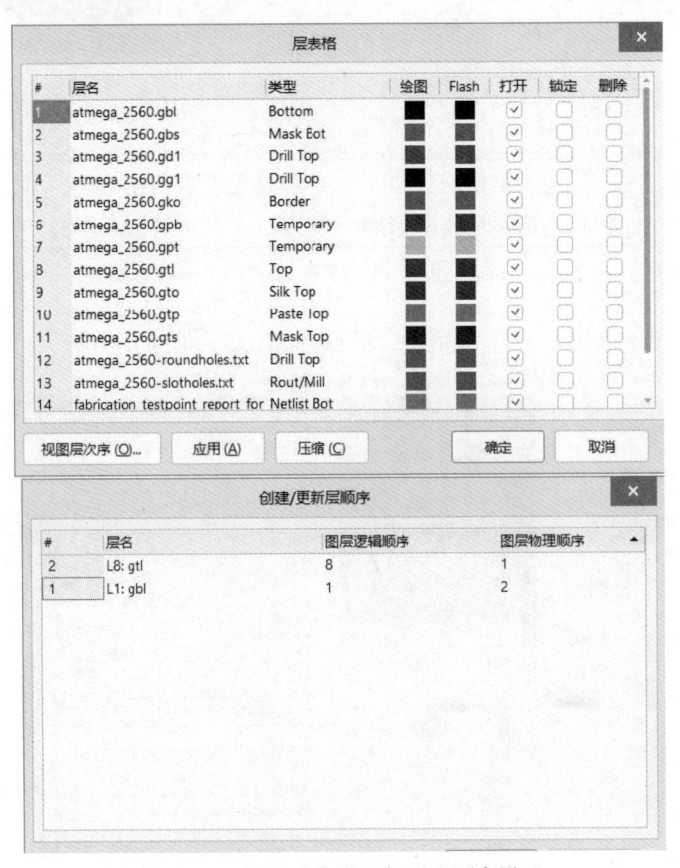

图 1-388　层叠对应设置与层叠顺序设置

为了更好地识别和设置对应层叠，下面提供 Altium Designer 的 Gerber 文件扩展名的定义。

　　gbl——Gerber Bottom Layer：底层走线层。

　　gbs——Gerber Bottom Solder Resist：底层阻焊层。

　　gbo——Gerber Bottom Overlay：底层丝印层。

　　gtl——Gerber Top Layer：顶层走线层。

gts——Gerber Top Solder Resist：顶层阻焊层。
gto——Gerber Top Overlay：顶层丝印层。
gd1——Gerber Drill Drawing：钻孔参考层。
gm1——Gerber Mechanical1：机械 1 层。
gko——Gerber KeepOut Layer：禁止布线层。
txt——NC Drill Files：钻孔层。

（5）提取网络表，执行菜单栏中"工具"→"网络表"→"提取"命令，进行网络表的提取，然后在 CAMtastic 面板中查看添加进来的网络，如图 1-389 所示。

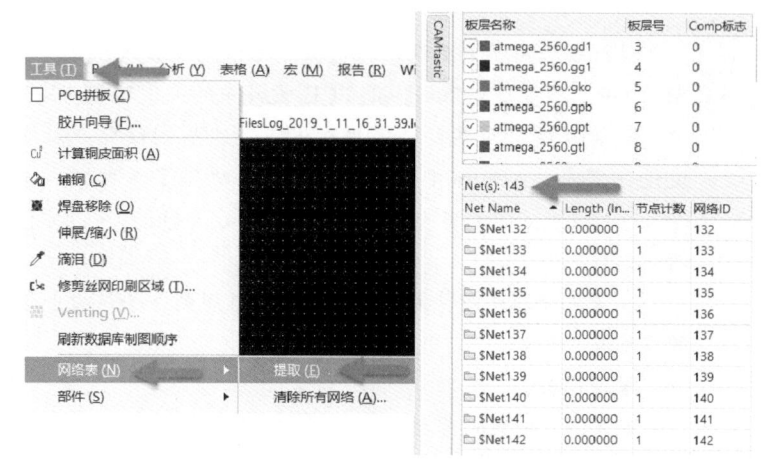

图 1-389　提取网络表

（6）如果 Gerber 文件中包含 IPC-D-365（IPC 网表文件），执行菜单栏中"工具"→"网络表"→"重命名网络表"命令，则可以对网络进行准确的命名，若没有 IPC 网表文件则忽略这一步。

（7）输出 PCB 文件，执行菜单栏中"文件"→"导出"→"输出 PCB"命令，得到 PCB 文件如图 1-390 所示。至此，Gerber 文件转换成 PCB 文件完成。

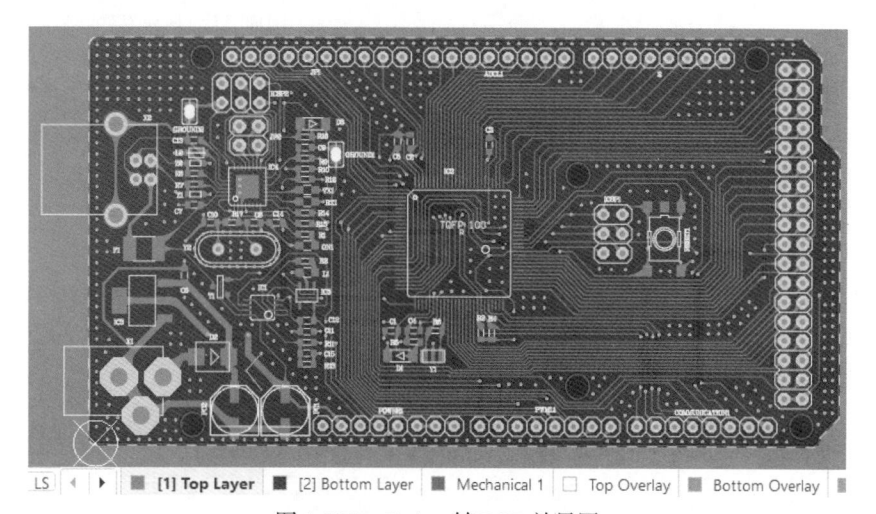

图 1-390　Gerber 转 PCB 效果图

第 2 章 设计规则的高级应用

第 2 集 微课视频

设计规则用于定义设计的要求，对 PCB 布局布线进行约束，也为后期的 DRC 检查提供依据，是 PCB 设计中的关键环节。用户在设计过程中，有时需要针对某些特定对象进行高级规则设置，以便能更好地实现设计需求，Altium Designer 24 为此提供了多种详尽的规则类型、Object Matches 中的各个选择对象和 Custom Query，以方便用户进行灵活的设计。

本章将分别介绍特定对象的相关高级规则，并详细介绍 Query 语句的设置及应用。

学习目标：
- 掌握对特定对象的规则设置方法。
- 了解 Query 语句的设置方法。

2.1 铺铜连接方式

1. 过孔和焊盘全连接

在 PCB 编辑环境下，按快捷键 D+R 打开 "PCB 规则及约束编辑器" 对话框，在 Plane→Polygon Connect Style 规则项中将铺铜连接方式改为全连接，如图 2-1 所示。

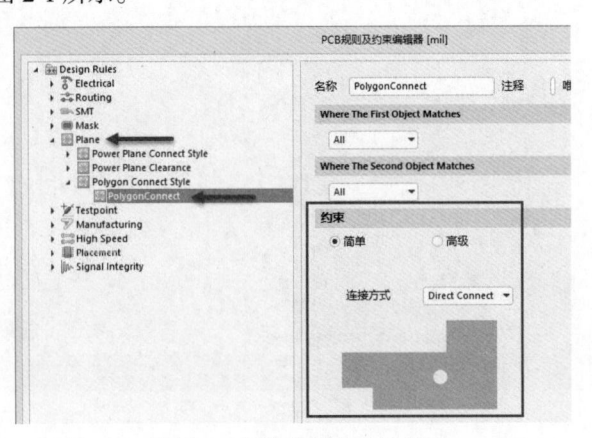

图 2-1　过孔和焊盘全连接

2. 过孔全连接，焊盘十字连接

（1）在 PCB 编辑环境下，按快捷键 D+R 打开"PCB 规则及约束编辑器"对话框，在 Plane→Polygon Connect Style 规则项中选中 Polygon Connect Style，右击，从弹出的快捷菜单中执行"新规则"命令，新建一个铺铜连接方式规则，单击新建的规则，在"名称"文本框中可以修改该规则的名称，如图 2-2 所示。

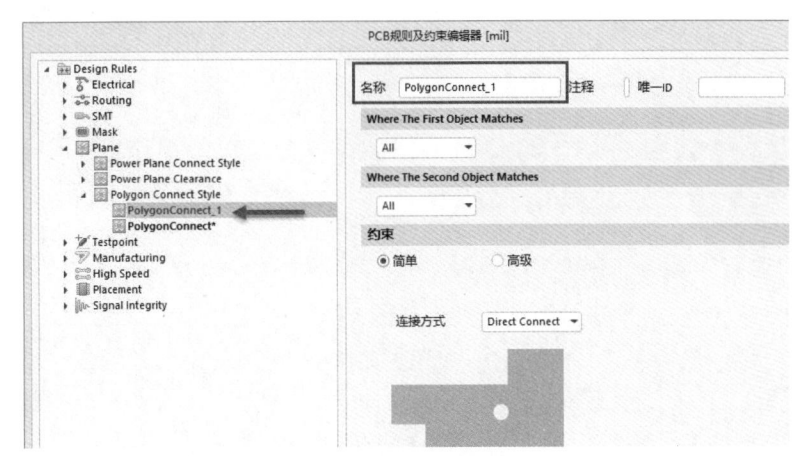

图 2-2 新建铺铜规则

（2）设置铺铜连接方式规则。选择"高级"模式规则，在该模式下可以分别设置通孔焊盘、贴片焊盘以及过孔的连接方式，单击下方的"优先级"按钮把新建的铺铜连接方式规则优先级设置最高（1 为最高，2 次之，……），如图 2-3 所示。

图 2-3 过孔全连接，焊盘十字连接规则设置

（3）回到 PCB 编辑环境下进行铺铜，铺铜网络选择 GND，铺铜完成后可以看到网络名为 GND 的过孔与铜皮为全连接的方式，网络名为 GND 的通孔焊盘及贴片焊盘与铜皮的连接方式为热连接的方式，如图 2-4 所示。

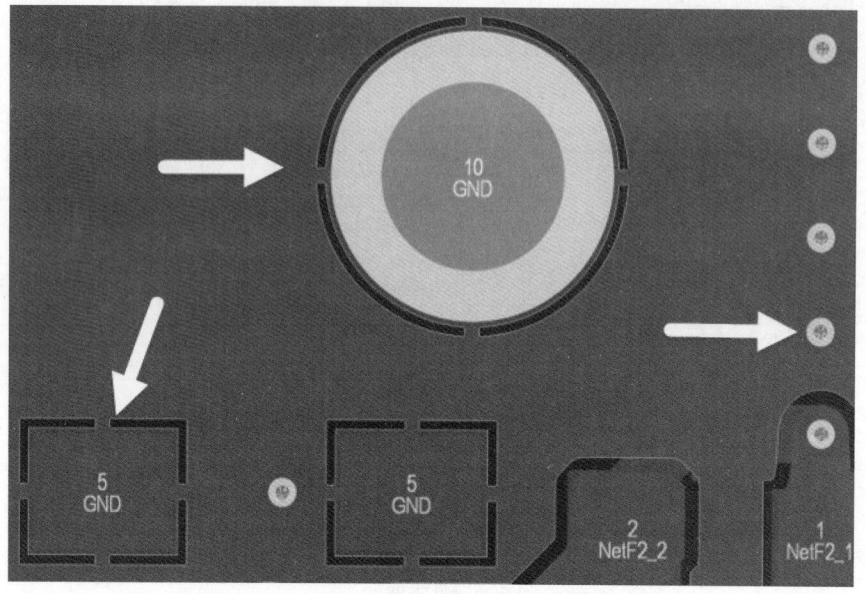

图 2-4　过孔全连接，焊盘十字连接效果图

3. 表层过孔十字连接，内层过孔全连接

（1）在 PCB 编辑环境下，按快捷键 D+R 打开"PCB 规则及约束编辑器"对话框，在 Plane→Polygon Connect Style 规则项中选中 Polygon Connect Style，右击，执行"新规则"命令，新建一个铺铜连接方式规则，单击新建的规则，在"名称"文本框中可以修改该规则的名称，如图 2-5 所示。

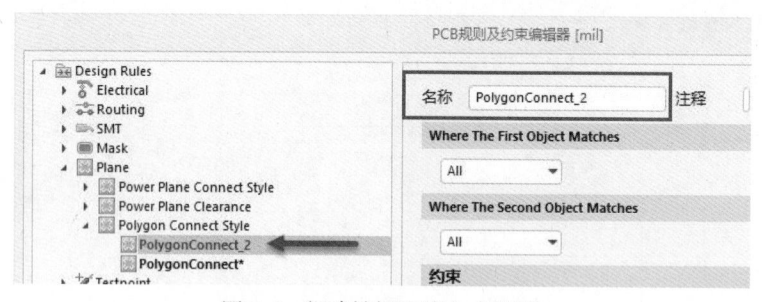

图 2-5　新建铺铜连接方式规则

（2）设置铺铜连接方式规则。在 Where The First Object Matches 和 Where The Second Object Matches 约束项中单击"查询助手"按钮，输入查询语句，如图 2-6 所示。

（3）规则设置完成后，回到 PCB 编辑环境下进行铺铜，可以看到表层的过孔与铜皮的连接方式为热连接方式，中间层的过孔与铜皮的连接方式为全连接方式，如图 2-7 所示。

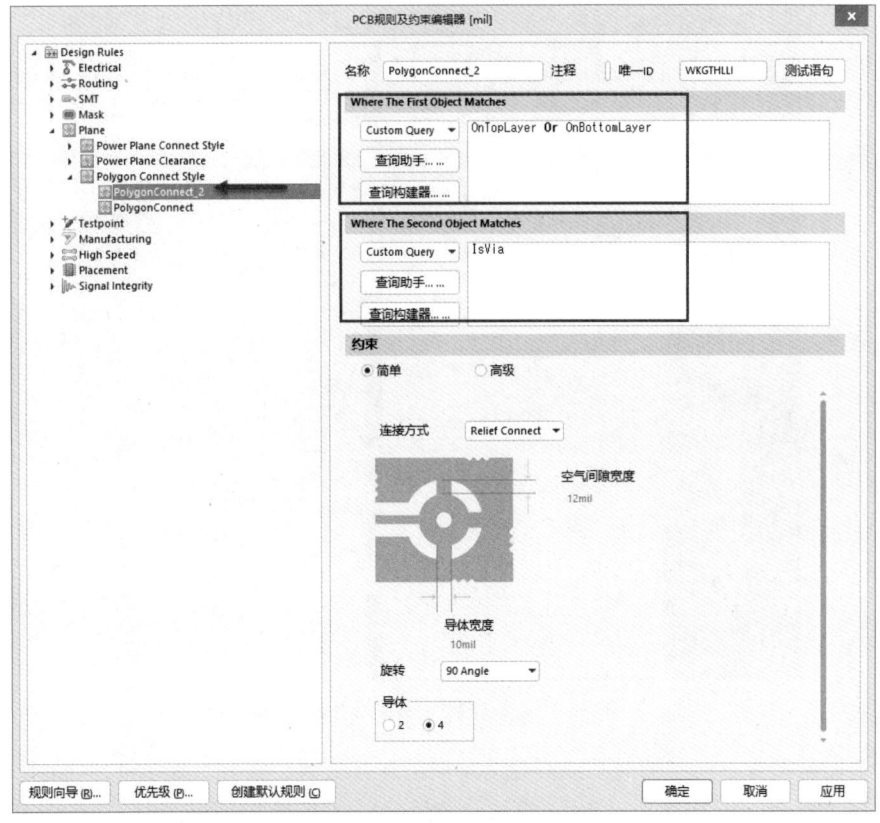

图 2-6 过孔与铜皮的连接方式设置

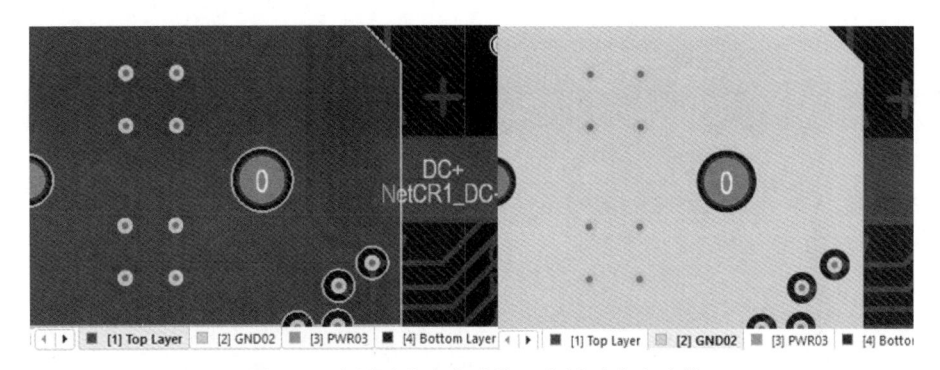

图 2-7 表层过孔十字连接，内层过孔全连接

4. 根据选择的过孔和焊盘定义铺铜连接方式

除了设置约束规则来设置过孔和焊盘与铜皮的连接方式外，在 Altium Designer 24 中还可以在"属性"面板中为选择的焊盘和过孔指定与铜皮的连接方式。下面介绍在"属性"面板中定义过孔和焊盘与铜皮的连接方式的详细步骤。

（1）选择需要设置连接方式的过孔或焊盘，打开 Properties（属性）面板，在 Size and Shape 选项下选中 Thermal Relief 复选框，单击右侧的 按钮即可打开 Edit Polygon Connect Style 对话框，在该对话框中可设置过孔或焊盘与铜皮的连接方式，如图 2-8 所示。

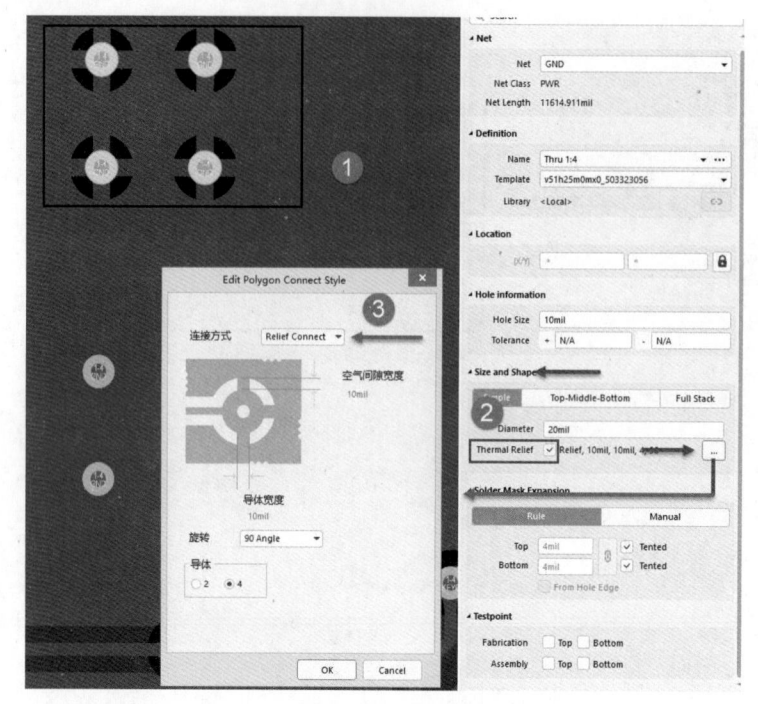

图 2-8　过孔/焊盘与铜皮的连接方式

（2）如需设置不同层的过孔或焊盘为不同的连接方式，需在 Size and Shape 选项下选择 Top-Middle-Bottom 或者 Full Stack 模式，然后即可对不同的层设置不同的连接方式，如图 2-9 所示。

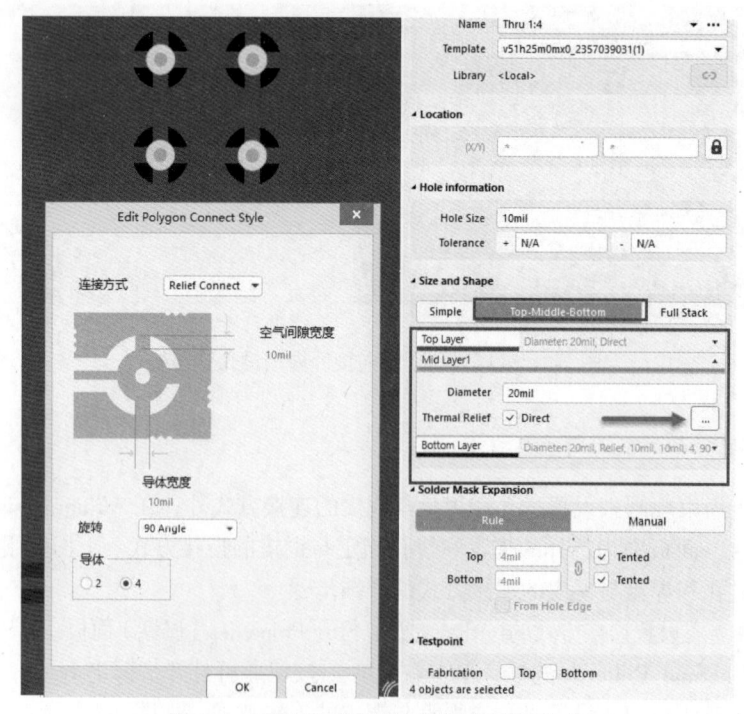

图 2-9　设置不同层的过孔/焊盘连接方式

2.2 间距规则

1. 铺铜间距12mil，其他安全间距8mil

Altium Designer 间距规则默认为 10mil，这是所有电气对象之间的间距规则，没有单独区分过孔到焊盘、走线到铺铜等的间距，想要设置高级的间距规则，需要新建一个安全间距规则。

（1）在 PCB 设计环境下，按快捷键 D+R 打开 "PCB 设计规则及约束编辑器" 对话框，将软件默认的间距规则改为 8mil，如图 2-10 所示。

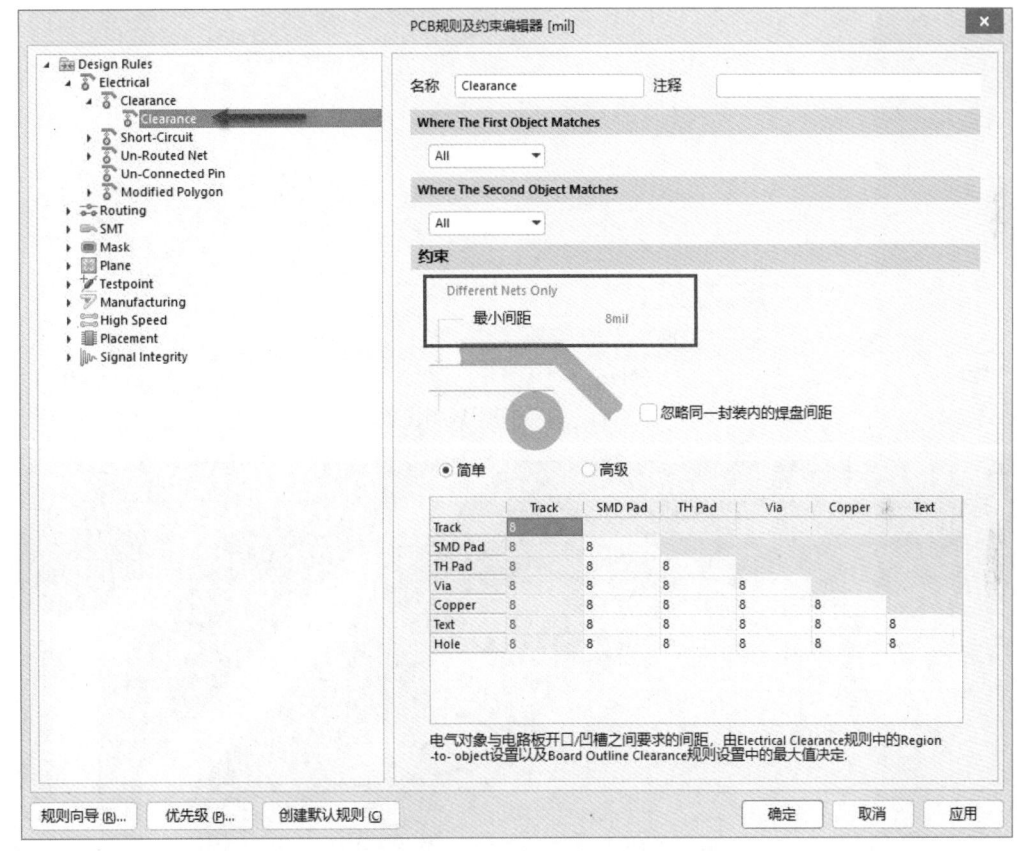

图 2-10 设置整板间距规则

（2）将光标移动到 Clearance 选项上右击，执行 "新规则" 命令，新建一个安全间距规则并将规则名称命名为 Clearance_InPoly。在 Where The First Object Matches 中选择 Custom Query，并在查询语句框中输入 InPoly，将规则约束值改为 12mil。单击规则对话框下方的 "优先级" 按钮，检查新建的规则是否为最高优先级（1 为最高，2 次之，……）如图 2-11 所示。

（3）回到 PCB 编辑环境下进行铺铜，铺铜完成后可以看到铜皮与其他对象的安全间距为 12mil，而其他对象之间安全间距为 8mil，如图 2-12 所示。

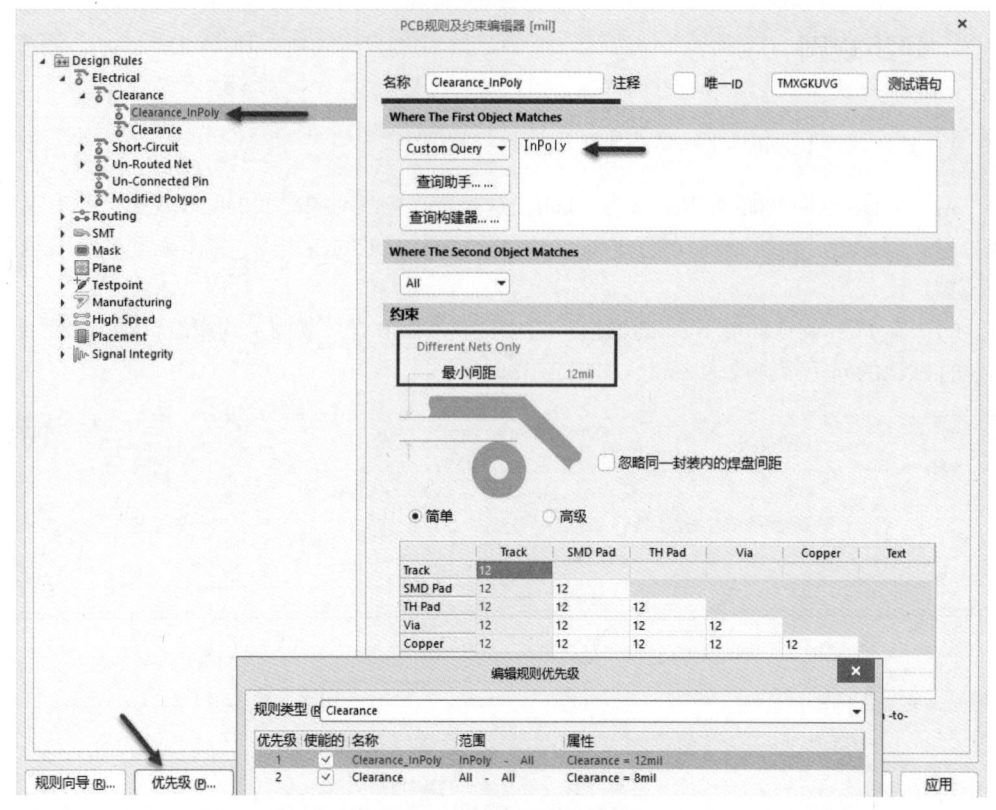

图 2-11 铺铜间距规则设置

图 2-12 铺铜间距 12mil，其他安全间距 8mil

此外，在 Altium Designer 24 中，铺铜间距规则除了设置单独的铺铜间距规则外，还可以在默认的整板安全间距规则中单独修改铺铜的安全间距，设置方法如图 2-13 所示。

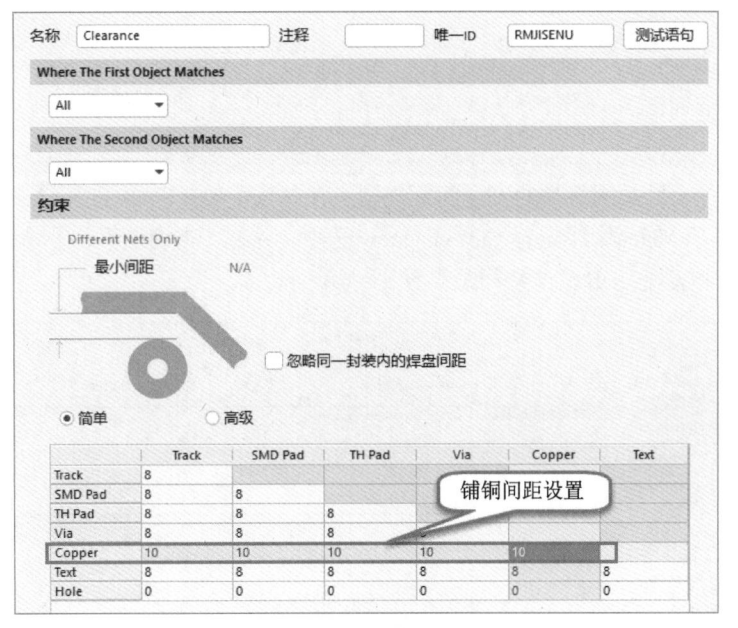

图 2-13 铺铜间距设置方法

2. DDR 3W 间距规则设置

在 DDR 设计时，为了减少线间串扰，通常 DDR 走线之间都要满足 3W 间距要求，那么如何在 Altium Designer 中设置间距规则，让 DDR 满足 3W 布线要求呢？

（1）创建 Classes。将 DDR 所有走线归为一类，如图 2-14 所示。

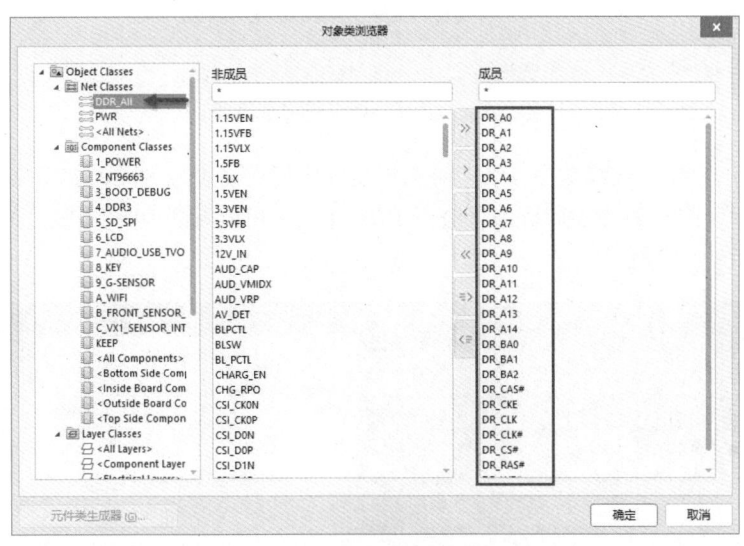

图 2-14 创建网络类

（2）网络类创建完成后，关闭"对象类浏览器"对话框。按快捷键 D+R 打开"PCB 规则及约束编辑器"对话框，将光标移动到 Electrical 下的 Clearance 选项上右击，执行"新规则"命令新建一个安全间距规则，并将规则名称命名为 Clearance_DDR，如图 2-15 所示。

图 2-15　新建一个安全间距规则

（3）设置一个针对网络类的安全间距规则。在 Where The First Object Matches 和 Where The Second Object Matches 中选择 Custom Query 选项，并在"查询助手"中输入如图 2-16 所示的查询语句来实现 DDR 的 3W 间距设置。

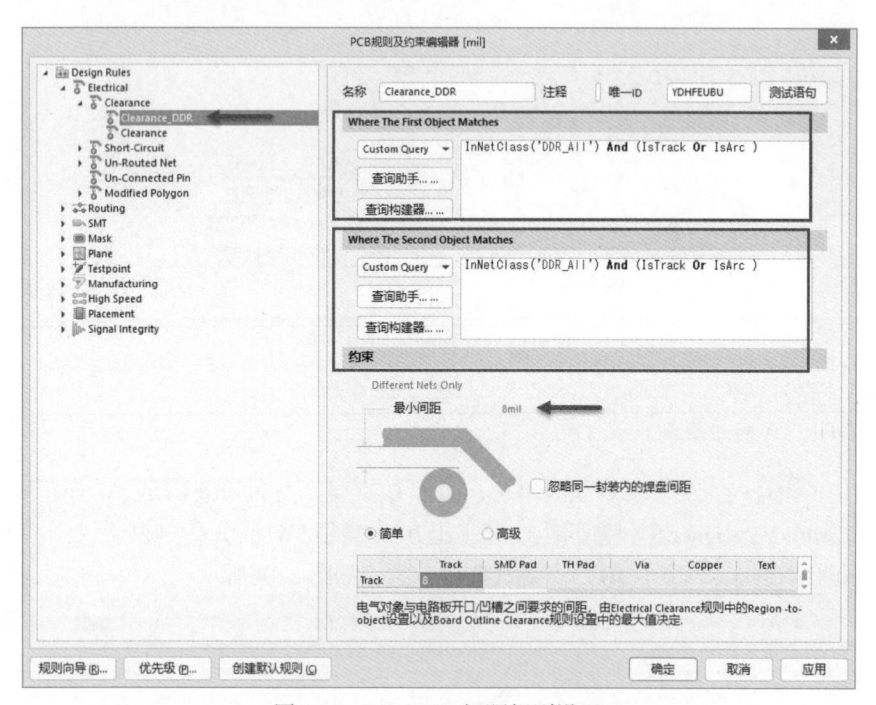

图 2-16　DDR 3W 间距规则设置

（4）假设 DDR 走线线宽为 4mil，那么安全间距值应设置为 8mil，如图 2-16 所示。规则设置完成后，回到 PCB 编辑环境下进行 DDR 布线，可以看到 DDR 走线之间的间距满足 3W 要求，如图 2-17 所示。

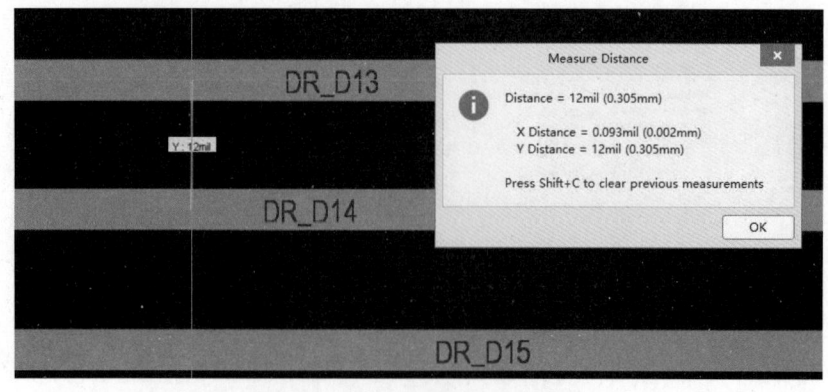

图 2-17　DDR 走线满足 3W 原则

2.3 线宽规则

1. GND网络线宽20mil，VCC网络线宽30mil

Altium Designer 线宽规则默认约束所有走线，要想对某些网络设置高级的线宽规则，需要新建一个线宽规则。

（1）在 PCB 设计环境下，按快捷键 D+R 打开"PCB 设计规则及约束编辑器"对话框，将光标移动到 Routing 下的 Width 选项上右击，执行"新规则"命令新建一个线宽规则，并将规则名称命名为 Width_VCC，按照同样的方法再新建一个线宽规则，命名为 Width_GND，如图 2-18 所示。

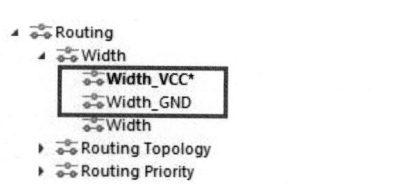

图 2-18　新建两个线宽规则

（2）给这两个规则设置约束值，在 Where The Object Matches 匹配项中选择相应的约束项，并在约束值中输入需要的线宽值，如图 2-19 所示。

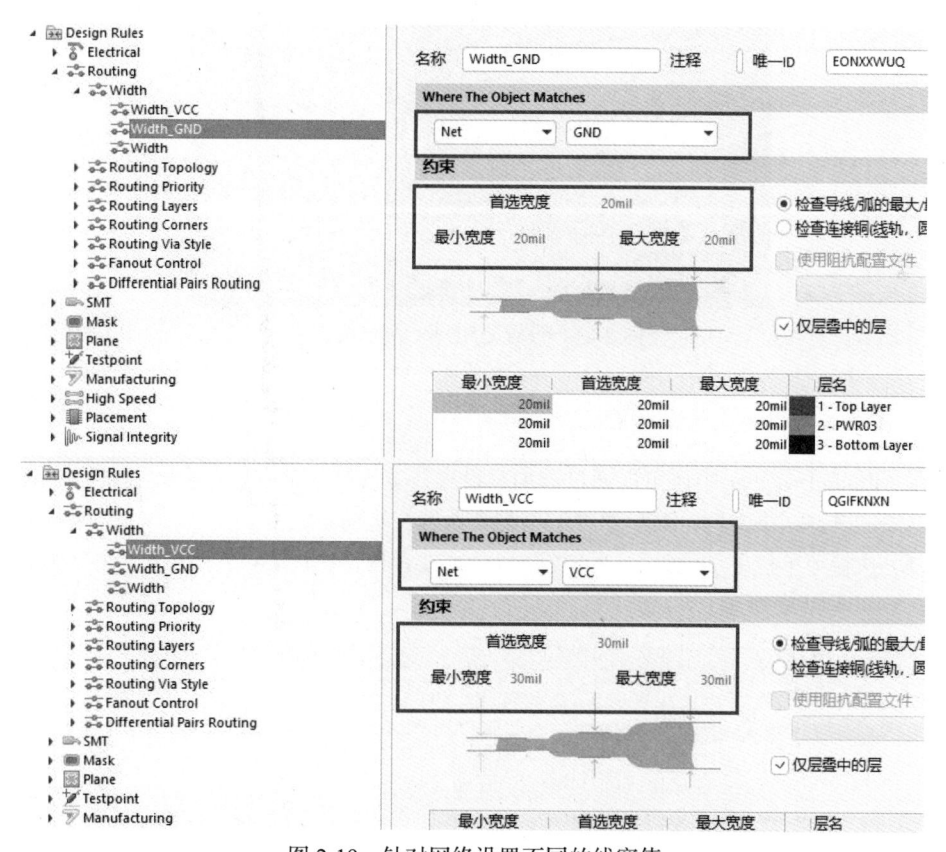

图 2-19　针对网络设置不同的线宽值

（3）单击规则对话框下方的"优先级"按钮，检查新建的规则是否为最高优先级（1为最高，2次之，……）如图 2-20 所示。

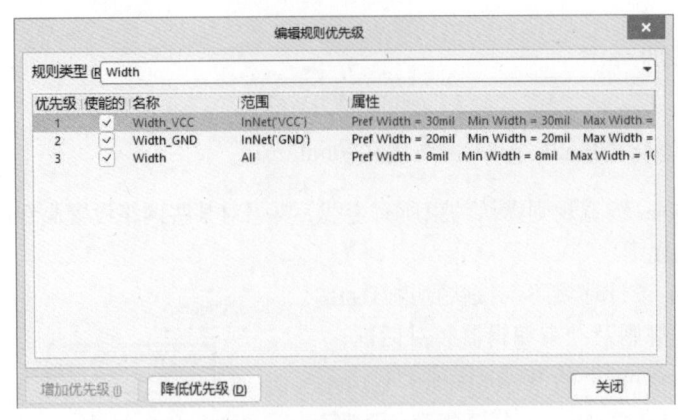

图 2-20　规则优先级设置

（4）回到 PCB 编辑环境下进行布线，可以看到 GND 和 VCC 的默认线宽变成了规则设置的 20mil 和 30mil，如图 2-21 所示。

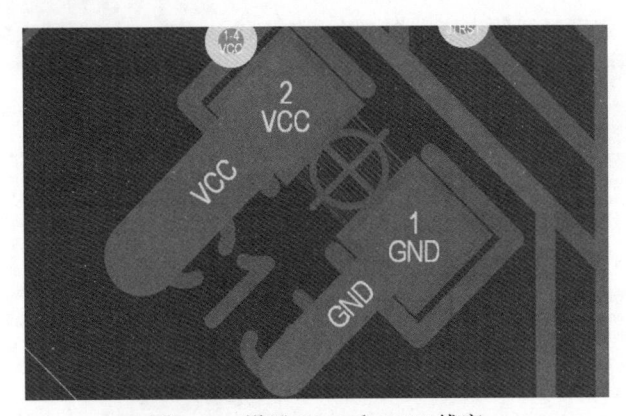

图 2-21　设置 GND 和 VCC 线宽

2. 添加类（Class）设置线宽规则

在 Altium Designer 中还可以通过添加类设置线宽规则，该方法适合大批量线宽处理。这里以添加电源网络为例，演示通过添加类来设置线宽的方法。

（1）执行菜单栏中"设计"→"类"命令，或者按快捷键 D+C 打开"对象类浏览器"对话框，如图 2-22 所示。

图 2-22　对象类浏览器

（2）创建网络类。在 Net Classes（网络类）上右击，执行"添加类"命令，新建一个网络类，并将其命名为 PWR，如图 2-23 所示。

（3）选中新建的 PWR 网络类，然后将 PCB 中需要归为一类的网络从"非成员"列表移动到"成员"列表中，如图 2-24 所示。

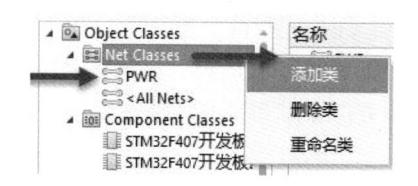

图 2-23　添加网络类

图 2-24　添加需要归为一类的网络

（4）网络类添加完成后，关闭"对象类浏览器"对话框。按快捷键 D+R 打开"PCB 规则及约束编辑器"对话框，将光标移动到 Routing 下的 Width 选项上右击，执行"新规则"命令新建一个线宽规则，并将规则名称命名为 Width_PWR，如图 2-25 所示。

图 2-25　添加线宽规则

（5）设置一个针对网络类的线宽规则。在 Where The Object Matches 中设置约束项为网络类，并选择之前创建的 PWR 类。在约束值中设置需要的线宽值，如图 2-26 所示。

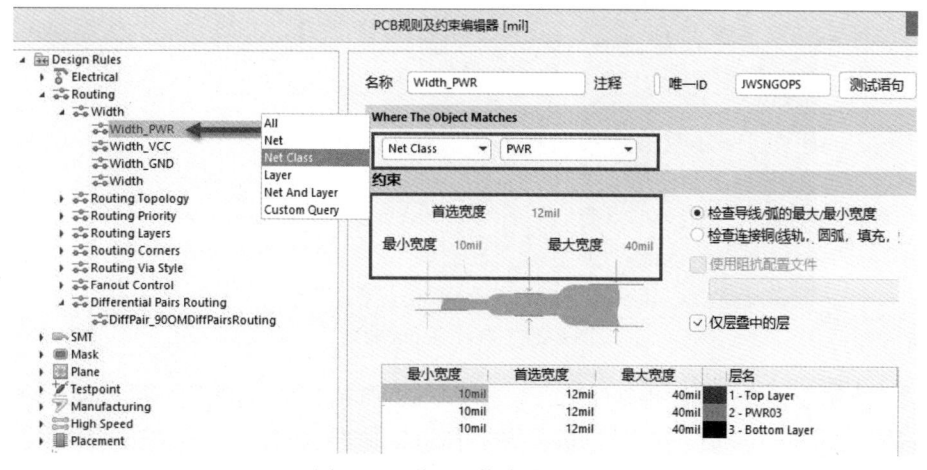

图 2-26　设置网络类线宽规则

（6）规则设置完成后，关闭"PCB 规则及约束编辑器"对话框，回到 PCB 编辑环境下进行布线，可以看到归类到 PWR 的网络将按照规则设置线宽进行布线。采用这种方法可以很方便地对 PCB 需要特殊处理的网络设置约束规则。

2.4 区域规则设置

区域规则（Room 规则）即针对某一区域设置约束规则。在 PCB 设计中，假如要对一块特定的区域采用不同的规则，那么 Room 是解决这类问题的首选。Room 是在 PCB 上划分出的一个空间，用于把整体电路中的一部分（子电路）布局在 Room 内，使这部分电路器件限定在 Room 内布局，可以对 Room 内的电路设置专门的布线规则。在 PCB 编辑器上放置 Room，特别适合于多通道电路，以达到简化 PCB 设计的目的。

此处以在 Room 中设置线宽规则为例，详细介绍 Room 规则的设置方法。

（1）首先在需要设置 Room 规则的地方放置 Room。执行菜单栏中"设计"→Room 命令，可以手工放置 Room 命令，也可以执行"从选择的器件产生非直角的 Room"命令，如图 2-27 所示。

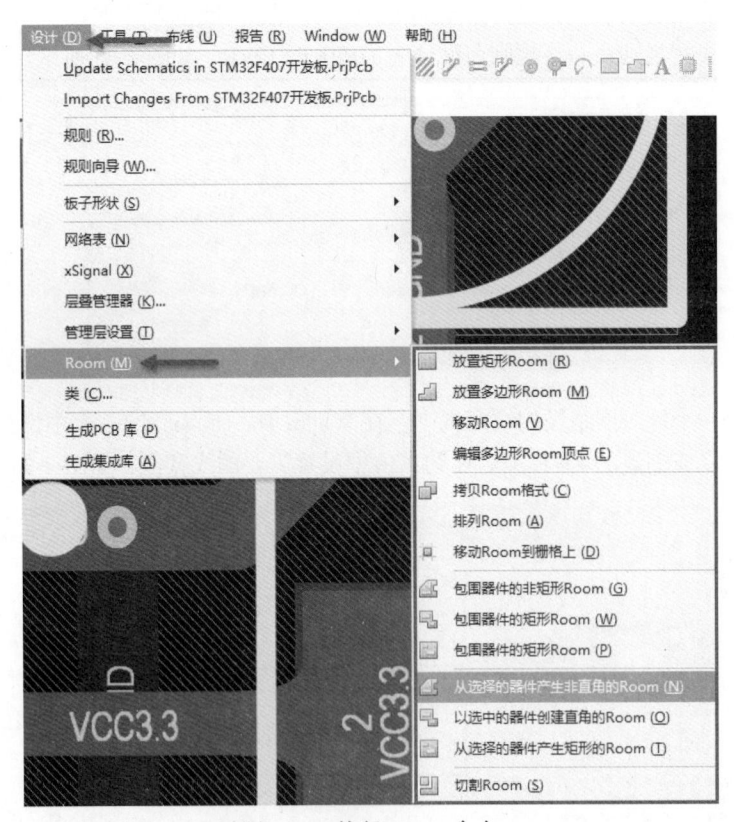

图 2-27 执行 Room 命令

（2）在需要设置 Room 规则的地方放置 Room，如在 BGA 上放置一个 Room，在放置 Room 的状态下按 Tab 键，可以对 Room 的名称和参数进行设置，如图 2-28 所示，放置一个名称为 Room1 的区域。

图 2-28　放置 Room

（3）按快捷键 D+R，打开"PCB 规则及约束编辑器"对话框，新建一个线宽规则，并为前面放置的 Room 设置约束条件。在 Where The Object Matches 中单击"查询助手"按钮，输入查询语句 WithinRoom('Room1')，如图 2-29 所示。

图 2-29　设置 Room 规则

（4）将 Room 线宽规则设置为 4mil，这样用户在 Room 区域内布线的线宽为 4mil，区域外的线宽则为其他规则约束的线宽，如图 2-30 所示。

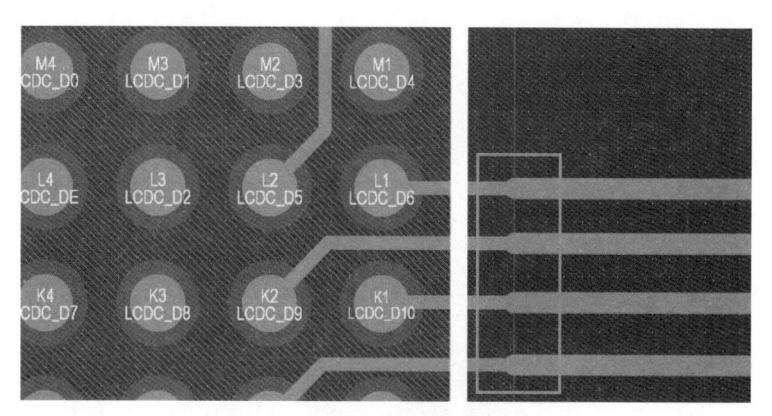

图 2-30　利用 Room 设置线宽规则

此外，在 Room 中不仅仅可以设置单独的线宽规则，其他规则也可以用类似的方法进行设置。

2.5 阻焊规则设置

Mask（掩膜）规则用于设置阻焊层和助焊层的扩展。Solder Mask Expansion（阻焊层外扩）规则用于设置阻焊到焊盘之间的外扩距离，在 PCB 设计时，阻焊层与焊盘之间要预留一定的空间，防止油墨覆盖焊盘。软件默认的扩展值是 4mil，用户可以在 Mask→Solder Mask Expansion 中设置 SolderMask 外扩值，如图 2-31 所示。

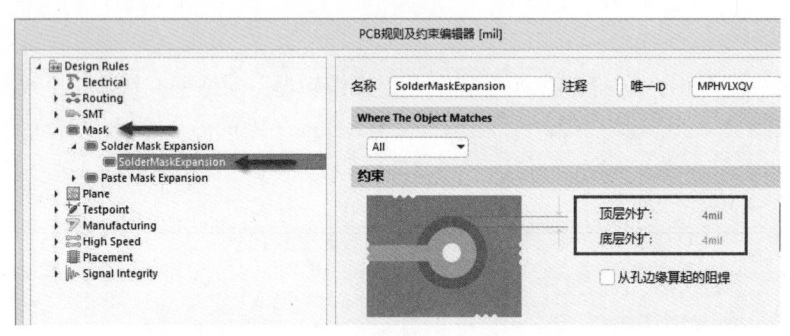

图 2-31　SolderMask 外扩值设置

Paste Mask Expansion 则是用于设置助焊层外扩值的。助焊层用于开钢网刷锡膏焊接元器件，助焊层与焊盘大小应保持一致，因此助焊层的外扩值一般设置为 0。在 Mark→Paste Mask Expansion 中设置 PasteMask 外扩值，如图 2-32 所示。设置正值为助焊层外扩，设置负值为阻焊层内缩。

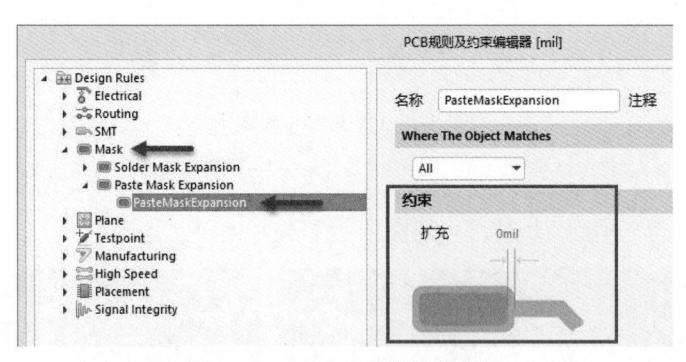

图 2-32　PasteMask 外扩值设置

2.6 内电层的规则设置

Plane 规则用于多层板中内电层设置与铜皮连接方式的设置。

1. Power Plane Connect Style 设置

Power Plane Connect Style（电源平面连接方式），该规则用于设置过孔和焊盘与电源层的连接样式，在 Plane→PlaneConnect 中设置内电层的连接方式，如图 2-33 所示。

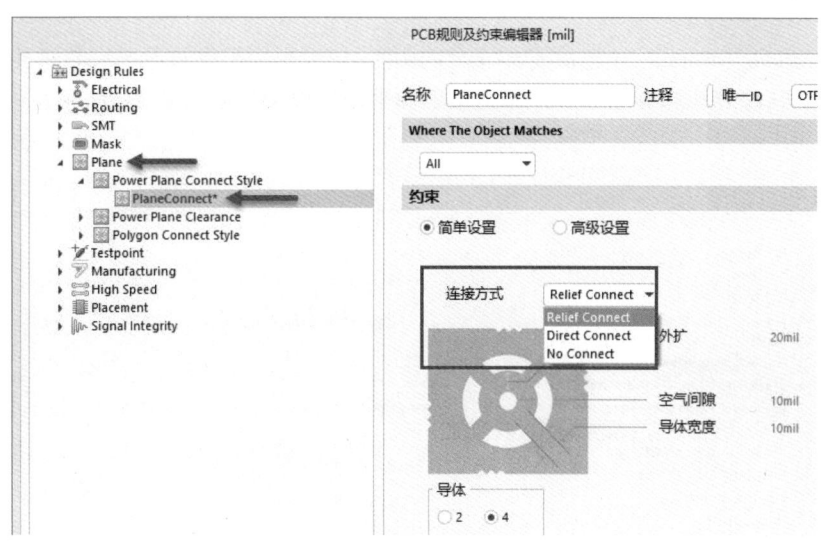

图 2-33　内电层连接方式设置

该规则可以在以下两种模式之一中设置：
- 简单设置：此模式是焊盘/过孔如何连接电源平面的通用设置；
- 高级设置：此模式下，可以分别为焊盘和过孔定义特定的热连接。

在简单设置模式下常用设置项介绍如下。

连接方式：用于设置内电层与过孔和焊盘的连接方式。下拉选项框中有 3 种连接方式可供选择：Relief Connect：十字连接方式；Direct Connect：全连接方式；No Connect：不连接。

在 Relief Connect 连接方式下，各选项介绍如下：
- 外扩：用于设置从孔的边缘到空隙边缘的径向宽度；
- 空气间隙：用于设置空隙的间隔宽度；
- 导体宽度：用于设置热连接导体的导线宽度；
- 导体：用于设置热连接的导体的数目（2 或 4）。

在高级设置模式下可以分别为焊盘和过孔选择不同的连接方式，如图 2-34 所示。

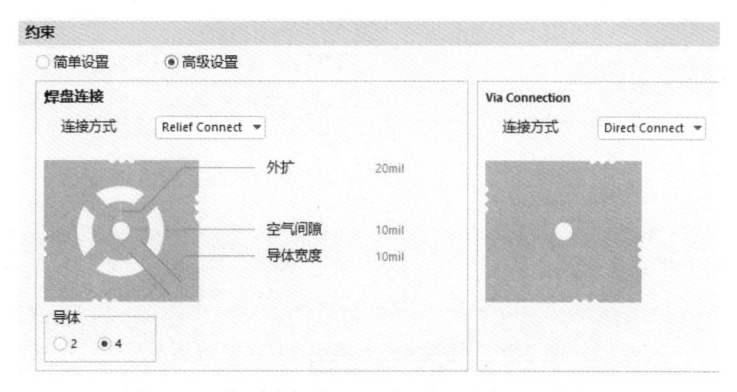

图 2-34　分别为焊盘和过孔选择不同的连接方式

2. Power Plane Clearance设置

Power Plane Clearance（电源平面安全间距）。该规则用于设置电源层与过孔和焊盘的安全间距，这些过孔和焊盘通过但未连接电源平面。设置页面如图 2-35 所示，一般设置为 8～12mil。

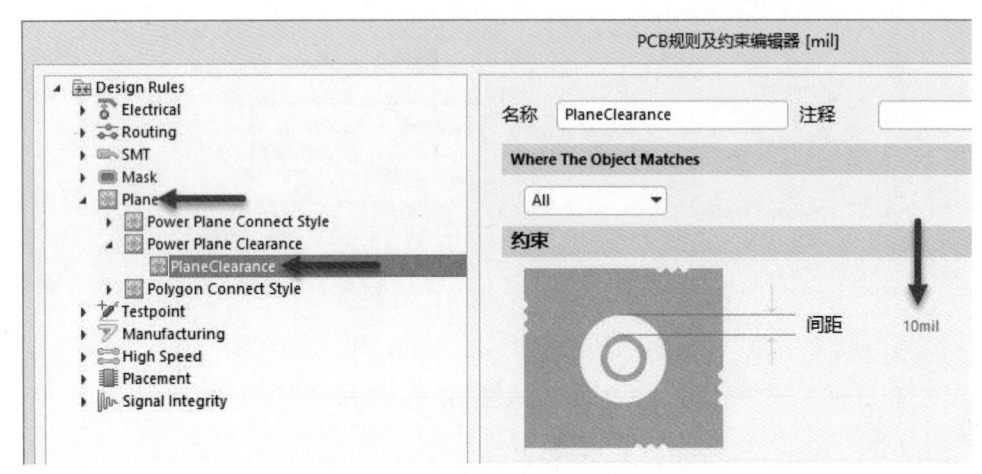

图 2-35　电源平面安全间距设置

3. Polygon Connect Style设置

Polygon Connect Style（铺铜连接方式）。该规则设置多边形铺铜与过孔和焊盘的连接方式，用户可以在简单模式下设置适用于所有焊盘和过孔的连接样式，如图 2-36 所示。

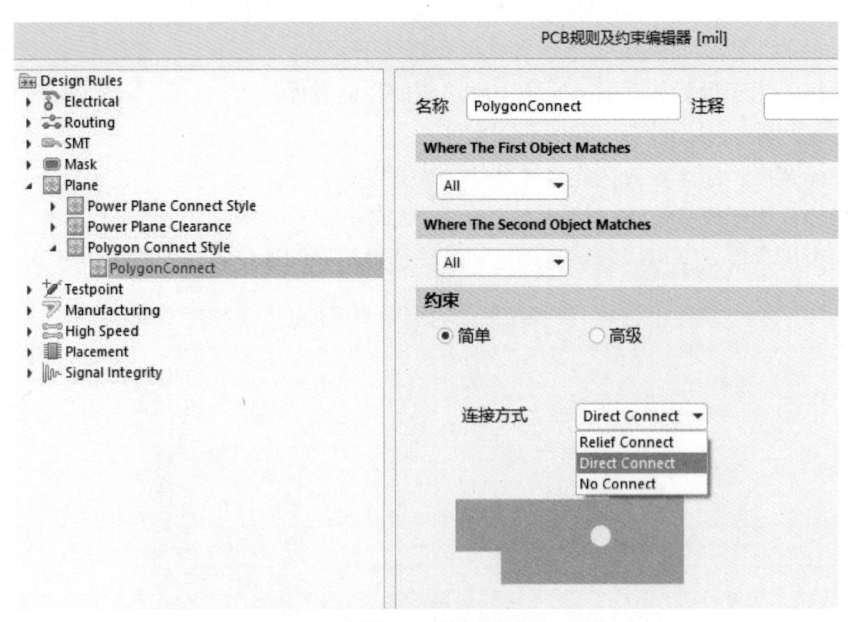

图 2-36　简单模式下铺铜连接方式设置

在高级模式下，用户可以分别为通孔焊盘、SMD 焊盘和过孔定义特定的连接方式，如图 2-37 所示。

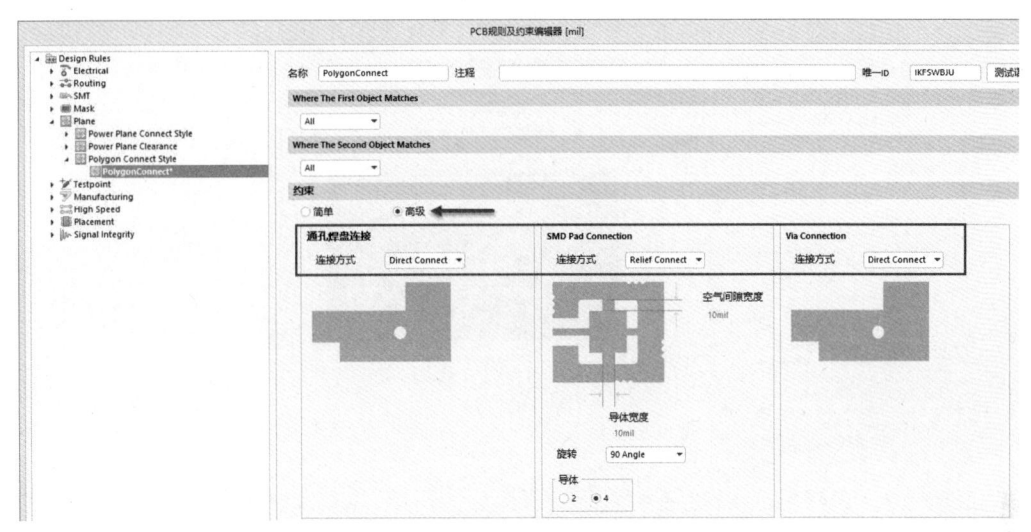

图 2-37　高级模式下铺铜连接方式设置

2.7　Return Path 的设置

Return Path（返回路径）规则用于设置信号上方或下方的指定参考层是否有连续的信号返回路径。返回路径可以是放置在信号层旁边的铜皮，也可以是邻近的平面层。返回路径的参考层是在选定阻抗配置文件（见第 3 章）中所定义的参考层。

规则设置方式如下。

（1）先设置一个阻抗配置文件，如图 2-38 所示，可从图中看出 TOP 层的信号是以 GND02 作为参考平面的。

图 2-38　阻抗配置文件

（2）设置 Return Path 规则，按快捷键 D+R 打开"PCB 规则及约束编辑器"对话框，在 High Speed 规则项中选中 ReturnPath，右击，执行"新规则"命令，即可新建一个返回路径规则，如图 2-39 所示。

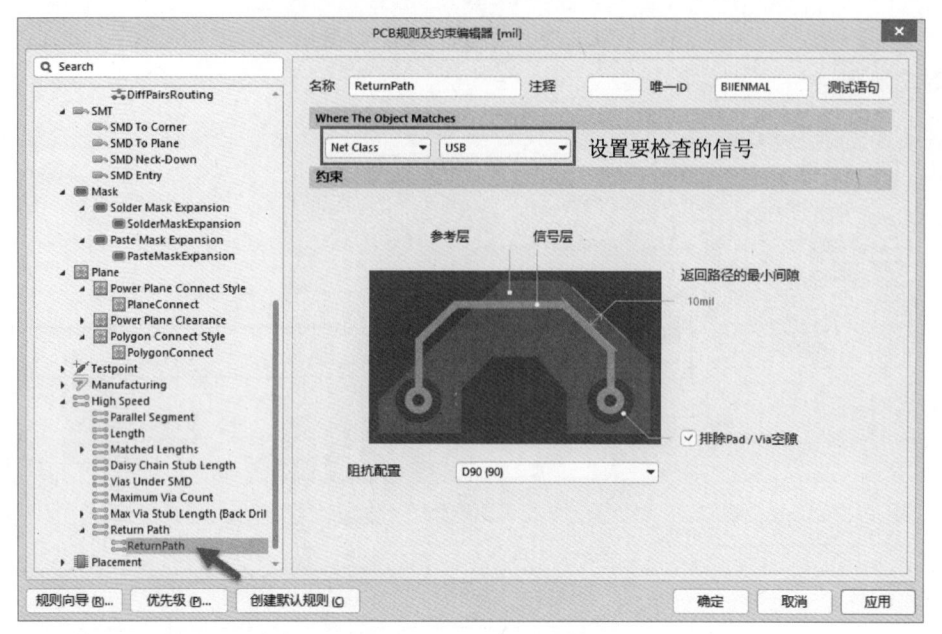

图 2-39 Return Path 规则

- 返回路径的最小间隙：表示从导体边缘到返回路径层或者铜皮外边缘的最小间隙。该检查沿着导体的整个长度进行，如果间隙等于或小于设置的数值（默认值为 0），将标记错误。
- 排除 Pad/Via 空隙：选中后，返回路径中的焊盘和过孔周围的间隙不会被标记为违规。
- 阻抗配置：为该规则所针对的网络选择适用的阻抗配置文件，该配置文件指定哪些层为目标信号提供返回路径。

（3）设置好后，可验证规则是否生效。单击 Panels 按钮，选中 PCB Rules And Violations 命令，在 Rule Classes 选项组中找到 Return Path，右击，选中 Run DRC Rule Class (Return Path)，如图 2-40 所示，即可单独针对 Return Path 进行检查。检查结果如图 2-41 所示，可看出规则已生效。

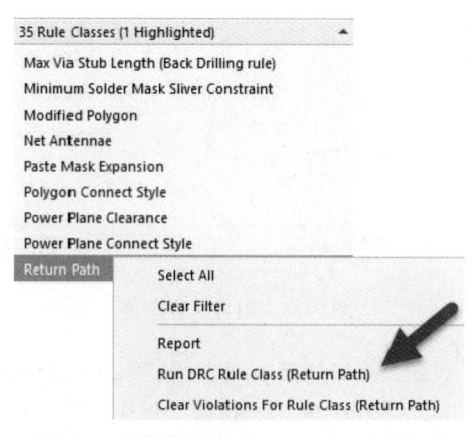

图 2-40 单独针对 Return Path 进行检查

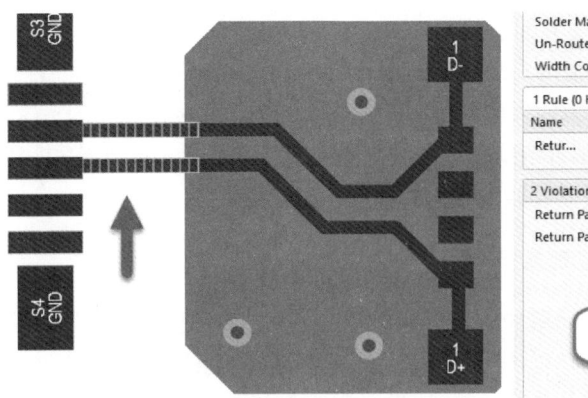

图 2-41　检查的结果

2.8　Query 语句的设置及应用

在 Altium Designer 中，设计规则通常用来定义用户的设计需求。这些规则涵盖了设计的方方面面，从布线宽度、对象的安全间距、内电层的连接风格和过孔风格等。设计规则不仅能在 PCB 设计的过程中实时检测，而且也能够在需要时进行统一的批量检测并生成错误报告。

Altium Designer 的设计规则不是 PCB 对象的属性，而是独立定义的。每条规则需针对具体的 PCB 对象。对于 PCB 规则系统来说，必须知道给定的规则应用于哪些对象，即规则的应用范围。可以在 "PCB 规则及约束编辑器（PCB Rules and Constraints Editor）" 对话框中设定规则及规则的范围。其中采用撰写查询语句的方式定义规则约束范围是经常用到，并且非常重要的方法。

查询语句（Query）是对规则应用对象的描述。设计规则的约束对象可以直接手工输入查询语句，或是在语言编辑区左侧的控制区选择，或者采用查询语句构造器来定义。

查询语句实际上是软件的一条指令，其定义了一系列的目标设计对象。查询语句由查询的关键字组成。下面是一个查询语句的示例：

```
InNet('GND') And OnLayer('TopLayer')
```

如果在宽度规则中用该查询语句定义范围，那么设计者在切换到顶层对 GND 网络布线时，走线的宽度会自动转换到该规则指定的宽度值。如果执行设计规则检查（DRC），任何在顶层的 GND 网络必须满足这个宽度规则，否则就会被标记为违反设计规则。

使用 "PCB 规则及约束编辑器" 对话框中的选项可以创建查询语句。根据规则是一元的还是二元的，用户可能需要相应地定义一个或两个对象范围。在 "PCB 规则及约束编辑器" 对话框中，简单的查询语句有如下几种类型。

- All：所有的设计对象。
- Net：指定网络中的所有对象。
- Net Class：指定网络类中的所有对象。
- Layer：指定层上的所有对象。
- Net And Layer：指定层上且属于指定网络的所有对象。

- Custom Query：自定义查询语句。

自定义查询（Custom Query）选项允许设计者撰写更复杂但更为精确的查询语句。设计者可以在 Full Query 区域直接输入规则范围的定制查询语句。查询构建器（Query Builder）和查询助手（Query Helper）可帮助创建高级查询语句。当不确定查询语句的语法或者需要使用的关键字，这两个工具就会相当有用。

1. Query Builder定义规则范围

Query Builder 是一种较简单的创建查询语句的方法，允许设计者使用敏感的条件类型和数值，但只能使用相关的"构件"。对于高级查询语句的创建，可以使用 Query Helper 来查询关键字的说明及操作符的语法。

单击 Query Builder 按钮可以打开 Building Query from Board 对话框，在该对话框中用户可通过 AND 或 OR 等符号连接构造字符串，从而创建指向设计文档中特定对象的查询语句，如图 2-42 所示。

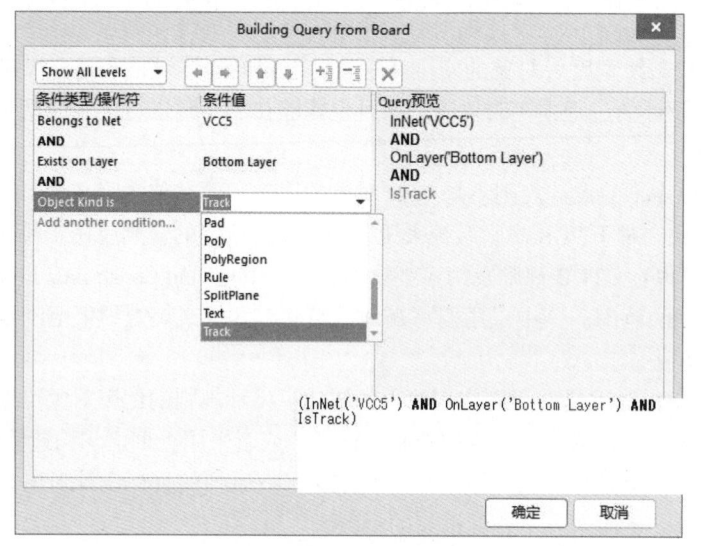

图 2-42　创建查询语句

在对话框中的左边区域，用户可以为某组对象指定所需的条件类型。当在对话框左边区域定义好条件后，在右边区域就可以预览显示当前创建的查询语句。根据需要可以继续添加更多的条件以缩小用户的设计对象目标范围。

2. Query Helper获得帮助

使用 Query Helper，首先选择 Custom Query 选项，然后单击 Query Helper 按钮就可以打开 Query Helper 对话框。系统背后的查询引擎会分析 PCB 设计，然后列出所有可用的对象与查询语句中使用的通用关键字，如图 2-43 所示。

在对话框的 Query 区域，构造一个查询表达式语句。在默认情况下，当前有效规则范围的表达式会显示在这一区域。用户可以在该区域内直接输入。输入时，软件智能感知功能将根据用户的输入提示给用户可能的关键字或对象列表。

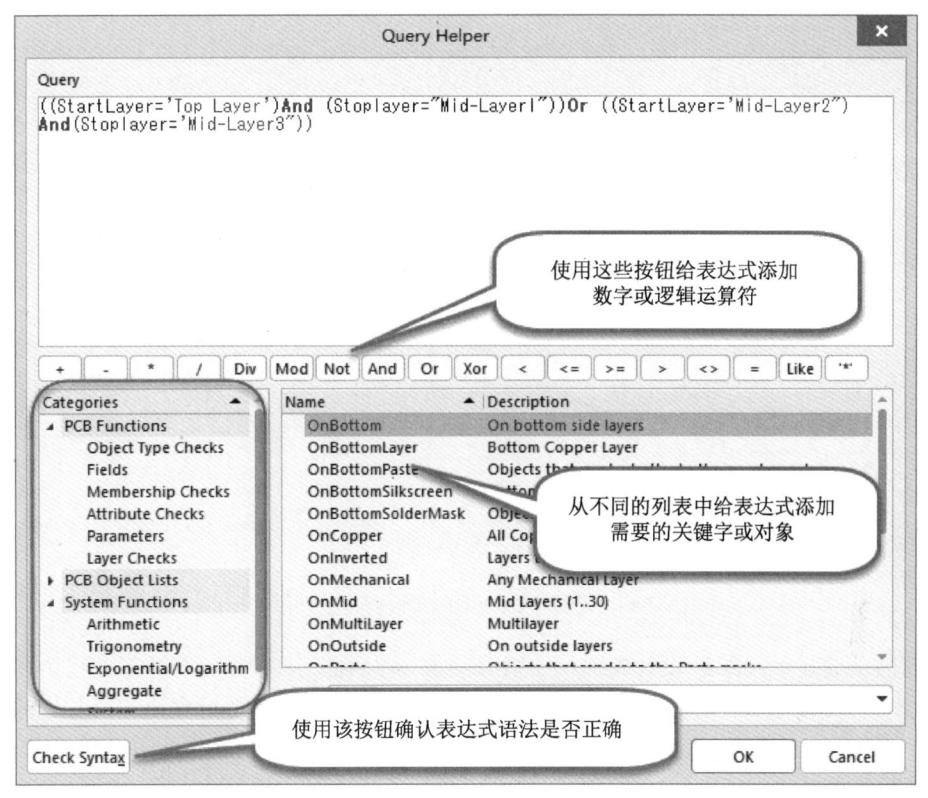

图 2-43　Query Helper 对话框

对话框中的左下角的 Categories 区域，提供了可以用来创建查询语句的 PCB 函数、PCB 对象列表和系统函数。当单击此三个类别中的某个子类别时，右方的区域将会显示对应的关键字或对象列表。找到查询语句需要用到的关键字或对象，双击该条目，该条目就会被插入上方区域中查询表达式的当前光标处。

3. 当 Query 语句有错误时

如果输入的查询语句有语法错误，在"PCB 规则及约束编辑器"对话框的左边区域，该规则会红色高亮显示。及时修正这样的错误非常重要，否则在线实时检测会很慢。因为一个有语法错误的规则范围会极大地降低在线或者批量 DRC 分析的速度。当用户试图关闭规则设置框时，系统也会弹出一个错误对话框，所以请确保所有规则范围的语法正确。

1）PCB Filter 面板中使用查询语句（Query）

同样，可以在过滤器面板使用查询语句来查找指定的一系列对象，然后定义每个规则应用到的对象。

PCB Filter 面板为用户提供了创建设计规则的途径，创建的设计规则的应用范围将由当前在面板中央区域中定义的查询语句来定义，如图 2-44 所示。

要添加一条新的设计规则，只要单击"创建规则"按钮，就会显示"选择设计规则类型"对话框。该对话框列出了 PCB 文档中所有可用的规则类别与规则种类。用户只需选择希望创建的规则种类然后单击"确定"按钮即可（或直接双击该规则种类入口）。

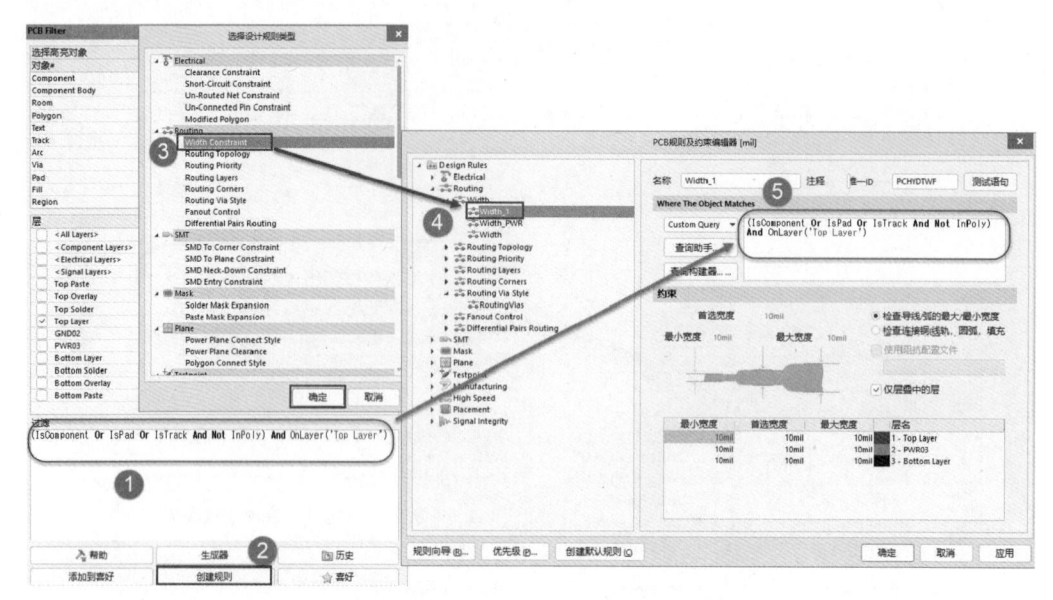

图 2-44　利用 PCB Filter 面板创建查询语句

这时就会显示"PCB 设计规则及约束编辑器"对话框，在此对话框中系统已为用户创建了一个种类规则，并将该规则显示在主编辑窗口中，等待用户为此规则定义特定的约束条件。而来自 PCB Filter 面板的查询语句也已经显示在对话框中的 Full Query 区域中，作为此规则的应用范围。

2）采用 Query Helper 创建 Query 语句案例

下面以一个详细的例子来介绍采用 Query Helper 创建 Query 语句的方法。例如，某项目的 PCB 设计中有诸多规则设置，特别是间距方面，由于 5V 网络需要更大的间距规则，已为其设置了 20mil 的安全距离。

PCB 完成之后，对其进行规则检查，出现了 2 条违规信息，如图 2-45 所示。两个电容 C56 和 C57 违反了规则，以绿色高亮显示。原因是这些电容的焊盘间距小于 20mil，由于电容的焊盘形状已经固定，无法改变，只能修改规则来适应这两个电容。打开 5V 网络的间距规则设置，修改规则范围，使其排除这 2 个电容。操作如下。

图 2-45　元件焊盘间距报错

设置时，需要在第 2 个对象 Where The Second Object Matches 处不选中 C56 和 C57。即把 C56 和 C57 这两个元件从 20mil 间距的规则约束中排除。单击自定义语句 Custom Query，然后单击"查询助手"按钮，如图 2-46 所示。

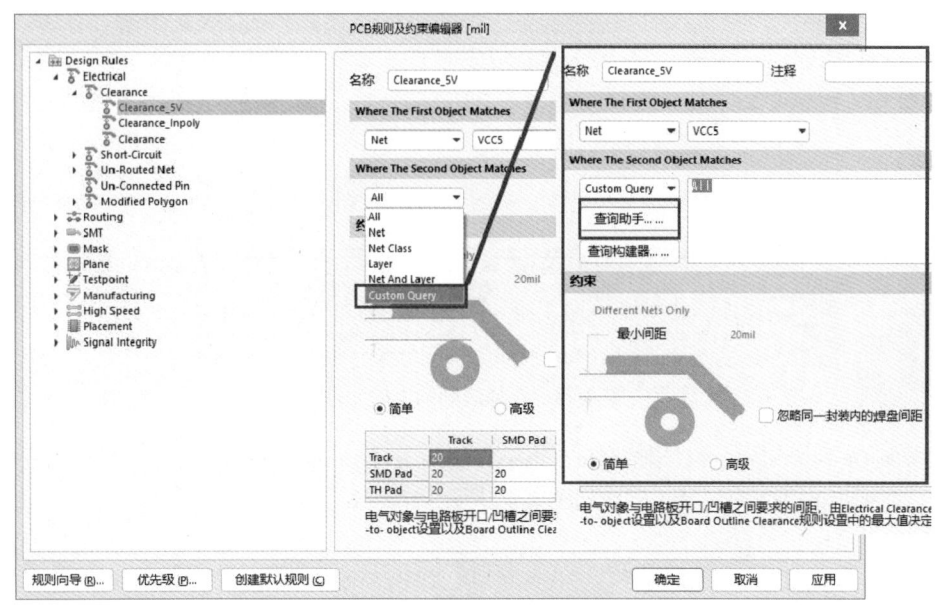

图 2-46 打开"查询助手"

找到 Component membership 语句，将其添加到规则中。双击 InComponent 条目，即可将其添加到语句对话框，如图 2-47 所示。

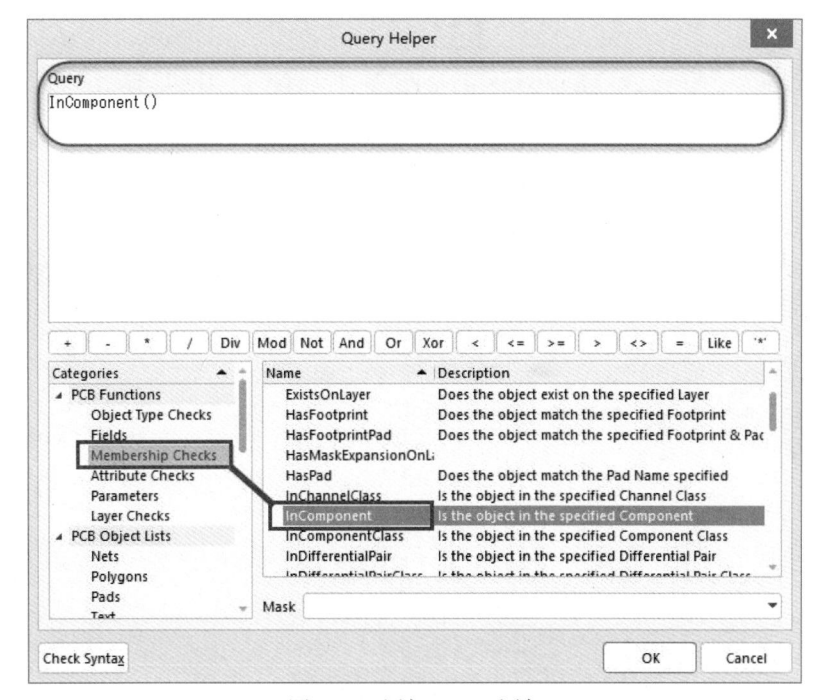

图 2-47 添加 Query 语句

移动光标到语句 Query 对话框，在括号中输入一个单引号，将会弹出一个列表，选择 C56，如图 2-48 所示。

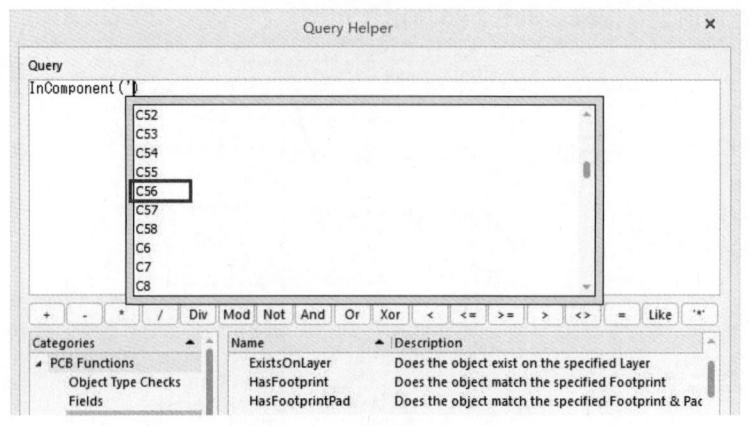

图 2-48　选择规则约束的元件

添加 Or 到语句中，继续输入 In，选中需要的条目 InComponent，在括号中输入一个单引号，在弹出的列表中选择 C57，如图 2-49 所示。

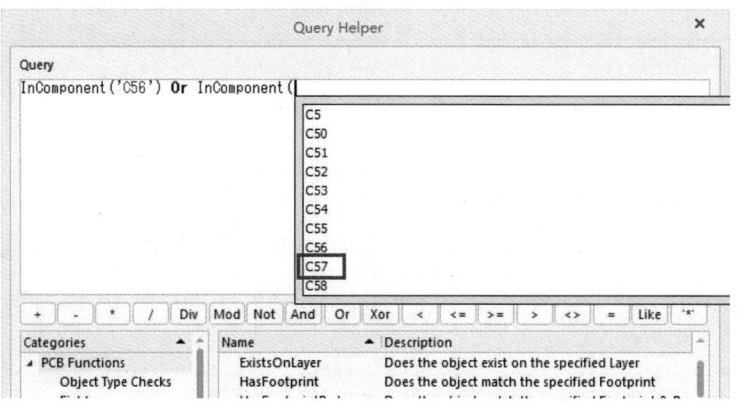

图 2-49　选择规则约束的元件

选中了 C56 或者 C57 后，规则设置的范围需要不包含这两个电容，于是可以添加逻辑非 Not，如图 2-50 所示。

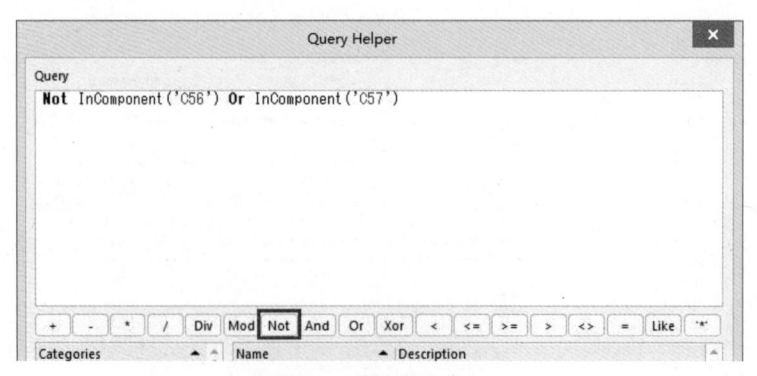

图 2-50　添加逻辑非 Not

单击 OK 按钮添加该条规则语句,然后将其应用到规则设置中。现在的 5V 间距规则,已经排除了这 2 个电容。重新运行间距规则的 DRC 检查,C56 和 C57 不再报错,如图 2-51 所示。

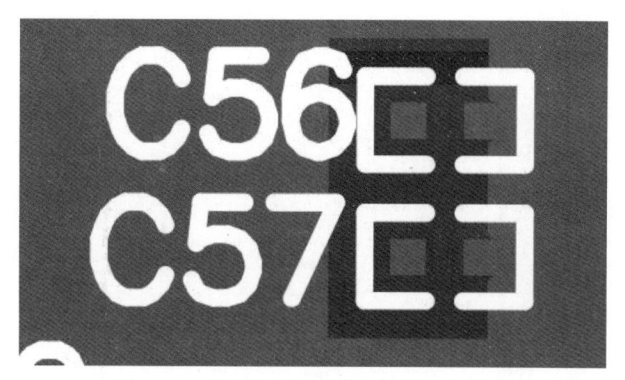

图 2-51 将元件从规则约束范围中排除

3)采用 PCB Filter 面板生成 Query 语句案例

如果手工去输入一条条 Query 语句,熟练使用其语法条件,以及各条件之间的运算关系,对于非代码设计师来说非常麻烦。

这里介绍一套生成 Query 语句的方法。通过这个方法可以很方便地组织所需的 Query 语句,甚至方便到可智能地根据所选对象自动生成 Query 语句。使用该方法,必须熟练运用查找相似对象(Find similar objects)和 PCB 过滤器(PCB Filter)。下面以详细的例子介绍采用 PCB Filter 面板生成 Query 语句的方法。

例如,在 PCB 设计中,有几个连接器件,要让它们互相交叠挨在一起而不报错,需要设置这几个连接器件的元件间距(Component clearance)为 0。

首先,用查找相似对象的方式,创建自定义 Query 语句。即选定一个对象,然后右击,从弹出的快捷菜单中执行"查找相似对象"命令,如图 2-52 所示。

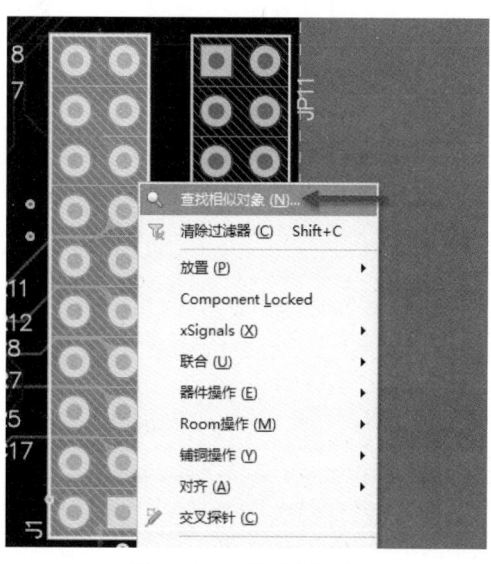

图 2-52 查找相似对象

在封装 Footprint 条目后面，更改筛选条件为 Same，并确保"创建表达式"复选框被选中，如图 2-53 所示。

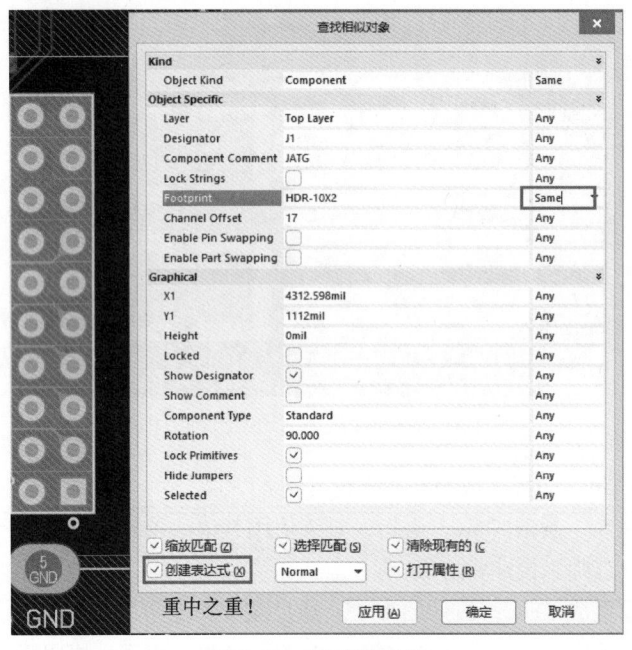

图 2-53　设置相似项

单击"应用"按钮，检查是否所有符合条件的目标元件被选中。然后打开 PCB Filter 面板，这里可以看到生成的语句表达式，如图 2-54 所示。

图 2-54　PCB Filter 面板

在过滤器窗口中，可以复制并粘贴该表达式到规则设置中，或者在 PCB Filter 面板中直接单击"创建规则"按钮，打开"选择设计规则类型"面板，为所选的元件设置间距规则。单击"确定"按钮，如图 2-55 所示。

图 2-55 创建规则

将该规则命名为 Component Clearance_1。在规则中，第 1 个对象匹配的 Query 语句是来自 PCB Filter 自动导过来的。代表的是其中一个封装，接下来让第 2 个对象匹配的语句是另外一个封装。这时可以从第 1 个对象的语句表达式复制粘贴到第 2 个对象的语句表达式，如图 2-56 所示。

图 2-56 生成 Query 语句

设置好这两个元件间距的规则后，将其间距设置为 0mil，以允许它们摆放连接在一起，如图 2-57 所示。

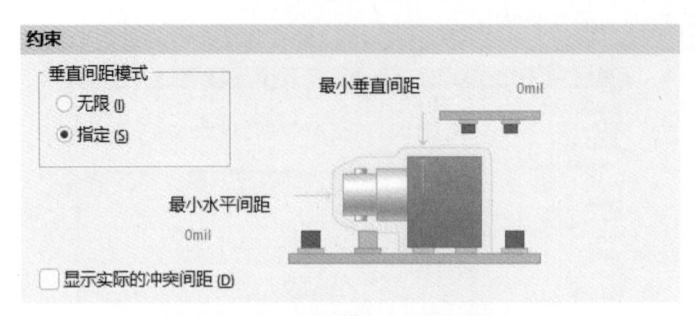

图 2-57 设置器件间距约束值

定义好规则之后，需要检查该规则的范围是否准确包含了想要涵盖的对象。此时需要用到"测试语句"功能，该功能会打开一个测试语句的结果对话框，来显示每个语句表达式的结果。单击每个不同的条目，会跳转并缩放到那些被选中的对象，最后单击 OK 按钮。

2.9 规则的导入和导出

在 PCB 设计中，凭借长期的经验，经过不断的积累和改进，用户总结出一套设计经验。这些设计经验都体现在思虑周全、设置合理的设计规则之中。这些规则设置对于未来类似的 PCB 设计有很强的借鉴意义。当遇到现有一款设计文件中的规则定义与当前项目的需求高度匹配，用户想借用该规则定义，然后再加以改动，该怎么办呢？

Altium Designer 早已为用户考虑到这一点。成功应用的设计规则可以作为文件导出保存，之后在新的设计中全盘复制并导入。

设计规则中的每条规则设置都可以导入和导出到规则设置页面（PCB Rules and Constraints Editor dialog）。用户可以在不同的设计项目之间保存并装载设计规则，PCB 设计规则的导出与导入的详细步骤如下。

（1）打开"PCB 规则及约束编辑器"对话框，在左边规则项区域右击，从弹出的快捷菜单中执行 Export Rules…命令，如图 2-58 所示。

图 2-58 规则的导出

（2）在弹出的"选择设计规则类型"对话框中选择需要导出的规则项，一般选择全部导出，按快捷键 Ctrl+A 全选，如图 2-59 所示。

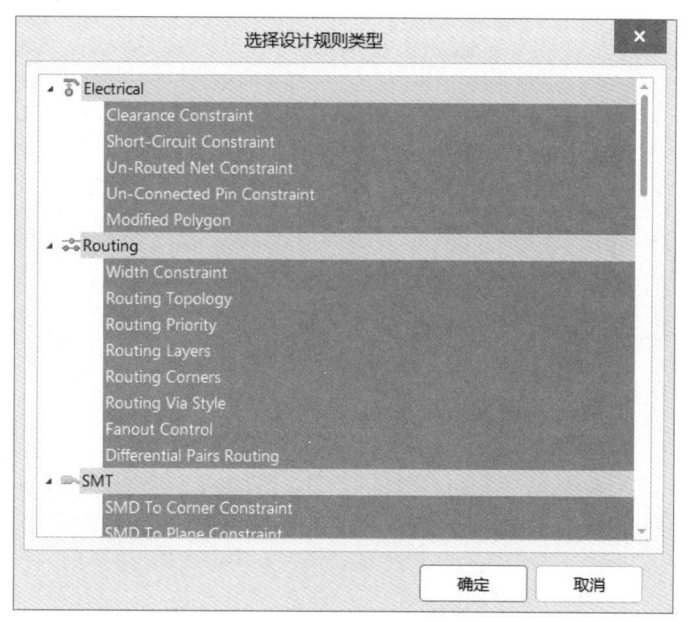

图 2-59　选择需要导出的规则项

（3）单击"确定"按钮之后会生成一个扩展名为.rul 的文件，这个文件就是导出的规则文件，选择路径将其保存即可，如图 2-60 所示。

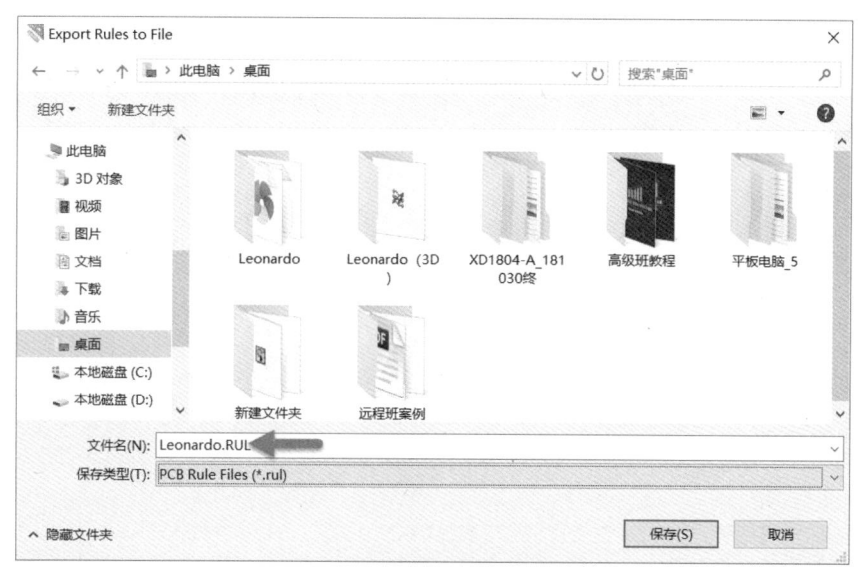

图 2-60　保存导出的规则

（4）打开另外一个需要导入规则的 PCB 文件，按快捷键 D+R，进入"PCB 规则及约束编辑器"对话框，在左边规则项区域右击，从弹出的快捷菜单中执行 Import Rules…命令，如图 2-61 所示。

图 2-61　规则的导入

（5）在弹出的"选择设计规则类型"对话框中选择需要导入的规则，一般是全选，如图 2-62 所示。

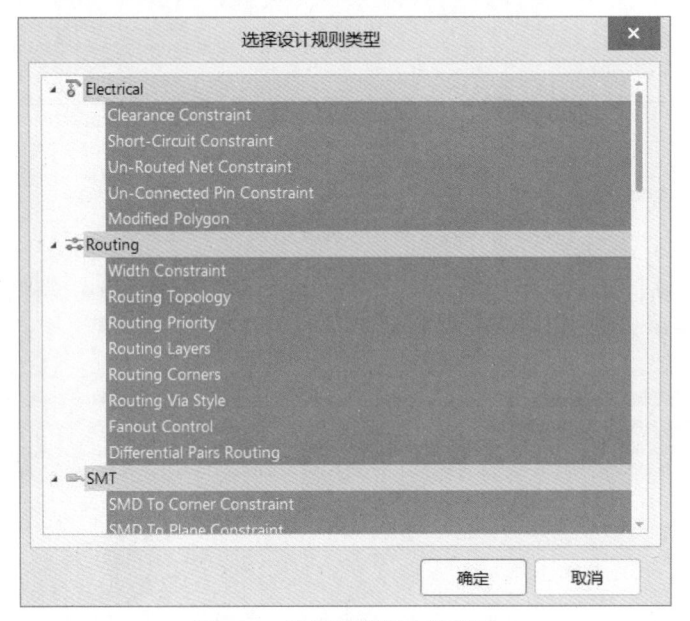

图 2-62　选择需要导入的规则

（6）选择之前导出的规则文件导入即可。

第 3 章 层叠应用及阻抗控制

随着 SMT 的发展及电子器件的小型化、集成化、智能化，PCB 设计必然向着多层、高密度布线的方向发展，而电路的集成度越来越高，也将面临信号的传输频率和速率越来越高，PCB 布线已不仅仅是器件的连接载体，还应起到传输高性能信号的作用，将信号完整、准确地传送到接收器件。

多层 PCB 层叠结构是影响 PCB 电磁兼容（Electromagnetic Compatibility，EMC）性能的一个重要因素，也是抑制电磁干扰的一个重要手段。阻抗不连续是引起信号反射、失真的根本原因，因此，阻抗控制在高速互连设计过程中的重要性不言而喻。Altium Designer 24 提供了高级的层堆栈管理器，通过图层堆栈管理工具可轻松定义并管理板层，同时还配备了阻抗计算器和材料库，用户可根据设计需求创建多个阻抗配置文件，在设计过程中估算阻抗，并应用到规则中。

本章将对 PCB 的层叠应用和阻抗控制进行详细介绍，让用户能够学会选择合适的层叠结构，并进行高速信号的阻抗计算，以满足 PCB 设计的电磁兼容及信号完整性。

学习目标：
- 了解常用层叠基本原则及常用方案。
- 了解层叠中正片、负片的区别和负片的分割方法。
- 掌握层叠的添加方法。
- 了解阻抗计算相关条件及方法。

3.1 层叠的添加及应用

PCB 的运用越来越广泛，复杂程度越来越高，电子元件在 PCB 上也越来越密集，电气干扰成了不可避免的问题。在多层板的设计运用中，为了避免电气因素的干扰，信号层和电源层必须分离。一个好的设计方案，可以在多层板中大大减少 EMI 及串扰的影响。

3.1.1 层叠的定义

在设计多层 PCB 之前，设计者需要根据电路的规模、电路板的尺寸和电磁兼容（EMC）的要求来添加必要的信号走线层、电源层和地层，即确定所采用的电路板结构，这就是设计多层板的简单概念。

确定层数之后，再确定内电层的放置位置以及如何在这些层上分布不同的信号，这就是多层 PCB 层叠结构的选择问题。层叠结构是影响 PCB 电磁兼容性能的一个重要因素。

3.1.2 多层板的组成结构

单面板是只有一面覆铜的印制板，多采用纸质酚醛基覆铜箔板制作。双面板就是双面都有覆铜的印制板，通常采用环氧玻璃布覆铜箔板制造。多层板是内部含有多个导线层的印制板，由芯板和半固化片互相层叠压合而成。

芯板（Core）：也叫覆铜板，是将补强材料浸以树脂，一面或两面覆以铜箔，经热压而成的板状材料，用于多层板生产时被称为芯板，是构成印制电路板的重要的基本材料，故又称基材。

半固化片（Prepreg）：又称为 PP 片，主要由树脂和增强材料组成，是多层板生产中的主要材料之一，起到黏合芯板、调节板厚的作用。

一般多层板最外边的线路层（顶底层）使用单独的铜箔层作为外层铜箔，与其邻近的两个介质层通常使用 PP 片。以 8 层板为例演示多层板的压合情况，如图 3-1 所示。

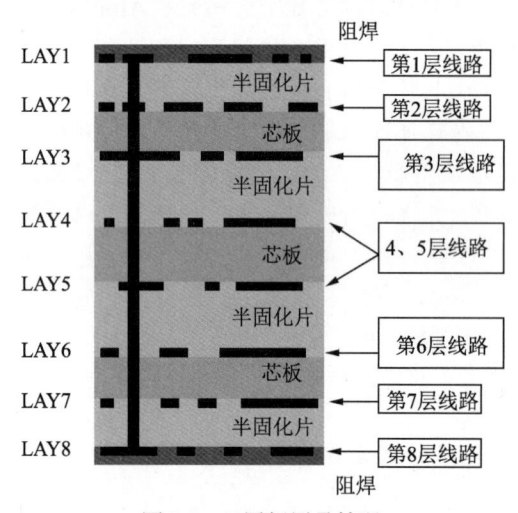

图 3-1　8 层板层叠情况

3.1.3 层叠的基本原则

PCB 层叠设计不是简单的层堆叠，地层和电源层的排布尤为重要。板的层数不是越多越好，也不是越少越好。从布线方面来说，层数越多越利于布线，但是制板成本和难度也会随之增加。对于生产厂家来说，层叠结构对称与否是 PCB 制造时需要关注的重点，所以层数的选择需要考虑各方面的需求，以达到最佳的平衡。

一般情况下，根据以下几个原则进行层叠设计：
（1）元件面、焊接面为完整的地平面（屏蔽）。

（2）无相邻平行布线层。

（3）所有信号层尽可能与地平面相邻。

（4）关键信号与地层相邻，不跨越分割平面。

（5）主电源层有一相邻地平面。

3.1.4 常见的层叠方案

根据层叠的几个原则，可以合理地安排多层板电路中各层的顺序。本节将列出4层板、6层板和8层板的常见层叠结构。

（1）常见4层板层叠结构如表3-1所示。通过对比，优选方案1（业内4层板常用方案），可选方案3。

表 3-1 常见4层板层叠结构

方案	方案结构	方案分析
方案1	TOP Layer 0.7mil / GND02 1.378mil / PWR03 1.417mil / Bottom Layer 0.7mil	在元件面下有一地平面，关键信号优先布在TOP层
方案2	GND01 0.7mil / SIN02 1.417mil / SIN03 1.378mil / PWR04 0.7mil	缺陷： ● 电源、地相距过远，电源平面阻抗过大 ● 电源、地平面由于元件焊盘等影响，极不完整 ● 由于参考面不完整，信号阻抗不连续
方案3	TOP Layer 0.7mil / PWR02 1.378mil / GND03 1.417mil / Bottom Layer 0.7mil	主要器件或关键信号在bottom布局布线

（2）常见 6 层板的层叠结构如表 3-2 所示。

表 3-2 常见 6 层板的层叠结构

方案	方案结构	方案分析
方案 1	TOP Layer 0.7mil / GND02 1.378mil / SIN03 1.378mil / SIN04 1.378mil / PWR05 1.378mil / Bottom Layer 0.7mil	优点： ● 采用了 4 个信号层和两个内部电源/接地层，具有较多的信号层，有利于元器件之间的布线工作 缺陷： ● 电源层和地线层分隔较远，没有充分耦合 ● 信号层 SIN03 和 SIN04 直接相邻，信号隔离性不好，容易发生串扰
方案 2	TOP Layer 0.7mil / SIN02 1.378mil / GND03 1.378mil / PWR04 1.378mil / SIN05 1.378mil / Bottom Layer 0.7mil	同方案1，具有较多的信号层，有利于元器件之间的布线工作 信号层TOP Layer、SIN02和SIN05、Bottom Layer直接相邻，信号隔离性不好，容易发生串扰
方案 3	TOP Layer 0.7mil / GND02 1.378mil / SIN03 1.378mil / GND04 1.378mil / PWR05 1.378mil / Bottom Layer 0.7mil	缺陷： ● 可供布线的层面减少了 优点： ● 电源层和地线层紧密耦合 ● 每个信号层都与内电层直接相邻，与其他信号层均有有效的隔离，不易发生串扰 ● SIN03 和内电层 GND 相邻，可以用来传输高速信号。两个内电层可以有效地屏蔽外界对 SIN03 层信号的干扰和 SIN03 层信号对外界的干扰
方案 4	TOP Layer 0.7mil / GND02 1.378mil / SIN03 1.378mil / PWR04 1.378mil / GND05 1.378mil / Bottom Layer 0.7mil	同方案3类似 电源层和地线层紧密耦合 每个信号层都与内电层直接相邻，与其他信号层均有有效的隔离，不易发生串扰

通过对比可知优选方案 3 和方案 4。考虑到实际的设计成本，板子走线密度较大时，常用方案 1。在使用方案 1 时，由于 SIN03 和 SIN04 相邻，很容易发生串扰，布线时要尽可能使两个平面的走线形成正交结构，即相互垂直，以减少串扰。

（3）常见 8 层板层叠结构如表 3-3 所示，优选方案 1 和方案 2。

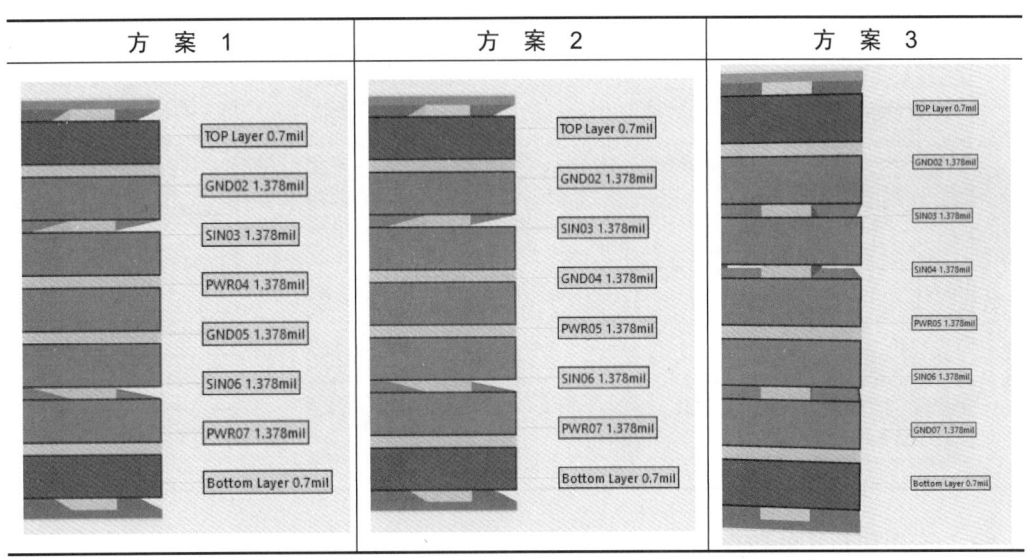

表 3-3　常见 8 层板层叠结构

方案 1	方案 2	方案 3
TOP Layer 0.7mil GND02 1.378mil SIN03 1.378mil PWR04 1.378mil GND05 1.378mil SIN06 1.378mil PWR07 1.378mil Bottom Layer 0.7mil	TOP Layer 0.7mil GND02 1.378mil SIN03 1.378mil GND04 1.378mil PWR05 1.378mil SIN06 1.378mil PWR07 1.378mil Bottom Layer 0.7mil	TOP Layer 0.7mil GND02 1.378mil SIN03 1.378mil SIN04 1.378mil PWR05 1.378mil SIN06 1.378mil GND07 1.378mil Bottom Layer 0.7mil

（4）常见 10 层板层叠结构如表 3-4 所示，建议使用方案 2 和方案 3，可用方案 1 和方案 4。

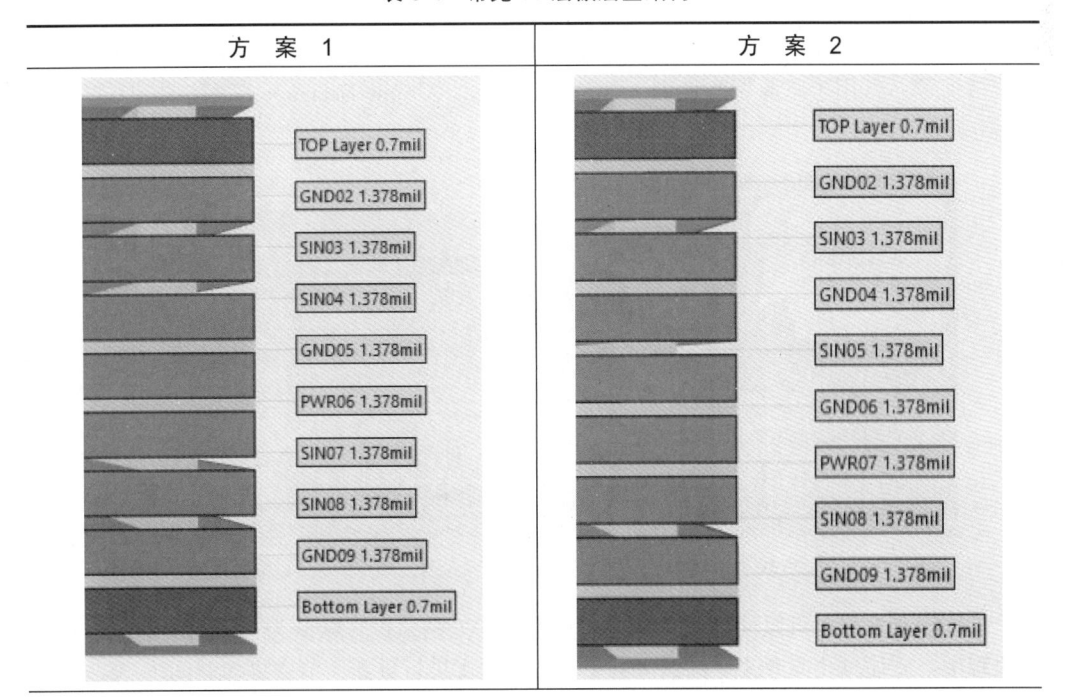

表 3-4　常见 10 层板层叠结构

方案 1	方案 2
TOP Layer 0.7mil GND02 1.378mil SIN03 1.378mil SIN04 1.378mil GND05 1.378mil PWR06 1.378mil SIN07 1.378mil SIN08 1.378mil GND09 1.378mil Bottom Layer 0.7mil	TOP Layer 0.7mil GND02 1.378mil SIN03 1.378mil GND04 1.378mil SIN05 1.378mil GND06 1.378mil PWR07 1.378mil SIN08 1.378mil GND09 1.378mil Bottom Layer 0.7mil

续表

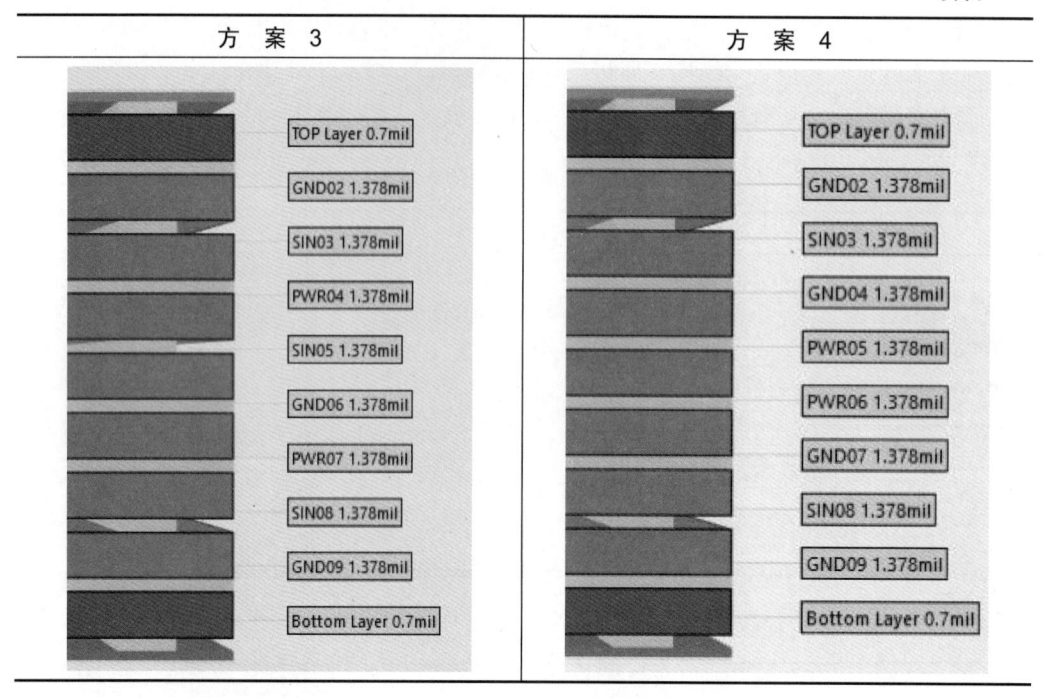

方案 3	方案 4
TOP Layer 0.7mil GND02 1.378mil SIN03 1.378mil PWR04 1.378mil SIN05 1.378mil GND06 1.378mil PWR07 1.378mil SIN08 1.378mil GND09 1.378mil Bottom Layer 0.7mil	TOP Layer 0.7mil GND02 1.378mil SIN03 1.378mil GND04 1.378mil PWR05 1.378mil PWR06 1.378mil GND07 1.378mil SIN08 1.378mil GND09 1.378mil Bottom Layer 0.7mil

3.1.5 正片和负片的概念

正片就是用于走线的信号层，在 PCB 上可用 Track、Polygon、Fill 等进行走线和大面积铺铜，例如 Top Layer 和 Bottom Layer 就是正片，即凡是画线铺铜的地方铜被保留，没有画线的地方铜被清除，如图 3-2 所示。

负片（平面）和正片的工艺做法正好相反，凡是画线的地方都没有铜，没有画线的地方铜被保留，常用于电源层和地层，如图 3-3 所示。Altium Designer 在 3D 情况下可明显区分正、负片。

图 3-2 正片层走线示意图 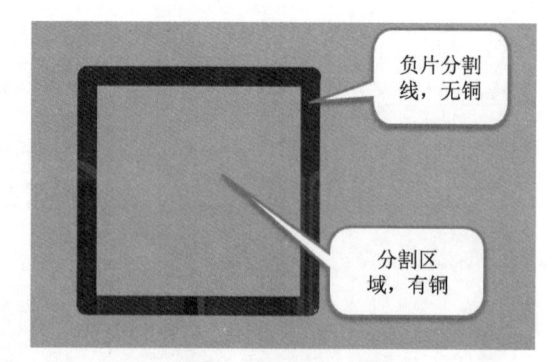　　图 3-3 负片层示意图

电源层和地层也可以使用正片，使用负片的好处是，负片默认为大面积的铺铜，在设计过程中，添加过孔或者改变铺铜区域不需要对铜皮进行更新，节省操作时间。

3.1.6　3W 原则/20H 原则

3W 原则：为了减少线间串扰，应保证线间距足够大，如果线中心距不少于 3 倍线宽时，则可保持 70%的线间电场不互相干扰，称为 3W 原则（W 为线宽）。线宽如要达到 98%的电场不互相干扰，可使用 10W 原则，如图 3-4 所示。

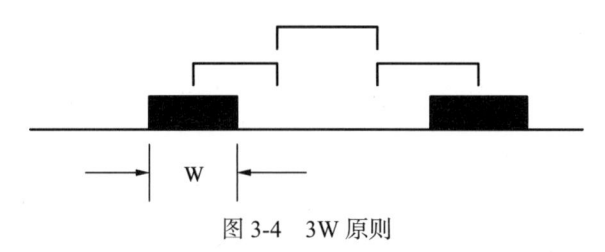

图 3-4　3W 原则

在实际设计过程中，经常出现因走线过密而无法实现所有走线满足 3W 间距的情况，设计者可优先针对敏感及高速信号采用 3W 原则进行处理，比如时钟信号、复位信号等。

20H 原则：为了抑制边缘辐射效应，电源层相对地层内缩 20H（H 为两个平面层的距离）的距离，即确保电源平面的边缘要比 0V 平面边缘至少缩入相当于两个平面之间层间距的 20 倍。在板的边缘会向外辐射电磁干扰，将电源层内缩，使得电场只在接地层的范围内传导，有效地提高了 EMC。若内缩 20H 则可以将 70%的电场限制在接地边沿内；内缩 100H 则可以将 98%的电场限制在接地边沿内，如图 3-5 所示。

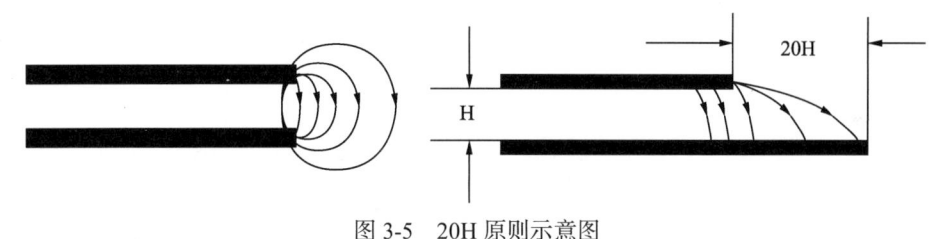

图 3-5　20H 原则示意图

3.1.7　层叠的添加和编辑

Altium Designer 中，层的添加和编辑是在层叠管理器中实现的。其具体步骤如下。

（1）执行菜单栏中"设计"→"层叠管理器"命令，或按快捷键 D+K，如图 3-6 所示，即可打开层叠管理器，如图 3-7 所示，从图中左侧的#栏中可看出这是一个双面板。

图中各参数设置如下。

- Name：层名称，可更改，一般是以"层的作用+层的序号"命名，便于层的识别。比如电源层（地平面），设置为 PWR（GND）+层序号；信号走线层，设置为 SIN（SIG）+层序号。

图 3-6　打开层叠管理器

- Material：每个层所使用的材料，可单击右侧的按钮 进行选择修改。

图 3-7 层叠管理器

- Type：板层的样式，针对导电层，可设置为 Plane 或 Signal。
- Thickness：层厚度，根据实际需要进行设置。
- Weight：层的铜厚，可根据实际要求设置单位为 oz/ft^2，此处简写为 oz，1oz/ft^2 的铜厚度约为 1.35mil）。
- Pullback distance：电源平面和地平面的内缩值，可修改，一般遵循 20H 原则。

注意：有些参数被软件隐藏了，用户若想显示需要的参数，将光标放到任意一个参数名称上，右击，会显示 Select columns 项，如图 3-8 所示。然后单击 Select columns...，进入 Select columns 对话框，单击需要显示的参数左侧的 ◎ 按钮，如图 3-9 所示，即可将该参数显示在层叠管理器中。

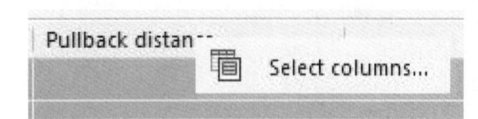

图 3-8 选择参数

图 3-9 Select columns 对话框

（2）将光标悬放在 Top Layer 处，右击，从弹出的快捷菜单中执行 Insert layer below →Plane 命令，如图 3-10 所示，即可在其下方添加一个平面层。连续添加直到 6 层板为止，如图 3-11 所示。

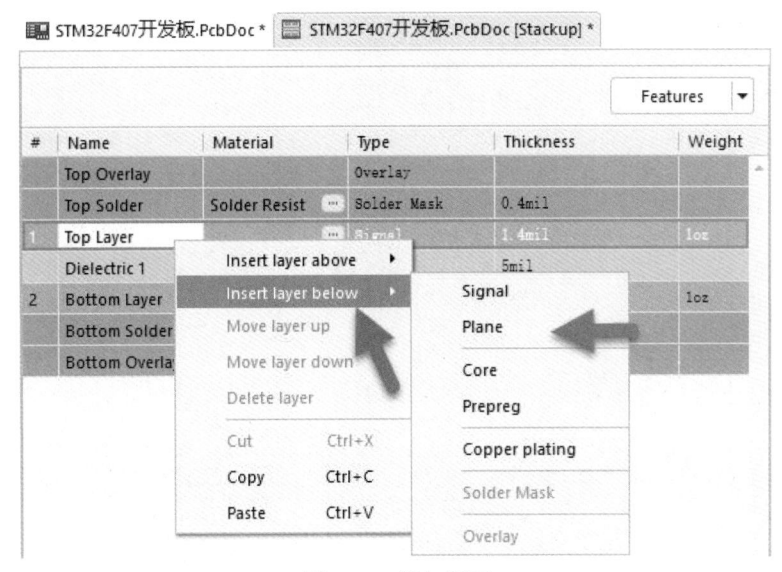

图 3-10　添加平面

注意：Insert layer above/below（在上方/下方添加层）选项中可选择层的样式，分别为 Signal（布线层／正片）、Plane（平面/负）、Core（芯板）、PrePreg（半固化片）、Copper plating（镀铜）。

图 3-11　6 层板层叠

（3）在 2、3、4、5 层的 Name 文本框中双击，将层名更改为便于识别的层名称，6 层板层叠最终效果如图 3-12 所示。

（4）添加层的过程中，有可能会同时添加两个信号层或平面，这是因为启用了软件层叠中的层叠对称功能。在 Properties 面板中的 Board 选项组中，取消选中 Stack Symmetry（堆栈对称），如图 3-13 所示，此时添加层时可一个个添加，否则将成对添加。

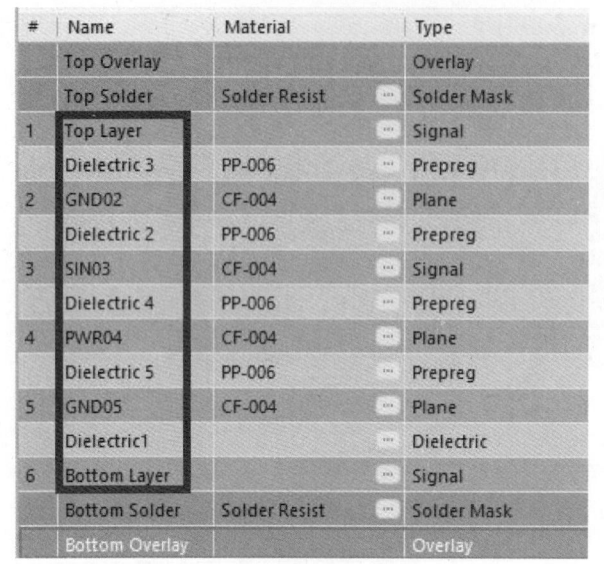

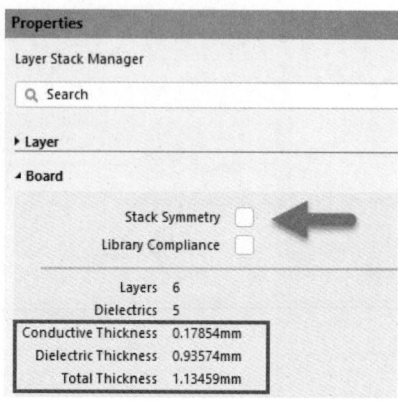

图 3-12　6 层板层叠最终效果　　　　　图 3-13　板层信息

（5）从图 3-13 也可得到板层的厚度信息，Altium Designer 中新增的.Total_Thickness 特殊字符串，可用于显示电路板的整体厚度，如图 3-14 所示。

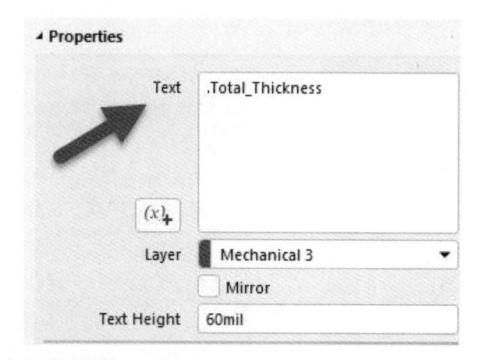

图 3-14　特殊字符串显示板厚

注意：若电路板包含多层堆栈，使用.Total_Thickness（SubstackName）特殊字符串显示所选子堆栈的厚度。例如软硬结合板的.Total_Thickness（flex）或.Total_Thickness（Rigid）。

3.1.8　平面的分割处理

平面的分割可通过执行菜单栏中"放置"→"线条"命令或按快捷键 P+L 处理。放置的线条实际上就是两个平面之间的安全间距，所以不宜过细，可选择在 15mil 以上，特别是遇到模拟、数字电源的分割和压差比较大的电源平面，分割线应适当加粗（注：若使用的是放置 Track，会自动跳到信号层）。平面分割示意图如图 3-15 所示。

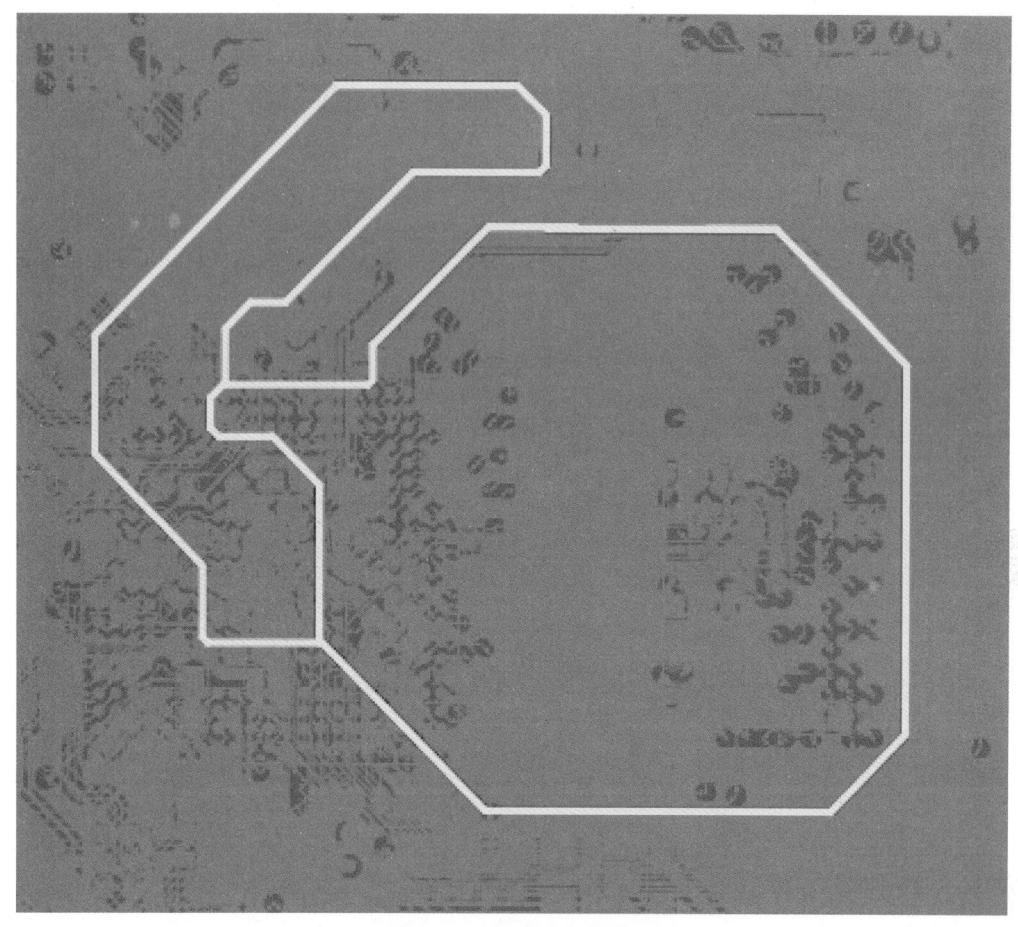

图 3-15　平面分割示意图

分割平面之后，在分割区域双击，即可弹出网络连接窗口，根据需要设置网络即可，如图 3-16 所示。

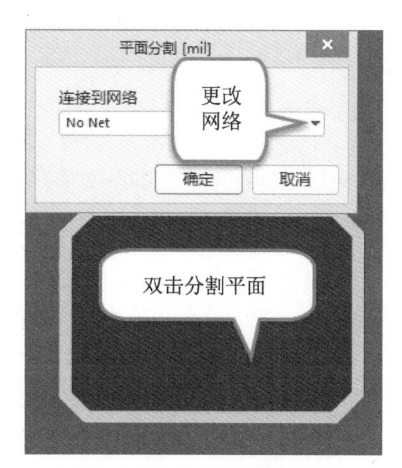

图 3-16　给平面添加网络

3.1.9 平面多边形

常规情况下，PCB 电源平面可被设计为负片，即在制造电路板时，放置在电源平面的线或者填充会在铜中形成空隙。之所以使用这种方法，是因为平面层的大部分是铜，仅在特定位置（如未连接的焊盘周围）需要铜中的空隙，或者在将平面划分为不同的电压区域时，将其作为分隔空隙，这样可以更快速、有效地生成输出数据。

针对更复杂的电源平面设计，Altium Designer 24 支持将电源平面定义为多边形。此功能不会影响电源平面的设计方法，平面仍然定义为负片，放置对象（线、填充等）依然会在铜中产生空隙。使用多边形的好处在于可以自动检测并清除铜岛、狭窄的颈部和死铜。

其设计步骤如下。

（1）要使用平面多边形功能，需要启用优选项 Advanced Settings 对话框中的 Legacy.PCB.SplitPlanes 选项，如图 3-17 所示。

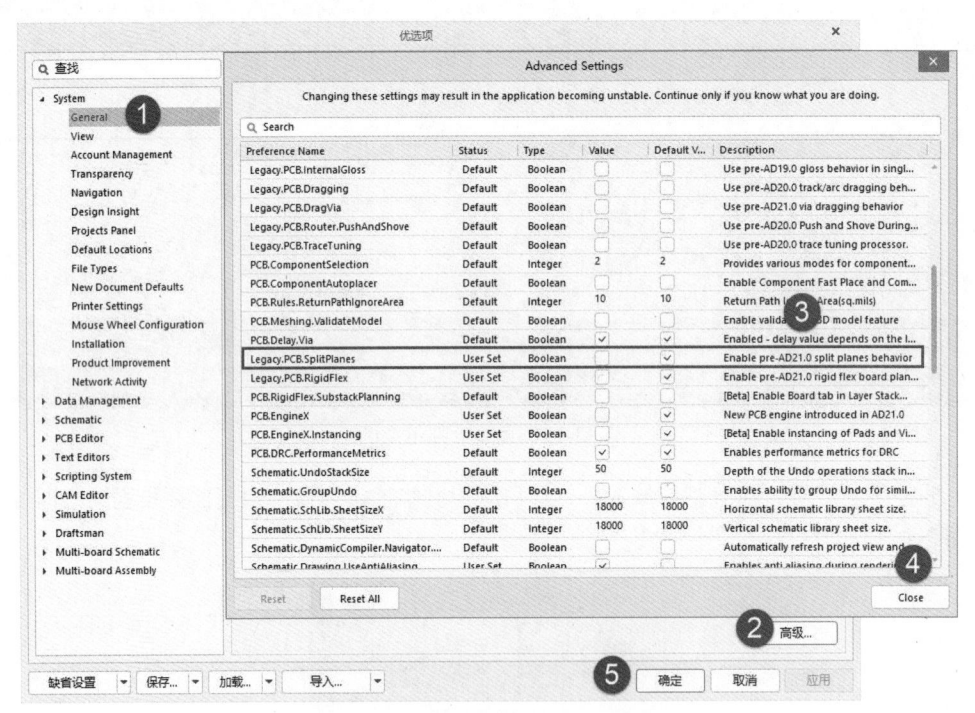

图 3-17 Advanced Settings 对话框

（2）双击分割的区域，可在 Properties 面板中打开相应的多边形定义，如图 3-18 所示。常规平面与平面多边形在过孔密集处的对比如图 3-19 所示。

使用平面多边形的注意事项：

- 启用该功能后，请检查每个平面层，双击分割的平面并按 Repour 按钮更新铜皮；
- 平面层的连接和间隙依然由 PlaneConnect 和 PlaneClearance 设计规则定义；
- 修改平面（连接或间隙）设计规则后，需要双击该平面按 Repour 按钮，以更新平面的连接/间隙。

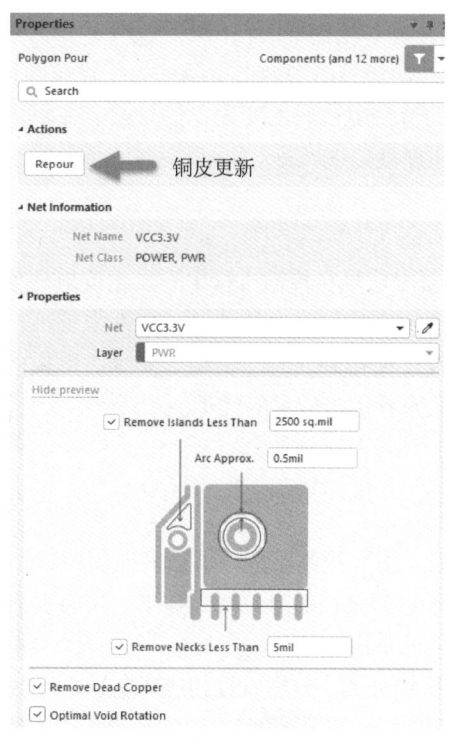

图 3-18　平面多边形定义

平面（有死铜）　　　　　　　　平面多边形

图 3-19　平面与平面多边形的区别

3.2　阻抗控制

3.2.1　阻抗控制的定义及目的

1. 特性阻抗的定义

特性阻抗又称特征阻抗，其单位是 Ω。它不是直流电阻，属于长线传输中的概念。在高频范围内，信号传输过程中，信号沿到达的地方在信号线和参考平面（电源或地平面）间由于电场的建立，会产生一个瞬间电流，如果传输线是各向同性的，那么只要信号在传输，就始终存在一个电流 I，而如果信号的输出电平为 V，在信号传输过程中，传输线就会等效成一个电阻，大小为 V/I，把这个等效的电阻称为传输线的特性阻抗 Z。信号在传输的过程中，如果传输路径上的特性阻抗发生变化，信号就会在阻抗不连续的节点发生反射。影响特性阻抗的因素有介质厚度、线宽等。

2. 阻抗控制的目的

PCB 提供的电路性能要求信号在传输过程中不发生反射现象，才能保证信号完整性，降低传输损耗。而电压、电流在传输线中传播时，特性阻抗不一致会造成反射现象，需要进行阻抗控制及匹配，这样才能得到完整、精准、无噪声干扰的传输信号。阻抗控制在高频设计电路中尤为重要，关系到信号质量的优劣。

3.2.2 控制阻抗的方式

在进行高频电路设计时，需要控制阻抗，那么该如何控制？

（1）使用经验值。记录之前做过的阻抗线，在下一次需要时可直接套用。缺陷是一旦参数变化，所使用的经验值就不适用了。

（2）将 PCB 的所有阻抗线分类，分别设置相应颜色，之后截图给 PCB 厂，由板厂调整控制，如图 3-20 所示（仅以 DDR 部分为例）。缺陷是当板子布线密度较大时，板上可能没有多余的空间进行线宽、线距的调整，板厂有可能无法进行阻抗控制。

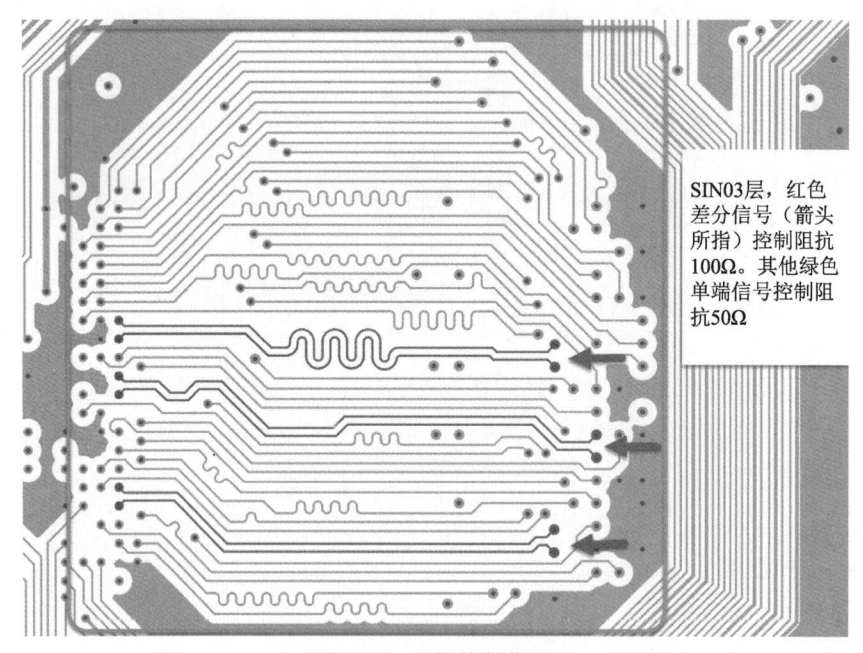

图 3-20 阻抗控制截图

（3）根据层叠参数，结合板厂提供的相关资料（板材厚度、介电常数等数据）计算阻抗，按照计算出来的数值进行 PCB 布线，同时将阻抗控制截图、层叠结构等文件交给板厂，以做最终的微调控制。

3.2.3 微带线与带状线的概念

（1）微带线（Microstrip line）：是由支在介质基片上的单一导体带构成的微波传输线，即表层走线。

（2）带状线（Stripline）：是一条置于两个平行的地平面或电源平面之间的高频传输导线，即 PCB 内层走线。

3.2.4 阻抗计算的相关条件与原则

在进行阻抗计算之前，需要了解阻抗控制需要的条件、影响因素及所用材料的相关参数。

（1）阻抗设计需要的条件：板厚、铜厚、板子层叠结构及各层厚度、基板材料、表面工艺、阻抗值等。

（2）影响阻抗的因素：介质厚度、线宽、线距、介电常数、铜厚、阻焊厚度、残铜率（指板面上铜的面积和整板面积之比）等。介质厚度、线距越大，阻抗值越大；介电常数、铜厚、线宽、阻焊厚度越大，阻抗值越小。

（3）板层进行压合时，需要注意以下几点。
① 7628 的 PP 片表面比较粗糙会影响板子的外观，一般不会放到外层。
② 3 张 1080 也不允许放在外层，否则容易在压合时产生滑板现象。
③ 4 张及以上的 PP 片不允许叠加在一起，否则也容易产生滑板现象。
④ 多层板各层间 PP 片和芯板的排列应当对称。例如 6 层板中，1~2 和 5~6 的 PP 片应当一致，否则压合时容易翘曲。

3.2.5 Altium Designer 的材料库

Altium Designer 为用户提供了可供选择的电路板材料库，用于构建 PCB 层叠。按快捷键 D+K 进入层叠管理器，执行菜单栏中"工具"→"材料库"命令，如图 3-21 所示。

将弹出如图 3-22 所示的 Altium Material Library 对话框。

（1）对话框上方的 mil、in、μm、mm 可进行单位的切换，左侧可用于相应图层的材料设置。

① Surface finish process：表面处理工艺。
- ENIG（Electroless Nickel/Immersion Gold）：化学镍金、化镍金或者沉镍金，在 PCB 表面导体先镀上一层镍后再镀上一层金，镀镍主要是防止金和铜间的扩散。
- HASL（Hot Air Solder Leveling）：热风焊料整平，俗称喷锡，主要是将 PCB 直接浸入到熔融状态的锡浆里面，在经过热风整平后，在 PCB 铜面会形成一层致密的锡层。
- IAu（Immersion Au）：沉金，是在铜面上包裹一层厚厚的、电性良好的镍金合金，可以长期保护 PCB。

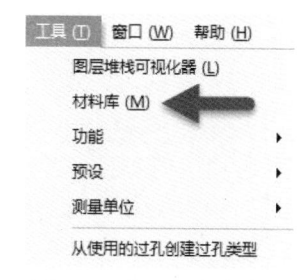

图 3-21 打开材料库命令

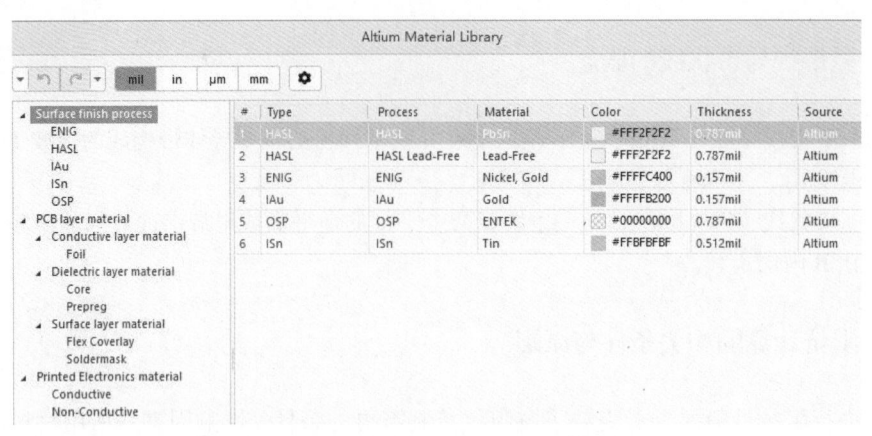

图 3-22　Altium Material Library 对话框

- ISn（Immersion Sn）：沉锡，用置换反应在 PCB 面形成一层极薄的锡层。
- OSP（Organic Solderability Preservatives）：有机保焊膜，就是在洁净的裸铜表面上，以化学的方法长出一层有机皮膜。

② PCB layer material：PCB 层材料。

- Conductive layer material：导电层材料。
- Dielectric layer material：电介质层材料，包含芯板和 PP 片。
- Surface layer material：表面材料，分为柔性板覆盖层和阻焊层材料。
- Printed Electronics material：印刷电子材料，分为导电材质和不导电材质。

（2）右侧为相关图层所包含的材料。以 PP 片为例，如图 3-23 所示为 PP 片包含的材料。

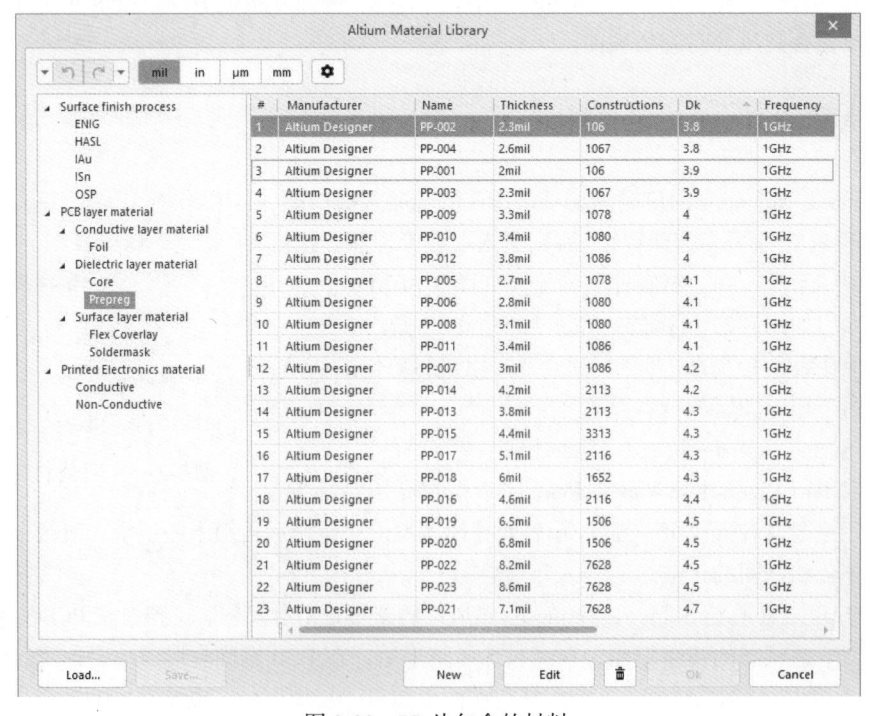

图 3-23　PP 片包含的材料

（3）右侧面板显示各类 PP 片的相关参数，单击 ✿ 按钮，可打开如图 3-24 所示的 Material Library Settings 对话框。在此对话框中，可显示或者隐藏相关的属性。

图 3-24 Material Library Settings 对话框

（4）在 Altium Material Library 对话框中用户可通过单击 New 按钮添加需要的相关材料。单击 New 按钮，Altium Material Library 对话框下方会出现一些参数文本框，如图 3-25 所示，根据实际材料填写各个参数。若数据填写不准确，文本框的红色警告会一直存在。

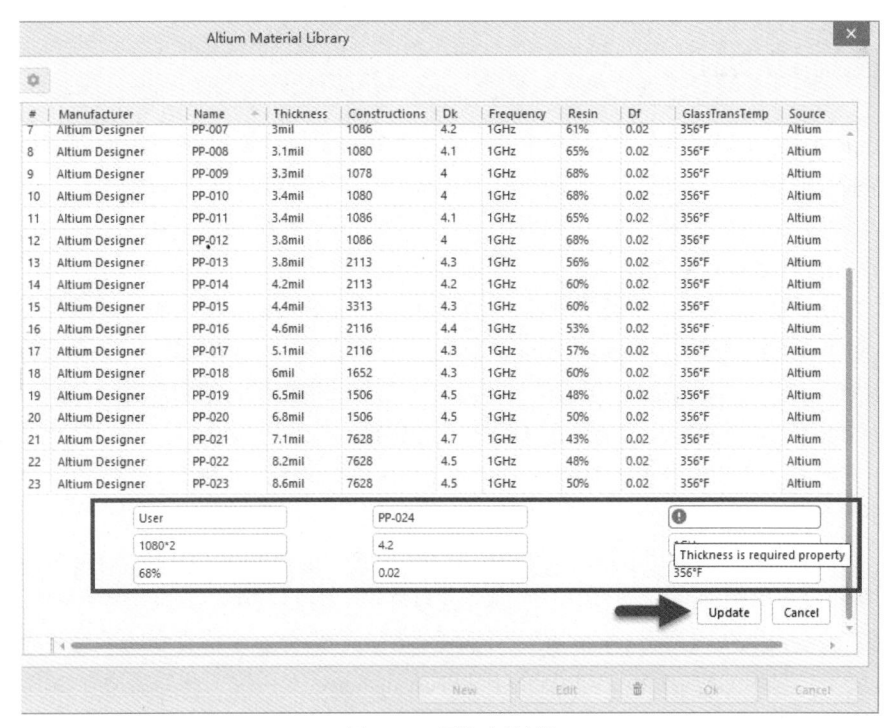

图 3-25 添加新材料

（5）数据填写完成之后，单击 Update 按钮，即可加载新材料，如图 3-26 所示，Source 会自动赋予 User 属性，以区别于 Altium Designer 提供的材料。

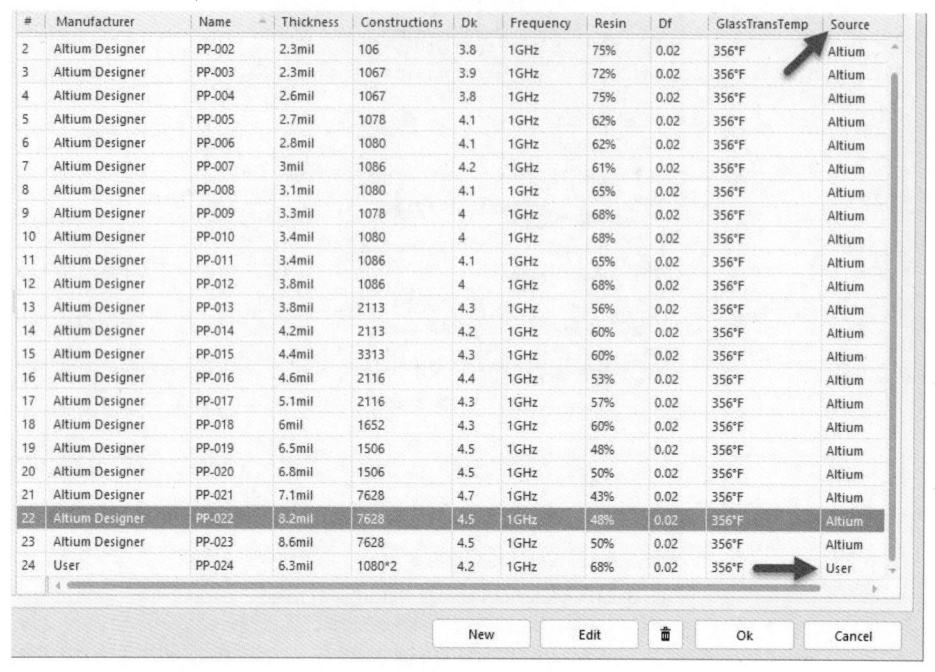

#	Manufacturer	Name	Thickness	Constructions	Dk	Frequency	Resin	Df	GlassTransTemp	Source
2	Altium Designer	PP-002	2.3mil	106	3.8	1GHz	75%	0.02	356°F	Altium
3	Altium Designer	PP-003	2.3mil	1067	3.9	1GHz	72%	0.02	356°F	Altium
4	Altium Designer	PP-004	2.6mil	1067	3.8	1GHz	75%	0.02	356°F	Altium
5	Altium Designer	PP-005	2.7mil	1078	4.1	1GHz	62%	0.02	356°F	Altium
6	Altium Designer	PP-006	2.8mil	1080	4.1	1GHz	62%	0.02	356°F	Altium
7	Altium Designer	PP-007	3mil	1086	4.2	1GHz	61%	0.02	356°F	Altium
8	Altium Designer	PP-008	3.1mil	1080	4.1	1GHz	65%	0.02	356°F	Altium
9	Altium Designer	PP-009	3.3mil	1078	4	1GHz	68%	0.02	356°F	Altium
10	Altium Designer	PP-010	3.4mil	1080	4	1GHz	68%	0.02	356°F	Altium
11	Altium Designer	PP-011	3.4mil	1086	4.1	1GHz	65%	0.02	356°F	Altium
12	Altium Designer	PP-012	3.8mil	1086	4	1GHz	68%	0.02	356°F	Altium
13	Altium Designer	PP-013	3.8mil	2113	4.3	1GHz	56%	0.02	356°F	Altium
14	Altium Designer	PP-014	4.2mil	2113	4.2	1GHz	60%	0.02	356°F	Altium
15	Altium Designer	PP-015	4.4mil	3313	4.3	1GHz	60%	0.02	356°F	Altium
16	Altium Designer	PP-016	4.6mil	2116	4.4	1GHz	53%	0.02	356°F	Altium
17	Altium Designer	PP-017	5.1mil	2116	4.3	1GHz	57%	0.02	356°F	Altium
18	Altium Designer	PP-018	6mil	1652	4.3	1GHz	60%	0.02	356°F	Altium
19	Altium Designer	PP-019	6.5mil	1506	4.5	1GHz	48%	0.02	356°F	Altium
20	Altium Designer	PP-020	6.8mil	1506	4.5	1GHz	50%	0.02	356°F	Altium
21	Altium Designer	PP-021	7.1mil	7628	4.7	1GHz	43%	0.02	356°F	Altium
22	Altium Designer	PP-022	8.2mil	7628	4.5	1GHz	48%	0.02	356°F	Altium
23	Altium Designer	PP-023	8.6mil	7628	4.5	1GHz	50%	0.02	356°F	Altium
24	User	PP-024	6.3mil	1080*2	4.2	1GHz	68%	0.02	356°F	User

图 3-26　用户自定义材料显示

（6）若想删除某个材料，选中之后单击 🗑 按钮即可。

3.2.6　阻抗计算实例

Altium Designer 软件可以从层叠中获取数据，并将阻抗计算得到的数据应用到 PCB 上需要控制阻抗的信号。下面以一实例演示 Altium Designer 进行阻抗计算的过程。

（1）层叠要求：6 层板、1.6mm 板厚，内层铜厚 1oz、表层铜厚 0.5oz。

（2）在进行阻抗计算之前，先给 PCB 添加层叠并填好相关数据。

① 按快捷键 D+K 进入层叠管理器，通过选取 Altium Designer 提供的材料或者根据实际手动输入数据，主要是 Thickness（厚度）和 Dk（介电常数），可得如图 3-27 所示的层叠结构。其中 Copper Orientation（铜层方向）为新增的参数，指铜层自基板向外延伸的方向。可以将其视为铜层蚀刻方向，无论是在 Above 还是 Below。

② 在界面右下角单击 Panels 按钮，选择 Properties 面板，可在 Board 选项组中查看板子总厚度，如图 3-28 所示。

③ 层堆叠对称性。如果需要层堆叠是严格对称的，选中图 3-28 中的 Stack Symmetry，软件将立即检查以中间介电层为中心的层堆叠对称性。若是与中心介电层等距的任意一对层不相同，将弹出 Stack is not symmetric 对话框，在上半部分显示检查到的不对称冲突，如图 3-29 所示，显示 GND02 和 PWR05 的 Pullback distance 不一致（此处需遵守 20H 原则，不予修改）。若想进行更改，选择 Mirror top half down 即可。下面对该组选项进行说明。

#	Name	Type	Material	Thickness	Weight	Dk	Copper Orientation
	Silkscreen Top	Overlay					
	Solder Mask Top	Solder Mask	SM-001	1mil		4	
1	Top	Signal	CF-003	0.709mil	1/2oz		Above
	Dielectric1	Prepreg	PP-008	3.1mil		4.1	
2	GND02	Plane	CF-004	1.378mil	1oz		Above
	Dielectric 3	Core	Core-010	4mil		4	
3	SIN03	Signal	CF-004	1.378mil	1oz		Below
	Dielectric 4	Core		38.18mil		4.2	
4	SIN04	Signal	CF-004	1.378mil	1oz		Above
	Dielectric 5	Core	Core-010	4mil		4	
5	PWR05	Plane	CF-004	1.378mil	1oz		Below
	Dielectric 2	Prepreg	PP-008	3.1mil		4.1	
6	Bottom	Signal	CF-003	0.709mil	1/2oz		Below
	Solder Mask Bottom	Solder Mask	SM-001	1mil		4	
	Silkscreen Bottom	Overlay					

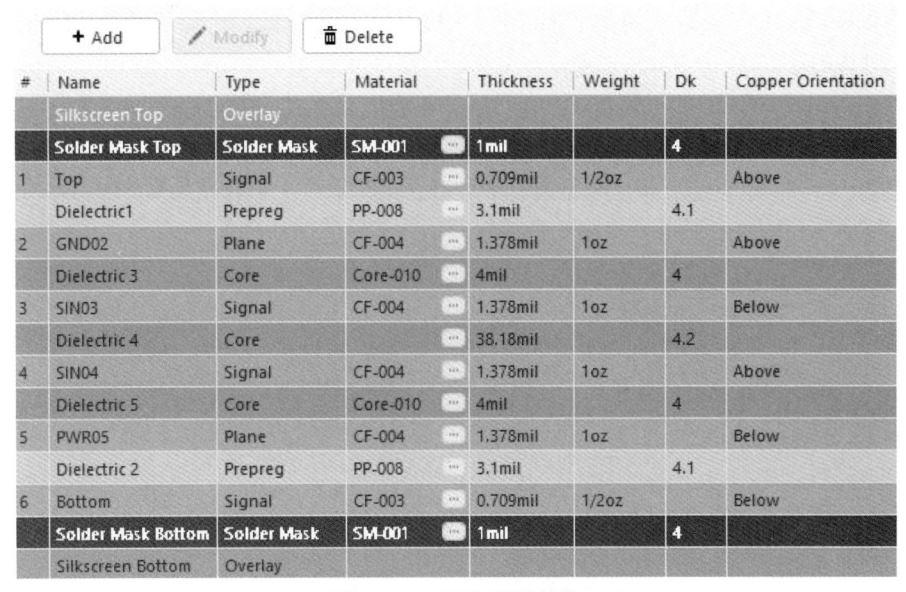

图 3-27　6 层板层叠结构

图 3-28　Board 选项

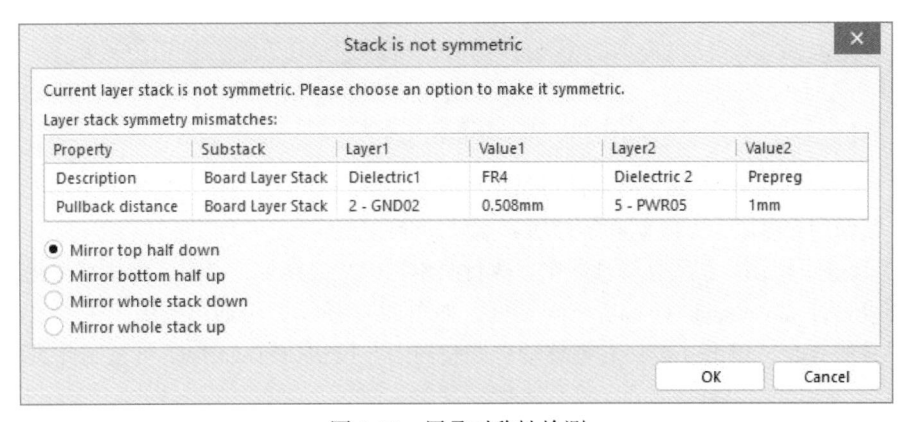

图 3-29　层叠对称性检测

- Mirror top half down：镜像上半部分，中心介电层上方的每个层的设置被向下复制到对称的层。
- Mirror bottom half up：镜像下半部分，中心介电层下方的每个层的设置被向上复制到对称的层。
- Mirror whole stack down：向下镜像整个层叠，在最后一个线路层插入另外的介电层，然后在新的介电层下方复制和镜像所有信号的介质层。例如 6 层板，按此镜像之后将变成 12 层，如图 3-30 所示。

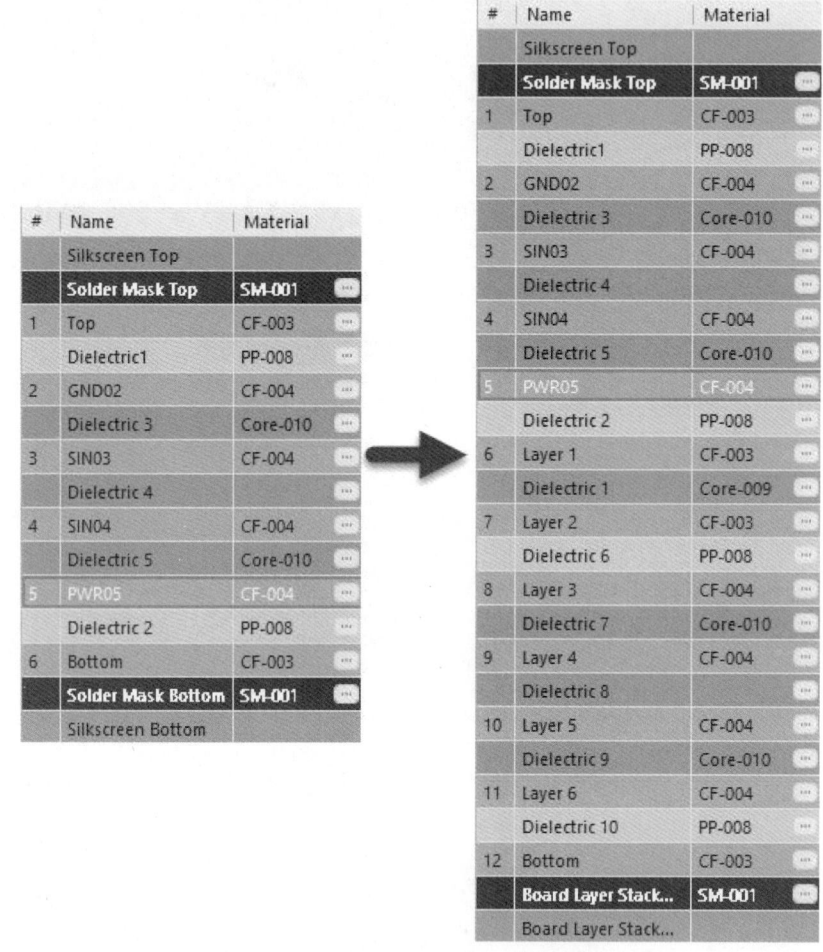

图 3-30　向下镜像所有层的变化情况

- Mirror whole stack up：向上镜像整个层叠，在第一个线路层插入另外的介电层，然后在新的介电层上方复制和镜像所有信号的介质层。

④ 层叠可视化。在层叠管理器中，执行菜单栏中"工具"→"图层堆栈可视化器"命令，即可打开 Layerstack visualizer 对话框，如图 3-31 所示，可通过选中相关配置选项，进行层叠的查看，单击并按住右键移动可调整视图。按快捷键 Ctrl+C 可复制此页面到剪贴板中。

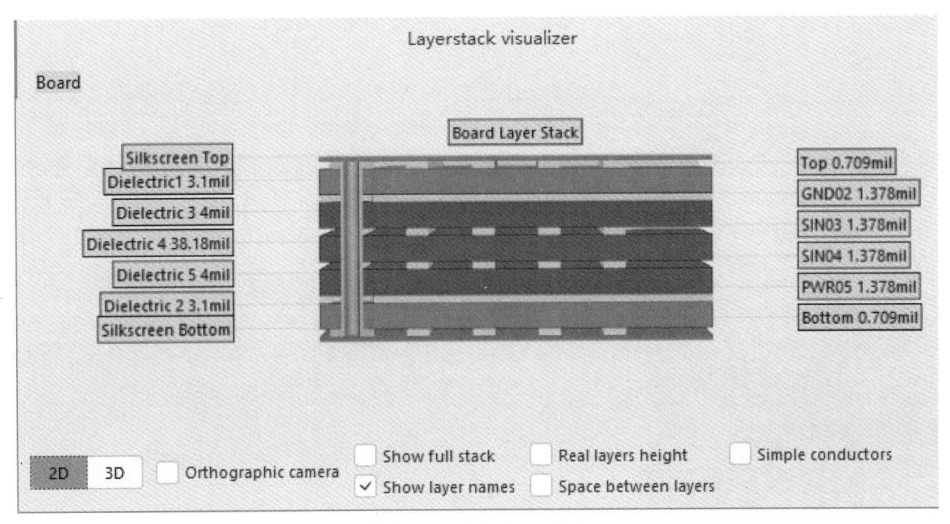

图 3-31 层叠可视化

（3）添加阻抗配置文件。单击层叠管理器底部的 Impedance 按钮，切换到阻抗配置界面，单击层叠管理器右侧的 Add Impedance Profile 按钮或者右上角的 Add 按钮添加新的阻抗配置文件，如图 3-32 所示。图中 4 行数据显示了 4 个信号层的参考平面、线宽、阻抗等参数。

图 3-32 阻抗配置文件

（4）更改参考平面。图 3-27 中显示 SIN03 的顶部参考为 GND02，底部参考为 SIN04；SIN04 的顶部参考为 SIN03，底部参考为 PWR05。这样显然不合适，由于信号层 SIN03、SIN04 需要布线，参考平面不完整，所以需要更改参考平面。更改参考平面的方式如图 3-33 所示，选择相应信号层，然后在 Top Ref 或 Bottom Ref 列表中，单击下三角按钮重新选择参考平面。更改之后的参考平面如图 3-34 所示。

（5）计算信号阻抗。在界面右下角单击 Panels 按钮，打开 Properties 面板，就可以在 Impedance Profile 选项组和 Transmission Line 选项组中进行阻抗计算及查看。

（6）计算 Top 层单端 50Ω 信号的线宽。

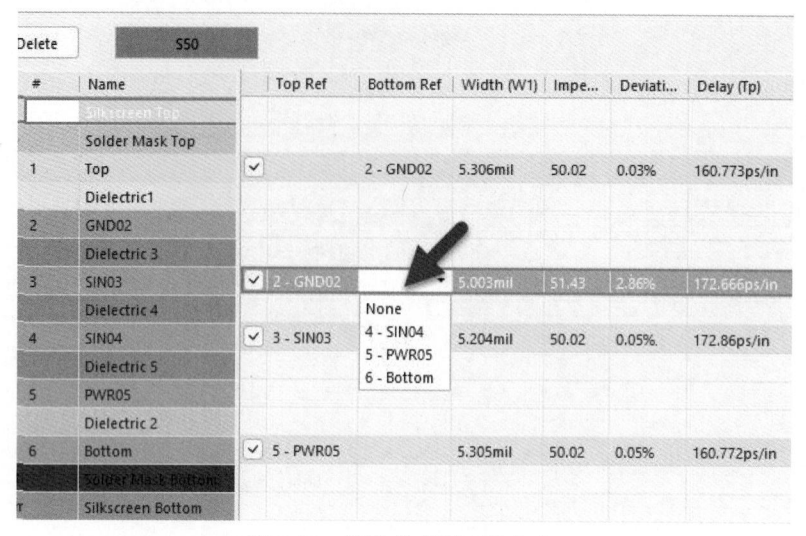

图 3-33 更改参考平面的方式

图 3-34 参考平面更改后效果

① 选择阻抗配置文件中的 Top 层，如图 3-35 所示。

图 3-35 选择层

② 根据要求在 Impedance Profile 选项组设置相关参数，如图 3-36 所示。

图 3-36 设置相关参数

- Description：用于说明配置文件，即配置文件的名称。
- Type：用于切换信号类型，包含单端、差分信号及共面单端、共面差分信号。
- Target Impedance：用于设置目标阻抗。
- Target Tolerance：用于设置目标阻抗公差，一般设置为 10%。

③ 在 Transmission Line 选项组即可看到 50Ω 的阻抗，计算出的线宽为 5.194mil，如图 3-37 所示。

图 3-37 顶层单端信号阻抗计算结果

- Use Solder Mask：设置是否使用阻焊绿油层。与之对应的是下方的 Covering，C1——基材上的绿油厚度，C2——铜线上的绿油厚度，一般为 0.5～1mil，对表层阻抗有一定影响，可向电路板制造商咨询厚度信息。

- Etch：蚀刻因子，Etch = [0.5(W1–W2)] / T（T 表示铜厚），可向电路板制造商咨询有关其工艺创建蚀刻因子的信息；若是排除蚀刻因子进行计算，用户可将其设置为 0。
- Width：W1——设计线宽，W2——经蚀刻之后的实际线宽，若 Etch=0，则 W1=W2。因蚀刻原因，一般 W1>W2。通常当铜厚大于或等于 1mil 时，W1–W2=1mil；当铜厚小于 1mil 时，W1–W2=0.5mil。
- Impedance：计算得出的阻抗。
- Deviation：阻抗偏差，一旦超过设置值，将会警告。
- Delay：传播时延。
- Inductance：每单位长度的电感。
- Capacitance：每单位长度的电容。

④ 实际生产中，尽量将布线线宽和线距设置为整数或小数点后一位，以满足制造商的生产精度。阻抗计算器支持正向和反向阻抗计算，默认模式为正向（输入阻抗，软件自动计算线宽）。需要反转模式，输入线宽并按下 Enter 键即可算出阻抗值。单击 fx 按钮将回归正向计算。

⑤ 将线宽改为 5mil 后，按下 Enter 键，可看到如图 3-38 所示的数据变化，误差在 10% 范围内，可使用 5mil 线宽进行 PCB 设计。

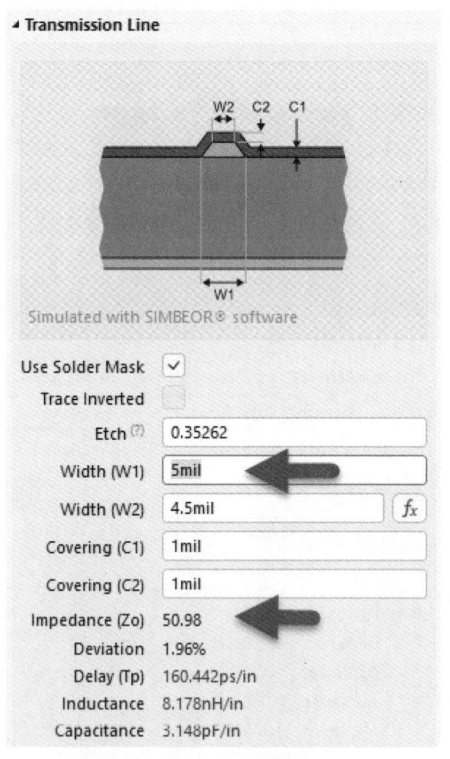

图 3-38　修改线宽后的阻抗

（7）计算 SIN03 层单端 50Ω 信号的线宽。

① 依照上述方式，单击选择阻抗配置文件中的 SIN03 层。进行阻抗参数填写，并得出对应计算结果，如图 3-39 所示。

图 3-39　SIN03 层单端信号阻抗计算结果

② 同样，可将线宽改为 5mil，可得到其阻抗也在误差范围内，如图 3-40 所示。

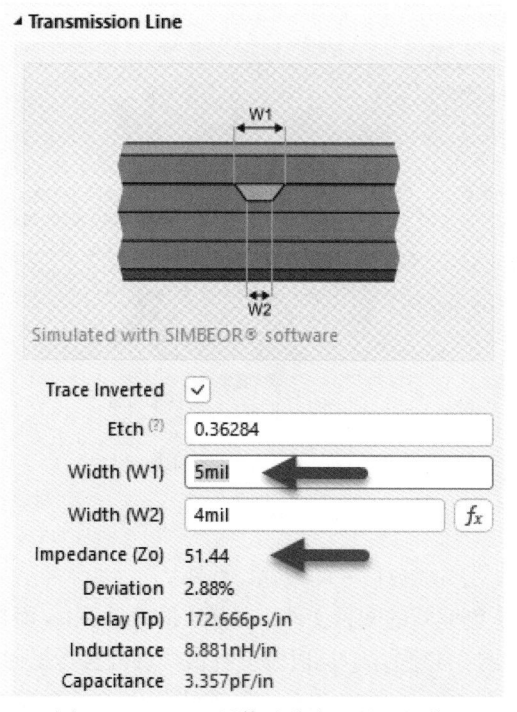

图 3-40　SIN03 层修改线宽后的阻抗值

（8）依照上述方式，将 SIN04 和 Bottom 层的单端 50Ω 信号都计算出来，即可将 50Ω 阻抗配置文件设置好，如图 3-41 所示。

#	Name	Top Ref	Bottom Ref	Width (W1)	Impe…	Deviati…	Delay (Tp)
	Silkscreen Top						
	Solder Mask Top						
1	Top	✓	2 - GND02	5mil	50.98	1.96%	160.442ps/in
	Dielectric 1						
2	GND02						
	Dielectric 3						
3	SIN03	✓	2 - GND02	5mil	51.44	2.88%	172.666ps/in
	Dielectric 4						
4	SIN04	✓	5 - PWR05	5mil	51.44	2.88%	172.666ps/in
	Dielectric 5						
5	PWR05						
	Dielectric 2						
6	Bottom	✓	5 - PWR05	5mil	50.98	1.96%	160.442ps/in
	Solder Mask Bo…						
	Silkscreen Bott…						

图 3-41　Single_50 阻抗配置文件

（9）按快捷键 Ctrl+S 保存阻抗配置文件，然后将阻抗配置文件应用到规则设计中。设置一个包含 50Ω 阻抗信号的 Class，在线宽规则中进行如图 3-42 所示的设置。

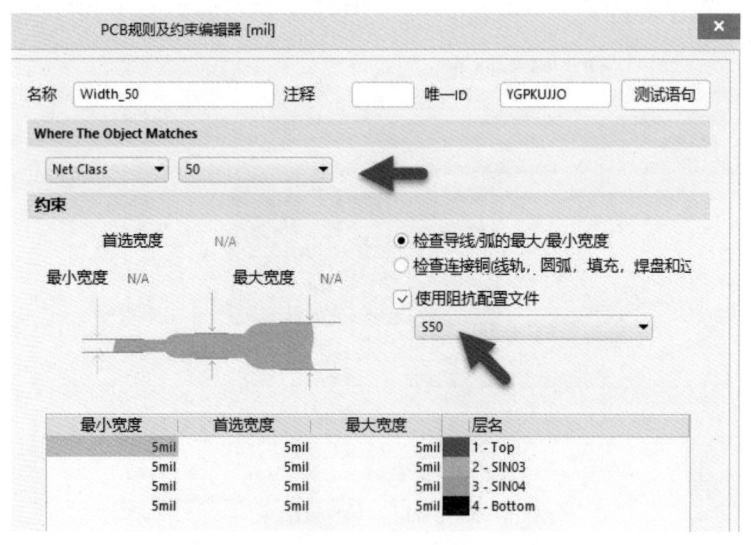

图 3-42　应用 50Ω 阻抗文件设置规则

（10）计算 TOP 层差分 100Ω 信号的线宽、线距。

① 单击 Add 按钮，创建新的配置文件，在弹出的 Properties 面板中将 Impedance Profile 选项组参数设置好，如图 3-43 所示，同时调整各信号层的参考平面。

② 选择 TOP 层，在 Transmission Line 选项组中设置相关参数，可得如图 3-44 所示结果。

图 3-43　设置 100Ω 阻抗文件

③ 由于线宽与阻抗成反比，与线距成正比，可同时将线宽和线距改大，最终调整结果如图 3-45 所示。

图 3-44　TOP 层 100Ω 走线阻抗　　　图 3-45　100Ω 的阻抗调整

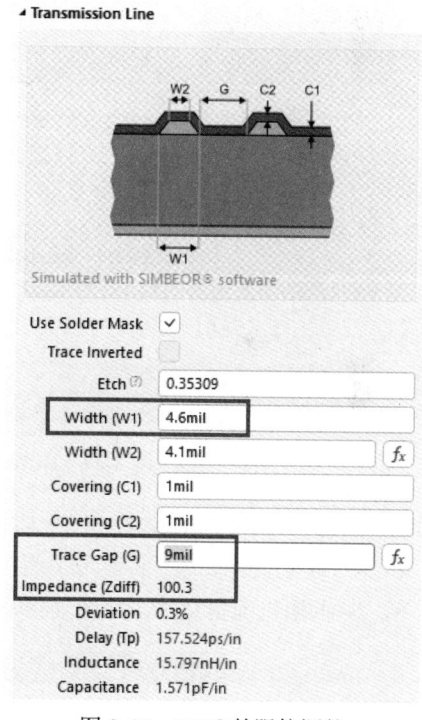

④ 计算得出的各层 100Ω 差分信号的线宽、线距如图 3-46 所示。

（11）依上述方式计算得出的各层差分 90Ω 信号的线宽、线距如图 3-47 所示。

（12）隔层参考。产品设计中，会遇到 Wi-Fi、蓝牙等射频信号，要求控制 50Ω 阻抗，同时射频线对信号质量要求很高，考虑到抗干扰、衰减及趋肤效应等多方面原因，加粗走线是很有必要的。布线加粗，带来的问题就是阻抗减小，因此，需要将阻抗恢复到 50Ω，可以采取加大层厚的方式来调高阻抗，用户可以考虑挖空相邻层，参考下一层，即所谓的"隔层参考"。

#	Name	Top Ref	Bottom Ref	Width (W1)	Trace Ga...	Impe...	Deviati...	Delay (Tp)
	Silkscreen Top							
	Solder Mask Top							
1	Top	✓	2 - GND02	4.6mil	9mil	100.3	0.3%	157.524ps/in
	Dielectric1							
2	GND02							
	Dielectric 3							
3	SIN03	✓	2 - GND02	4mil	10mil	101.39	1.39%	173.371ps/in
	Dielectric 4							
4	SIN04	✓	5 - PWR05	4mil	10mil	101.39	1.39%	173.371ps/in
	Dielectric 5							
5	PWR05							
	Dielectric 2							
6	Bottom	✓	5 - PWR05	4.6mil	9mil	100.3	0.3%	157.523ps/in
	Solder Mask Bo...							
	Silkscreen Bott...							

图 3-46　Differential_100 阻抗配置文件

#	Name	Top Ref	Bottom Ref	Width (W1)	Trace Ga...	Impe...	Deviati...	Delay (Tp)
	Silkscreen Top							
	Solder Mask Top							
1	Top	✓	2 - GND02	5mil	5.5mil	90.98	1.08%	157.156ps/in
	Dielectric1							
2	GND02							
	Dielectric 3							
3	SIN03	✓	2 - GND02	4mil	5.2mil	90.09	0.1%	173.749ps/in
	Dielectric 4							
4	SIN04	✓	5 - PWR05	4mil	5.2mil	90.09	0.1%	173.749ps/in
	Dielectric 5							
5	PWR05							
	Dielectric 2							
6	Bottom	✓	5 - PWR05	5mil	5.5mil	90.98	1.08%	157.156ps/in
	Solder Mask Bo...							
	Silkscreen Bott...							

图 3-47　Differential_90 阻抗配置文件

① 假设射频信号在 Top 层，参考 GND02 层，按前文计算，其线宽为 5mil。

② 为了达到设计要求，将参考平面改为 SIN03 层，在层叠管理器中单击 Add 按钮新增一个 RF_50 的阻抗配置文件，并设置相关参数，如图 3-48 所示。

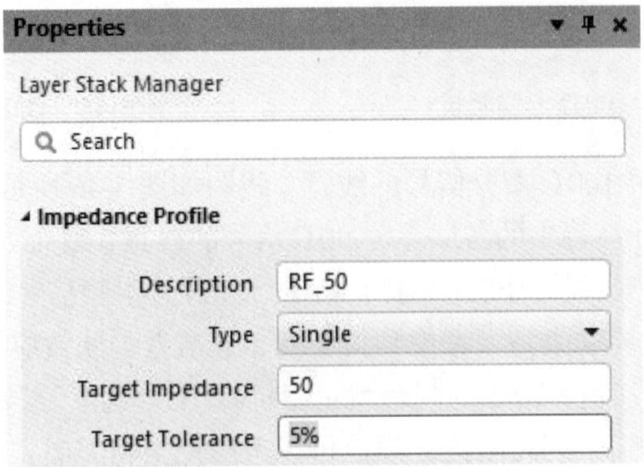

图 3-48　RF_50 阻抗配置文件

③ 将参考平面设置为 SIN03，计算并调整阻抗值，如图 3-49 所示。

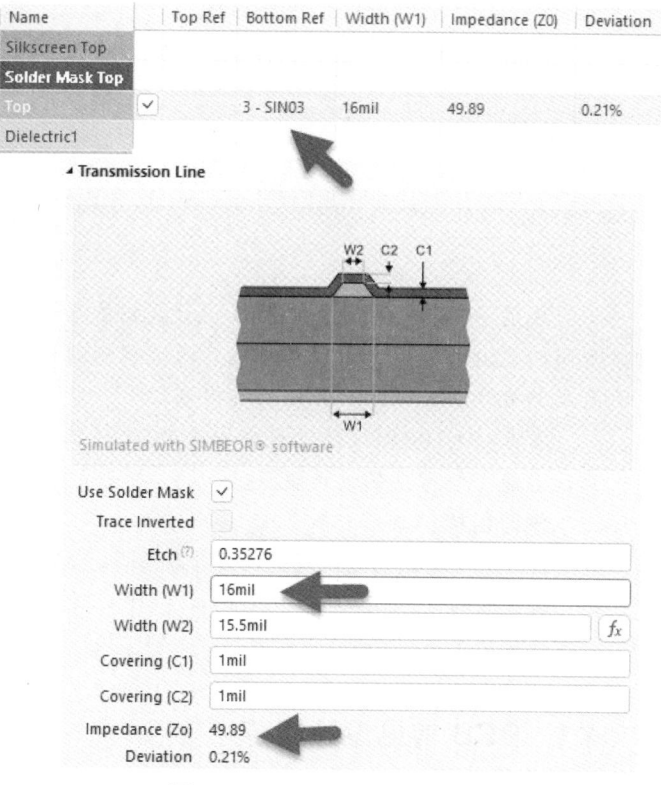

图 3-49　RF_50 线宽调整

④ 按计算出的线宽布线，同时挖空相邻层，保持下一层在布线区域有完整的铜皮，如图 3-50 所示。

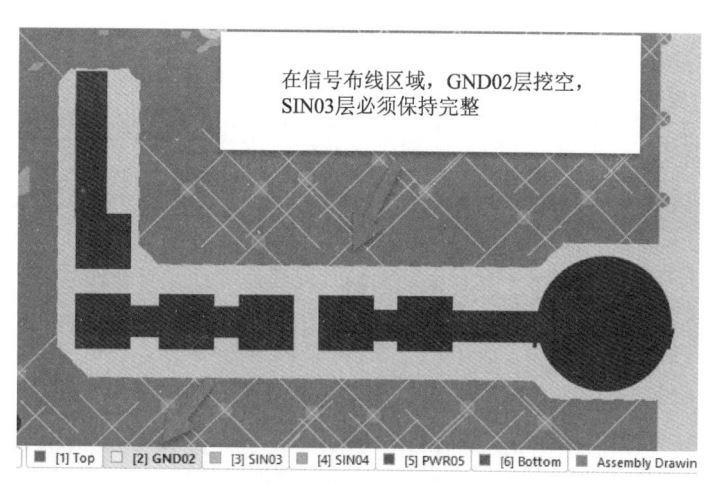

图 3-50　RF 布线处理

⑤ 隔层参考使用与否和层厚度有极大的关系，过大的厚度将导致计算出的线宽过大，所以在 4 层及 4 层以下的 PCB 并不适用。

第 4 章　PCB 总体设计要求及规范

规范 PCB 的设计，为 PCB 设计提供依据和要求，方便设计人员之间的交流和互检，使试作或生产的过程顺利进行，提高产品的品质及生产效率，以缩短产品的开发周期。

本章将对 PCB 设计过程中构建 PCB 的工艺、技术等进行介绍，让读者能了解常见的设计规范。

学习目标：
- 了解过孔及走线的通用规范及设计应用。
- 了解封装的设计规范。
- 掌握常用工艺技术。

4.1　PCB 常见设计规范

4.1.1　过孔

过孔（Via）是 PCB 的重要组成部分，钻孔费用通常占 PCB 制板费用的 30%～40%。从设计的角度来看，一个过孔主要由中间的钻孔（Drillhole）和钻孔周围的焊盘区组成，其尺寸共同决定了过孔的尺寸大小。

在进行高速、高密度 PCB 设计时，设计者总是希望过孔尺寸尽可能小，使板上可以留有更多的布线空间。此外，过孔越小，其自身的寄生电容也越小，更适合用于高速电路。但过孔尺寸减小的同时带来了成本的增加，而且过孔的尺寸不可能无限制地减小，它受到钻孔和电镀（Plating）等工艺技术的限制。孔越小，钻孔需花费的时间越长，也越容易偏离中心位置。且当孔的深度超过钻孔直径的 6 倍时，就无法保证孔壁能均匀镀铜。

随着激光钻孔技术的发展，钻孔的尺寸也可以越来越小，一般直径小于或等于 6mil 的过孔，被称为微孔。在 HDI（高密度互连结构）设计中经常使用到微孔，微孔技术可以允许过孔直接打在焊盘上（Via-In-Pad），不仅提高了电路性能，还可以节约布线空间。

在过孔的设置上，需要注意以下问题。

（1）全通过孔内径原则上要求 0.2mm（8mil）及以上，外径 0.4mm

（16mil）及以上，空间较小区域可控外径为 0.35mm（14mil）。

（2）BGA 焊盘中心距在 0.65mm 及以上的设计，不建议使用盲埋孔，否则成本会大幅度增加。需要用到盲埋孔时一般采用一阶盲埋孔即可（Top 层-L2 层或 Bottom 层-负 L2 层），盲孔内径一般为 0.1mm（4mil），外径为 0.25mm（10mil）。

（3）过孔不能放置在小于 0402 阻容的焊盘上；理论上放置在焊盘上引线电感小，但是实际生产时，锡膏容易流入过孔导致锡膏不均匀，易造成器件立起来（立碑）的现象。一般推荐过孔与焊盘间距为 4～8mil。

（4）过孔与过孔之间的间距不宜过近，钻孔时容易引起破孔，一般要求孔间距 0.5mm 及以上，0.35～0.4mm 极力避免，0.3mm 及以下禁止。

（5）除散热过孔外，小于 0.5mm 的过孔需要塞孔盖油（内径是 0.4mm 内的需堵孔）。

① 针对有金属外壳的器件，原则上其本体下边不打过孔；若需要打孔，则过孔必须塞孔盖油，以免使外壳与过孔接触造成短路。

② 针对 BGA 器件，板厂实际生产反馈中，会经常提到 BGA 的扇孔离焊盘过近的问题，需要移动过孔，如图 4-1 中箭头所示。由于目前 BGA 扇孔靠近焊盘是一种常态，PCB 设计人员对此不加以重视，易导致工程问题不断，对焊接质量也是一种隐患。因此，推荐将孔打到四个焊盘的中心位置，如图 4-1 中的 Y3 焊盘所示。由于 Pitch 间距较小，打孔之后也需要塞孔盖油，以免造成 V 球连锡短路。

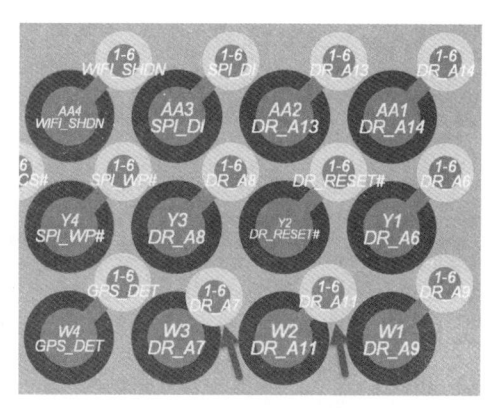

图 4-1 扇孔与焊盘过近

（6）对于耳机端子、按键、FPC 等固定焊盘，为防焊盘铜皮掉落，在条件允许的情况下焊盘打 1～2 个过孔（过孔均匀放置），如图 4-2 所示，可以有效提高固定性。

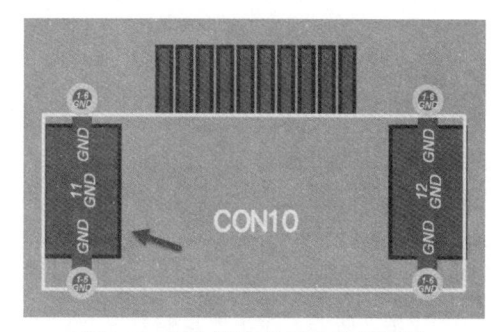

图 4-2 固定焊盘的过孔放置情况

4.1.2 封装及焊盘设计规范

（1）通用要求。

① 所有焊盘单边最小不小于 0.25mm，整个焊盘直径最大不大于元件孔径的 3 倍。

② 孔径超过 1.2mm 或焊盘直径超过 3.0mm 的焊盘应设计为星形或梅花焊盘。

③ PCB 上尚无元件封装库的器件，应根据器件资料建立新的元件封装库，并保证丝印库存与实物相符合，特别是新建立的电磁元件、自制结构件等的元件库是否与元件的资料（承认书、规格书、图纸）相符合。新器件应建立能够满足不同工艺（回流焊、波峰焊、通孔回流焊）要求的元件库。

（2）AI 元件的封装设计（AI—自动插件技术，是通孔安装的一部分，是运用自动插件设备将电子元器件插装到印制电路板的导电通孔内）。

① 单面 AI 板元件孔径=元件脚径+0.4mm。焊盘直径=2×孔径，焊盘间距不足 0.7mm 采用椭圆设计。

② 卧插元件（包括跳线）插孔的中心距：跨距要求为 6～18mm。

③ 卧插元件形体的限制：1W 及以上电阻不进行 AI；引线直径≥0.8mm 不进行 AI。

④ 立插元件插孔的中心距：跨距要求为 2.5mm、5.0mm 两种规格。

⑤ 立插元件形体的限制：最大高度可为 16mm，最大直径为 10mm。

⑥ 立式平贴 PCB 元件在本体下增加 0.8mm 透气孔。

⑦ AI 弯脚方向要做丝印。

⑧ 常用 AI 元件的 PCB 封装数据如表 4-1 所示。

表 4-1　常用AI元件的PCB封装数据

元件名称	规　　格	孔径/mm	焊盘/mm	跨距/mm	其他要求
跳线	¢ 0.6	1.00	2.0 × 2.0	10.00	—
电阻	(1/4) W 及以下	1.00	2.0 × 2.0	10.00	—
	(1/2) W	1.00	2.2 × 2.2	15.00	—
电解电容	脚距2.54mm	1.00	1.7 × 2.2	2.54	加0.8mm走气孔
	脚距5.0mm	1.00	2.0 × 2.0	5.00	加0.8mm走气孔
瓷片电容	脚距5.0mm	1.00	2.0 × 2.0	5.00	—
涤纶电容	脚距5.0mm	1.00	2.0 × 2.0	5.00	—
二极管	4148	1.00	2.0 × 2.0	10.00	—
	4007	1.20	2.4 × 2.4	10.00	—
三极管	脚距2.54mm	1.00	1.7 × 2.2	2.54	—
LED	脚距2.28mm	1.00	1.6 × 2.2	2.28	加0.8mm走气孔

（3）DIP 元件的封装设计。

① 元件孔径=元件脚径+0.2mm。焊盘直径=2×孔径+0.2mm，焊盘间距不足 0.7mm 采用椭圆设计。

② 焊盘≥3×3mm 要求做成梅花焊盘。梅花焊盘的要求：线宽 0.7mm、露出焊盘 0.5mm、

角度 30°、12 条、外加线宽 1.2mm 阻焊。

③ 排插脚间距≤2.54mm 的要求在元件脚间加阻焊和拖锡焊盘。

④ 所有接插件等受力器件或重量大的器件焊盘引线要求在 2mm 以内，其包覆铜膜宽度要求尽可能增大并且不能有空焊盘设计，保证焊盘足够吃锡，插座受外力时不会轻易起铜皮。

⑤ 常用 DIP 元件的 PCB 封装数据如表 4-2 所示。

表 4-2 常用DIP元件的PCB封装数据

元件名称	规 格	孔径/mm	焊盘/mm	跨距/mm	其他要求
1W电阻	—	1.00	2.2×2.2	15.00	—
ϕ1.5康铜丝	—	1.80	5.0×5.0	25.00	梅花焊盘
压敏电阻	—	1.20	2.4×2.4	7.50	—
可调电位器	—	1.00	2.0×2.5	—	—
2μF聚丙烯电容	—	1.10	4×4	26.50	—
中型5μF和0.3μF聚丙烯电容	—	1.30	4×4	30.50	—
小型5μF和0.3μF聚丙烯电容	—	1.30	4×4	26.50	—
ϕ1.2mm扼流圈	—	1.50	4×10	—	梅花焊盘加弯脚
变压器EE10	—	1.00	2.2×2.2	—	—
整流桥堆	—	1.50	3.5×4.5	—	梅花焊盘
IGBT	—	1.50	3.5×4.5	—	梅花焊盘
IC（DIP8）	脚距2.54mm	1.00	1.7×2.2	2.54	加拖锡焊盘、阻焊
排线	脚距2.54mm	1.00	1.7×2.2	2.54	加拖锡焊盘、阻焊
2.54mm连接器	脚距2.54mm	1.00	1.7×2.2	2.54	加拖锡焊盘、阻焊
防倒导电插片	—	1.1×1.7方孔	3.5×4.5	5.00	梅花焊盘
四脚端子	—	1.2×1.7方孔	3.5×4.5	—	梅花焊盘
轻触开关	4脚	1.15	2.0×2.5	—	—
	2脚	—	—	—	—
数码管	脚距2.54mm	0.80	1.6×2.5	2.54	加拖锡焊盘、阻焊
12.5A保险管	—	1.20	3.5×3.5	21.00	梅花焊盘
电磁式蜂鸣器	—	1.00	2.0×2.0	6.60	—
压电式蜂鸣器	—	1.00	2.0×2.0	7.50	—

（4）SMT 元件的封装设计。

为了统一 SMT 生产贴片时的元件贴装角度，保证各元件角度的一次正确性，要求研发在建立标准元件封装库时，其封装库的初始角度必须统一标准化。标准元件封装库的元件角度设计要求如图 4-3 所示。

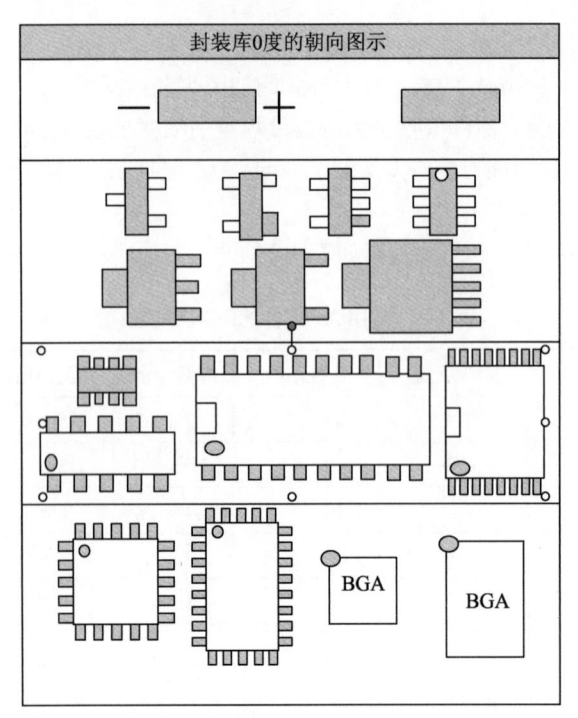

图 4-3 标准元件封装库的元件角度设计要求

① 常用贴片阻容的焊盘设计，如图 4-4 所示。各类焊盘尺寸设计参考数据见表 4-3。

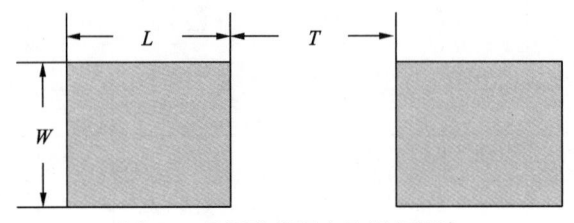

图 4-4 常用贴片阻容的焊盘设计

表 4-3 各类焊盘尺寸设计参考数据

外形代号(in)	W：宽/mm[mil]	L：长/mm[mil]	T：间距/mm[mil]
0402	0.56[22]	0.89[35]	0.40[16]
0603	0.79[31]	1.25[50]	0.60[24]
0805	1.27[50]	1.70[67]	0.86[32]
1206	1.60[63]	1.32[52]	1.80[72]

② 圆柱状类（如二极管）的焊盘设计应遵循两端焊盘的中心距为元件的长度这一原则，如图 4-5 所示。焊盘的宽度和长度一般以同类型封装的片式阻容一致。

③ IC 表面焊盘图形设计的一般原则如下。

- 对 SOP、QFP、PLCC、BGA 存在英制和公制两种规格，除 PLCC 外，其他封装形式在各个生产商中，封装尺寸不完全一致。设计时，应以供应商提供的封装结构尺寸进行设计。

- 焊盘中心距等于引脚中心距。
- 焊盘宽度一般可取引脚中心距的一半。
- 焊盘与相邻印制线间隔不应小于 0.3mm。

④ SOP 设计的一般原则如下。
- 焊盘的中心距与引脚中心距相等。
- 焊盘的图形与引脚的焊接面相似，尺寸上一般是长度方向加引脚内外补偿值，如图 4-6 所示，焊盘长度=L+0.3mm+0.7mm；宽度方向上加宽 0.2～0.4mm。

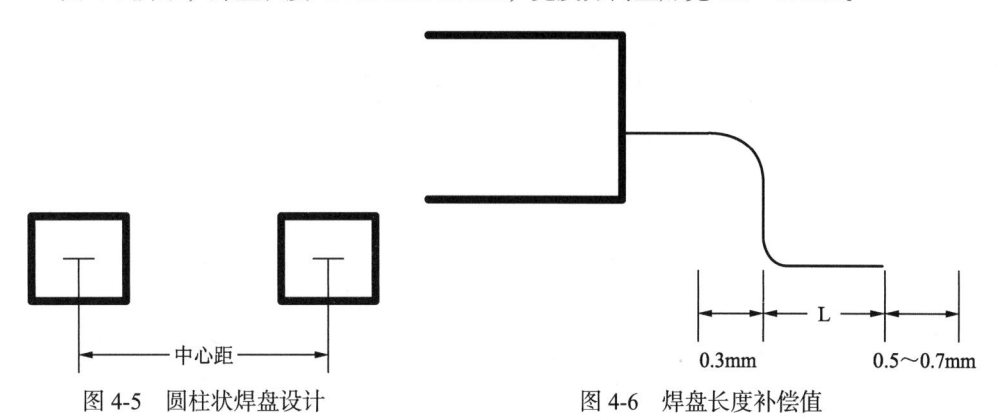

图 4-5　圆柱状焊盘设计

图 4-6　焊盘长度补偿值

- 设计 SOP 封装类型的 IC 焊盘，若采用红胶工艺必须加拖锡焊盘。

⑤ PLCC 元件封装示意图如图 4-7 所示。设计的一般原则如下。
- 焊盘中心距等于引脚中心距。
- 焊盘宽度等于引脚中心距一半。
- A（或 B）=C_{max}+0.8mm。
- L=2.0～2.15mm。

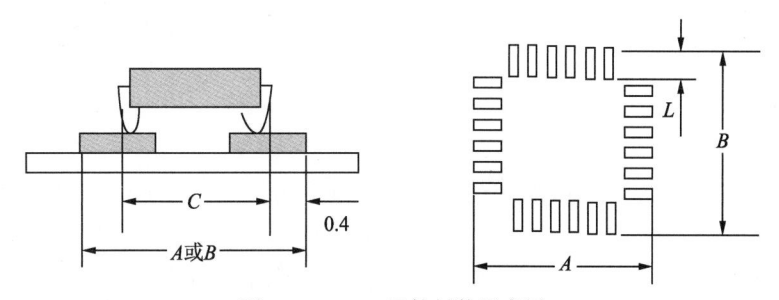

图 4-7　PLCC 元件封装示意图

⑥ QFP 元件封装示意图如图 4-8 所示，设计的一般原则如下。
- 焊盘中心距等于引脚中心距。
- 焊盘宽度等于引脚中心距的一半加 0.05mm。
- A'（或 B'）=A（或 B）+1mm。
- L=1.5～1.6mm（适用于引脚中心距为 0.5mm 及其以下尺寸的 QFP）。
- L=1.8～2.0mm（适用于引脚中心距为 0.8mm、0.65mm 尺寸的 QFP）。
- 设计 QFT 封装的 IC 焊盘，若是采用红胶工艺必须加拖锡焊盘。

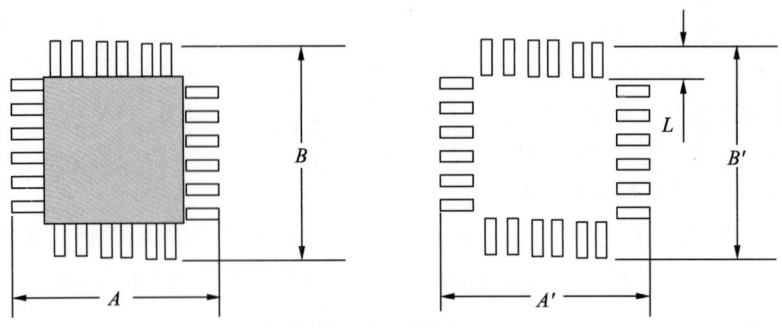

图 4-8　QFP 元件封装示意图

4.1.3　走线

走线的通用规范介绍如下。

（1）为满足国内板厂的生产工艺能力，常规走线线宽大于或等于 4mil（特殊情况下可用 3.5mil），小于 4mil 会极大地挑战工厂的生产能力，报废率将会提高。

（2）走线不宜走直角或锐角。直角和锐角在折角处的线宽会有所变化，造成阻抗不连续，会产生一定的信号反射；同时，锐角走线在腐蚀加工过程中，其折角处会形成"酸角"，增强腐蚀性，会因腐蚀过度造成走线开路的问题。

（3）尽量使用直线或 135°走线，避免任意角度的走线，以免在线路蚀刻时出现问题。

（4）线路与 Chip 元件连接时，原则上可以在任意点连接。但对采用回流焊进行焊接的 Chip 元器件，最好按以下原则设计。

① 对于两个焊盘安装的元件，如电阻、电容，与其焊盘连接的印制线最好从焊盘中心位置等线宽出线，对线宽小于或等于 12mil 的引出线可以不考虑此条规定，如图 4-9 所示。线宽宽度最大不超过焊盘边长较小值。

② 尽量使连接到焊盘的走线呈对称分布，减少不对称分布引起的器件错位，如图 4-10 所示。

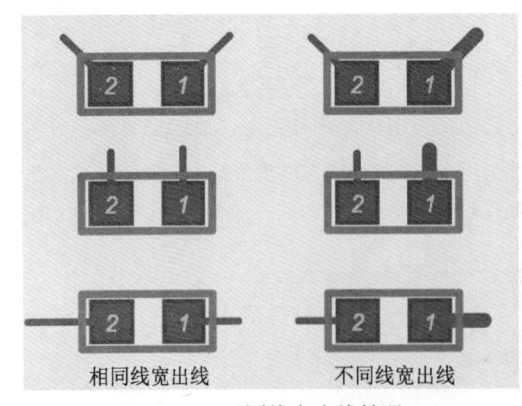

图 4-9　不同线宽出线情况　　　　图 4-10　器件错位示意图

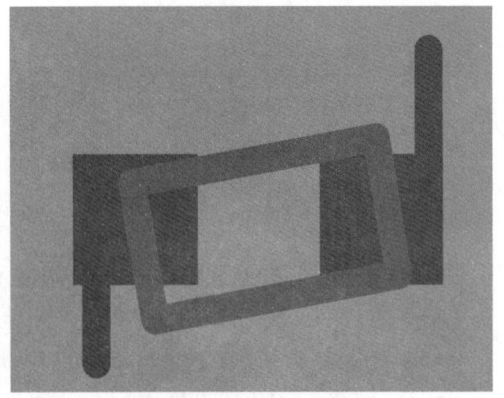

③ 元器件出线必须从焊盘中心位置引出，如图 4-11 所示。

图 4-11 焊盘中心出线

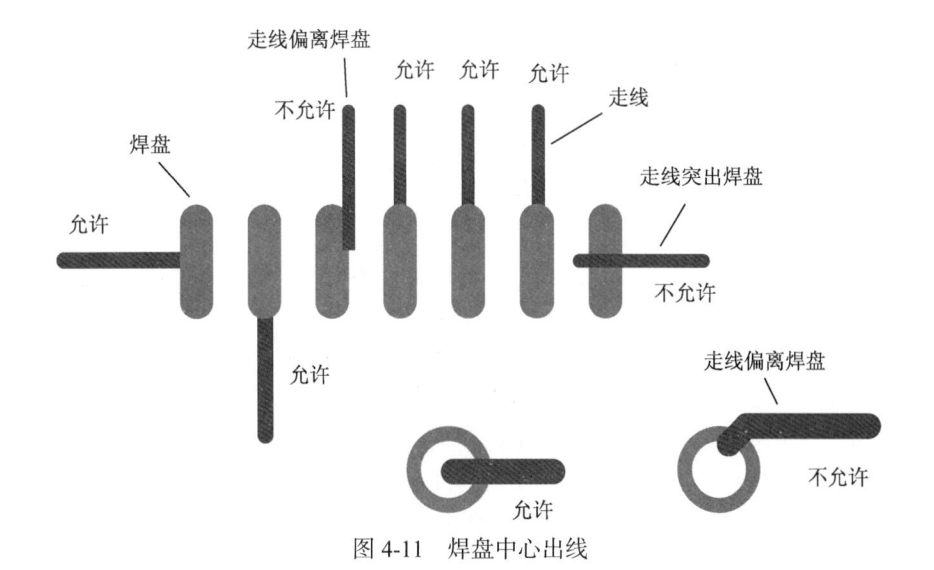

④ 当信号走线比焊盘粗时，走线不能直接覆盖焊盘从中心出线，应从焊盘末端引出一截与焊盘同宽的延长线进行连接，如图 4-12 所示。

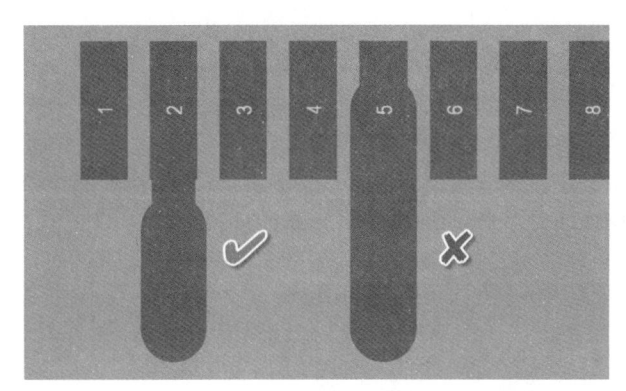

图 4-12 较粗走线的出线方式

⑤ 相邻的 SMT 焊盘引脚需要连接时，应从焊脚外部连接，不允许在焊脚中间直接连接，以免在焊接时造成连锡问题，如图 4-13 所示。

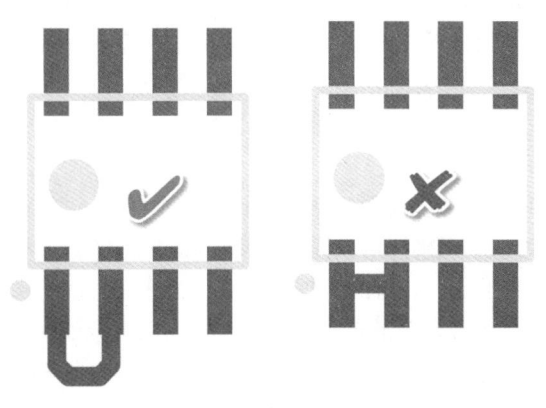

图 4-13 相邻焊盘的连接

4.1.4 丝印

丝印层为文字层，属于 PCB 中最上面一层，一般用于注释用。正确的丝印层字符放置原则是：不出歧义、见缝插针、美观大方。

丝印的步骤介绍如下：

（1）所有元器件、安装孔、定位孔都有对应的丝印标号。为了方便成板的安装，所有元器件、安装孔、定位孔都有对应的丝印标号，PCB 上的安装孔丝印用 H1、H2、…、Hn 进行标识。

（2）丝印字符遵循从左至右、从下往上的原则。

（3）对于电解电容、二极管等有极性的器件，在每个功能单元内尽量保持方向一致。

（4）为了保证器件的焊接可靠性，要求器件焊盘上无丝印；为了保证搪锡的锡道连续性，要求需搪锡的锡道上无丝印；为了便于器件插装和维修，器件位号不应被安装后器件所遮挡；丝印不能压在导通孔、焊盘上，以免开阻焊窗时造成部分丝印丢失，影响区别。

（5）尽量保证丝印间距大于 0.13mm。

（6）有极性元器件需保证其极性在丝印图上标示清楚，极性方向标记易于辨认。

（7）有方向的接插件其方向在丝印上要标示清楚，IC 类要求丝印标识第一个引脚编号。

（8）在 PCB 面空间允许的情况下，若需要放置条形码，PCB 上应有 42×6 的条形码丝印框，条形码的位置应考虑方便扫描。

（9）PCB 文件上应有板名、日期、版本号等制成板信息丝印，位置明确、醒目。

（10）PCB 上应有厂家完整的相关信息及防静电标识。

（11）PCB 上器件的标识符必须和 BOM 清单中的标识符号一致。

4.1.5 Mark 点

1. Mark 点的定义及作用

Mark 点也叫光学基准点，是为了补偿 PCB 制作误差及设备定位时的误差而设定的各个装配步骤共同的可测量基准点。PCB 的生产工艺决定了线路图形的精确度比外形和钻孔的精确度要高一到两个数量级，Mark 点本质上属于线路图形的一部分，以 Mark 点作为贴片设备的识别定位基准，就能将多种偏差自动补正，减小误差，因此，Mark 对 SMT 生产至关重要。

2. Mark 点的设置与放置

Mark 点形状一般是实心圆。设置方法为：设置一个元件（把 Mark 点作为元件的好处是，导出元件坐标时，Mark 点坐标可以同时导出，Mark 点坐标非常重要），元件为一个实心圆的焊盘，焊盘直径为 1mm，焊盘的阻焊窗口直径为 3mm。实心圆要求表面洁净、平整、边缘光滑、齐整，颜色与周围的背景有明显区别，表面以沉金处理为佳，3mm 阻焊窗口范围内要保持空白，不允许有任何焊盘、孔、布线、阻焊油墨或者丝印标识等，以使 Mark 点与 PCB 的基材之间出现高对比度。

Mark 点位于电路板或者拼板工艺边上的四个对角，但板子四周设置的 Mark 点不能对称，以免造成机器不能识别板子放反的情况（不能防呆）。如图 4-14 所示，只要把 4 个 Mark 点当中的一个错位 1cm 左右放置就可以了。

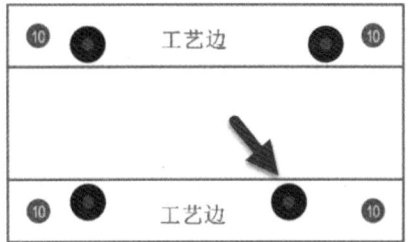

图 4-14　Mark 点不完全对称放置

Mark 点的实心圆的外缘，要保持离最外板边 2.5mm 以上的距离，如果工艺边宽为 5mm，实心圆中心要放在离最外板边 3～3.5mm 的位置上，而不能居中放在 2.5mm 的位置上。如果居中放置，实心圆的外缘离板边就只有 2mm，一般情况下，实心圆都会被贴片设备的夹持边压住一部分，使得贴片设备不能辨识这个 Mark 点，结果就会大大影响贴片装配的质量和效率。如图 4-15 所示，5mm 宽的工艺边上，四个 Mark 点的圆心的 Y 轴方向位置：第一个在工艺边上居中 2.5mm 的位置不可取；在 3.0～3.5mm 范围内皆可，第四个 3.2mm 的位置最佳。

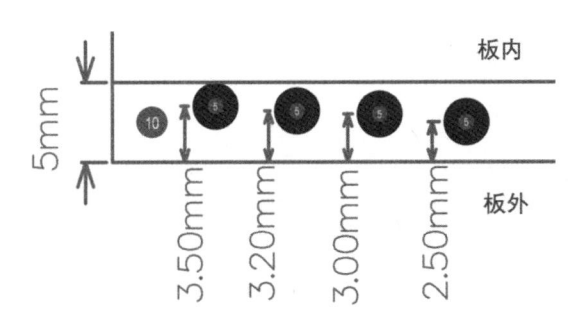

图 4-15　Mark 点放置位置的选择

4.1.6　工艺边

PCB 工艺边也叫工作边，是为了贴片时留出轨道传输位置、放置拼板 Mark 点而设置的长条形空白板边，工艺边一般宽 5～8mm。为了节省一点 PCB 成本，取消工艺边或者把工艺边设置为 3mm，这是不可取的。

什么情况下可以取消工艺边呢？当 PCB 外形是规整的矩形，便于轨道传输，而且板边最近的贴片元件离板边距离 5mm 以上，就可以取消工艺边。或者 PCB 是类似手机板（单片板上有好几百个贴片元件，且 PCB 是昂贵的多层板）也可以取消，让 SMT 厂一次性花几千元做治具，取代工艺边的成本支出。

PCB 工艺边一般要满足以下几个要点。

① 宽度为 5～8mm。

② 工艺边上放置的 Mark 点要规范合理。

③ 两边各加直径为 3mm 的测试定位孔，以便板厂做连通性测试时固定。

4.1.7 挡板条

对需要进行波峰焊的宽度超过 200mm 的 PCB，一般非传送边也应该留出大于或等于 3.5mm 宽度的边；在 B 面（焊接面）上，距挡条边 8mm 范围内不能有元器件或焊点，以便装挡条。

如果元器件较多，安装面积不够，可以将元器件安装到边，但必须另加上辅助工艺挡条边。

4.1.8 屏蔽罩

屏蔽罩是一个合金金属罩，对两个空间区域进行金属隔离，屏蔽外界电磁波对内部电路的影响，并防止内部电路的电磁波向外辐射，即防止电磁干扰。

屏蔽罩的位置、大小和形状，一般由 CAD 人员根据 PCB 布局布线的实际情况而定，由此画出一定的形状，然后由结构设计画出屏蔽罩详细的立体结构图。为降低生产难度，建议屏蔽罩的外形尽量设计为矩形。

屏蔽罩通常应用于 PCB 易受干扰的核心部分，包括 CPU、DDR（SDRAM）、FLASH（eMMC）；敏感射频部分，包括 WI-FI、BT、3G\4G；作为发热源及干扰源的电源部分，包括 PMU、DCDC、LDO。

根据焊接形式，屏蔽罩的分类主要有三种。

（1）单件固定式：直接焊接到 PCB 上。生产成本较低，遮蔽率优；SMT 良率受限于屏蔽罩的大小；不方便进行后期维修处理。单件固定式屏蔽罩如图 4-16 所示。

（2）两件式屏蔽罩（Cover+Frame）：由支架和盖子组成，是目前常用形式，遮蔽率优，一定程度上方便后期检修。缺点是需要两次开模，成本较高。两件式屏蔽罩如图 4-17 所示。

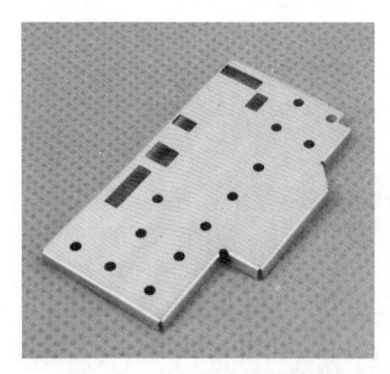

图 4-16 单件固定式屏蔽罩

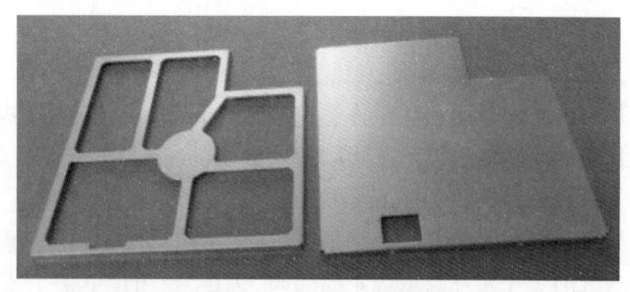

图 4-17 两件式屏蔽罩

（3）Cover+Clip 屏蔽罩，即由盖子和屏蔽罩夹子组成。使用屏蔽罩夹子代替支架，可以省去支架的开模成本，同时方便后期检修。缺点是卡扣的夹持力有待考究，在振动强度大的场景下不宜采用。屏蔽罩夹子如图 4-18 所示。

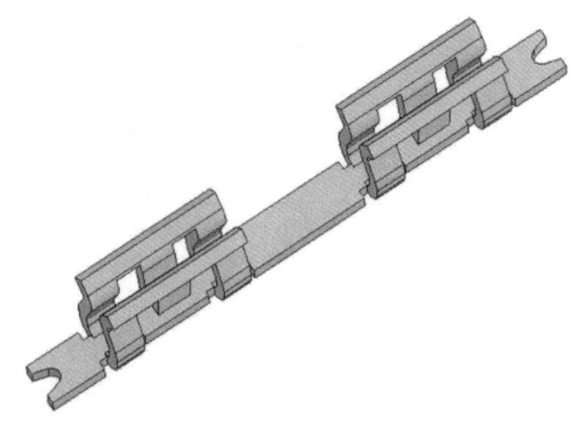

图 4-18 屏蔽罩夹子

使用屏蔽罩夹子应注意以下几点。

（1）夹子的夹持力如何，根据生产商的回答，一般一个屏蔽框最少要用 4 个夹子固定，约 25mm 摆放一个夹子，足够应付消费类电子产品需求。

（2）板上的屏蔽罩夹子，可根据情况灵活增加，对 RF 电路部分，使用更多夹子能更好地屏蔽 EMI。

（3）夹子位置应放在拐角的位置，建议不要将夹子放在中心位置，不利于跌落测试和作业员的安装定位。4 个夹子的摆放位置如图 4-19 所示。

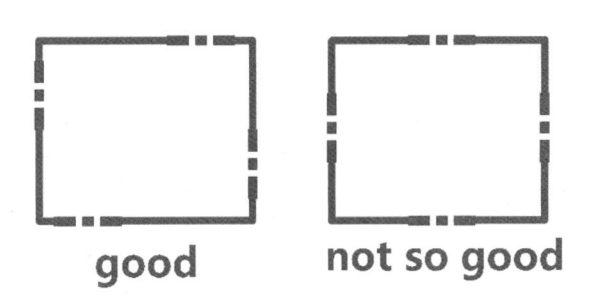

图 4-19 4 个罩夹子的摆放位置

（4）夹子之间的最小放置间距为 0.3mm。
（5）夹子与 PCB 边缘尽量保持 0.5mm 的距离。

4.2 拼板

电子产品从设计完成到加工制造，其中最重要的一个环节就是 PCB 的加工。而 PCB 加工出来的裸板绝大部分情况是要过贴片机贴片装配的。

目前电子产品都在向小型轻便化方向发展。当设计的 PCB 特别小，有的电子产品模块小到几厘米时，在 PCB 加工制造这一环节基本没问题，但是到了 PCB 装配环节，那么小的面积放在贴片机上进行装配就带来了问题，无法上装配生产线。这里就需要对小块 PCB 进行拼板，拼成符合装配上机要求的合适的面积，或者拼成阴阳板，更加便于贴片装配。

PCB 的拼板连接方式有两种：一种是 V-Cut，如图 4-20 所示；另一种为邮票孔连接方式，如图 4-21 所示。

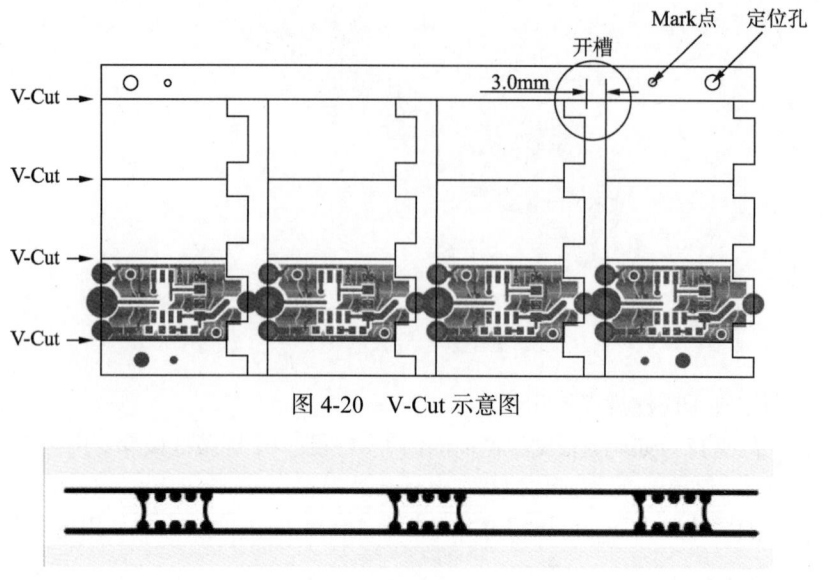

图 4-20　V-Cut 示意图

图 4-21　邮票孔连接处示意图

4.2.1　V-Cut 的应用

（1）V-Cut 适合于板与板之间为直线连接，中间不转弯，板边缘平整且不影响器件安装的 PCB。目前 SMT 板应用较多，特点是分离后边缘整齐且加工成本低，建议优先选用。

（2）V-Cut 线两边（A、B 面）要求保留不小于 2mm 的器件禁布区，以避免在分板时损伤器件，设计要求如图 4-22 所示。

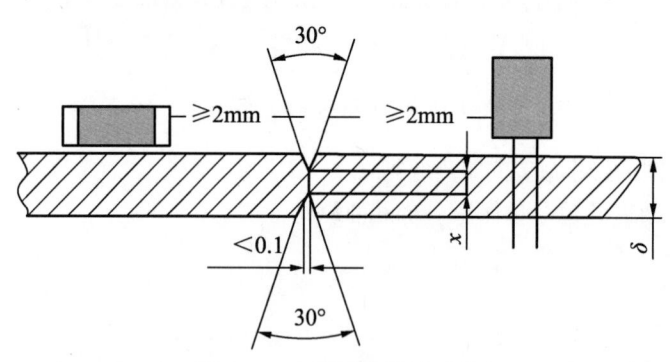

图 4-22　V 形槽的设计要求

（3）开 V 形槽后，剩余的厚度 x 应为 1/4～1/3 板厚 δ，剩余厚度最小尺寸不能小于 0.4mm。对承重较重的板子可取上限，对承重较轻的板子可取下限。

（4）考虑自动分板机刀片结构，板边禁布区在 5mm 范围内，不允许有高度超过 25mm 的器件，如图 4-23 所示。

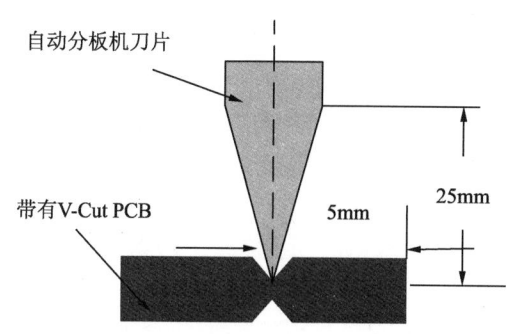

图 4-23 V-Cut 对板边器件的禁布要求

4.2.2 邮票孔的应用

（1）邮票孔适合于各种外形的子板（小 PCB，相对于拼后大的板而言）之间的拼板。由于分离后边缘不整齐，对使用导槽固定的 PCB 一般尽量不要采用。

（2）邮票孔的设置。放置孔径（包括焊盘大小）为 0.5mm 的非金属化焊盘，邮票孔中心间距为 0.8mm，每个位置放置 4~5 个焊盘，板与板之间距离为 2mm，邮票孔伸到板内 1/3，如板边有线须避开。

（3）长槽宽一般为 2.0mm，槽长为 25~40mm；槽与槽之间的连接桥一般为 4mm，并布设几个圆孔，孔径为 0.5mm；孔中心距为孔径加 0.3~0.6mm，板厚取较小值，板薄取较大值。分割槽长度的设计视 PCB 传送方向、组装工艺和 PCB 大小而定。

4.3 PCB 表面处理工艺

表面处理最基本的目的是保证良好的可焊性或电性能。由于自然界的铜在空气中倾向于以氧化物的形式存在，不大可能长期保持为原铜，因此需要对铜进行其他处理。虽然在后续的组装中，可以采用强助焊剂除去大多数铜的氧化物，但强助焊剂本身不易去除，因此业界一般不采用强助焊剂。

PCB 表面处理工艺，常见的是热风整平、有机涂覆、化学镀镍/浸金、浸银和浸锡这五种工艺。

（1）热风整平（HASL）。

热风整平又名热风焊料整平（喷锡），它是在 PCB 表面涂覆熔融锡铅焊料并用加热压缩空气整（吹）平的工艺，使其形成一层既抗铜氧化，又可提供良好的可焊性的涂覆层。热风整平时焊料和铜在结合处形成铜锡金属间化合物。保护铜面的焊料厚度大约有 1~2mil。

PCB 进行热风整平时要浸在熔融的焊料中；风刀在焊料凝固之前吹平液态的焊料；风刀能够将铜面上焊料的弯月状最小化和阻止焊料桥接。热风整平分为垂直式和水平式两种，一般认为水平式较好，主要是水平式热风整平镀层比较均匀，可实现自动化生产。

热风整平工艺的一般流程为：微蚀→预热→涂覆助焊剂→喷锡→清洗。

（2）有机涂覆（OSP）。

有机涂覆工艺不同于其他表面处理工艺，它是在铜和空气间充当阻隔层；有机涂覆工艺简单、成本低廉，这使得它能够在业界广泛使用。早期的有机涂覆的分子是起防锈作用的咪唑和苯并三唑，最新的分子主要是苯并咪唑，它是化学键合氮功能团到 PCB 上的铜。在后续的焊接过程中，如果铜面上只有一层有机涂覆层是不行的，必须有很多层。这就是为什么化学槽中通常需要添加铜液。在涂覆第一层之后，涂覆层吸附铜；接着第二层的有机涂覆分子与铜结合，直至二十甚至上百次的有机涂覆分子集结在铜面，这样可以保证进行多次回流焊。试验表明：最新的有机涂覆工艺能够在多次无铅焊接过程中保持良好的性能。

有机涂覆工艺的一般流程为：脱脂→微蚀→酸洗→纯水清洗→有机涂覆→清洗，过程控制相对其他表面处理工艺较为容易。

（3）化学镀镍/浸金。

化学镀镍/浸金工艺不像有机涂覆那样简单，化学镀镍/浸金好像给 PCB 穿上厚厚的盔甲；另外化学镀镍/浸金工艺也不像有机涂覆作为防锈阻隔层，它能够在 PCB 长期使用过程中有用并实现良好的电性能。因此，化学镀镍/浸金是在铜面上包裹一层厚厚的、电性能良好的镍金合金，这可以长期保护 PCB；另外它也具有其他表面处理工艺所不具备的对环境的忍耐性。镀镍的原因是金和铜间会相互扩散，而镍层能够阻止金和铜间的扩散；如果没有镍层，金将会在数小时内扩散到铜中去。化学镀镍/浸金的另一个好处是镍的强度，仅仅 5μm 厚度的镍就可以限制高温下 Z 方向的膨胀。此外化学镀镍/浸金也可以阻止铜的溶解，这将有益于无铅组装。

化学镀镍/浸金工艺的一般流程为：酸性清洁→微蚀→预浸→活化→化学镀镍→化学浸金，主要有 6 个化学槽，涉及近 100 种化学品，因此过程控制比较困难。

（4）浸银。

浸银工艺介于有机涂覆和化学镀镍/浸金之间，工艺比较简单、快速；不像化学镀镍/浸金那样复杂，也不是给 PCB 穿上一层厚厚的盔甲，但是它仍然能够提供良好的电性能。银是金的"小兄弟"，即使暴露在热、湿和污染的环境中，银仍然能够保持良好的可焊性，但会失去光泽。浸银不具备化学镀镍/浸金所具有的好的物理强度，因为银层下面没有镍。

浸银是置换反应，它几乎是亚微米级的纯银涂覆。有时浸银过程中还包含一些有机物，主要是防止银腐蚀和消除银迁移问题；一般很难测量出来这一薄层有机物，分析表明有机体的重量小于 1%。

（5）浸锡。

由于目前所有的焊料都是以锡为基础的，所以锡层能与任何类型的焊料相匹配。从这一点来看，浸锡工艺极具有发展前景。但是以前的 PCB 经浸锡工艺后出现锡须，在焊接过程中锡须和锡迁徙会带来可靠性问题，因此浸锡工艺的采用受到限制。后来在浸锡溶液中加入了有机添加剂，可使得锡层结构呈颗粒状结构，克服了以前的问题，而且还具有好的热稳定性和可焊性。

浸锡工艺可以形成平坦的铜锡金属间化合物，这个特性使得浸锡具有和热风整平一样良好的可焊性，而没有热风整平令人头痛的平坦性问题；浸锡也没有化学镀镍/浸金金属间的扩散问题——铜锡金属间化合物能够稳固地结合在一起。浸锡板不可存储太久，组装时必须根据浸锡的先后顺序进行。

4.4 组装

（1）组装形式，即 SMD 与 THC 在 PCB 顶底层的布局。

不同的组装形式对应不同的工艺流程，它受现有生产线限制。针对公司实际情况，应该优选表 4-4 所列形式之一，采用其他形式需要与工艺人员商议。

表 4-4 PCB组装形式

组装形式	示意图	PCB设计特征
Ⅰ.单面贴装		仅一面装有SMD
Ⅱ.双面贴装		A/B面装有SMD
Ⅲ.单面混装		仅A面装有器件，既有SMD，也有THC
Ⅳ.一面混装，另一面贴装		A面混装，B面仅装简单SMD
Ⅴ.一面插装，另一面贴装		A面装THC，B面仅装简单SMD

简单SMD：指Chip、SOT、引脚中心距大于1mm的SOP

另外注意：在波峰焊的板面上（Ⅳ、Ⅴ组装方式）尽量避免出现仅有几个 SMD 的情况，它增加了组装流程。

（2）组装方式说明。

① 关于双面纯 SMD 板（Ⅱ）两面全 SMD，这类板采用两次回流焊工艺，在焊接第二面时，已焊好的第一面上的元件焊点同时再次熔化，仅靠焊料的表面张力附在 PCB 下面，较大较重的元件容易掉落。因此，元件布局时尽量将较重的元件集中布放在 A 面，较轻的布放在 B 面。

② 关于混装板（Ⅳ）B 面（即焊接面）采用波峰焊进行焊接，在此面所布元件种类、位向、间距一定要符合相关规定。

4.5 焊接

焊接技术在电子产品的装配中占有极其重要的地位。一般焊接分为两大类：回流焊和波峰焊。

（1）波峰焊是将熔化的软钎焊料经电动泵或电磁泵喷流成设计要求的焊料波峰，使预先装有电子元件的印制板通过焊料波峰，实现元件焊端或引脚与印制板焊盘之间机械与电气连接的软钎焊，主要用于插脚元件的焊接。

（2）回流焊又称再流焊，是指通过重新熔化预先分配到印制板焊盘上的膏状软钎焊料，实现表面贴装元件焊端或引脚与印制板焊盘之间机械与电气连接的软钎焊，从而实现具有一定可靠性的电路功能，主要用于表面贴装元件的焊接。

第 5 章 EMC 设计规范

电磁干扰在电子设备及产品中无处不在，如何使电子设备满足电磁兼容的要求成为设计人员关注的重点问题之一。一个电子系统或设备能否达到所期望的高速工作的频值，在很大程度上取决于 PCB 的设计，而 PCB 很大一部分工作在于布局和布线，这说明布局或布线的好坏直接关系到 PCB 的性能。

本章将对电子设备的电磁兼容进行概述，并列举一些常见的可抑制电磁干扰的电子器件，同时对 PCB 电磁兼容设计的布局布线进行介绍。

学习目标：
- 了解电磁兼容相关知识。
- 了解可抑制电磁干扰的电子器件。
- 掌握 PCB 设计中布局布线的通用规范。

5.1 EMC 概述

5.1.1 EMC 的定义

电磁兼容（EMC）是研究在有限的空间、时间和频谱资源的功能条件下，各种电气设备共同工作，并不发生降级的技术。各种电气设备、电气装置或系统在共同的电磁环境条件下，既不受电磁环境的影响，也不会给环境以这种影响。各种电气设备会因为周边的电磁环境而导致性能降低、功能丧失和损坏，也不会在周边环境中产生过量的电磁能量，以致影响周边设备的正常工作。

5.1.2 EMC 有关的常见术语及其定义

1. 电磁兼容性

设备或系统在其电磁环境中能正常工作且不对该环境中任何事物构成不能承受的电磁骚扰的能力。

2. 电磁干扰（Electromagnetic Interference，EMI）

任何在传导或电磁场伴随着电压、电流的作用而产生会降低某个装置、设备或系统的性能，或可能对生物或物质产生不良影响之电磁现象。

3. 电磁敏感度（Electromagnetic Susceptibility，EMS）

在电磁骚扰的情况下，装置、设备或系统不能避免性能降低的能力。

4. 电磁骚扰（Electromagnetic Disturbance）

任何可能引起装置、设备或系统性能降低或者对有生命或无生命物质产生损害作用的电磁现象。

5. 电磁辐射（Electromagnetic Radiation）

能量以电磁波形式由源发射到空间的现象。

6. 耦合路径（Coupling Path）

部分或全部电磁能量从规定路径传输到另一电路或装置所经由的路径。

7. 电磁屏蔽（Electromagnetic Screen）

用导电材料减少交变电磁场向指定区域穿透的屏蔽。

8. 电快速瞬变脉冲群（Electrical Fast Transient Burst，Eft/B）

数量有限且清晰可辨的脉冲序列或持续时间有限的振荡，脉冲群中的单个脉冲有特定的重复周期、电压幅值、上升时间、脉宽。

9. 浪涌（Electrical Surge）

瞬间出现超出稳定值的峰值，它包括浪涌电压和浪涌电流。本质上讲，浪涌是发生在仅仅几百万分之一秒时间内的一种剧烈脉冲。

10. 回返电流（Return Current）

任何电流都不是简单地从源端沿着信号线到达接收端，电流必须经过一个完整的回路返回其源头，流经这个回路的电流就是回返电流。

11. 参考平面（Reference Plane）

参考平面层是 PCB 内部相邻于电路或信号的铜箔层（如电源平面或地平面），可提供 RF 电流低阻抗的路径以使其返回到源头。

12. 天线效应（Antenna Effect）

印制板上任何"悬空"的金属都会积累电荷，当能量足够大时便会向外辐射能量，形成天线效应。

13. 辐射发射（Radiated Emission，RE）

能量以电磁波的形式由源发射到空间，或能量以电磁波形式在空间传播的现象。

14. 传导发射（Conducted Emission，CE）

传导发射是指通过介质把一个电网络上的信号耦合到另一个电网络。

15. 静电放电（Electrostatic Discharge，ESD）

具有不同静电电位的物体互相靠近或直接接触引起的电荷转移。

5.1.3 EMC 研究的目的和意义

EMC 研究的目的和意义如下。
（1）确保系统内部的电路正常工作，互不干扰，以达到预期的功能。
（2）降低电子系统对外的电磁能量辐射，使系统产生的电磁干扰强度低于特定的限定值。
（3）减少外界电磁能量对电子系统的影响，提高系统自身的抗干扰能力。

5.1.4 EMC 的主要内容

EMC 是研究在给定的时间、空间、频谱资源的条件下。
（1）同一设备内部各电路模块的相容性，互不干扰、能正常工作。
（2）不同设备之间的兼容性，EMC 分为 EMI、EMS 两部分。
① EMI：电磁干扰，即处在一定环境中设备或系统，在正常运行时，不应产生超过相应标准所要求的电磁能量。
② EMS：电磁敏感度，即处在一定环境中的设备或系统，在正常运行时能承受相应标准规定范围内的电磁能量干扰，或者说设备或系统对于一定范围内的电磁能量不敏感，能按照设计的性能保持正常的运行、工作（防静电要求为此类）。

5.1.5 EMC 三要素

EMC 三要素包括干扰源、传导路径和敏感器件，分别介绍如下。
（1）干扰源。
干扰源包括：
- 时钟电路（包括晶振、时钟驱动电路）;
- 开关电源;
- 高速总线（通常为低位地址总线如：A0、A1、A2）;
- 高电平信号、大电流信号、dv/dt、di/dt 高信号;

- 继电器；
- 部分塑封器件；
- 内部互连电缆。

（2）传导路径。

传导路径是传播 RF 能量的各种媒质，例如自由空间、互连电缆（共模耦合）按传播的方式，电磁干扰分成以下两种类型。

① 传导发射：传导发射是系统产生并返回到支流输入线或信号线的噪声，这个噪声的频率范围为 10kHz～30MHz，它既有共模方式，又有差模方式。LC 网络常常是抑制传导发射的主要方式。

② 辐射发射：辐射发射以电磁波的方式直接发射，线路中一个普通的例子是电源线扮演发射天线的作用，频率覆盖范围 30MHz～1GHz，这个范围的 EMI 可通过金属屏蔽的方式抑制。

（3）敏感器件。

PCB 上的各种敏感器件易于接收来自 I/O 线缆的辐射发射并把这些有害能量传输到其他敏感电路或器件上，敏感器件或信号主要有：锁相环、收发模块、模拟信号、复位信号、小弱信号等。

5.1.6　EMC 设计对策

EMC 设计对策包括如下内容。

（1）降低干扰源。

① 合理的 PCB 设计，消除 RF 干扰。

② 多增加磁珠和电感，尤其是坦电容。

③ 将有源器件使所有辐射通过 PCB 设计将电感能量限制在最小。

④ 利用时钟扩频技术或适当的减缓信号的上升沿来降低时钟信号的干扰强度。

⑤ 在器件选型方面以及天线效应方面（如严格控制线头长度、控制信号回路面积）来控制 EMI 的强度。

（2）切断或削弱传播途径。

① 对应传导耦合：加滤波电容、滤波器、共模线圈、隔离变压器等。

② 对应辐射耦合：相邻层垂直走线、加屏蔽地线、磁性器件合理布局、3W 原则、正确层分布、辐射能力强或敏感信号内布层、使用 I/O 双绞线、辐射信号强的信号远离拉手条、板边缝隙等。

（3）提高设备的抗干扰能力。

PCB 设计时采用接地、屏蔽、滤波技术，提高设备的抗干扰能力。

5.1.7　EMC 设计技巧

EMC 设计技巧包括如下内容。

（1）信号质量的要求。

在产品的 EMC 设计中，除了通过有关测试、获取 CE 认证外，还必须结合信号完整性分析，保证信号质量。

（2）系统设计，对策多样化。

目前业界一流公司在 EMC 的处理上均采用注重源头控制的 EMC 系统设计，从产品的概念、设计阶段给予关注，可在原理、PCB、结构、线缆、屏蔽、滤波、软件等方面采取对策。

设计之初多采取一些抑制措施，电子产品的 EMC 性能是设计赋予的。

（3）缩短开发周期。

重视源头控制，缩短开发周期。

（4）降低批量成本。

PCB 的设计需要综合质量、成本、加工工艺、EMC、安全生产规范、热等诸多因素，缺乏对以上的综合考虑，都不是一个成功的产品。需要对以上因素做到全局把握，根据实际情况，采取不同的对策，降低批量成本。

（5）信号完整性设计。

信号完整性是指一个信号在电路中产生正确的相应的能力，信号具有良好的信号完整性。信号完整性问题包括反射、振荡、地弹、串扰等。注重源头控制 EMC 系统设计，从产品的概念、设计阶段给予关注，可在原理、PCB、结构、线缆、屏蔽、滤波、软件等方面采取对策。

① 过大的上冲，可能是终端阻抗不匹配，可使用终端端接或使用上升时间缓慢的驱动源。

② 直流电压电平不好，可能是线上负载过大，可以用交流负载替换直流负载，或者在接收端端接，重新布线或检查地平面。

③ 过大的串扰，可能是因为线间耦合过大，可使用上升时间缓慢的发送驱动器，或使用能提供更大驱动电流的驱动源。

④ 时延太大，可能是传输线距离太长，可替换或重新布线，检查串行端接头，或使用阻抗匹配的驱动源，变更布线策略。

⑤ 振荡，有可能是阻抗不匹配造成的，可在发送端串接阻尼电阻。

（6）滤波、干扰。

滤波技术是抑制干扰的一种有效措施，尤其是在对付开关电源 EMI 信号的传导发射和某些辐射发射方面，具有明显的效果。

任何电源线上传导发射信号，均可用差模和共模干扰信号来表示。差模干扰在两导线之间传输，属于对称性干扰；共模干扰在导线与地机壳之间传输，属于非对称性干扰。在一般情况下，差模干扰幅度小、频率低、所造成的干扰较小；共模干扰幅度大、频率高，还可以通过导线产生辐射，所造成的干扰较大。因此，欲削弱传导发射，把 EMI 信号控制在有关 EMC 标准规定的极限电平以下，除抑制干扰源以外，最有效的方法就是在开关源输入和输出电路中加装 EMI 滤波器。一般设备的工作频率约为 10～50kHz。EMC 很多标准规定的传导发射电平的极限值都是从 10kHz 算起。对开关电源产生的高频段 EMI 信号，只要选择相应的去耦电路或网络结构较为简单的 EMI 滤波器，就不难满足符合 EMC 标准的滤波效果。

瞬态干扰：瞬态干扰是指交流电网上出现的浪涌电压、振铃电压、火花放电等瞬间干扰信号，其特点是作用时间极短，但电压幅度高、瞬态能量大。当瞬态电压叠加在整流滤波后的直流输入电压超过内部功率开关管的漏-源极击穿电压，瞬态干扰会造成单片开关电源输出电压的波动，因此必须采用抑制措施。通常静电放电（ESD）和电快速瞬变脉冲群（EFT）对数字电路的危害甚于其对模拟电路的影响。静电放电在 5～200MHz 的频率范围内产生强烈的射频辐射。此辐射能量的峰值经常会在 35～45MHz 发生自激振荡。许多 I/O 电缆的谐振频率也通常在这个频率范围内，电缆中便存在大量的静电放电辐射能量。当电缆暴露在 4～8kV 静电放电环境中时，I/O 电缆终端负载上可以测量到的感应电压可达到 600V。这个电压远超出了典型数字的门限电压值 0.4V。典型的感应脉冲持续时间大约为 400ns。将 I/O 电缆屏蔽起来，且将其两端接地，使内部信号引线全部处于屏蔽层内，可以将干扰减小 60～70dB，负载上的感应电压只有 0.3V 或更低。电快速瞬变脉冲群也产生相当强的辐射发射，从而耦合到电缆和机壳线路。电源线滤波器可以对电源进行保护。线-地之间的共模电容是抑制这种瞬态干扰的有效器件，它使干扰旁路到机壳，而远离内部电路。当这个电容的容量受到泄漏电流的限制而不能太大时，共模扼流圈必须提供更大的保护作用。这通常要求使用专门的带中心抽头的共模扼流圈，中心抽头通过一只电容（容量由泄漏电流决定）连接到机壳。共模扼流圈通常绕在高导磁率铁氧体芯上，其典型电感值为 15～20mH。

合理布置电源滤波/退耦电容：一般在原理图中仅画出若干电源滤波/退耦电容，但未指出它们各自应接于何处。其实这些电容是为开关器件（门电路）或其他需要滤波/退耦的部件而设置的，布置这些电容就应尽量靠近这些元器件，离得太远就没有作用了（当电源滤波/退耦电容布置得合理时，接地点的问题就显得不那么明显）。

- 电源输入端跨接 10～100μF 的电解电容器，如有可能，接 100μF 以上的更好。
- 原则上每个集成电路芯片都应布置一个 0.01pF 的瓷片电容，如遇印制板空隙不够，可每 4～8 个芯片布置一个 1～10pF 的钽电容。
- 对于抗噪能力弱、关断时电源变化大的器件，如 RAM、ROM 存储器件，应在芯片的电源线和地线之间直接接入退耦电容。
- 电容引线不能太长，尤其是高频旁路电容不能有引线。
- 在印制板中有接触器、继电器、按钮等元件时。操作它们时均会产生较大火花放电，必须采用 RC 电路来吸收放电电流，一般电阻 R 取 1～2kΩ，电容 C 取 2.2～47μF。
- CMOS 的输入阻抗很高，且易受干扰，因此在使用时，不用的一端要接地或接正电源。

（7）金属氧化物压敏电阻应用。

压敏电阻是目前广泛应用的瞬变干扰吸收器件，描述压敏电阻性能的主要参数是压敏电阻的标称电压和通流容量即浪涌电流吸收能力，前者是使用者经常混淆的一个参数。压敏电阻标称电压是指在恒流条件下（外径为 7mm 以下的压敏电阻取 0.1mA；7mm 以上的取 1mA）出现在压敏电阻两端的电压降。由于压敏电阻有较大的动态电阻，在规定形状的冲击电流下（通常是 8/20μs 的标准冲击电流）出现在压敏电阻两端的电压（亦称是最大限制电压）大约是压敏电阻标称电压的 1.8～2 倍（此值也称残压比）。这就要求使用者在选择压敏电阻时事先有所估计，对确有可能遇到较大冲击电流的场合，应使用外形尺寸较大的器件（压敏电阻的电流吸收能力正比于器件的通流面积，耐受电压正比于器件厚度，而吸收能量正比于器件体积）。使用压敏电阻要注意它的固有电容。根据外形尺寸和标称电压的不同，电容量在数百至数千皮法，这意味着压敏电阻不适宜在高频场合下使用，比较适合于在工频场合，如作为晶闸管和电源进线处作保护用。特别要注意的是，压敏电阻对瞬变干扰吸收时的高速性能（达纳秒级），故安装压敏电阻必须注意其引线的感抗作用，过长的引线会引入由于引线电感产生的感应电压（在示波器上，感应电压呈尖刺状）引线越长，感应电压也越大。为取得满意的干扰抑制效果，应尽量缩短其引线。关于压敏电阻的电压选择，要考虑被保护线路可能有的电压波动（一般取 1.2~1.4 倍）。如果是交流电路，还要注意电压有效值与峰值之间的关系。所以对 220V 线路，所选压敏电阻的标称电压应当是 220×1.4×1.4~430V。此外，就压敏电阻的电流吸收能力来说，1kA（对 8/20μs 的电流波）用在晶闸管保护上，3kA 用在电气设备的浪涌吸收上；5kA 用在雷击及电子设备的过压吸收上；10kA 用在雷击保护上。压敏电阻的电压档次较多，适合作设备的一次或二次保护。

（8）硅瞬变电压吸收二极管（TVS 管）的应用。

硅瞬变电压吸收二极管具有极快的响应时间（亚纳秒级），和相当高的浪涌吸收能力，及极多的电压档次。可用于保护设备或电路免受静电、电感性负载切换时产生的瞬变电压，以及感应雷所产生的过电压。TVS 管有单方向（单个二极管）和双方向（两个背对背连接的二极管）两种，它们的主要参数是击穿电压、漏电流和电容。使用中 TVS 管的击穿电压要比被保护电路工作电压高 10%左右，以防止因线路工作电压接近 TVS 击穿电压，使 TVS 漏电流影响电路正常工作；也避免因环境温度变化导致 TVS 管击穿电压落入线路正常工作电压的范围。

TVS 管有多种封装形式，如轴向引线产品可用在电源馈线上；双列直插的和表面贴装的适合于在印制板上作为逻辑电路、I/O 总线及数据总线的保护。

TVS 管在使用中应注意的事项：对瞬变电压的吸收功率（峰值）与瞬变电压脉冲宽度间的关系。

- 对小电流负载的保护，可有意识地在线路中增加限流电阻，只要限流电阻的阻值适当，不会影响线路的正常工作，而限流电阻对干扰所产生的电流却会大大减小。这就有可能选用峰值功率较小的 TVS 管对小电流负载线路进行保护。
- 对重复出现的瞬变电压的抑制，尤其值得注意的是 TVS 管的稳态平均功率是否在安全范围之内。
- 作为半导体器件的 TVS 管，要注意环境温度升高时的降额使用问题。
- 特别要注意 TVS 管的引线长短，以及它与被保护线路的相对距离。
- 当没有合适电压的 TVS 管供使用时，允许用多个 TVS 管串联使用，串联管的最大电流决定于所采用管中电流吸收能力最小的一个，而峰值吸收功率等于这个电流与串联管电压之和的乘积。
- TVS 管的结电容是影响它在高速线路中使用的关键因素，在这种情况下，一般用一个 TVS 管与一个快恢复二极管以背对背的方式连接，由于快恢复二极管有较小的结电容，因而二者串联的等效电容也较小，可满足高频使用的要求。

（9）传导发射及抑制措施。

传导发射的频率大致为 100kHz~30MHz，而且不同的标准定义的频率范围不一样。我国采用的标准与 FCC 标准相似。传导发射是指干扰信号通过馈电线对市电电网的干扰。由于绝大部分的电器、仪表都直接与电网相连接，抑制传导发射意义在于减小仪表电器对电网的污染，防止干扰信号通过电网这个公共途径对其他电子设备产生干扰。

传导发射是电网上的高频负载引起的，这些负载是高频工作的开关电源、高频信号源、高频加热器等。这些负载往往会产生脉冲式的大电流，这些电流通过大的电流环路，产生了一些滤波电路无法滤除的共模噪声，而且噪声中包含了丰富的高次谐波。

抑制传导发射最常用的方法是在电网馈电回路中插入共模滤波器，共模滤波器如图 5-1 所示，由 C1、C2、C3 与 B1 组成，C1 为安全标准件，取值在 0.047～0.47μF，耐压为 AC 250V，薄膜电容，主要是滤除差模噪声。B1 是绕在同一磁路上的两组线圈，电感量在 12～50mH，磁性材料为一般的铁氧体软磁材料。C2 及 C3 也是安全标准件，取值在 1000～4700pF，耐压为 AC250V，陶瓷介质的电容，起到抑制共模噪声的作用。

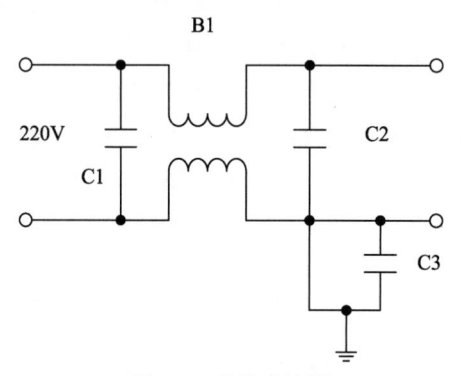

图 5-1 共模滤波器

（10）辐射发射及其抗干扰措施。

① 辐射发射的频率范围为 30MHz～1GHz，辐射是高频信号源通过布线向空间辐射电磁谐波能量。这些不受控制的电磁波辐射会影响正常的无线电通信，例如干扰收音机、电视机、无线电话等设备。

② 辐射发射是超高频信号通过布线作为发射天线向外辐射无用电磁能量，因此尽可能缩小可被利用的布线尺寸，就有利于降低辐射发射。

抗干扰措施如下。

① 净化电源线。由于电源线是一切信号源的能量供给线，故电源上被污染的可能性最大，并且电源线尺寸大且长，处理不好，辐射就很容易把电源线作为干扰出口通道。要净化电源线，就必须在电源布线的适当位置加入滤波电容。这些电容要求高频特性好、尺寸小、便于靠近负载。这些电容一般为层叠式的陶瓷电容，容量在 0.01～0.47μF，电容靠近负载（各种 IC）的电源引脚，并且注意布线，如图 5-2 所示。

② 减缓高频信号源边沿的上升及下降时间。极快的上升沿与下降沿包含了很大的高次谐波能量，这些谐波都易于辐射，快速的边沿也易通过布线的等效分布电容与电感的谐振而产生极高的电压及电流尖峰而产生大的辐射发射。因此，在保证信号时序的前提下最大可能地降低边沿速度是很有必要的。一般的方法是在线上串联电阻，电阻与分布电容的积分效应可放慢信号的边沿速度，也可通过选择适当的电阻作为布线的等效的 RLC 回路的阻

尼电阻，防止线上产生电压及电流尖峰。这些阻尼电阻的取值为数十欧到数百欧，电阻在线上的位置应尽可能靠近信号的源端，便于产生 RC 积分效应。对于双向的数据线，可以在两个源端均插入电阻。这些电阻随着信号的频率上升，布线延长而减小，适当的值应通过实验确定。

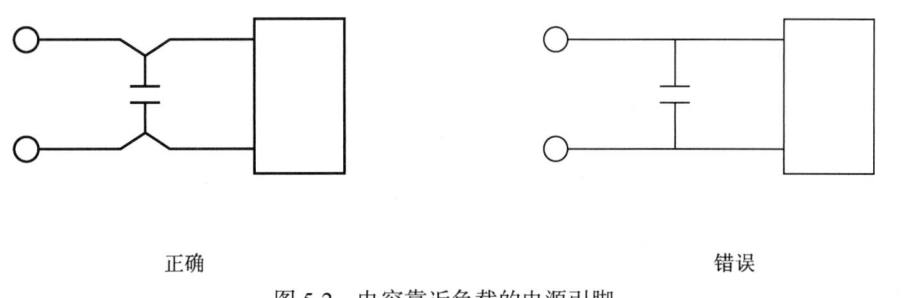

正确　　　　　　　　　　　　　　　　错误

图 5-2　电容靠近负载的电源引脚

5.2　常见 EMC 器件

电磁兼容性器件是解决电磁干扰发射和电磁敏感度问题的关键，正确选择和使用这些器件是做好电磁兼容性设计的前提。由于每种电子器件都有其各自的特性，因此在设计时要仔细考虑。接下来将讨论一些常见的用来减少或抑制电磁兼容性的电子器件和电路设计技术。

5.2.1　磁珠

磁珠英文名称为 Bead，其中铁氧体磁珠是目前应用发展很快的一种抗干扰器件，其廉价、易用，可滤除高频 EMI 噪声，效果显著。它等效于电阻和电感串联，但电阻值和电感值都随频率变化。比普通的电感有更好的高频滤波特性，在高频时呈现阻性，所以能在相当宽的频率范围内保持较高的阻抗，从而提高高频滤波效果。

1. 磁珠主要特性参数

（1）直流电阻 DC Resistance（mohm）：直流电流通过此磁珠时，此磁珠所呈现的电阻值。

（2）额定电流 Rated Current（mA）：表示磁珠正常工作时的最大允许电流。

（3）阻抗[Z]@100MHz（ohm）：这里所指的是交流阻抗。

（4）电阻频率特性：描述电阻值随频率变化的曲线。

（5）感抗频率特性：描述感抗随频率变化的曲线。

2. 磁珠选用

磁珠在低频段几乎没有任何阻抗，只有在高频时才会表现很高的阻抗。故而一般在抑制高频干扰时大多选择磁珠。

选择磁珠除了注意百兆阻抗、直流阻抗、额定电流这三个参数外，还应该注意磁珠的使用类别。例如：高频高速磁珠、电源磁珠（大电流）、普通信号磁珠。

3. 磁珠典型应用

铁氧体磁珠广泛应用于印制电路板电源线和信号数据线。例如，在印制板的电源线入口端加上铁氧体磁珠，就可以滤除高频干扰。

铁氧体磁珠专用于抑制信号线、电源线上的高频干扰和尖峰干扰，它也具有吸收静电放电脉冲干扰的能力。

磁珠典型应用在信号接口中，主要抑制端口带出的干扰以及外来干扰，如 232 接口、VGA 接口，LCD 接口等。

铁氧体磁珠还用于数字电源电路中滤除高频噪声，如晶振电源、PLL 电源等。

在数字电路中，由于脉冲数字信号含有频率很高的高次谐波，也是电路高频辐射的主要根源，所以可在这种场合应用磁珠，如时钟信号线、数据地址总线等。

4. 磁珠选择的注意事项

（1）不需要的信号的频率范围为多少。
（2）噪声源是谁。
（3）需要多大的噪声衰减。
（4）环境条件是什么（温度、直流电压、结构强度）。
（5）电路和负载阻抗是多少。
（6）是否有空间在 PCB 上放置磁珠；前三条通过观察厂家提供的阻抗频率曲线就可以判断。在阻抗曲线中三条曲线都非常重要，即电阻、感抗和总阻抗。

5.2.2 共模电感

共模电感（Common Mode Choke），也叫共模扼流圈，常用于计算机的开关电源中过滤共模的电磁干扰信号。在板卡设计中，共模电感也起 EMI 滤波的作用，用于抑制高速信号线产生的电磁波向外辐射发射。

1. 共模电感主要特性参数

（1）阻抗值：（Common Mode Filter）的规格标式上均会有两条曲线，上面的是共模的阻抗曲线，下面是差模的阻抗曲线（阻值高影响信号传输），如图 5-3 所示。
（2）直流电阻：DCR 为直流状态的电阻值，此值若太高在电源端口会形成压降。
（3）额定电压：指电气设备长时间正常工作时的最佳电压，额定电压也称为标称电压。
（4）额定电流：指用电设备在额定电压下，按照额定功率运行时的电流。

2. 共模电感选用及注意事项

（1）所需阻抗：需要多少噪声衰减。
（2）所需频率范围：噪声频率带宽是多少。
（3）所需的电流处理：它必须处理多少差模电流。

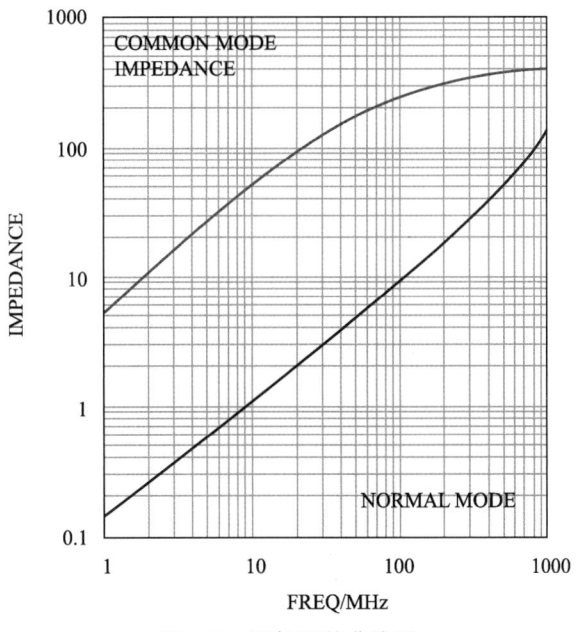

图 5-3 频率-阻抗曲线图

3. 共模滤波器典型应用

信号共模滤波器主要被应用于 USB、ETH、1394、LVDS、DVI、HDMI、DisplayPort、DDR 时钟、485、CAN 等高速接口的差分信号线滤除共模干扰噪声，并确保信号的完整性。

电源接口共模电感主要用在 AC 电源、DC 电源接口，其中，AC 接口主要用 1~30mH 的共模电感；DC 接口一般用几十微亨的滤波高频。

5.2.3 瞬态抑制二极管

瞬态抑制二极管（TVS）是由半导体硅材料制造的特殊二极管，它与电路并联使用，电路正常时 TVS 处于关断状态呈现高阻抗，当有浪涌冲击电压时能以纳秒量级的速度从高阻抗转变为低阻抗吸收浪涌功率，使浪涌电压通过其自身到地，从而保护电路不受侵害。其特点是作用时间短、电压幅度高、瞬态能量大，瞬态电压叠加在电路的工作电压上会造成电路的"过电压"而损坏。

1. 瞬态抑制二极管主要特性参数

（1）最大反向漏电流 I_D 和额定反向关断电压 VWM。

VWM 是 TVS 最大连续工作的直流或脉冲电压，当这个反向电压加入 TVS 的两极间时，它处于反向关断状态，流过它的电流应小于或等于其最大反向漏电流 I_D。

（2）最小击穿电压 V_{BR} 和击穿电流 I_R。

V_{BR} 是 TVS 最小的击穿电压。在 25℃时，在这个电压之前，TVS 是不导通的。当 TVS 流过规定的 1mA 电流（I_R）时，加入 TVS 两极间的电压为其最小击穿电压 V_{BR}。按 TVS 的

V_{BR} 与标准值的离散程度，可把 TVS 分为 ±5% V_{BR} 和 ±10% V_{BR} 两种。对于 ±5% V_{BR}，VWM=0.85 V_{BR}；对于 ±10% V_{BR}，VWM=0.81V_{BR}。

（3）最大箝拉电压 V_C 和最大峰值脉冲电流 I_{PP}。

当持续时间为 20μs 的脉冲峰值电流 I_{PP} 流过 TVS 时，在其两极间出现的最大峰值电压为 V_C。它是串联电阻上和因温度系数两者电压上升的组合。V_C、I_{PP} 反映 TVS 器件的浪涌抑制能力。V_C 与 V_{BR} 之比称为箝位因子，一般在 1.2～1.4。

（4）电容量 C。

电容量 C 是 TVS 击穿结截面决定的、在特定的 1MHz 频率下测得的。C 的大小与 TVS 的电流承受能力成正比，C 过大将使信号衰减。因此，C 是数据接口电路选用 TVS 的重要参数。

（5）最大峰值脉冲功耗 P_M。

P_M 是 TVS 能承受的最大峰值脉冲功耗。其规定的试验脉冲波形和各种 TVS 的 P_M 值，请查阅有关产品手册。在给定的最大箝位电压下，功耗 P_M 越大，其浪涌电流的承受能力越大；在给定的功耗 P_M 下，箝位电压 V_C 越低，其浪涌电流的承受能力越大。另外，峰值脉冲功耗还与脉冲波形、持续时间和环境温度有关。而且 TVS 所能承受的瞬态脉冲是不重复的，器件规定的脉冲重复频率（持续时间与间歇时间之比）为 0.01%，如果电路内出现重复性脉冲，应考虑脉冲功率的"累积"，有可能使 TVS 损坏。

（6）钳位时间 T_C。

T_C 是 TVS 两端电压从零到最小击穿电压 V_{BR} 的时间。对单极性 TVS 一般是 1×10^{-12}s；对双极性 TVS 一般是 1×10^{-11}s。

2. 瞬态抑制二极管选用及注意事项

（1）确定被保护电路的最大直流或连续工作电压、电路的额定标准电压和"高端"容限。

（2）TVS 额定反向关断 VWM 应大于或等于被保护电路的最大工作电压。若选用的 VWM 太低，器件可能进入击穿或因反向漏电流太大影响电路的正常工作。串行连接分电压，并行连接分电流。

（3）TVS 的最大箝位电压 V_C 应小于被保护电路的损坏电压。

（4）在规定的脉冲持续时间内，TVS 的最大峰值脉冲功耗 P_M 必须大于被保护电路内可能出现的峰值脉冲功率。在确定最大箝位电压后，其峰值脉冲电流应大于瞬态浪涌电流。

（5）对于数据接口电路的保护，还必须注意选取具有合适电容 C 的 TVS 器件。

（6）根据用途选用 TVS 的极性及封装结构。交流电路选用双极性 TVS 较为合理；多线保护选用 TVS 阵列更为有利。

（7）温度考虑。瞬态电压抑制器可以在–55～150℃工作。如果需要 TVS 在一个变化的温度环境中工作，由于其反向漏电流 I_D 是随温度增加而增大，功耗随 TVS 结温增加而下降，从 25～175℃，大约线性下降 50%，击穿电压 V_{BR} 随温度的增加按一定的系数增加。因此，必须查阅有关产品资料，考虑温度变化对其特性的影响。

3. TVS典型应用

TVS 主要应用在 485 接口、232 接口、USB 接口、VGA 接口等需要防静电以及热插拔端口。

5.2.4 气体放电管

气体放电管（GDT）是一个由密封于气体放电管介质的（不处在大气压力下的空气中）一个或一个以上放电间隙组成的器件，用于保护设备或人身免遭高压电压的危害。

1. 气体放电管主要特性参数

（1）直流击穿电压（100V/s）。
（2）冲击击穿电压（1000V/μS）。
（3）绝缘电阻。
（4）极间电容。

2. 气体放电管的选用及注意事项

（1）在快速脉冲冲击下，陶瓷气体放电管气体电离需要一定的时间（一般为 0.2~0.3μs），因而有一个幅度较高的尖脉冲会泄漏到后面去。若要抑制这个尖脉冲，一般采用两级保护电路，以气体放电管作为第一级，以 TVS 二极管或半导体放电管作为第二级，两级之间用电阻、电感或自恢复熔断丝隔离。

（2）直流击穿电压 V_{sdc} 的选择：直流击穿电压 V_{sdc} 的最小值应大于可能出现的最高电源峰值电压或最高信号电压的 1.2 倍以上。

（3）冲击放电电流的选择：要根据线路上可能出现的最大浪涌电流或需要防护的最大浪涌电流选择。放电管冲击放电电流应按标称冲击放电电流（或单次冲击放电电流的一半）来计算。

（4）续流问题：为了使放电管在冲击击穿后能正常熄弧，在有可能出现续流的地方（如有源电路中），可以在放电管上串联压敏电阻或自恢复熔断丝等限制续流，使它小于放电管的维持电流。

注意以下几点。
① 陶瓷气体放电管不能直接用在电源上做差模保护。
② 击穿电压要大于线路上最大信号的电频电压。
③ 耐电流不能小于线路上可能出现的最大异常电流。
④ 脉冲击穿电压须小于被保护线路电压。

3. GDT典型应用

气体放电管主要应用在 AC 电源、DC 电源接口、485 电路、视频接口、XDSL、以太网接口等需要防雷保护的接口。

5.2.5 半导体放电管

半导体放电管（TSS）也称浪涌抑制晶闸管，是采用半导体工艺制成的 PNPN 结四层结构器件，其伏安特性类似于晶闸管，具有典型的开关特性。TSS 一般并联在电路中应用，正常工作状态下 TSS 处于截止状态，当电路中由于感应雷、操作过电压等出现异常过电压时，TSS 快速导通泄放电流，保护后端设备免遭异常过电压的损坏，异常过电压消失后，TSS 又恢复至截止状态。

1. 半导体放电管主要特性参数

（1）V_{DRM} 反向截止电压（断态重复峰值电压）：也称断态重复峰值电压，断态时施加的包含所有直流和重复性电压分量的额定最高（峰值）瞬时电压。

（2）I_{DRM} 反向最大漏电流（断态重复峰值电流）：也称断态重复峰值电流，是指施加断态重复峰值电压 V_{DRM} 产生的最大（峰值）断态电流。

（3）I_H：维持晶闸管通态的最小电流。

2. 选用及其注意事项

选用半导体放电管应注意以下几点。

（1）最大瞬间峰值电流 I_{PP} 必须大于通信设备标准的规定值。如 FCC Part68A 类型的 I_{PP} 应大于 100A；Bellcore 1089 的 I_{PP} 应大于 25A。

（2）转折电压 V_{BO} 必须小于被保护电路所允许的最大瞬间峰值电压。

（3）半导体放电管处于导通状态（导通）时，所损耗的功率 P 应小于其额定功率 P_{cm}，$P_{cm}=K \times V_T \times I_{PP}$，其中 K 由短路电流的波形决定。指数波、方波、正弦波、三角波的 K 值分别为 1.00、1.4、2.2、2.8。

（4）反向击穿电压 V_{BR} 必须大于被保护电路的最大工作电压。如在 POTS 应用中，最大振铃电压（150V）的峰值电压（150×1.41=212.2V）和直流偏压峰值（56.6V）之和为 268.8V，所以应选择 V_{BR} 大于 268.8V 的器件。又如在 ISDN（综合业务数字网）应用中，最大 DC 电压（150V）和最大信号电压（3V）之和为 153V，所以应选择 V_{BR} 大于 153V 的器件。

（5）若要使半导体放电管通过大的浪涌电流后自复位，器件的维持电流 I_H 必须大于系统所能提供的电流值，即 I_H（系统电压/源阻抗）。

3. TSS 典型应用

半导体放电管主要应用在 485 电路、视频接口、XDSL、电话接口等需要防雷保护的接口。

5.3 布局

5.3.1 层的设置

在 PCB 的 EMC 设计，首先涉及的便是层的设置。单板的层数由电源、地和信号层的层数组成，电源层、地层、信号层的相对位置以及电源、地平面的分割对单板的 EMC 指标至关重要。

1. 合理的层数

根据单板的电源、地的种类、信号密度、板级工作频率、有特殊布线要求的信号数量，以及综合单板的性能指标要求与成本承受能力，确定单板的层数。对 EMC 指标要求苛刻（如：产品需认证 CISPR16CLASSB）而相对成本能承受的情况下，适当增加地平面乃是 PCB 的 EMC 设计的撒手锏之一。

2. 电源和地的层数

单板电源的层数由其种类数量决定。对于单一电源供电的 PCB，一个电源平面足够了；对于多种电源，若互不交错，可考虑采取电源层分割（保证相邻层的关键信号布线不跨越分割平面）；对于电源互相交错（例如：多种电源供电的 IC）的单板，必须考虑采用 2 个或 2 个以上的电源平面。

每个电源平面的设置需满足以下条件。
- 减少电源分割。
- 同一电源平面应放置单一电源或多种互不交错的电源。
- 对于仅供个别器件使用的电源，可以考虑用信号层走电源线的方式连接。
- 相邻层的关键信号线不要跨越分割平面。

每个地平面的设置需满足以下条件。
- 减少地分割数量，确保地平面的完整性。
- 关键信号不要跨越分割平面。
- 器件下面（第二层或者倒数第二层）有相对完整的地平面。
- 高速信号、高频信号、时钟信号等关键信号要有地平面作参考。

3. 信号层数

信号的层数主要取决于功能实现，从 EMC 的角度，需要考虑关键信号网络（强辐射网络以及易受干扰的小、弱信号）的屏蔽或隔离措施。

4. 参考平面的选择

地平面或者电源平面都可以当作参考平面，具有一定的屏蔽作用，其中地平面一般都做了接地处理，并作为基准参考电平，参考效果远远优于电源平面。在采用电源平面和地平面作参考平面时需要注意以下问题。
- 电源平面的阻抗比地平面阻抗高。
- PCB 主电源平面应尽量靠近地平面，以增大两者的耦合电容，从而降低电源平面的阻抗。
- 电源平面与地平面构成的板间电容与板上其他去耦电容结合，这样不但可以降低电源层的阻抗，又可以增加去耦频带。

5.3.2 模块划分及特殊器件布局

1. 模块划分

在 PCB 设计中，通常在布局时就需要对器件进行分模块，以便后续的走线方便合理。通常模块划分有以下三种方式。

（1）按功能划分。

各种电路模块实现不同的功能，比如时钟电路、放大电路、驱动电路、A/D 转换电路、D/A 转换电路、I/O 电路、开关电源、滤波电路等，它们实现的功能是各不相同的。

一个完整的设计可能包含了其中多种功能的电路模块，在进行 PCB 设计时，可依据信号流向，对整个电路进行模块划分，从而保证整个布局的合理性，达到整体布线路径最短，各个模块互不交错，减少模块间互相干扰的可能性。

（2）按频率划分。

按照信号的工作频率和速率可以对电路模块进行划分；高、中、低频率渐次展开，互不交错。

（3）按信号类型划分。

按信号类型可以分为数字电路和模拟电路两部分。为了降低数字电路对模拟电路的干扰，使它们能和平共处，达到兼容状态，在 PCB 布局时需要给它们定义不同的区域，从空间上进行必要的隔离，减小相互之间的耦合。对于数模转换电路，如 A/D、D/A 转换电路，应该布放在数字电路和模拟电路的交界处，器件放置的方向应以信号的流向为前提，使信号引线距离最短，并使模拟部分的引脚位于模拟地上方，数字部分的引脚位于数字地上方。

2. 器件布局原则

电路布局的一个原则就是应该按照信号流向关系，尽可能做到使关键的高速信号走线最短，其次考虑电路板的整齐、美观。时钟信号应尽可能短，若时钟走线无法缩短，则应在时钟线的两侧加屏蔽地线，对于比较敏感的信号线，也应考虑屏蔽措施。

时钟电路具有较大的对外辐射，会对一些敏感的电路，特别是模拟电路产生较大的影响，因此在电路布局时应让时钟电路远离 I/O 电路和电缆连接器。

低频数字 I/O 电路和模拟 I/O 电路应靠近连接器布放，时钟电路、高频电路和存储器等器件常布放在电路板的最靠近里面的位置，中低频逻辑电路一般放在电路板的中间位置；如果有 A/D、D/A 转换电路，则一般放在电路板的中间位置。

下面是一些基本要点。

（1）区域分割，不同功能种类的电路应该放于不同的区域，如对数字电路、模拟电路、接口电路、时钟、电源等进行分区。

（2）数模转换电路应布放在数字电路区域和模拟电路区域的交界处。

（3）时钟电路、高速电路、存储器电路应布放在电路板最靠近里边的位置，低频数字 I/O 电路和模拟 I/O 电路应靠近连接器布放。

（4）应该采用基于信号流的布局，使关键信号的高频信号的连线最短，而不是首先考虑电路板的整齐、美观。控制驱动部分远离屏蔽体的局部开孔，并应尽快离开本板。

（5）晶体、晶振等应就近与对应的 IC 放置。

（6）基准电压源（模拟电压信号输入线、A/D 转换参考电源）要尽量远离数字信号。

3. 特殊器件的布局

（1）电源部分。

在分散供电的电路板上都要有一个或者多个 DC/DC 电源模块，加上与之相关的电路，如滤波、防护等电路共同构成电路板电源的输入部分。

现代的开关电源是 EMI 产生的重要源头，干扰频带可以达到 300MHz 以上，系统中多个单板都有自己独立的电源，但干扰却能通过背板或空间传播到其他的单板上，而单板供电线路越长，产生的问题越大，所以电源部分必须安装在单板电源入口处，如果存在大面积的电源部分，也要求统一放在单板一侧。电源部分放置方向上主要是考虑输入/输出线的顺畅，避免交叉。

另外，因为往往单板的电源部分相对比较独立，而又常常会产生 EMI 的问题，所以推荐利用过孔带或分割线将电源部分和其他电路部分进行分割。

（2）时钟部分。

时钟往往是单板最大的干扰源，也是进行 PCB 设计时最需要特殊处理的地方，布局时一方面要使时钟源离单板的边距离尽量大，另一方面要使时钟输出到负载的走线尽量短。

（3）电感线圈。

线圈（包括继电器）是最有效的接收和发射磁场的器件，建议线圈放置在离 EMI 源尽量远的地方，这些发射源可能是开关电流、时钟输出、总线驱动等。

线圈下方 PCB 上不能有高速走线或敏感的控制线，如果不能避免，就一定要考虑线圈的方向问题，要使场强方向和线圈的平面平行，保证穿过线圈的磁力线最少。

（4）总线驱动部分。

随着系统容量越来越大，总线速率越来越高，总线驱动能力要求也越来越高，而总线数量也大量增加，总线匹配难以做到十分完美，所以一般总线驱动器附近的辐射场强很强，总线驱动器是时钟之外的另一主要 EMI 源。

在布局上，要求总线驱动部分离单板拉手条的距离尽量远，减小对系统外的辐射，同时要求驱动后的信号到末端的距离尽量靠近。

（5）滤波器件。

滤波措施是必不可少也是最常用的手段，原理设计中提到了很多的滤波措施，例如去耦电容、三端电容、磁珠、电源滤波、接口滤波等，但在进行 PCB 设计时，如果滤波器的位置放置不当，那么滤波效果将大打折扣，甚至起不到滤波作用。

滤波器件的安装一般考虑的是就近原则。

① 去耦电容要尽量靠近 IC 的电源引脚。

② 电源滤波要尽量靠近电源输入或电源输出。

③ 局部功能模块的滤波要靠近模块的入口。

④ 对外接口的滤波要尽量靠近接插件等。

5.3.3 滤波电路的设计原则

滤波电路的设计原则包括如下内容。

（1）滤波电路必须接低阻抗的地（较宽的地线、完整的接地平面等），防止不同电路之间产生共地阻抗干扰；当采用表面铺地或者较长地线时，应设置适量的地过孔。

（2）滤波电路的输入输出端要进行隔离（例如输入输出分开布线、避免平行输入输出屏蔽隔离等）。

（3）在滤波电路的设计中，应该注意使信号路径尽量短，尽量简洁；尽量减小滤波电容的等效串联电感和等效串联电阻。

（4）接口滤波电路应该尽量靠近连接器。

（5）当多个电容并联在芯片电源引脚时，按容量从大到小依次在电源引脚展开，且保证小电容更靠近电源引脚。

（6）滤波电容摆放的原则是减短引脚长度并且尽量靠近电源的引脚，并使电源引脚与地形成的环路面积最小。

（7）必须正确地选择电容器的介质材料，如铝电解电容适用于电源子系统或电力线滤波、去耦和旁路；瓷片电容可用于高自谐振频率的时钟电路、中频去耦及高频滤波；数字芯片则需要采用钽电解电容。

5.3.4 接地时要注意的问题

接地时要注意如下问题。

（1）在工艺允许的前提下，缩短焊盘边缘与过孔焊盘边缘的距离。

（2）在工艺允许的前提下，接地的大焊盘必须直接盖在至少6个接地过孔上。

（3）每个焊盘至少要有两根花盘脚接地铜皮；若工艺允许，则采用全接触方式接地。

（4）若器件的底部有接地的金属壳，要在器件的投影区内加一些接地孔，并保证表面层的投影区内没有绿油。

（5）部分强干扰源（如振荡器）可考虑采用局部接地面，并用地过孔将局部接地面接到参考地上，禁止走线穿过局部接地面，造成局部接地面被分割。

（6）尽量缩短接地线长度，保证相邻接地点间距不超过$\lambda/20$（λ表示波长），以防止地电位不均匀。

（7）接地面（包括铺地、局部接地面、电源平面上的分割地等）上不得有孤立铜皮，铜皮上一定要多加一些接地过孔，以便和参考地相连。

（8）禁止地线铜皮上伸出多余线头或悬空的分支地线。

（9）输入和输出端射频电缆屏蔽层，在PCB上的焊接点应设在走线末端周围的地线铜皮上，焊接点要有不少于6个过孔接地，保证射频信号接地的连续性。

（10）微带印制电路的终端单一接地孔直径必须大于微带线宽；否则应采用终端密排地过孔的方式接地。

（11）增大过孔直径或至少用两个金属化过孔在器件引脚旁就近接地。

5.4 布线

PCB 布线是 PCB 设计中最重要、最耗时的一个环节，这将直接影响到 PCB 的性能好坏，良好的布线有利于提升单板的 EMC 性能。

5.4.1 布线优先次序

关键信号线优先：模拟小信号、高速信号、时钟信号和同步信号等关键信号优先布线。
密度优先原则：从单板上连接关系最复杂的器件着手布线，或从连线最密集的区域开始布线。

5.4.2 布线基本原则

布线基本原则包括如下内容。
（1）增大走线间距以减少耦合引起的串扰。
（2）确保环面积最小原则，因为环面积越小，对外辐射也越小。任意一个电路回路中有变化的磁通量穿过时，将会在环路内感应出电流。电流的大小与磁通量成正比。较小的环路中通过的磁通量也较少，因此感应出的电流较小，带来的干扰也就相应少。
（3）增大电源线与地线的宽度，以便减小电源线和地线的阻抗。
（4）敏感信号应当远离容易带来干扰的器件（如变压器）及强干扰信号线。
（5）导线拐弯应当设置为 135° 走线或者圆弧走线，避免直角和锐角。
（6）电路输入输出导线应杜绝相邻平行，无法避免时建议拉大间距并添加地线隔离。
（7）导线要尽可能短，若器件有地址线和数据线，需要注意等长。
（8）信号线要确保在走线过程中线宽一致，不能因为空间太挤而随意改变线宽。
（9）PCB 走线起始于引脚也终止于引脚，不能出现导线悬空的情况，易导致"天线效应"产生。
（10）走线不能形成闭环，具体表现为同一信号线在换层以后的走线路径与换层之前走线层的走线路径形成了一个环形区域，这个区域会产生一定的电磁辐射。
（11）敏感信号线强制遵守 3W 原则，两条走线的中心距离为 3 倍的走线宽度，即两条走线的内边沿为 2W。
（12）差分线中间不能有其他信号线。
（13）对阻抗有要求的走线不能走电源跨分割区域。

5.4.3 布线层优化

对于时钟/高频/高速信号、模拟小信号、弱信号而言，应选择在合适的信号层上布线，对于高速总线，其布线层的选择同样不能忽视。
在印制板上，表层走线为微带线，内层走线为带状线。微带线与带状线有如下区别。
（1）微带线的传输延时比带状线小。

（2）在给定特性阻抗的情况下，微带线的固有电容比带状线小。

（3）微带线位于表层，可直接对外辐射；带状线位于内层，有参考平面屏蔽。

（4）微带线可视，便于调试；带状线不可视，不便调试。

考虑到参考平面的屏蔽作用，微带线相对于带状线来说，更易于向外辐射，也更容易受空间电磁场的干扰。对于带状线，由于其位于两平面之间，辐射途径得到较好的控制，主要的干扰传播途径为传导，即需要重点考虑的是电源纹波、地电位波动以及与相邻走线之间的串扰。对于微带线，干扰不但可以通过传导方式传播，还可以直接向空间辐射，导致 EMI 问题。

一般来说，表层走线宜布置重要性相对较低的走线，而将强干扰或高敏感度的信号线布置在中间层。总体来看，以下两种信号线的布线需要加以关注。

（1）强辐射信号线（高频、高速、时钟线），对外辐射。

（2）模拟小信号、弱信号以及对外界干扰非常敏感的复位信号等走线，易受干扰。

对于这两类线，在条件允许的前提下，建议考虑内层走线，布线时严格遵守 3W 原则，甚至加地线进行隔离。

建议关键信号线（尤其是时钟信号线）在内层布线，其他信号线（尤其对其辐射情况不清楚的信号线）尽可能考虑内层布线；整板辐射较高的 PCB，应考虑采用表层屏蔽或单板加屏蔽罩等处理方式。

第6章 进阶实例：4层STM32开发板

本章将通过一个 4 层 STM32 开发板实例，介绍一个完整的 PCB 设计流程，让读者熟悉前文所介绍的内容在 PCB 设计中的具体操作与实现，通过实践与理论结合熟练掌握 PCB 多层板设计的各个流程。

学习目标：
- 熟悉多层板的层叠方案和设计要求。
- 通过实际案例操作了解 4 层 PCB 设计的每个流程环节。
- 掌握 PCB 设计后期的调整优化操作及文件输出。

6.1 PCB 设计的总体流程

PCB 设计具有很大的灵活性，每个人的设计习惯不同，设计出的产品也不一样。对整体的 PCB 设计流程而言，每个设计人员基本都会遵守一定的设计流程，流程化的处理可以让设计人员明确知道下一步应该做什么，从而提高工作效率。

PCB 设计的一般流程可分为原理图和 PCB 两大部分，其中 PCB 部分所占据的时间更长，大致流程如图 6-1 所示。

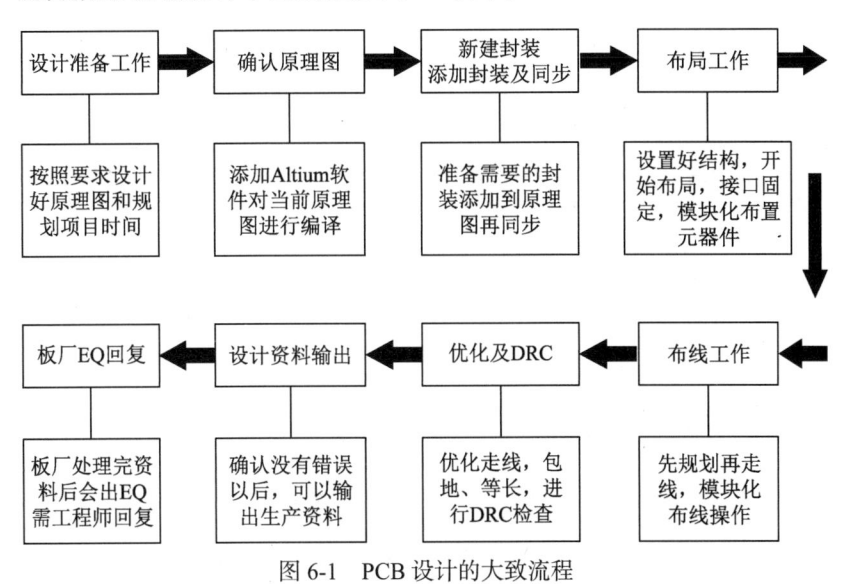

图 6-1 PCB 设计的大致流程

6.2　实例简介

STM32 开发板的处理器核心是 STM32F407，具有 17 个定时器、15 个通信接口，还有 140 个含有中断功能的 I/O 端口。与之前的 STM32F1/F2 相比，F4 新增了硬件 FPU 单元和 DSP 指令，主频提高到 168MHz，对需要浮点计算和 DSP 处理的应用尤其适用。

STM32 开发板有多个应用模块，板载的两路 CAN 和两路 USB 可同时工作；引出的 6 路串口能更大程度进行通信连接；外部 SRAM 满足大数据量的处理，电源模块增加了电源管理芯片，可提供大电流，为 TFT 屏等大电流外设提供电源；同时引出大量的 I/O 端口，可扩展外设应用，是集学习与应用开发为一体的工业级开发板。

6.3　创建项目文件

创建项目文件的操作步骤如下。

（1）执行菜单栏中"文件"→"新的"→"项目"命令，在弹出的 Create Project 对话框中，设置好 Project Name 和 Folder 选项，单击对话框右下角的 Create 按钮，即可创建一个新的项目文件，如图 6-2 所示。

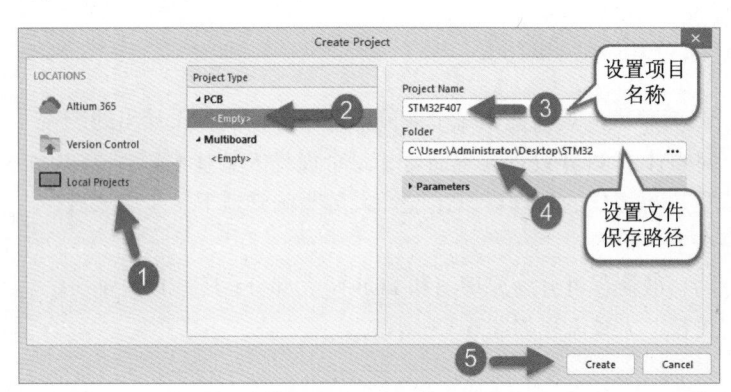

图 6-2　创建项目文件

（2）在 STM32F407.PrjPcb 项目文件上右击，执行"添加新的...到项目"命令，选择需要添加的原理图文件、PCB 文件和库文件，如图 6-3 所示。完整的项目文件如图 6-4 所示。

图 6-3　添加所需文件

图 6-4 完整的项目文件

6.4 位号标注及封装匹配

6.4.1 位号标注

位号标注的操作步骤如下。

（1）绘制完原理图后，需要给器件添加位号标注，执行菜单栏中"工具"→"标注"→"原理图标注"命令，打开"标注"对话框，如图 6-5 所示。在"处理顺序"下拉列表框可调整位号的先后顺序，在"原理图页标注"复选框可选择需要进行位号标注的原理图，这两项一般保持默认即可。

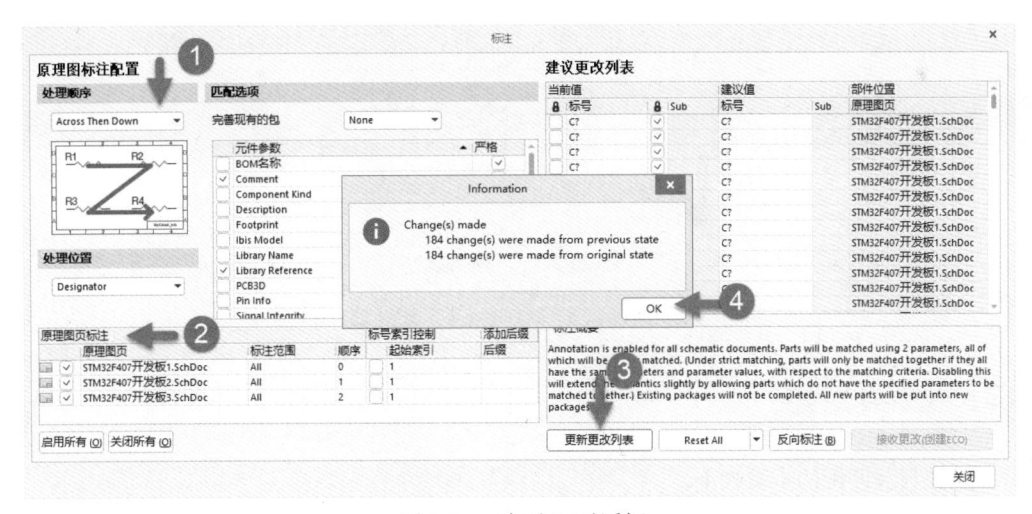

图 6-5 "标注"对话框

（2）单击"更新更改列表"按钮，弹出 Information 对话框，提示有多少个器件进行位号的标注，单击 OK 按钮，如图 6-5 所示。"建议更改列表"栏中的"建议值"将被标上序号，同时"接收更改（创建 ECO）"按钮被激活，如图 6-6 所示。

（3）单击"接收更改（创建 ECO）"按钮，弹出"工程变更指令"对话框，如图 6-7 所示。单击"执行变更"按钮，在"状态"栏中，"检测"和"完成"出现图标 ✓ 时，代表标注完成，单击"关闭"按钮。会返回"标注"对话框，再次单击"关闭"按钮即可完成位号标注。

图 6-6 "标注"对话框的变化

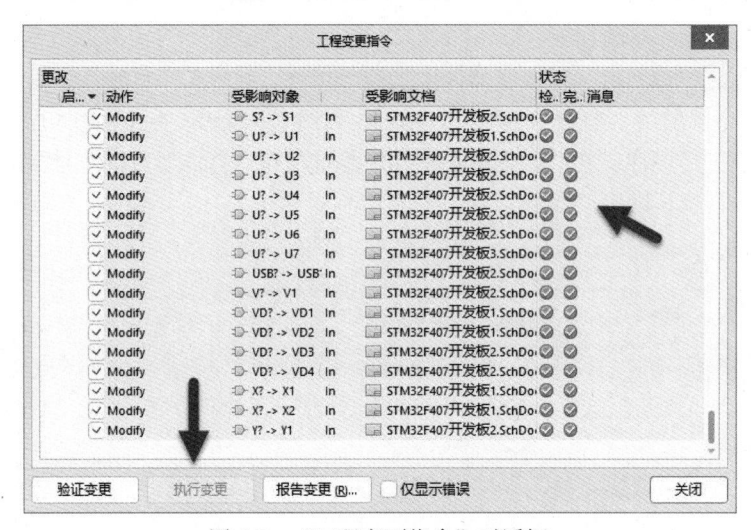

图 6-7 "工程变更指令"对话框

6.4.2 元件封装匹配

元件封装匹配的步骤如下。

（1）在原理图编辑界面中，执行菜单栏中"工具"→"封装管理器"命令，弹出 Footprint Manager 对话框，在对话框左侧栏中可查看所有器件的各种信息，右侧栏中可对元件的封装进行添加、移除和编辑操作，使原理图元件与封装库中的封装匹配上，如图 6-8 所示。

（2）观察左侧的 Current Footprint 一栏，确定已给全部元件选择好封装后，单击右下角的"接受变化（创建 ECO）"按钮，在弹出的"工程变更指令"对话框中，单击"执行变更"按钮，查看状态栏全部成功后，即可完成封装的匹配。

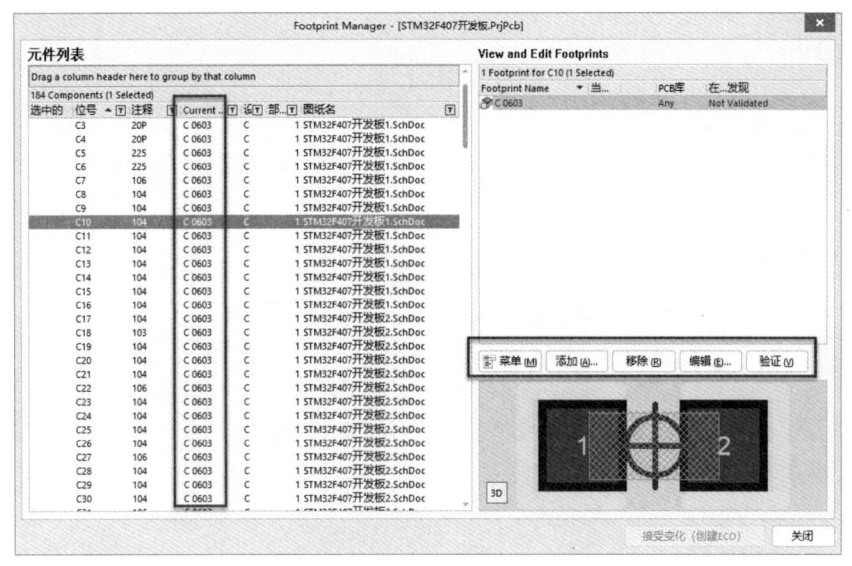

图 6-8　Footprint Manager 对话框

6.5　项目验证及导入

6.5.1　项目验证

添加位号及封装后，需要对原理图进行验证，检查整个原理图有无电气连接等常规性错误。执行菜单栏中"项目"→"Validate PCB Project STM32F407开发板.PrjPcb"命令，或按快捷键 C+C，如图 6-9 所示。

验证完成后，可以在原理图编辑界面右下角单击 Panels 按钮，单击 Messages 查看验证结果，如图 6-10 所示。若其中显示 Compile successful, no errors found，则表示原理图无电气性质的错误，可以继续下一步的操作。若有错误，则双击错误提示，跳转到相应的报错区域，进行原理图的修改，直到改为无错误或错误可忽略为止。

图 6-9　验证项目命令　　　　图 6-10　Panels 面板

6.5.2 原理图与PCB同步导入

在确认原理图验证无误及封装匹配完成后，可将原理图导入PCB中，即导入网络表。

（1）执行菜单栏中"设计"→"Update PCB Document STM32F407开发板.PcbDoc"命令，或者按快捷键D+U，如图6-11所示。

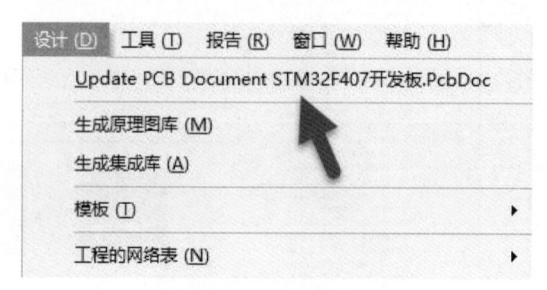

图6-11 导入网络表

（2）在弹出的"工程变更指令"对话框中，单击"执行变更"按钮，通过对话框右侧的状态栏可查看导入状态，"√"表示导入成功，"×"表示导入过程中存在错误。若存在错误，双击报错提示，将会自动跳转到相应原理图区域，然后修改错误。

6.6 板框绘制

器件全部导入之后，需根据设计所需的结构要求，确定板子的边框大小。

（1）在PCB编辑界面下，根据要求在Mechanical1层绘制板框，执行菜单栏中"放置"→"线条"和"圆弧"命令，绘制符合条件的闭合区域，如图6-12所示。

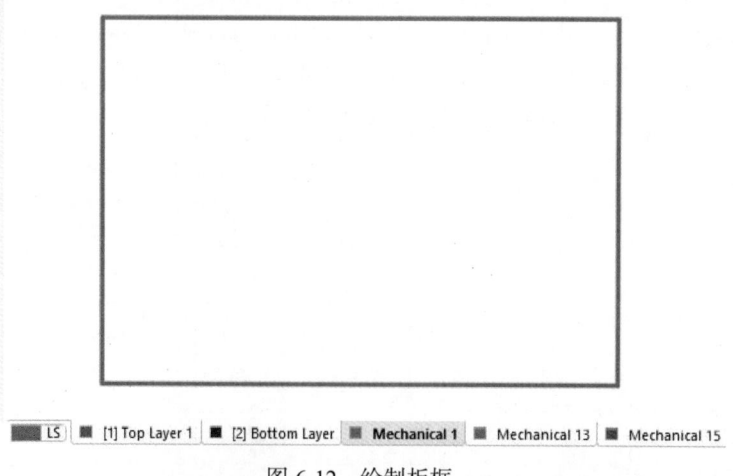

图6-12 绘制板框

（2）按住鼠标左键框选所绘边框，执行菜单栏中"设计"→"板子形状"→"按照选择对象定义"命令，或者按快捷键D+S+D定义板框，如图6-13所示。

图 6-13 定义板框

6.7 电路模块化设计

6.7.1 电源流向

STM32F407 开发板的供电模块如图 6-14 所示。通过两种方式供电，一种是外部直流电源通过电源插座供电，另一种是 USB 接口供电。

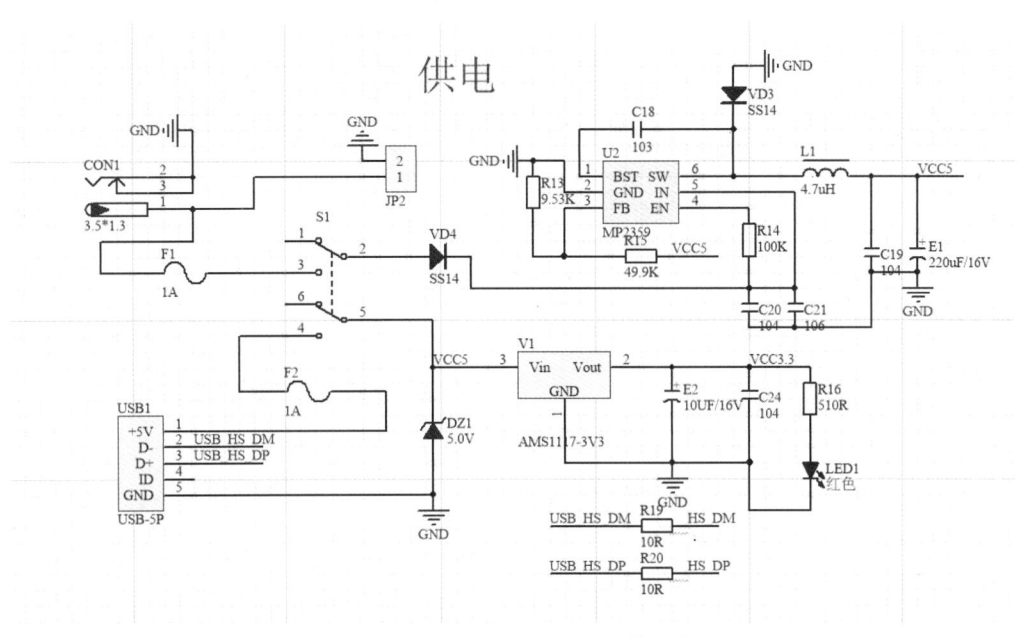

图 6-14 STM32F407 开发板的供电模块

9~24V 电源插座供电时，通过 MP2359 降压转换得到 5V 电源 VCC5，VCC5 给 USB OTG 模块供电，同时经 JP14 等接口引出，以便为其他外部设备提供电源。然后 VCC5 通过正向低压降稳压器 AMS1117 转换为 3.3V 电源，为整板各个模块供电。

USB 接口既可以直接提供 5V 电源，也可以用于 USB 通信，但不能用于下载程序。

6.7.2 串口 RS232/RS485 模块

串口通信用到的信号为 RX、TX，PCB 布线时，需注意 TX、RX 尽量不要同层平行走线。需同层走线时，尽量保证两线之间间距至少满足 5W 以上。输入和输出不要交叉布线，中间需用地线进行隔离。RS485 需进行差分布线。

6.7.3 PHY 芯片 DP83848 及网口 RJ45 设计

1. 以太网 PHY 芯片 DP83848

DP83848 是一款低功耗、性能全的单路 10/100MB 以太网收发器，支持 MII（介质无关接口）和 RMII（精简的介质无关接口），设计方便灵活，与其他标准的以太网方案有良好的兼容性和通用性。DP83848 与网口 RJ45 之间的连接关系如图 6-15 所示。

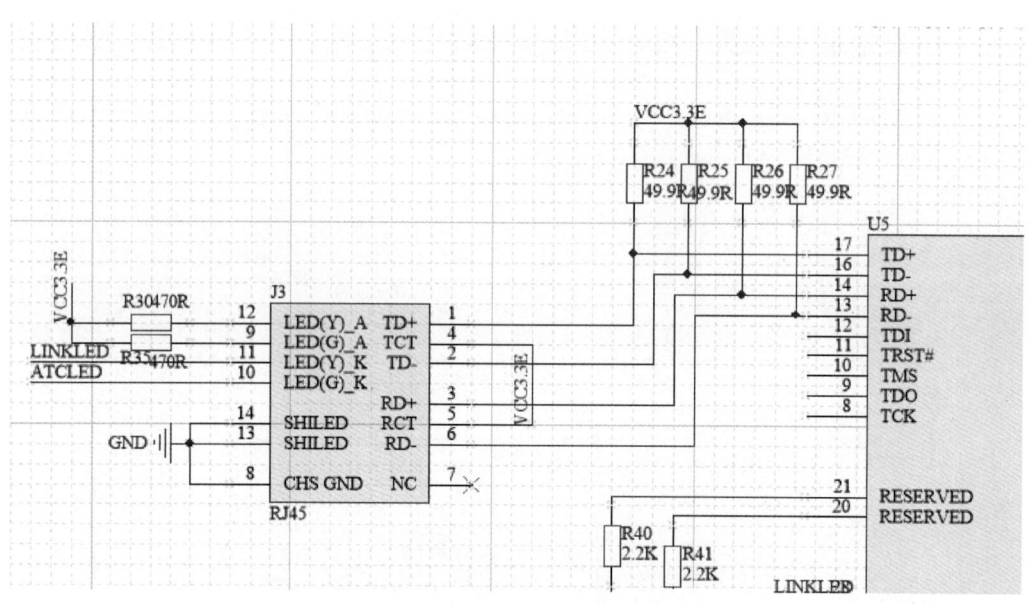

图 6-15　DP83848 与网口 RJ45 之间的连接关系

布局时，49.9Ω 的电阻应该靠近 PHY 芯片摆放，并以最短的走线连接到电源。布线时，RD 和 TD 两对差分信号，每对差分信号应同层平行走线，保证长度误差严格控制在 5mil 以内，尽量避免跨平面分割，如图 6-16 所示。

2. 以太网口 RJ-45

RJ-45 网口有两种类型，一种是将 RJ-45 和网络变压器集成到一起的集成型，另一种是将 RJ-45 和网络变压器分开的非集成型。RJ-45 整体布局示意如图 6-17 所示。

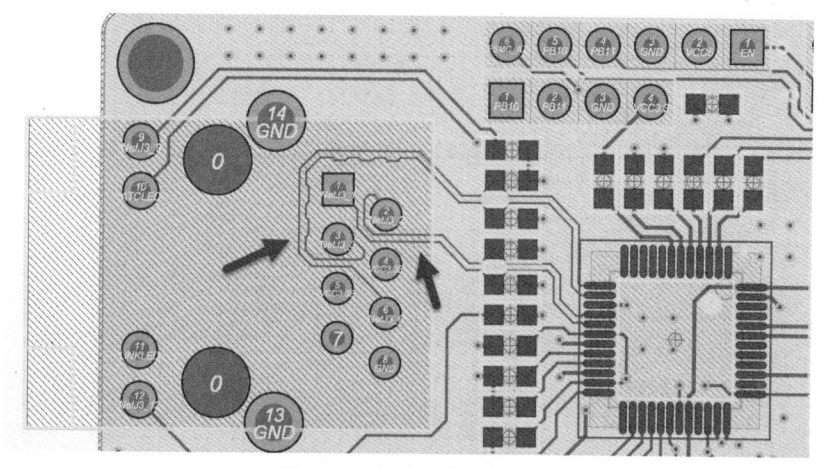

图 6-16 差分对走线情况

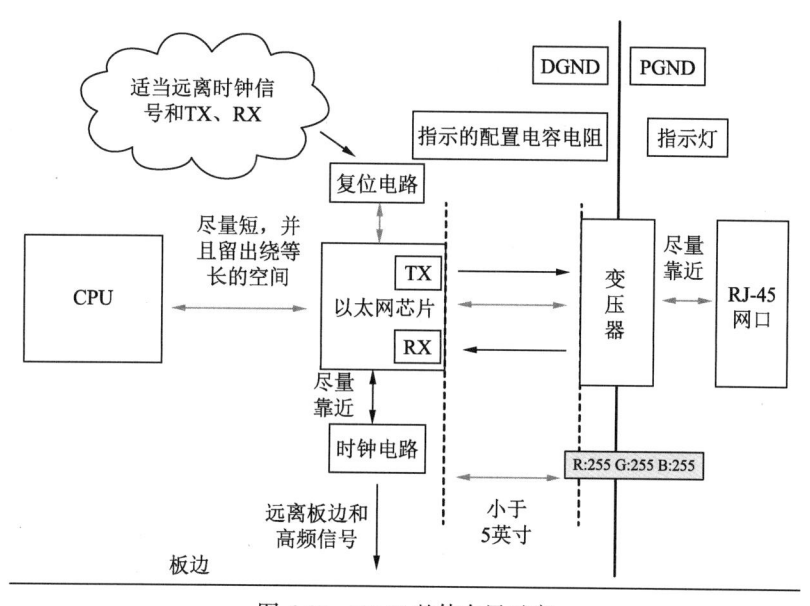

图 6-17 RJ-45 整体布局示意

（1）布局方面。

① 若是非集成型，要求变压器尽量靠近 RJ-45，PHY 芯片和变压器之间的距离也应尽量缩短。若是集成型，则 PHY 芯片尽量靠近 RJ-45。

② 复位电路远离时钟及发送、接收差分信号，时钟电路应靠近 PHY 芯片，远离板边和高频信号。

③ 交流端接的放置。如果以太网转换芯片的资料有布局要求（有的芯片会要求放置在以太网转换器端）就按照芯片资料完成布局；如果没有要求，一般情况下交流端接靠近以太网转换芯片。

（2）布线方面。

① TX±、RX± 两对差分信号尽量走表层，以减少过孔数量，对内等长保证误差在 5mil 范围内。TX 和 RX 不需要等长，两者走线长度差保持在 2cm 之内即可。

② 交流端接一般要经过电阻再连接到芯片或者变压器，不建议有 STUB 的存在，如图 6-18 所示。

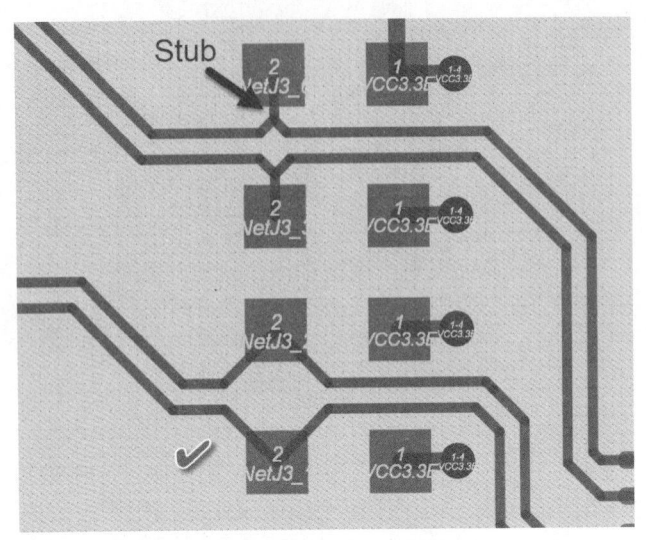

图 6-18 Routing Stub

③ 建议 RJ-45 接口下方所有层需挖空。

④ 对于千兆以太网的信号，优先选择最优的信号层进行布线，过孔数量不要超过 2 个，信号换层时需在不超过 200mil 的范围内增加回流地过孔。

6.7.4 OV2640/TFTLCD 的设计

在 STM32 开发板上连接 OV2640 摄像模块的排母 JP13，布局时尽量放到板边，便于摄像头模块的插入。布线时应邻近 GND 层，保证有完整的参考平面；所有信号最好同层同区域一起走线，并做等长处理，尽量控制信号长度误差在 300mil 以内；尽量少打孔换层，减少走线的负载阻抗。CLK 时钟线需包地处理，空间充足时，考虑所有信号满足 3W 原则。

TFTLCD 有时会根据需要添加 ESD 器件，若有 ESD 器件，则将其靠近 TFTLCD 接口摆放。布线要求同 OV2640 摄像模块。

6.8 器件模块化布局

在进行整体布局之前，先明确项目的结构要求，把需要放到固定位置的器件及接口放好，然后根据飞线的方向摆放 CPU。大致确定 CPU 的位置及方向后，结合原理图，使用"交叉选择"功能和"区域内排列"功能，将器件分模块放置，完成预布局，如图 6-19 所示。

然后根据"就近集中"原则与"先难后易"原则，对模块电路进行细化布局，整板元件要合理分布，均匀放置，使整板布局整齐美观，整体布局如图 6-20 所示。

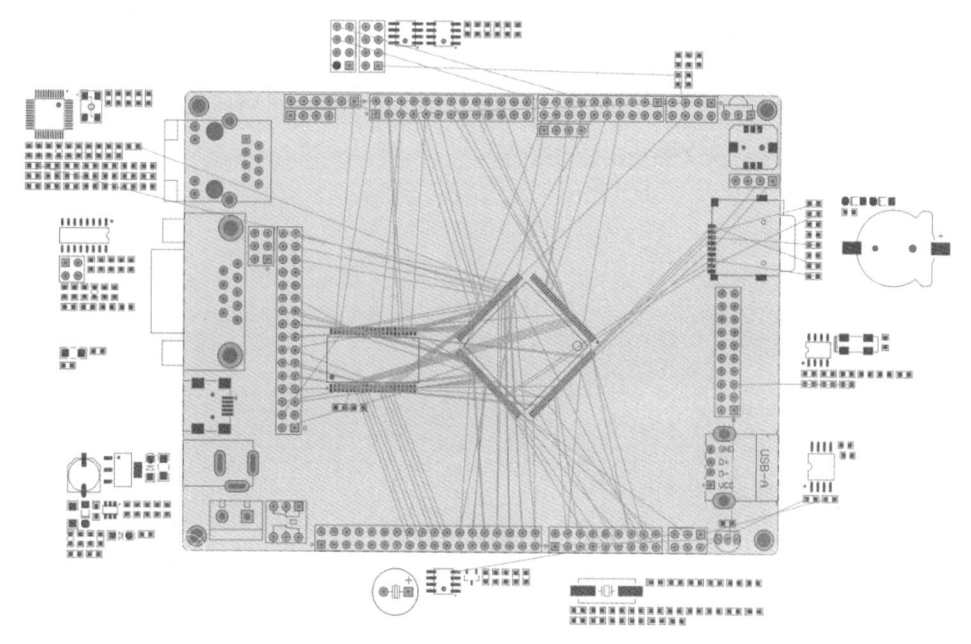

图 6-19　项目预布局

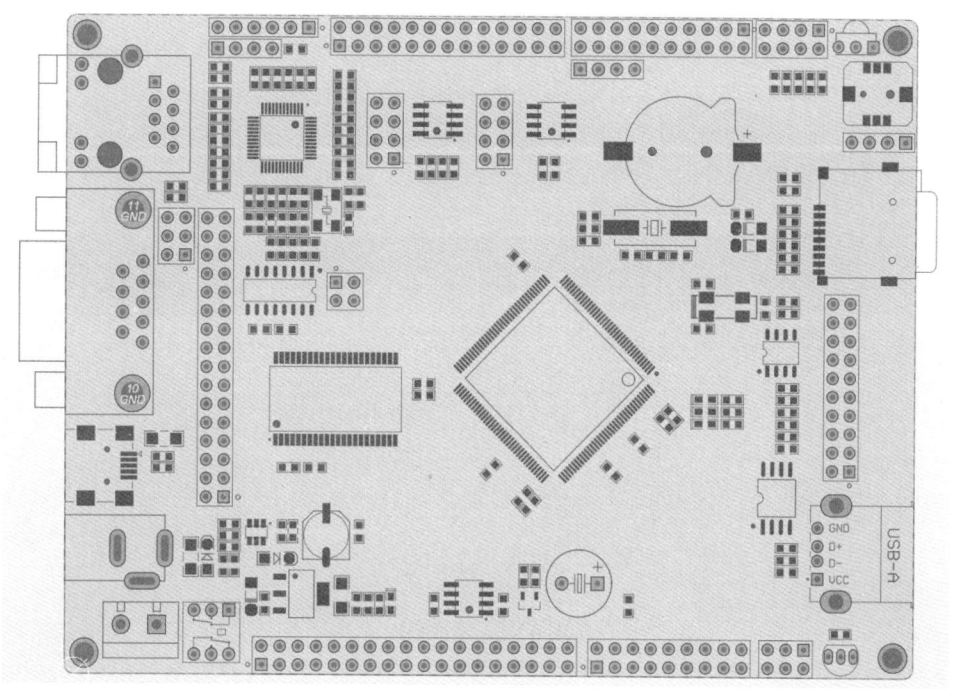

图 6-20　项目整体布局

6.9　PCB 层叠设置

STM32 开发板使用 4 层板设计，其中独立的 GND 层有效地保证了地平面的完整性，独立的电源层也可以减轻整板的走线压力，所以使用 4 层板的经典层叠方案 SIN01-GND02-

PWR03-SIN04。

层叠添加步骤如下。

(1) 执行菜单栏中"设计"→"层叠管理器"命令,进入层叠管理器,如图 6-21 所示,可从左侧#栏看出这是一个 2 层板的层叠结构。

图 6-21　层叠管理器

(2) 在 Top Layer 下方添加两个平面,将光标移到 Top Layer 处,右击,从弹出的快捷菜单中执行 Insert layer below→Plane 命令,作为地平面,如图 6-22 所示。

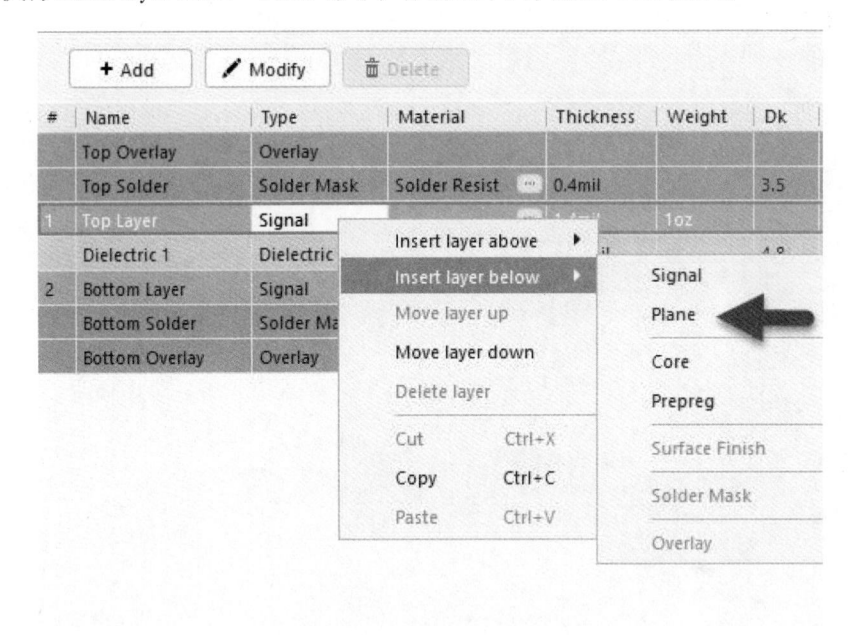

图 6-22　添加平面

(3) 再次添加一个 Signal,作为电源平面,可得到如图 6-23 所示的层叠。

(4) 在 Name 选项中,找到添加层所对应的文本框,如图 6-23 中的 Layer1 和 Layer2,双击可修改 Name。为了便于识别层的作用,可将 Layer1 设置为 GND02,Layer2 设置为 PWR03。

(5) 根据 20H 原则,电源层相对于地层内缩至少 20mil,本例 PWR03 层使用的是正片,所以需要通过规则进行内缩设置。最终层叠效果如图 6-24 所示。

图 6-23　4 层板层叠

图 6-24　4 层板最终层叠效果图

6.10　PCB 布线

布线是整个 PCB 设计的重要步骤，关系到信号质量的好坏。在满足电气性能的要求下，走线尽量整齐划一，避免交错杂乱。对多层板，应尽可能保证地平面和电源平面的完整性，以确保高速信号能有完整的参考平面；对双面板，走线方向应形成正交结构，减少层间串扰。

6.10.1　创建 Class 及颜色显示

在进行整体布线之前，为方便后期的操作，可根据需要对电源类走线或模块中的信号线进行分类，并赋予颜色，便于与其他信号区分。

（1）创建 Class。

以摄像头信号为例，执行菜单栏中"设计"→"类"命令，进入"对象类浏览器"对话框，在左侧 Net Classes 处右击，从弹出的快捷菜单执行"添加类"命令，并命名为 OV2640，在"非成员"栏的文本框中输入网络名称前缀，可快速筛选出摄像头的信号，按 Shift 键全选这些网络，通过单击 按钮，将其移到"成员"列表栏，如图 6-25 所示。

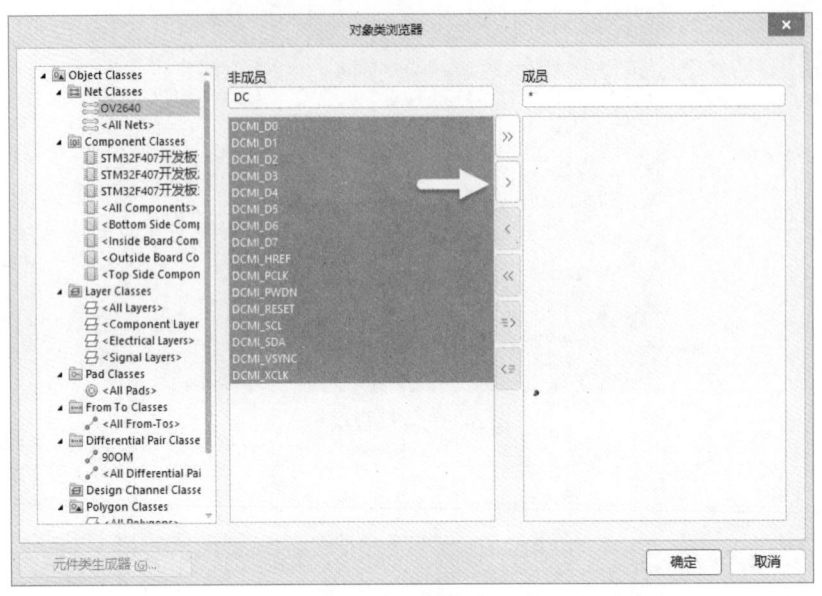

图 6-25 创建"类"

（2）网络颜色设置。

① 依然以摄像头信号为例，在 PCB 面板的下拉列表框中选择 Nets 选项，将光标放到创建好的 OV2640 类，右击，从弹出的快捷菜单中执行 Change Net Color 命令，如图 6-26 所示，在弹出的"选择颜色"对话框中设置颜色。

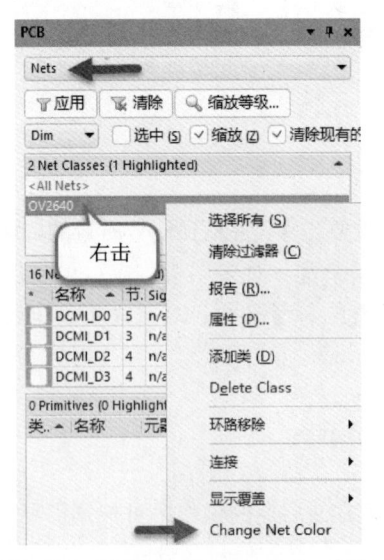

图 6-26 执行 Change Net Color 命令

② 再次右击 OV2640 类，从弹出的快捷菜单中执行"显示替换"→"选择的打开"命令，即可选中网络类中的所有网络，再按快捷键 F5，即可实现网络颜色的显示。

6.10.2 规则设置

布线之前设置电路走线的各种规则，如安全间距、线宽等约束条件，对整个 PCB 布线起到极其重要的作用，能够保证 PCB 符合电气要求和制板工艺。走线过程中，在线 DRC 可以实时检查违规冲突的地方。

（1）安全间距。设置整板安全间距为 8mil，铜皮与其他不同网络的元素对象间距为 10mil。按快捷键 D+R，进入"PCB 规则及约束编辑器"对话框，在 Clearance 中进行设置，如图 6-27 所示。

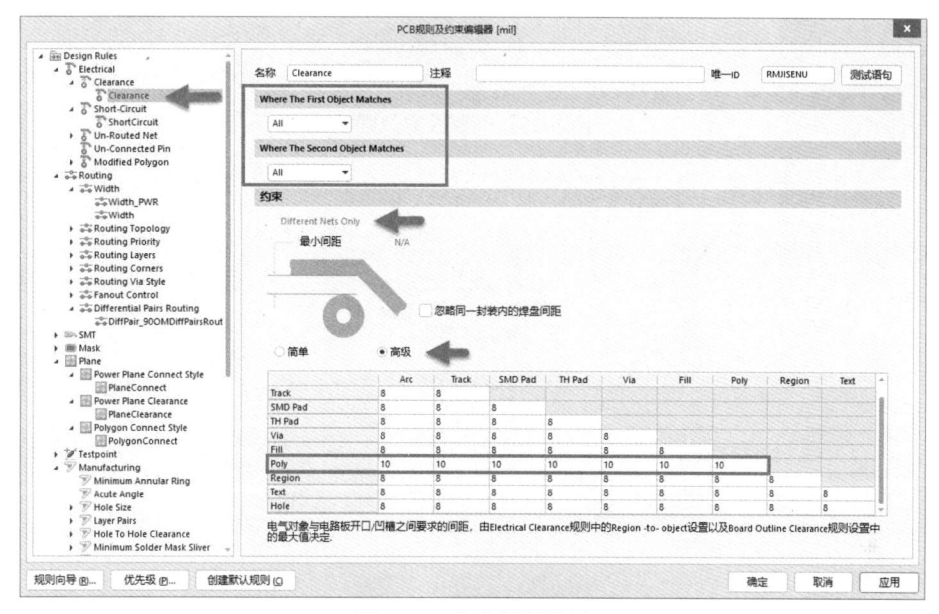

图 6-27　安全间距设置

（2）线宽规则设置。

① 在 Width 中设置信号线宽为 8mil，如图 6-28 所示。

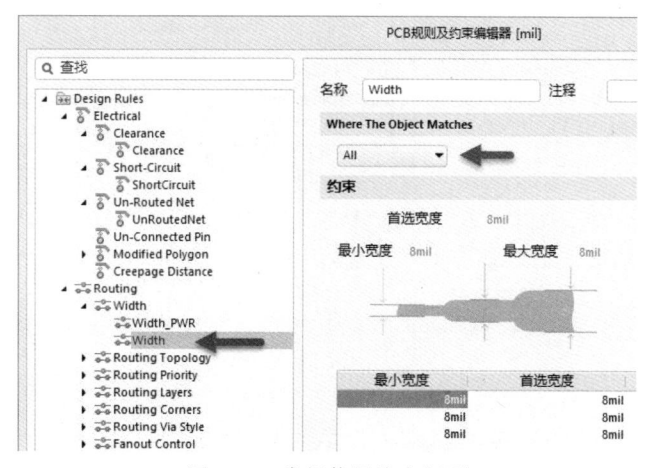

图 6-28　常规信号线宽规则

② 电源线线宽设为 10mil 及以上，如图 6-29 所示。

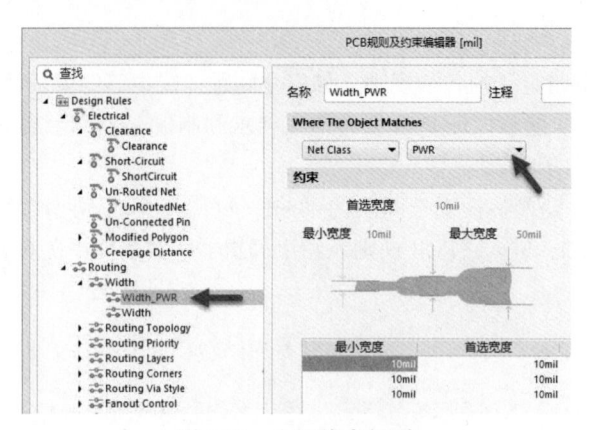

图 6-29　电源线宽规则

（3）过孔尺寸设置。设置整板所使用的过孔大小为 10/20mil，如图 6-30 所示。

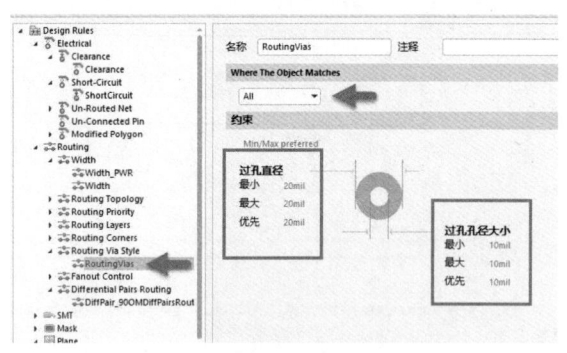

图 6-30　过孔尺寸设置

（4）铜皮连接设置。设置正片铜皮连接为全连接，如图 6-31 所示。若想进行特定对象的规则设置，例如贴片焊盘十字连接等，可在"约束"选项中的"高级"模式下设置，如图 6-32 所示。

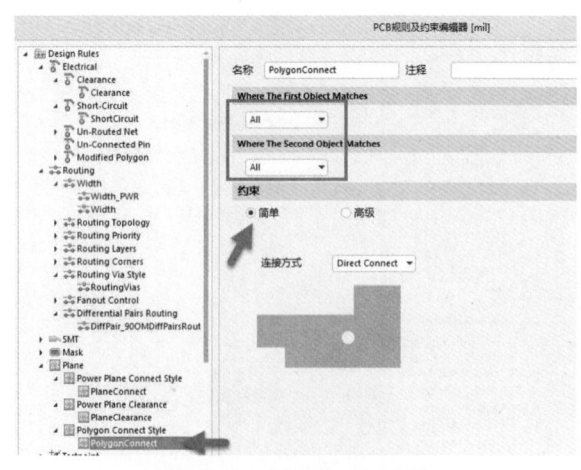

图 6-31　铜皮全连接规则

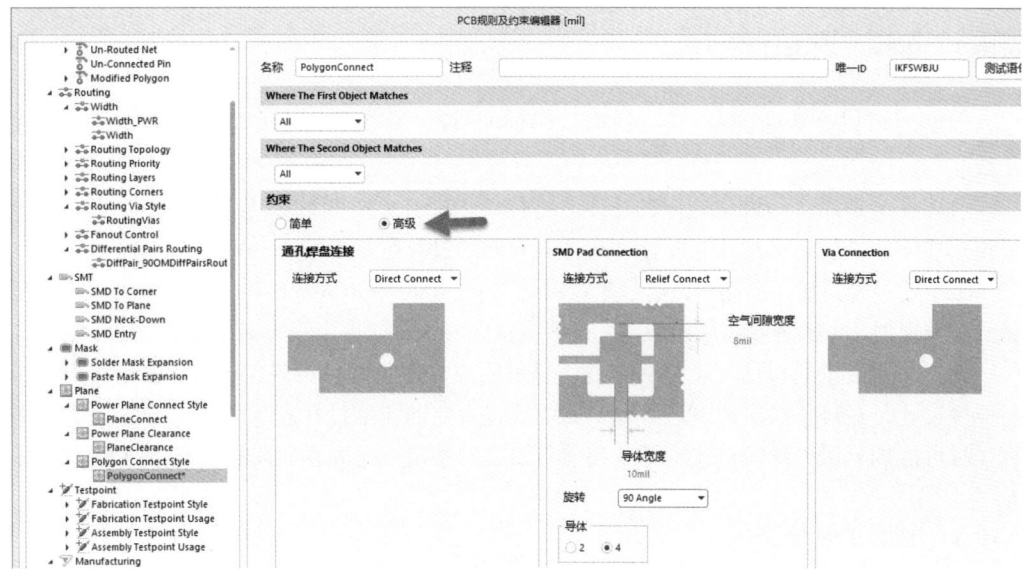

图 6-32　贴片焊盘十字连接

（5）电源层内缩规则。电源层相对 GND 平面内缩至少 20mil，实际就是相对板框内缩至少 40mil，本例中以 Keep-Out Layer 作为板框层，对应内缩规则如图 6-33 所示。

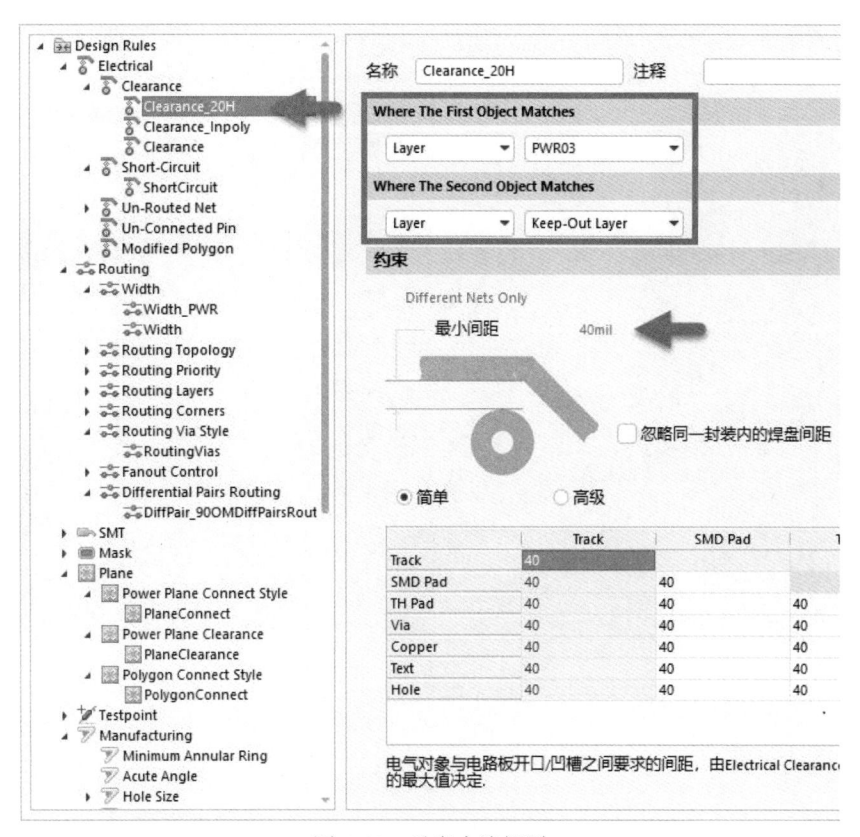

图 6-33　对应内缩规则

6.10.3　布线规划及连接

布线时可以分为两部分,针对整板信号的长度,分为短线和长线,先走短线,再走长线。

(1)先走短线,即模块之内的连线。将模块内能连上的短线都连接好,对电源、地及模块间连接的长线信号应预先放置过孔,电源处的过孔数量要符合其载流。

(2)走信号长线。本例中,信号走线层是 Top Layer 和 Bottom Layer,层数相对较少,需做好布线规划,考虑哪些线从顶层走,哪些线从底层走,两层走线方向尽量形成正交结构。

其他需要注意的包括:①整板走线应尽量简洁,避免直角和锐角走线;②信号走线尽量减少过孔,在打孔换层的附近区域,需要放置一些回流地过孔;③重要信号如 USB 差分线需尽可能加上保护地线;④电源线和信号线之间预留一定间距,防止纹波干扰等。

6.10.4　电源平面分割

多层板中地平面应保证完整性,所以 GND02 层赋予 GND 网络。STM32 开发板的电源较少,为了方便走线,电源层采用正片走线,将 5V 电源拉通之后,剩下的空间全部铺上 3.3V 电源,如图 6-34 所示。

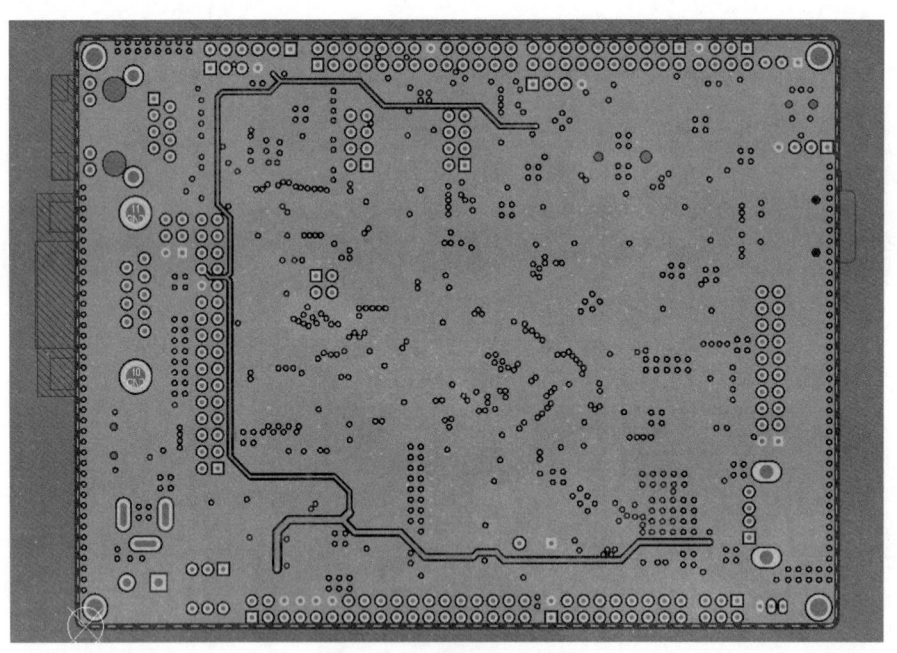

图 6-34　电源层走线情况

6.10.5　走线优化

走线完成后,需要优化一下,尽量减小信号的环路面积,可减少对外的辐射,如图 6-35 所示。并在空间充足的情况下,满足 3W 原则,以减少线间串扰。

（a）优化前　　　　　　　　　　（b）优化后

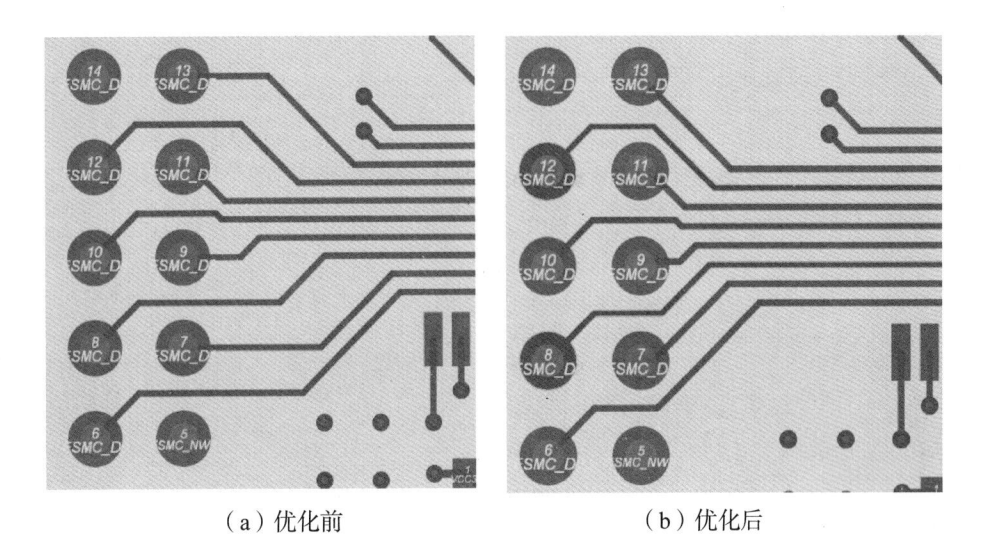

图 6-35　信号环面积优化对比图

6.10.6　放置回流地过孔

在板子的空白区域和信号换层处附近添加一些地过孔，可以吸收一些杂波干扰，也可以缩短信号的回流路径，同时还加强了各层地铜皮的连通性，如图 6-36 所示。

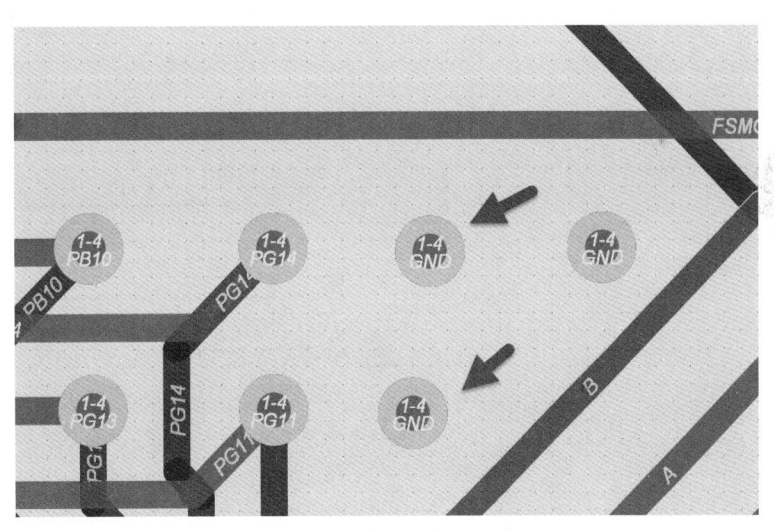

图 6-36　放置回流地过孔

6.10.7　添加泪滴及整板铺铜

添加泪滴及整板铺铜的操作步骤如下。

（1）添加泪滴的作用是加强走线与焊盘的机械强度，在电路板受到巨大的外力冲击时，避免将走线与焊盘的接触点断开。执行菜单栏中"工具"→"泪滴"命令，按照图 6-37 所示设置。

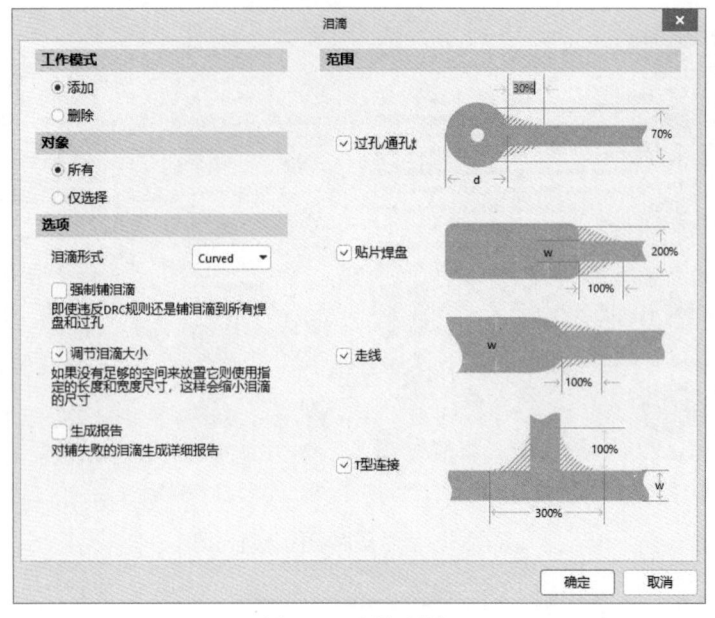

图 6-37　添加泪滴

（2）整板大面积铺铜，可起到一定的屏蔽作用；与地线相连接，减少环路面积；可减少地线阻抗，提高整板抗干扰能力。按快捷键 T+G+M，打开 Polygon Pour Manager 对话框，按图 6-38 所示，进行相应设置。

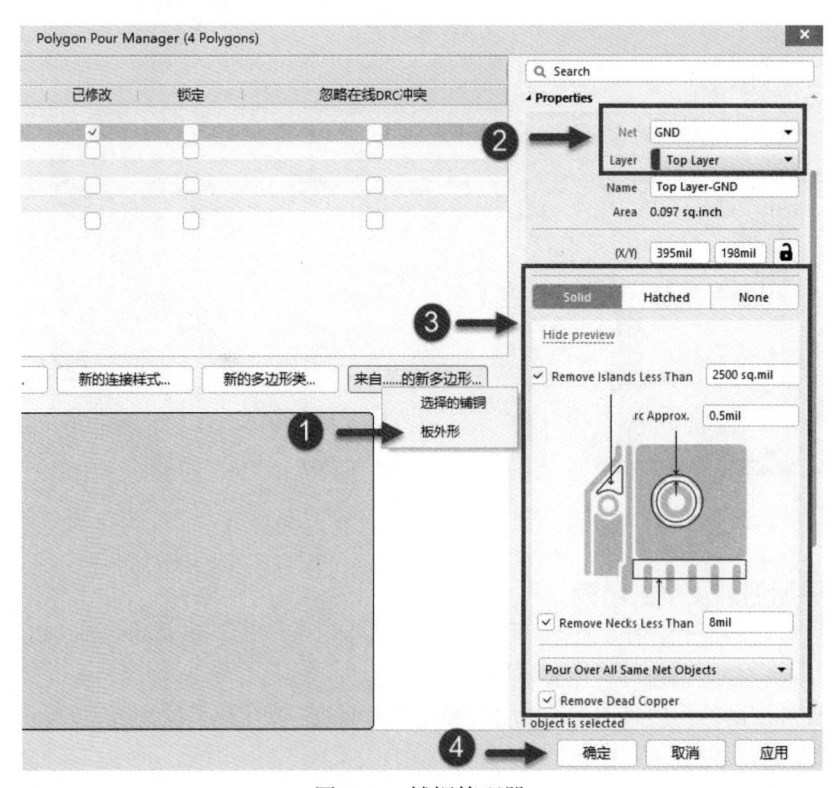

图 6-38　铺铜管理器

6.11 PCB 设计后期处理

上述布局布线完成之后，考虑后续开发环节的需求，需要进行一些后期处理。

6.11.1 DRC 检查

根据用户设置的规则，DRC 将对 PCB 的各方面进行检查，主要规避开路、短路等重大设计缺陷，以保证后期正确的文件输出。

按快捷键 T+D，进入"设计规则检查器"对话框，选中需要检查的项目，一般只需选中 Electrical 中的所有选项，如图 6-39 所示。单击"运行 DRC"按钮即可生成 DRC 报告。若有错误，需修改到无错误或错误可忽略为止。

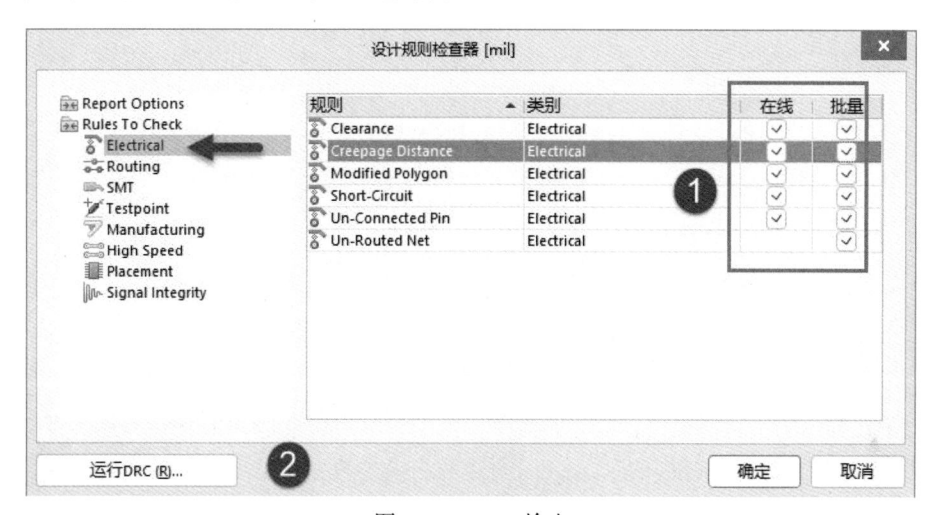

图 6-39 DRC 检查

6.11.2 器件位号及注释的调整

后期的器件装配需要用到 PCB 的装配图，所以 PCB 上器件的位号和注释都要统一调整，便于查看。为了调整时视觉上不过于杂乱，可按快捷键 L，在弹出的 View Configuration 面板中只显示丝印层和对应的阻焊层，调整原则如下。

（1）焊盘、过孔不覆盖字符。

（2）保证字符的方向统一，一般采用从左到右、从下到上的字符读取方向，如图 6-40 所示。

（3）常规字体尺寸有 4/20mil、5/25mil、6/30mil、6/45mil 等，具体的尺寸还需根据板子的空间和器件的密度灵活设置，若想将字符信息印制到板上，至少 6/30mil 才能较为清晰。

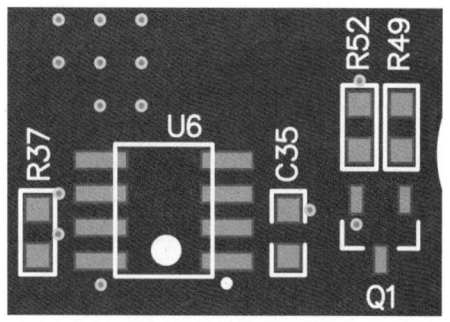

图 6-40 位号调整

6.12 生产文件的输出

6.12.1 位号图输出

位号图输出的操作步骤如下。

（1）按上述要求进行位号调整。执行菜单栏中"文件"→"智能 PDF"命令，或者按快捷键 F+M，在弹出的"智能 PDF"对话框中单击 Next 按钮，如图 6-41 所示。

图 6-41　"智能 PDF"对话框

（2）在弹出的"选择导出目标"界面中，由于输出的对象是 PCB 的位号图，所以导出目标单击"当前文档"按钮，在"输出文件名称"文本框中可修改文件的名称和保存的路径，接着单击 Next 按钮，如图 6-42 所示。

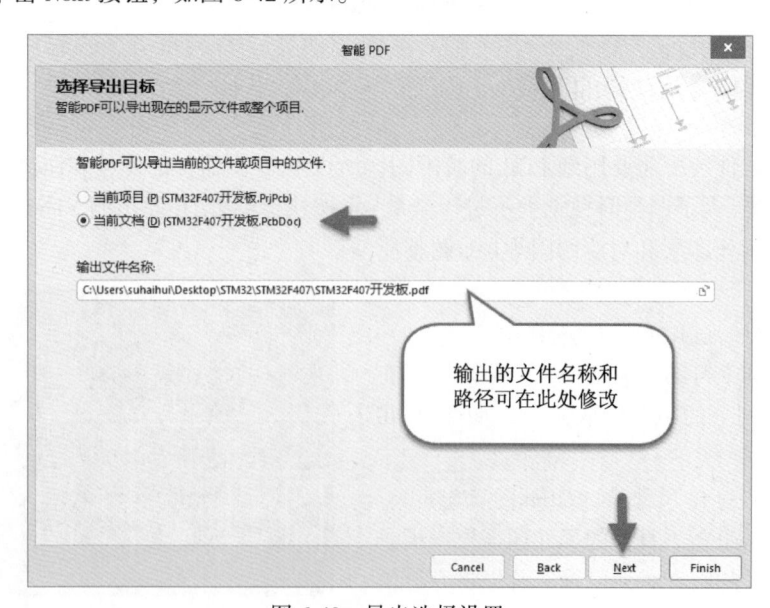

图 6-42　导出选择设置

（3）在弹出的"导出 BOM"页面中，取消选中"导出原材料的 BOM 表"复选框，单击 Next 按钮，如图 6-43 所示。

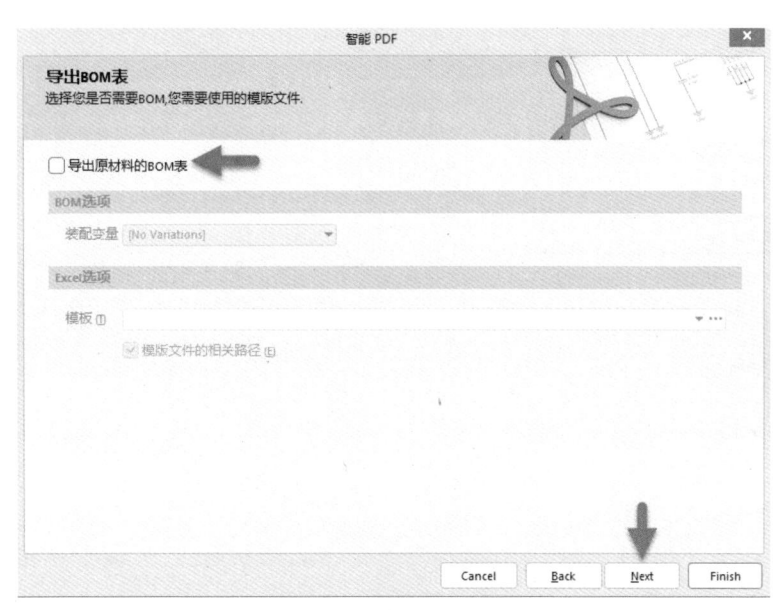

图 6-43　取消选中 BOM 表

（4）弹出"PCB 打印设置"界面，在 Multilayer Composite Print 位置处右击，在弹出的快捷菜单中执行 Create Assembly Drawings 命令，如图 6-44 所示。弹出对话框效果如图 6-45 所示，可看到 Name 下面的选项有所改变。

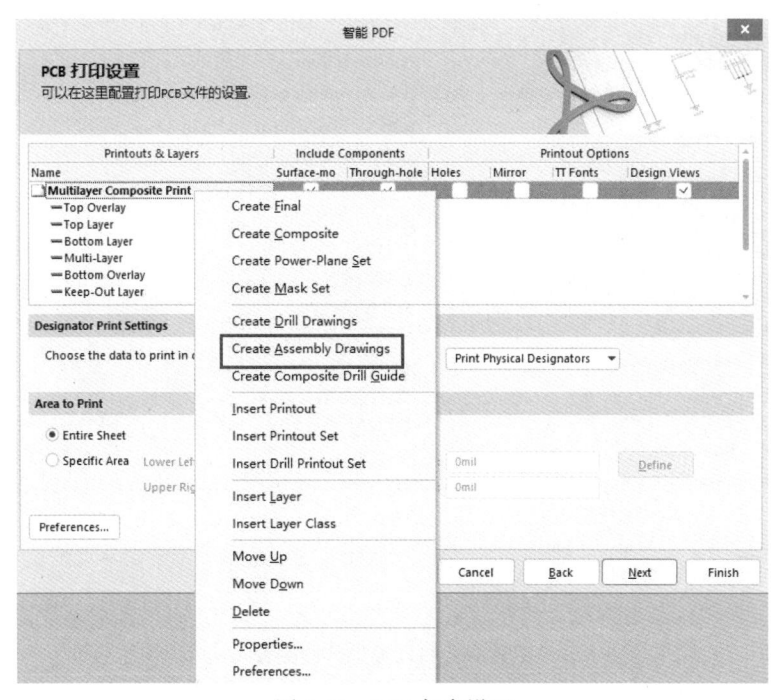

图 6-44　PCB 打印设置

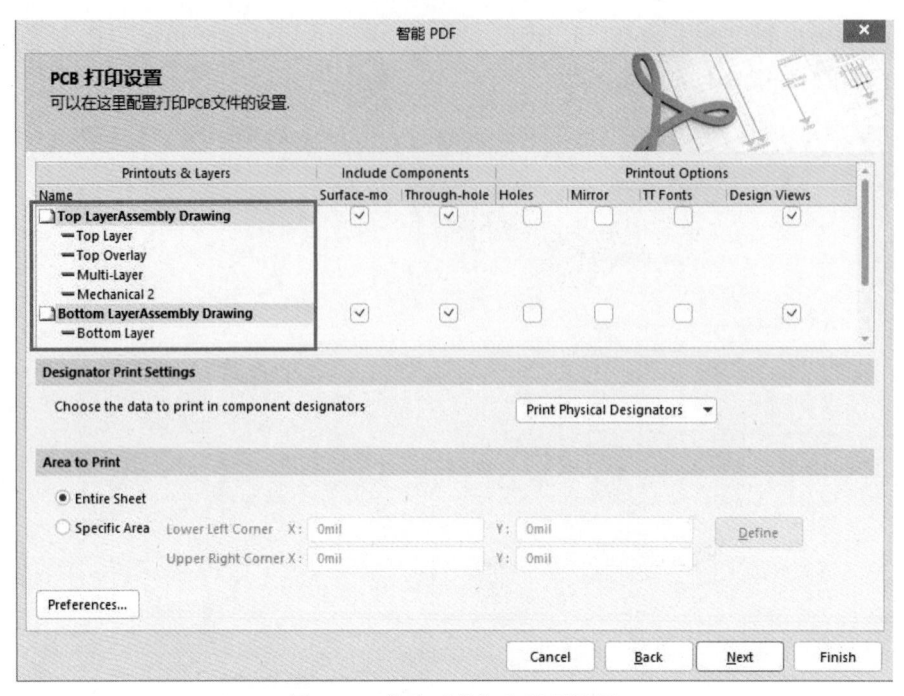

图 6-45　修改后的打印设置效果

（5）如图 6-46 所示，双击左侧 Top LayerAssembly Drawing 前的白色图标，在弹出的"打印输出特性"对话框中可以对 Top 层进行打印输出设置。在"层"选项组中编辑要输出的层，此处只需要输出 Top Overlay 和 Keep-Out Layer（板框层）即可。

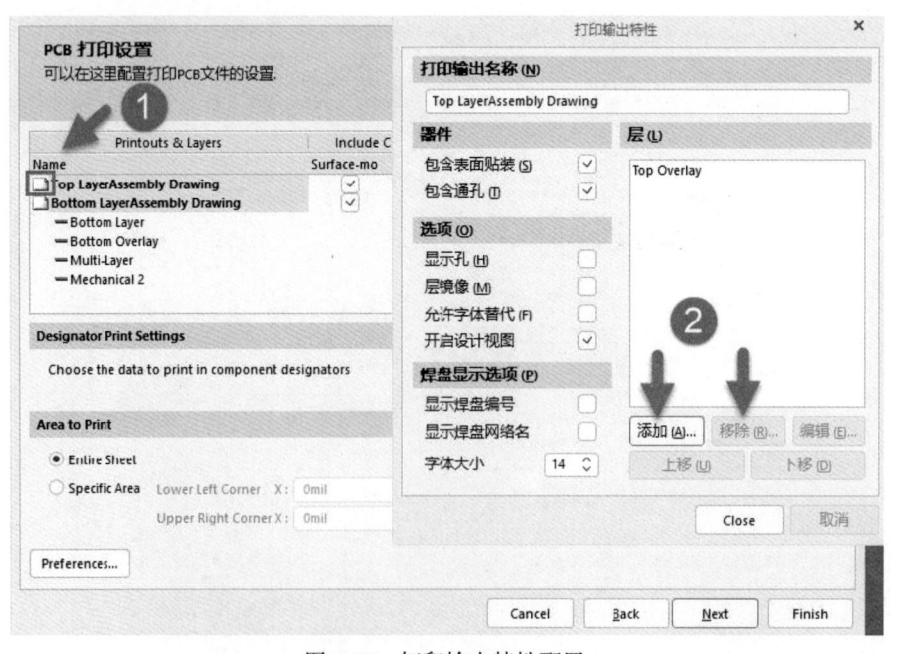

图 6-46　打印输出特性配置

注意：输出的层根据实际需求来定，例如想显示出焊盘，可输出 Solder 或 Paste 层。

添加层时，在弹出的"板层属性"对话框中的"打印板层类型"里查找需要的层，单击"是"按钮，如图6-47所示。界面将回到"打印输出特性"对话框，单击Close按钮即可。

图6-47 板层属性对话框

（6）至此，对于Top LayerAssembly Drawing所输出的层设置完成，如图6-48所示。

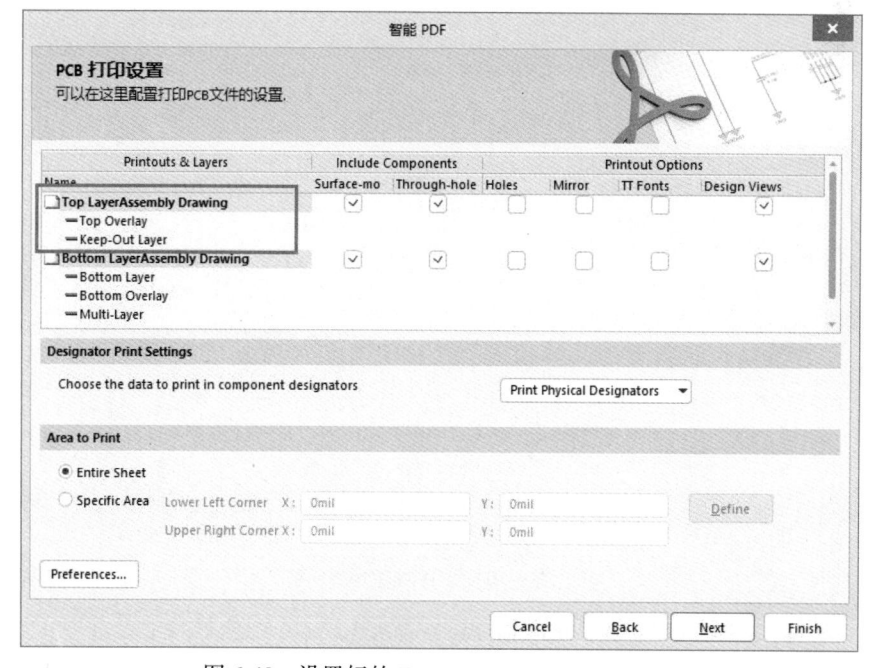

图6-48 设置好的Top LayerAssembly Drawing

（7）Bottom LayerAssembly Drawing 的设置重复步骤（5）、（6）即可。

（8）最终的设置如图 6-49 所示。然后单击 Next 按钮。

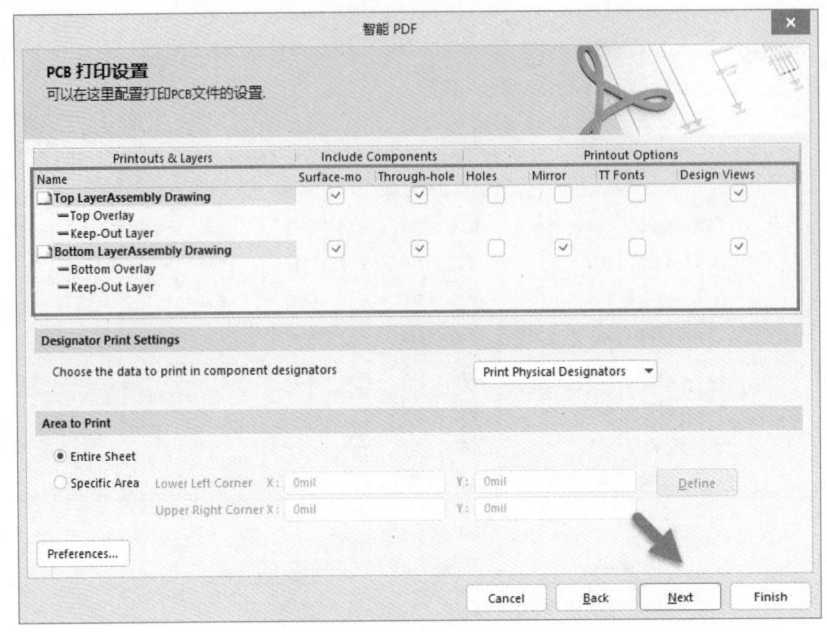

图 6-49　最终设置效果图

注意：底层装配必须选中 Mirror 复选框。

（9）在"添加打印设置"界面中，"PCB 颜色模式"选择"单色"，然后单击 Next 按钮，如图 6-50 所示。

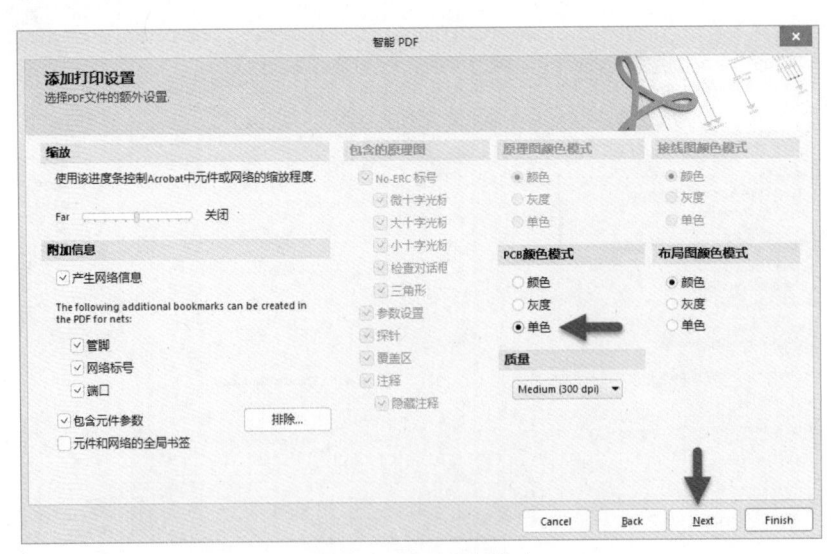

图 6-50　设置颜色模式

（10）在弹出的"最后步骤"界面中选择是否保存设置到 Output job 文件，此处可以保持默认，单击 Finish 按钮完成 PDF 文件的输出，如图 6-51 所示。

图 6-51　完成 PDF 文件输出

（11）最终输出如图 6-52 所示的元件位号图（此次演示案例底层没有元件，所以底层没有相应输出）。

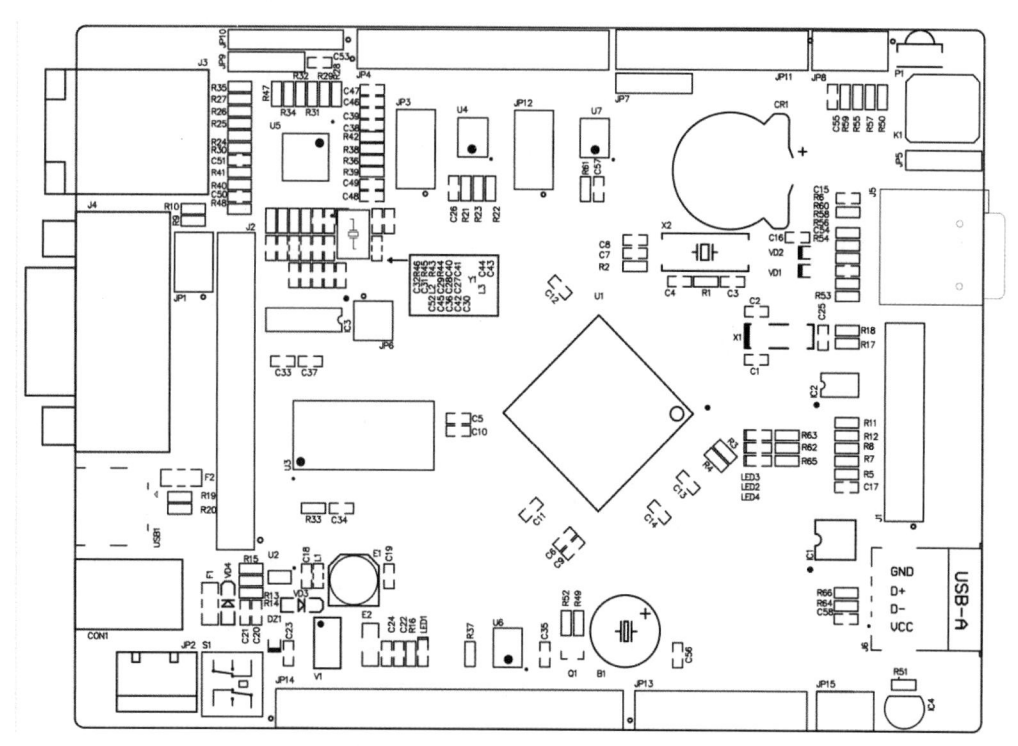

图 6-52　位号图输出效果

6.12.2　阻值图输出

阻值图（元件注释）的输出与位号图输出的方式类似，将器件的位号隐藏，显示器件的 Comment 属性，按上一节的方式输出阻值图即可，输出效果如图 6-53 所示。

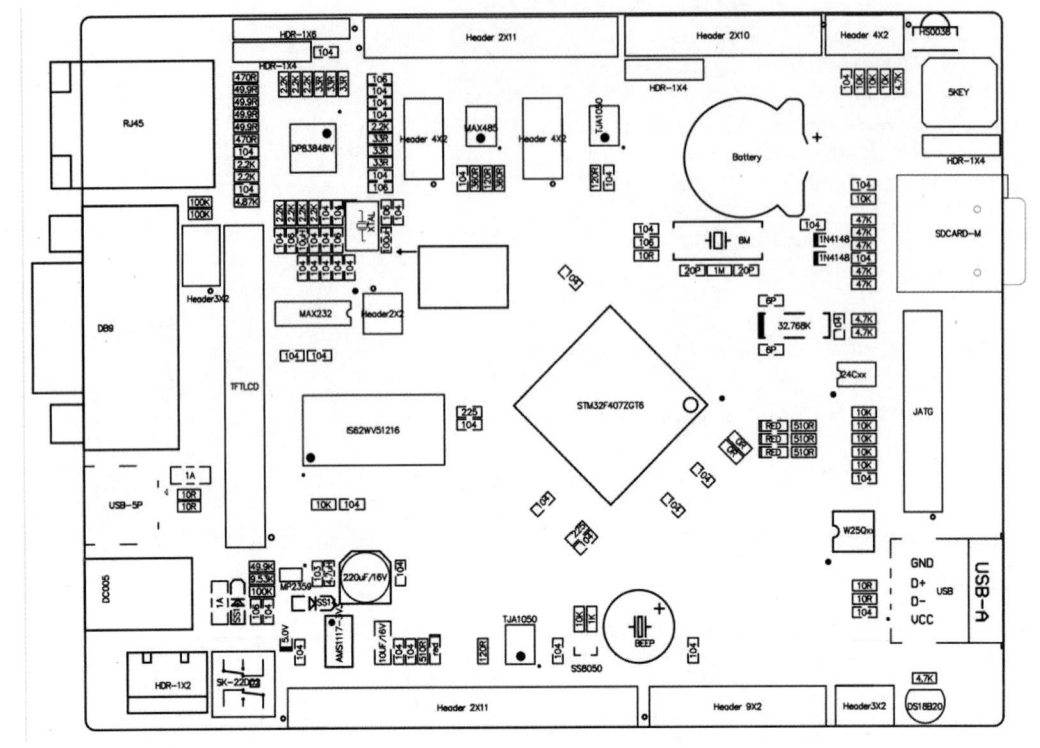

图 6-53　阻值图输出效果

6.12.3　Gerber 文件输出

Gerber 文件是一种符合 EIA 标准，用于驱动光绘机的文件，该文件是把 PCB 中的布线数据转换为光绘机用于生产 1∶1 高度胶片的光绘数据，能被光绘图机处理的文件格式。当使用 Altium Designer 绘制好 PCB 电路图文件之后，需要打样制作，但又不想提供给厂家工程文件，那么就可以直接生成 Gerber 文件，将生成的 Gerber 文件提供给 PCB 生产厂家就可以打样制作 PCB。

输出 Gerber 文件时，建议在工作区打开工程文件.PrjPcb，生成的相关文件会自动输出到 OutPut 文件夹中。输出操作步骤如下。

（1）输出 Gerber 文件。

① 在 PCB 界面中，执行菜单栏中"文件"→"制造输出"→Gerber Files 命令。

② 在弹出的 Gerber Setup 对话框中将 Units 设置为 Inches，Decimal 设置为 0.1mil（与对应单位下板子使用的数据精确度相关，即小数点后几位），输出文件选择每层生成不同文件，其他默认选中。其次在 Plot Layers 选项卡中选择 Select Used，进行层的初步筛选，根据实际情况可取消选中某些层（多为机械层。排除 Mechanical 1，因 Mechanical 1 多用于绘制板框线），如图 6-54 所示。

③ 切换到 Advanced 选项卡，按图 6-55 所示设置，单击 Apply 按钮。

图 6-54　层选择输出设置

图 6-55　Advanced 选项卡

④ 输出效果如图 6-56 所示。

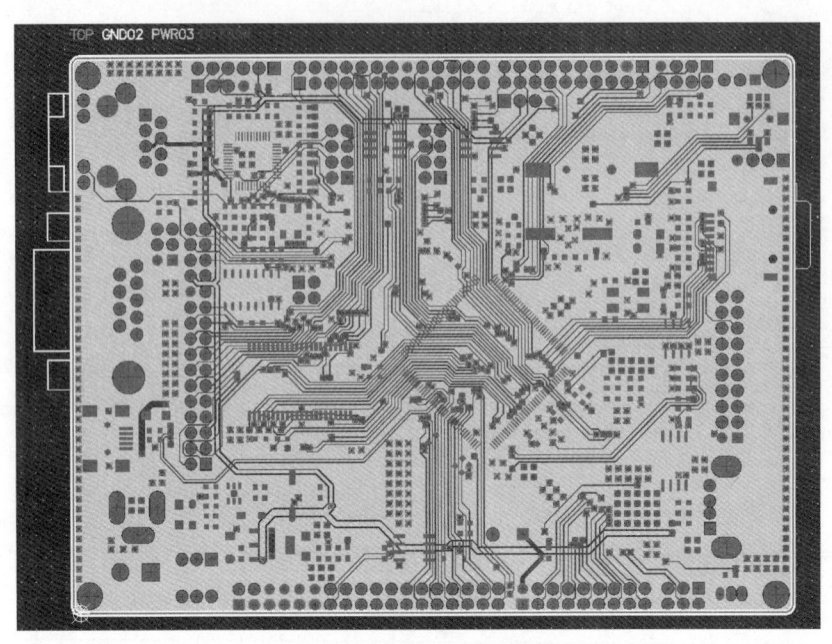

图 6-56　Gerber Files 输出预览

（2）输出 NC Drill Files（钻孔文件）。

① 切换回 PCB 编辑界面，执行菜单栏中"文件"→"制造输出"→NC Drill Files 命令，进行过孔和安装孔的输出设置。

② 在弹出的"NC Drill 设置"对话框中，"单位"选择"英寸"，"格式"选择"2∶4"，其他项保持默认设置，如图 6-57 所示，单击"确定"按钮。

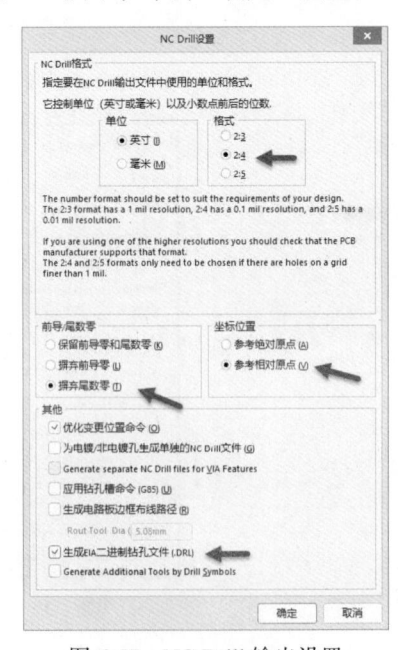

图 6-57　NC Drill 输出设置

③ 将弹出"导入钻孔数据"对话框，直接单击"确定"按钮即可，如图6-58所示。

④ 接着弹出Import Mill/Route Data对话框，单击"确定"按钮即可，如图6-59所示。

图 6-58　"导入钻孔数据"对话框

图 6-59　Import Mill/Route Data 对话框

⑤ 钻孔输出效果如图6-60所示。

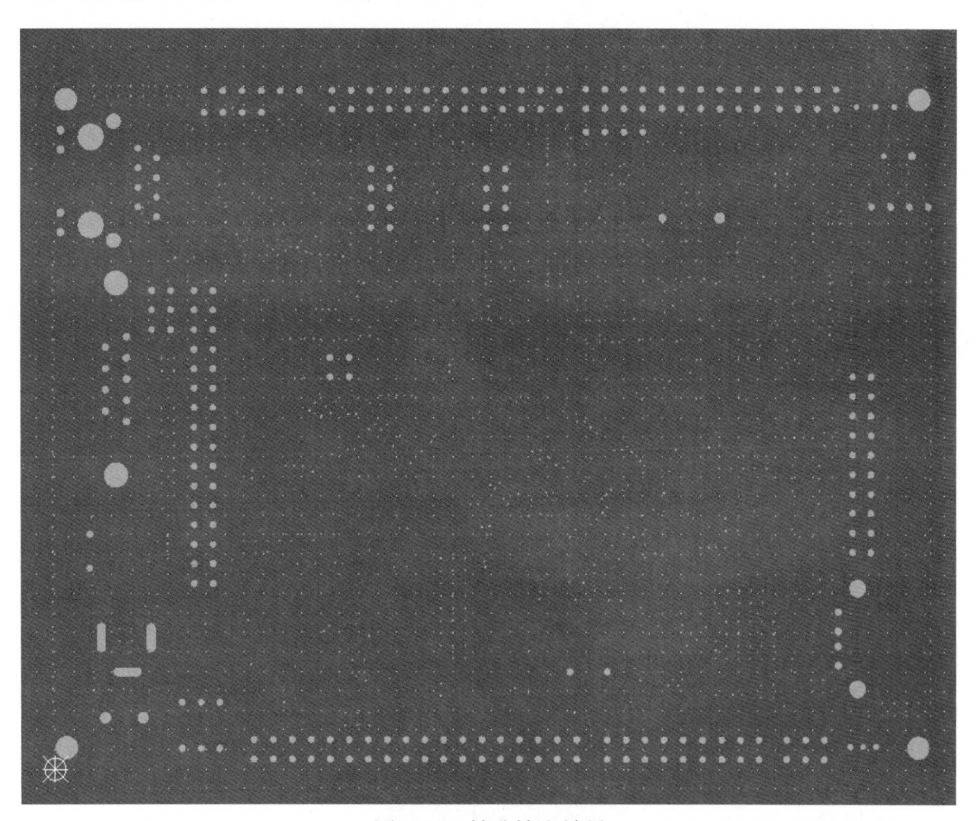

图 6-60　钻孔输出效果

（3）输出Test Point Report（IPC网表文件）。

① 生成IPC网表给板厂核对，制版时可检查出常规的开路、短路问题，避免后续生产的损失。切换回PCB编辑界面，执行菜单栏中"文件"→"制造输出"→Test Point Report

命令，进行 IPC 网表输出。

② 在弹出的 Fabrication Testpoint Setup 对话框中进行相应的输出设置，如图 6-61 所示，单击"确定"按钮。

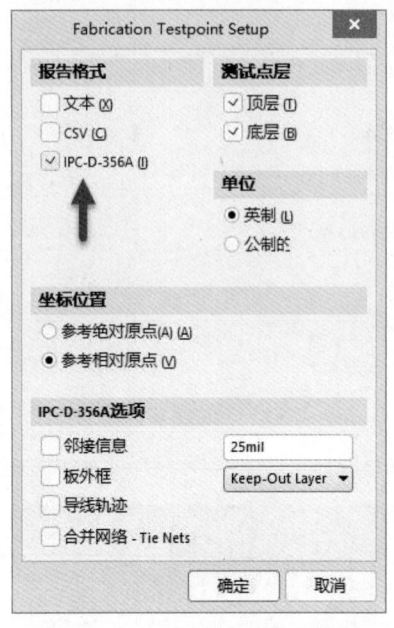

图 6-61　IPC 网表文件输出设置

③ 在弹出的"导入钻孔数据"对话框中直接单击"确定"按钮即可，输出效果如图 6-62 所示。

④ 弹出 Import Mill/Route Data 对话框，直接单击"确定"按钮即可，如图 6-63 所示。

图 6-62　"导入钻孔数据"对话框 　　　图 6-63　Import Mill/Route Data 对话框

⑤ 输出效果如图 6-64 所示。

（4）输出 Generates pick and place files（坐标文件）。

① 切换回 PCB 编辑界面，选择菜单栏中"文件"→"装配输出"→Generates pick and place files 命令，进行元件坐标输出。

② 弹出的"拾放文件设置"对话框中，在"所有列"选项组中根据需要选中参数，并设置文件的"单位"和"格式"，如图 6-65 所示。单击"确定"按钮即可输出坐标文件。

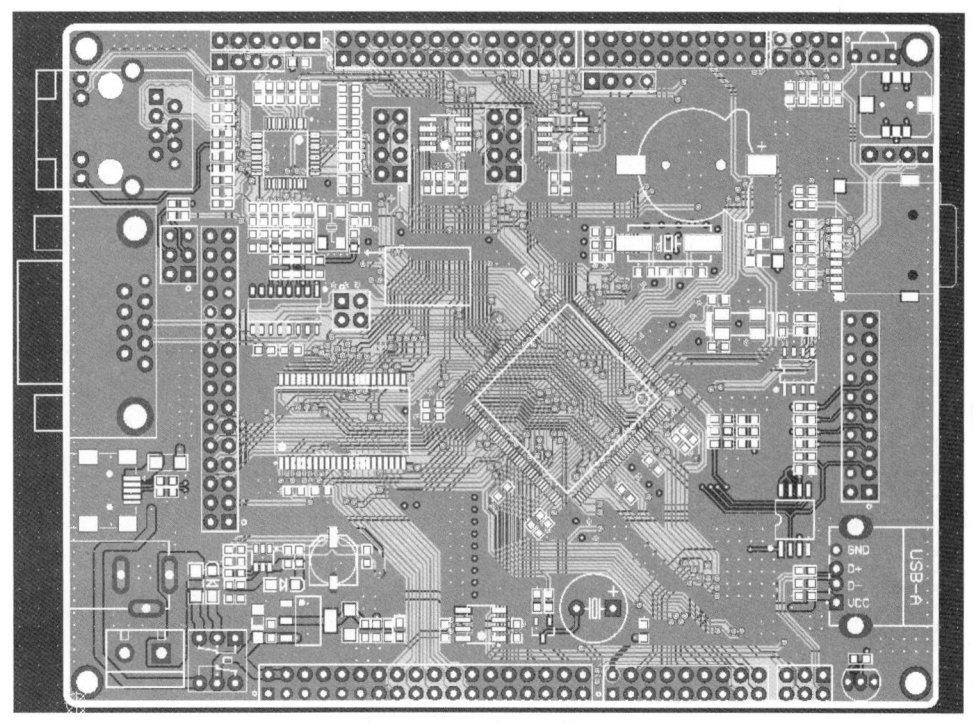

图 6-64　IPC 文件输出效果

图 6-65　坐标文件输出设置

③ 打开坐标文件，其输出效果如图 6-66 所示。

（5）至此，Gerber 文件输出完成，输出过程中产生的 3 个 .cam 文件可直接关闭不用保存。在工程保存路径下的 Project Outputs for... 文件夹中的文件即为 Gerber 文件。将 Project Outputs for... 文件夹重命名，打包发给 PCB 生产厂商制作即可。

图 6-66　坐标文件

6.12.4　生成 BOM

BOM，即物料清单，用来表示整个 PCB 上所包含的器件，是采购原材料的关键。在 Altium Designer 中，生成 BOM 的步骤如下。

（1）执行菜单栏中"报告"→Bill of Materials 命令，如图 6-67 所示。

（2）在弹出的 Bill of Materials for PCB Document 对话框中，进行如图 6-68 所示的操作。对话框左侧即为输出参数的预览，可拖动调整先后顺序。

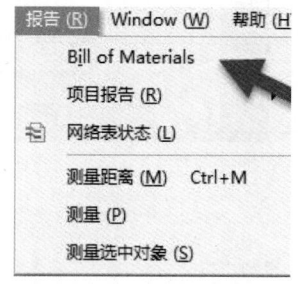

图 6-67　生成 BOM 的命令

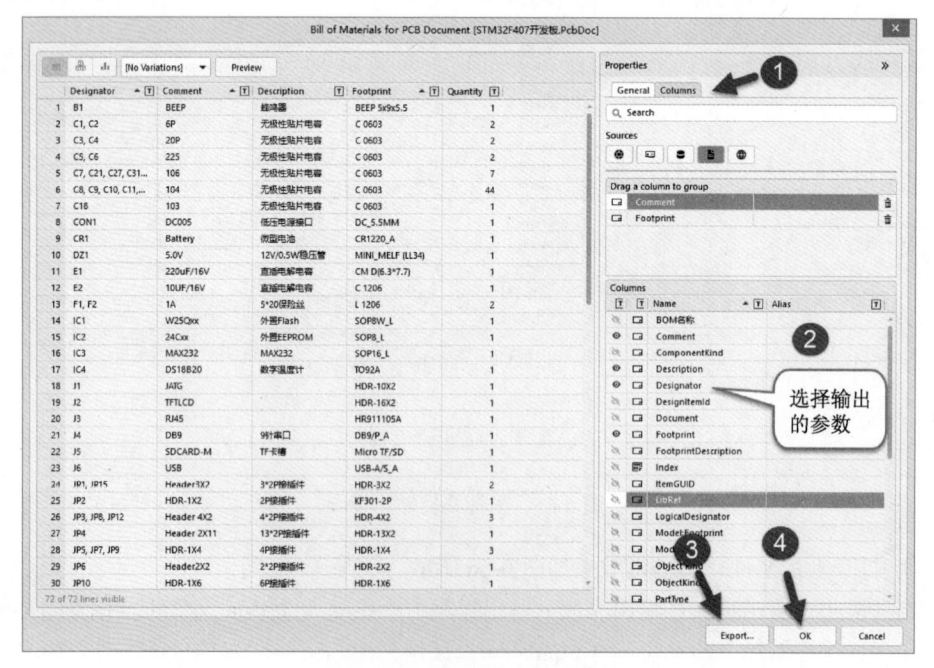

图 6-68　BOM 输出的步骤

（3）输出的 BOM 效果如图 6-69 所示。

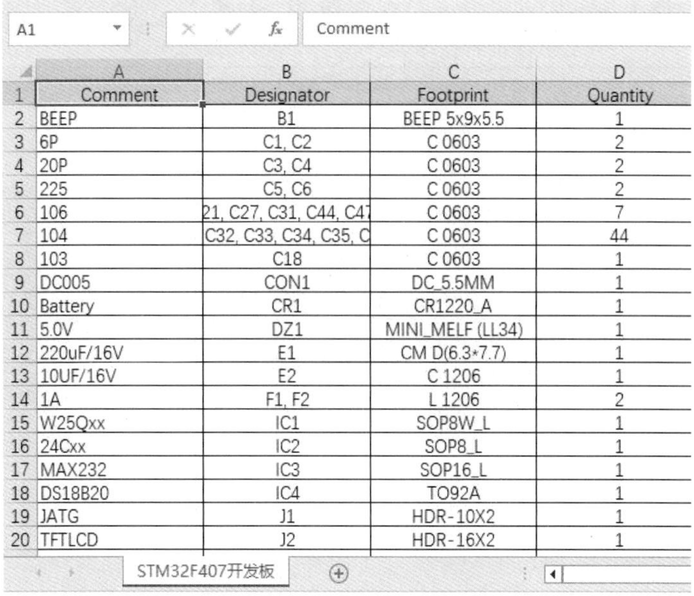

	A	B	C	D
1	Comment	Designator	Footprint	Quantity
2	BEEP	B1	BEEP 5x9x5.5	1
3	6P	C1, C2	C 0603	2
4	20P	C3, C4	C 0603	2
5	225	C5, C6	C 0603	2
6	106	21, C27, C31, C44, C47	C 0603	7
7	104	C32, C33, C34, C35, C	C 0603	44
8	103	C18	C 0603	1
9	DC005	CON1	DC_5.5MM	1
10	Battery	CR1	CR1220_A	1
11	5.0V	DZ1	MINI_MELF (LL34)	1
12	220uF/16V	E1	CM D(6.3*7.7)	1
13	10UF/16V	E2	C 1206	1
14	1A	F1, F2	L 1206	2
15	W25Qxx	IC1	SOP8W_L	1
16	24Cxx	IC2	SOP8_L	1
17	MAX232	IC3	SOP16_L	1
18	DS18B20	IC4	TO92A	1
19	JATG	J1	HDR-10X2	1
20	TFTLCD	J2	HDR-16X2	1

图 6-69 输出的 BOM 效果

6.13 STM32 检查表

PCB 设计出来之后，或多或少都可能存在一些疏漏，PCB 检查表的建立，在后期的系统性检查中，极大地提高了工作效率和质量，STM32 检查表如表 6-1 所示。

表 6-1 STM32 检查表

检查项目	序号	检 查 内 容	检查记录
封装和板框	1	确认边框尺寸、定位孔大小及位置	
	2	确认器件封装的准确性	
	3	器件封装引脚标识、极性标识、方向标识需注明	
	4	确认固定的外接接口及排针的位置	
布局	1	确保器件无冲突	
	2	确认时钟电路布局是否合理	
	3	去耦或滤波电容摆放靠近IC电源引脚	
	4	器件之间的间距是否合理	
	5	器件布局方向尽量为0°或90°，有极性的器件方向尽可能一致	
布线	1	尽量避免直角、锐角走线	
	2	以太网口、USB等信号是否满足设计要求	
	3	电源流向是否正确	
	4	电源和地载流是否足够	

续表

检查项目	序号	检 查 内 容	检查记录
布线	5	过孔不能打在焊盘上	
	6	器件出线是否符合从中心或对角出线	
	7	贴片小器件（如0402、0603等）焊盘之间尽量不走线	
	8	空间允许的情况下，布线尽量遵循3W原则	
	9	尽量挖空尖岬铜皮	
	10	布通率是否为100%，DRC是否无问题	
丝印及输出文件	1	器件符号大小位置是否符合放置要求	
	2	器件符号是否和焊盘重叠	
	3	避免遮盖IC芯片的1脚位置	
	4	检查Gerber文件的正确性	

第 7 章 进阶实例：4 层 MT6261 智能手表

本章通过一个 4 层 MT6261 智能手表的实例，回顾整个 PCB 设计流程，并详细介绍 BGA 扇孔、盲埋孔等相关设置，让读者能初步了解盲埋孔板的相关处理。

学习目标：
- 了解智能手表的设计要求。
- 熟练掌握 4 层 PCB 的设计流程环节。
- 了解 BGA 及盲埋孔的相关设计。
- 掌握 PCB 设计后期处理和 Output job 输出生产文件的方法。

7.1 实例简介

MT6261 智能手表包含计步器、防走失、闹钟、日历、秒表、短信、计算器、睡眠监控等多种功能，并支持 BT 通话和 BT 音乐。

其核心处理器是 MT6261，是一种基于低功耗 CMOS 工艺的集成前沿电源管理单元、模拟基带和无线电电路的单片芯片，用于高端 GSM/GPRS 能力的单芯片解决方案。基于其 32 位 ARM7EJ-S TM RISC 处理器，MT6261 的卓越处理能力 TH 高带宽架构和专用硬件支持，为高性能 GPRS 12 级调制解调器应用和前沿多媒体应用提供了平台。

7.2 位号排列及添加封装

7.2.1 位号排列

绘制完原理图之后，需要给器件添加位号标注，其操作步骤如下。

（1）执行菜单栏中"工具"→"标注"→"原理图标注"命令，打开"标注"对话框，如图 7-1 所示。"处理顺序"下拉列表框可调整位号先后顺序，"原理图标注"选项卡用于选择需要进行位号标注的原理图，这两项一般保持默认即可。

图 7-1 "标注"对话框

（2）单击"更新更改列表"按钮，会弹出 Information 对话框，其中提示了有多少个器件进行位号的标注，单击 OK 按钮，如图 7-1 所示。"建议值"将被标上序号，同时"接收更改（创建 ECO）"按钮被激活，如图 7-2 所示。

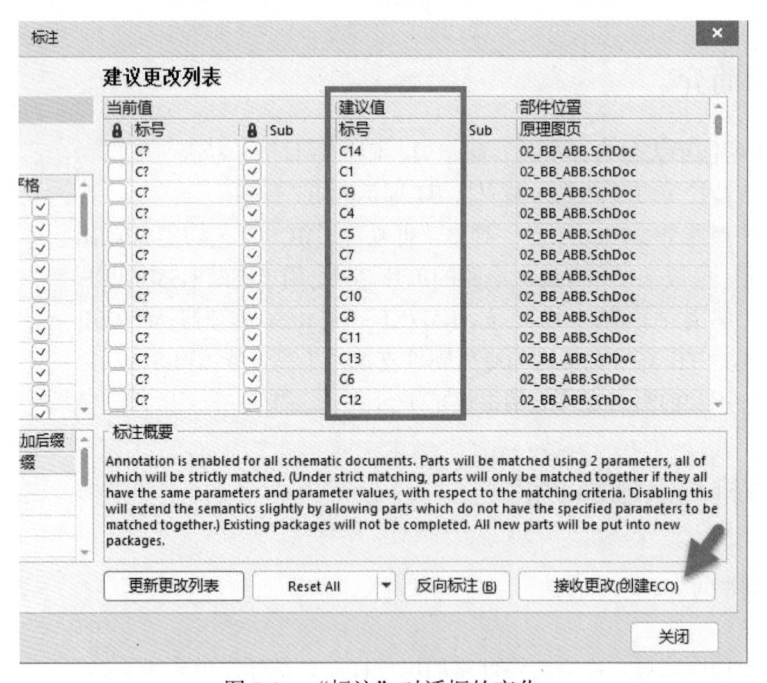

图 7-2 "标注"对话框的变化

（3）单击"接收更改（创建 ECO）"按钮，弹出"工程变更指令"对话框，如图 7-3 所示。单击"执行变更"按钮，在右侧"状态"栏中，"检测"和"完成"两项出现图标 ✓ 时，代表标注完成，接着单击"关闭"按钮。然后会返回"标注"对话框，在该对话框中单击"关闭"按钮即可完成位号标注。

图 7-3 "工程变更指令"对话框

7.2.2 封装匹配

元件封装匹配操作步骤如下。

（1）在原理图编辑界面下，执行菜单栏中"工具"→"封装管理器"命令，弹出 Footprint Manager 对话框，在对话框左侧可查看所有器件的各种信息，右侧可对元件的封装进行添加、删除和编辑等操作，使原理图元件与封装库里面的封装能够一一匹配，如图 7-4 所示。

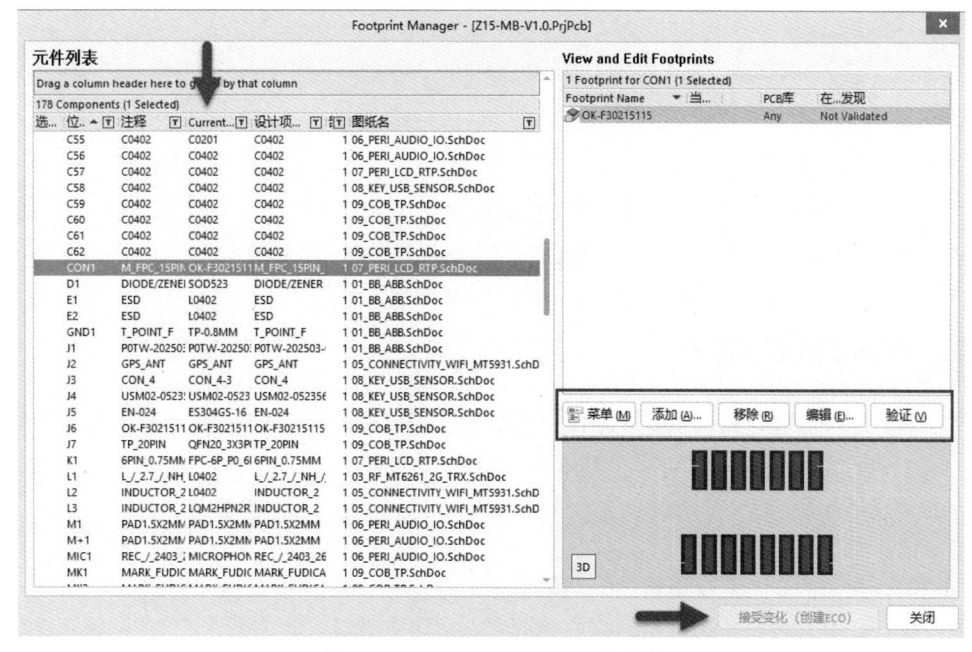

图 7-4 Footprint Manager 对话框

（2）观察图 7-4 左侧的 Current Footprint 一栏，确定已给全部元件选择好封装后，单击"接受变化（创建 ECO）"按钮，在弹出的"工程变更指令"对话框中，单击"执行变更"按钮，查看状态栏全部成功后，即可完成封装的匹配。

7.3 项目验证和查错

添加位号和封装后，需要对原理图进行验证，检查整个原理图有无电气连接等常规性错误。执行菜单栏中"项目"→Validate PCB Project Z15-MB-V1.0.PrjPCB 命令，或按快捷键 C+C，如图 7-5 所示。

验证完成后，可以在原理图编辑界面右下角单击 Panels 按钮，然后单击 Messages 查看结果，如图 7-6 所示。若显示 Compile successful，no errors found，则表示原理图没有电气性质的错误，可以继续下一步的操作。若有错误，需双击错误提示，跳转到相应的报错区域，进行原理图的修改，直到无错误或错误可忽略为止。

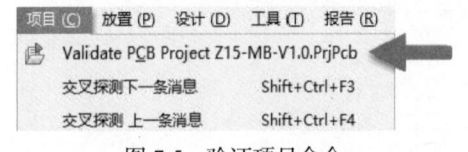

图 7-5 验证项目命令

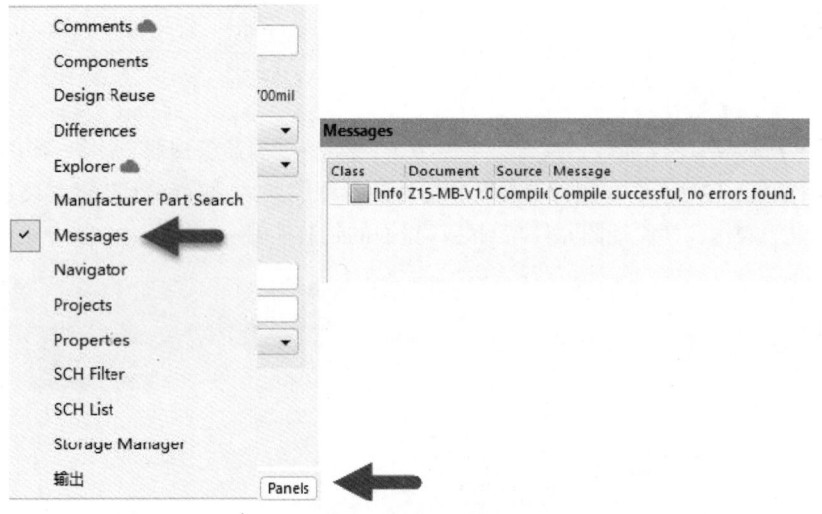

图 7-6 验证无误

7.4 PCB 网表的导入

在确认原理图验证无误及封装匹配完成后，可将原理图导入 PCB 中，即导入网络表。

（1）执行菜单栏中"设计"→Update PCB Document Z15-MB-V1.0.PcbDoc 命令，或者按快捷键 D+U，如图 7-7 所示。

图 7-7 导入网络表

（2）在弹出的"工程变更指令"对话框中，单击"执行变更"按钮，通过对话框右侧的状态栏可查看导入状态，"√"表示导入成功，"×"表示导入过程存在错误，如图 7-8 所示。若存在错误，需双击报错提示，跳转到相应原理图区域进行修改。

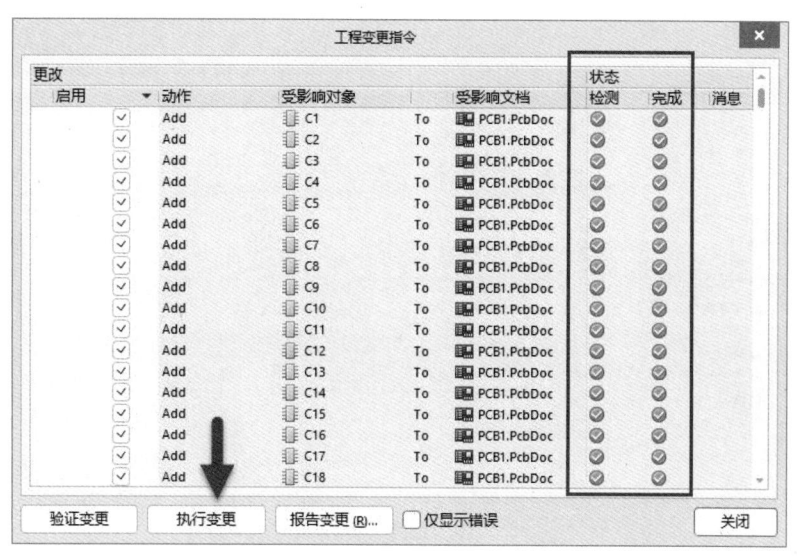

图 7-8 "工程变更指令"对话框

7.5 PCB 板框的导入及定义

网络表导入后，即可确定板子边框和结构。智能手表的板框相对比较复杂，若是使用 Altium Designer "放置"工具栏中的元素绘制，花费的时间会比较多。为提高效率，可使用 AutoCAD 绘制好板框后，再导入 PCB。

（1）在 PCB 中导入板框。执行菜单栏中"文件"→"导入"→DXF/DWG 命令，如图 7-9 所示。

图 7-9 导入命令

选择 DWG 文件，单击"打开"按钮，如图 7-10 所示。

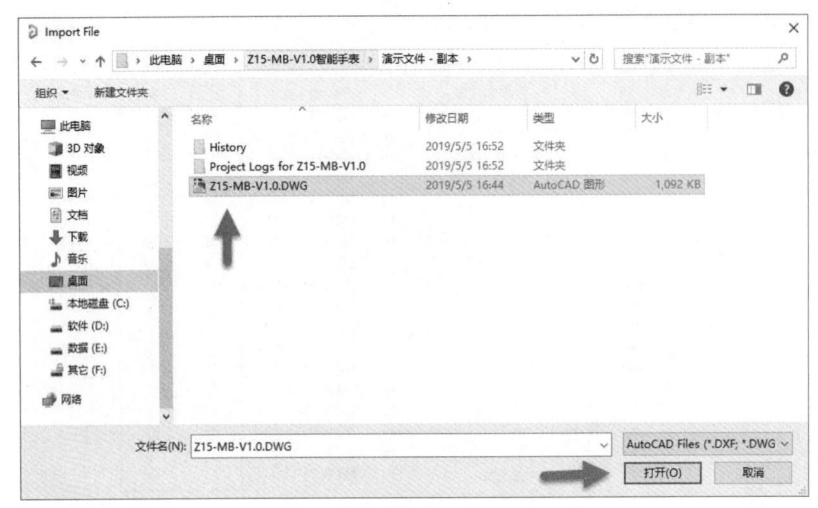

图 7-10 选择 DWG 文件

（2）在弹出的"从 AutoCAD 导入"对话框中，通过 Size 大致判断使用哪个单位，单击"选择"按钮，如图 7-11 所示。将光标移动到想要导入边框所在的 PCB 位置，然后单击，再次回到"从 AutoCAD 导入"对话框，单击"确定"按钮，即可导入 DWG 文件。最后将弹出 Information 提示框，如图 7-12 所示，表示文件导入成功，单击 OK 按钮，可看到导入的板框。

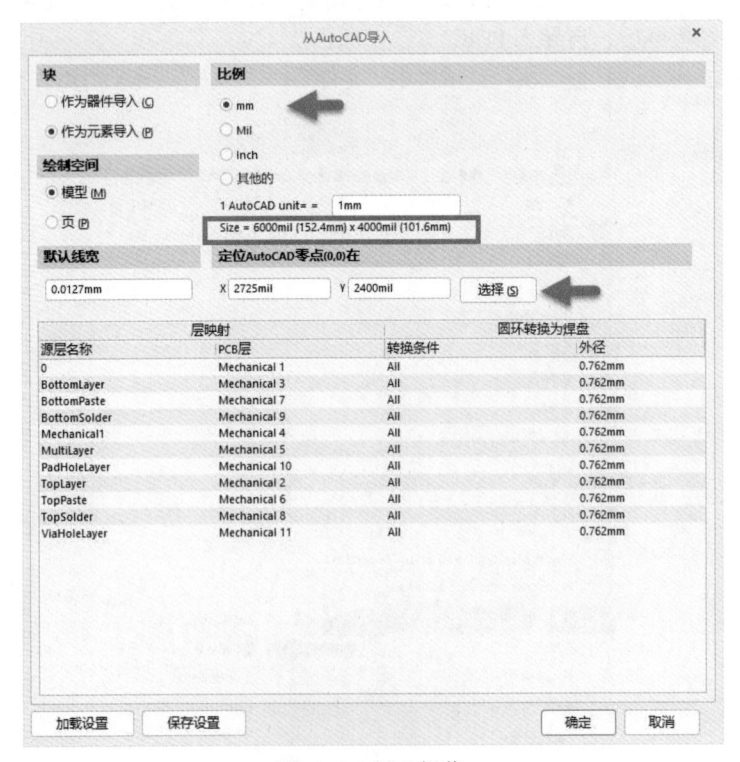

图 7-11 导入操作

（3）选中外边框，按快捷键 D+S+D，即可定义板框，如图 7-13 所示。

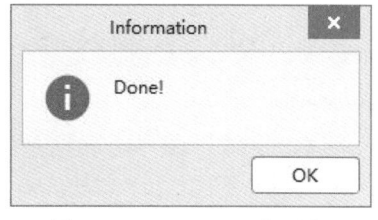

图 7-12　Information 提示框　　　　图 7-13　定义板框

（4）智能手表器件结构如图 7-14 所示。

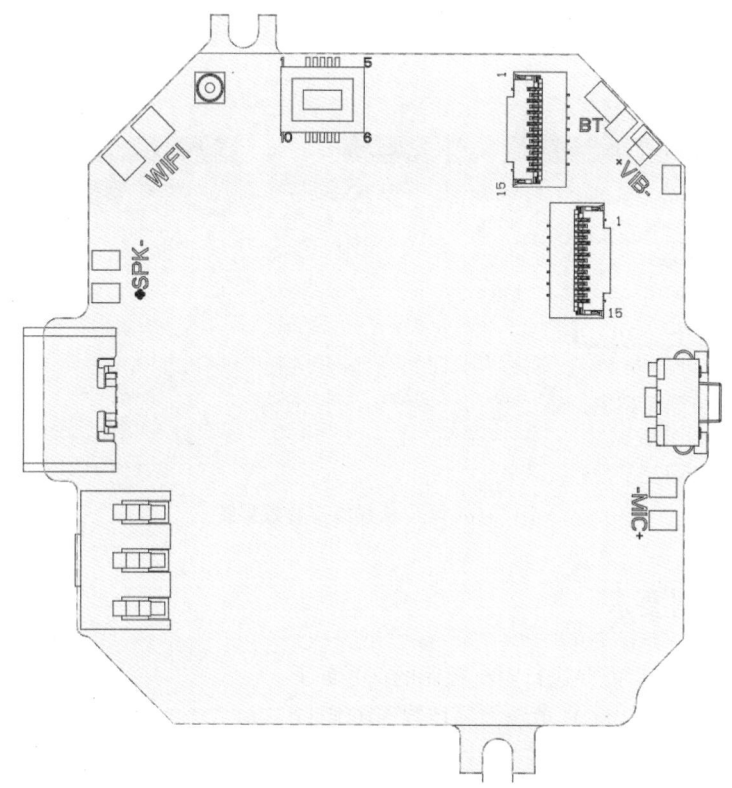

图 7-14　智能手表器件结构

7.6 PCB 层叠设置

MT6261 智能手表根据其走线密度，可使用 4 层板来进行设计，层叠添加步骤如下。

（1）执行菜单栏中"设计"→"层叠管理器"命令，或按快捷键 D+K，进入层叠管理器。选择在 Top Layer 下方添加两个层，则将光标移到 Top Layer 处，右击，在弹出的快捷菜单中执行 Insert layer below→Signal 命令，如图 7-15 所示。依次添加两次，即可得到 4 层板。

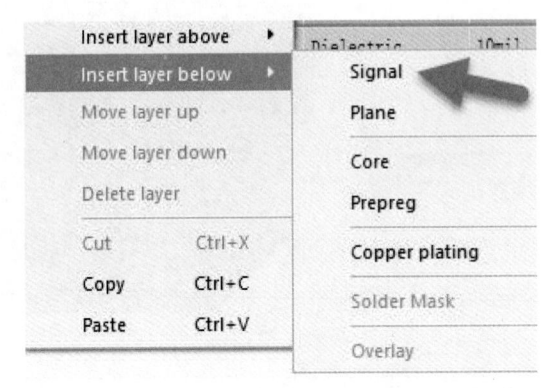

图 7-15　添加信号层

（2）修改层名称，在 Name 栏中，找到添加的层对应的文本框，双击进行 Name 的修改。最终层叠效果如图 7-16 所示，SIN2、SIN3 为修改后的层名称。

#	Name	Type	Weight	Thickness	Dk	Copper Orientation
	Top Overlay	Overlay				
	Top Solder	Solder Mask		1mil	4	
1	Top	Signal	1/2oz	0.709mil		Above
	Dielectric 2	Prepreg		4.72mil	4.2	
2	SIN2	Signal	1oz	1.378mil		Above
	Dielectric 3	Prepreg		22.44mil	4.5	
3	SIN3	Signal	1oz	1.378mil		Below
	Dielectric 1	Dielectric		4.72mil	4.2	
4	Bottom	Signal	1/2oz	0.709mil		Below
	Bottom Solder	Solder Mask		1mil	4	
	Bottom Overlay	Overlay				

图 7-16　4 层板最终层叠效果图

7.7 阻抗控制要求

智能手表项目中，需要进行阻抗控制的信号如下。
（1）Wi-Fi、Flash、LCM 单端信号控制 50Ω 阻抗。
（2）USB 差分线控制 90Ω 阻抗。
阻抗计算的过程如下。

（1）按快捷键 D+K，进入层叠管理器，单击管理器下方的 Impedance 按钮，在右侧单击 Add Impedance Profile 按钮添加阻抗配置文件，如图 7-17 所示。

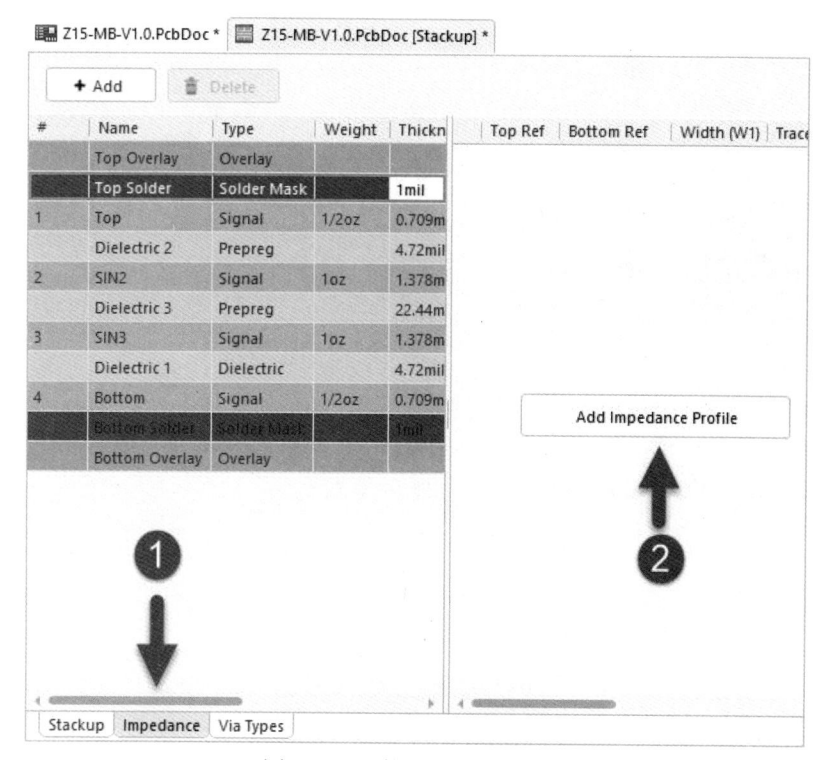

图 7-17　阻抗配置文件的添加

（2）在 Properties 面板中设置添加的阻抗配置文件为单端 50Ω，如图 7-18 所示。

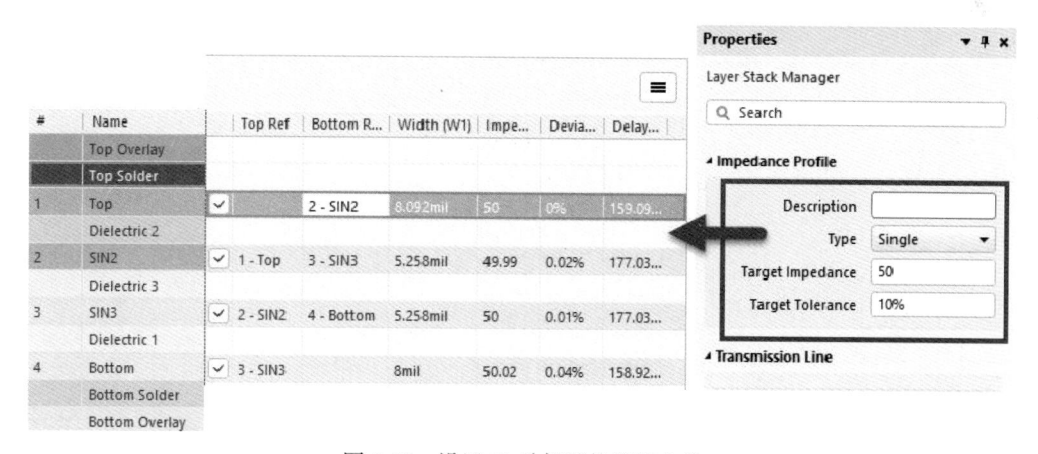

图 7-18　设置 50 欧姆阻抗配置文件

（3）在配置文件中可以发现规划用作 GND 平面的 SIN2 层也被激活了，这是因为 SIN2 是以正片的形式表现。对于不需要进行阻抗计算的层，用户只需将层前面的复选框取消选中即可。同时调整参考平面，由于 SIN3 的上参考层是 SIN2，层间距较大，对阻抗的影响较小，所以可以将 SIN3 的上参考层去掉。调整之后的配置文件如图 7-19 所示。

#	Name	Top Ref	Bottom Ref	Width (W1)	Impedance (Z0)	Deviation	Delay (Tp)
	Top Overlay						
	Top Solder						
1	Top	✓	2 - SIN2	8.092mil	50	0%	159.09ps/in
	Dielectric 2						
2	SIN2	☐ 1 - Top	3 - SIN3	5.258mil		0.02%	
	Dielectric 3						
3	SIN3	✓	4 - Bottom	5.78mil	50.01	0.02%	175.971ps/in
	Dielectric 1						
4	Bottom	☐ 3 - SIN3		6mil		0.04%	
	Bottom Solder						
	Bottom Overlay						

图 7-19 阻抗配置文件调整

（4）50Ω单端信号的阻抗计算。

① 在配置文件中单击要计算的信号层，在 Properties 面板的 Transmission Line 选项组中进行阻抗计算及调整，TOP 层信号计算如图 7-20 所示。

▲ Transmission Line

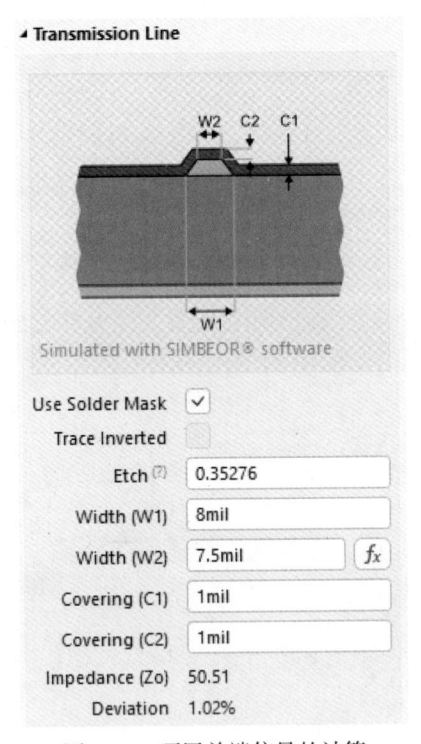

Use Solder Mask ✓
Trace Inverted ☐
Etch (?) 0.35276
Width (W1) 8mil
Width (W2) 7.5mil fx
Covering (C1) 1mil
Covering (C2) 1mil
Impedance (Zo) 50.51
Deviation 1.02%

图 7-20 顶层单端信号的计算

② 依照上述设置，计算第 3 层高速单端信号对应的线宽，最终得到的 Single_50 阻抗配置文件如图 7-21 所示。

（5）90Ω差分信号的阻抗计算。

① 单击 Add 按钮，添加新的配置文件，在 Properties 面板的 Impedance Profile 选项组中设置阻抗对象，如图 7-22 所示。

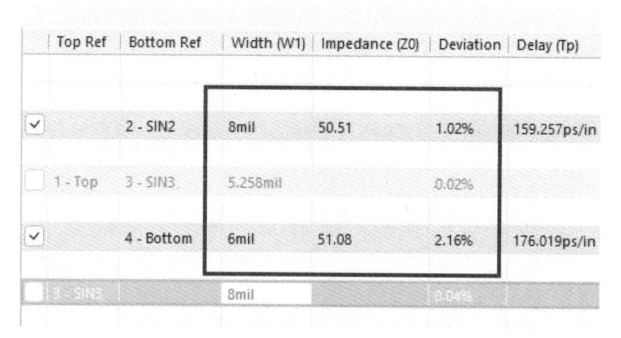

图 7-21 Single_50 阻抗配置文件

图 7-22 设置 90 欧姆阻抗对象

② 调整信号层的参考平面，并根据线宽与阻抗的反比关系、线距与阻抗的正比关系，对线宽及线距的大小进行调整，调整后的 Top 层计算结果如图 7-23 所示。

图 7-23 Top 差分信号的计算结果

③ 再计算第 3 层差分信号对应的线宽、线距，最终得到的 Differential_90 阻抗配置文件如图 7-24 所示。

Top Ref	Bottom Ref	Width (W1)	Trace Ga...	Impe...	Deviation	Delay (Tp)
☑	2 - SIN2	7mil	5.5mil	91.05	1.17%	155.08ps/in
☐ 1 - Top	3 - SIN3	3.381mil	5mil		0.01%	
☑	4 - Bottom	5mil	7mil	90.7	0.78%	177.545ps/in
☐	3 - SIN3	6.56mil	5.001mil		0.01%	

图 7-24　Differential_90 阻抗配置文件

（6）智能手表项目中，各信号层对应阻抗的线宽、线距如表 7-1 所示。

表 7-1　阻抗设计要求

Layer	参考层	单端 50Ω	差分 90Ω	
		线宽/mil	线宽/mil	间距/mil
Top	L2	8	7	5.5
L3	L4	6	5	7

7.8　模块化设计

7.8.1　CPU 核心

MT6261 处理器的特点如下。

（1）采用高性能的 DMA（Direct Memory Access），加快大量数据的传输速率。

（2）可支持不同工作频率的串行闪存接口。

（3）可支持 UART、USB1.1FS、SDIO1.1、SD2.0、2 个 SIM 卡接口，灵活实现高端设计方案。

（4）集成一个混合信号基带前端，以提供一个良好的无线接口。

（5）集成高功率 K 类扬声器放大器，实现更好的音频性能。同时支持 FR/HR/EFR/AMR 语音编解码器。

（6）支持丰富的蓝牙配置文件和手机上使用广泛的应用程序，具有良好的互操作性。

7.8.2　PMU 模块

MT6261 通过锂电池供电，集成了 12 路 LDO 用于内存卡、LCM、蓝牙、RF 等其他电路模块供电，并同时具有热过载保护、低压锁定保护和过压保护的功能。

按下电源键PWRKEY后，电源启动顺序为VBAT→VCORE→VIO18→VIO28→VSF→VA→VUSB→VRF。每路LDO的ESD器件和去耦电容应靠近芯片摆放。

7.8.3 Charger模块

Charger充电模块如图7-25所示，VCHG通过功率三极管PT236T30E2、二极管D1、电流检测电阻R6连接到VBAT，组成充电回路。

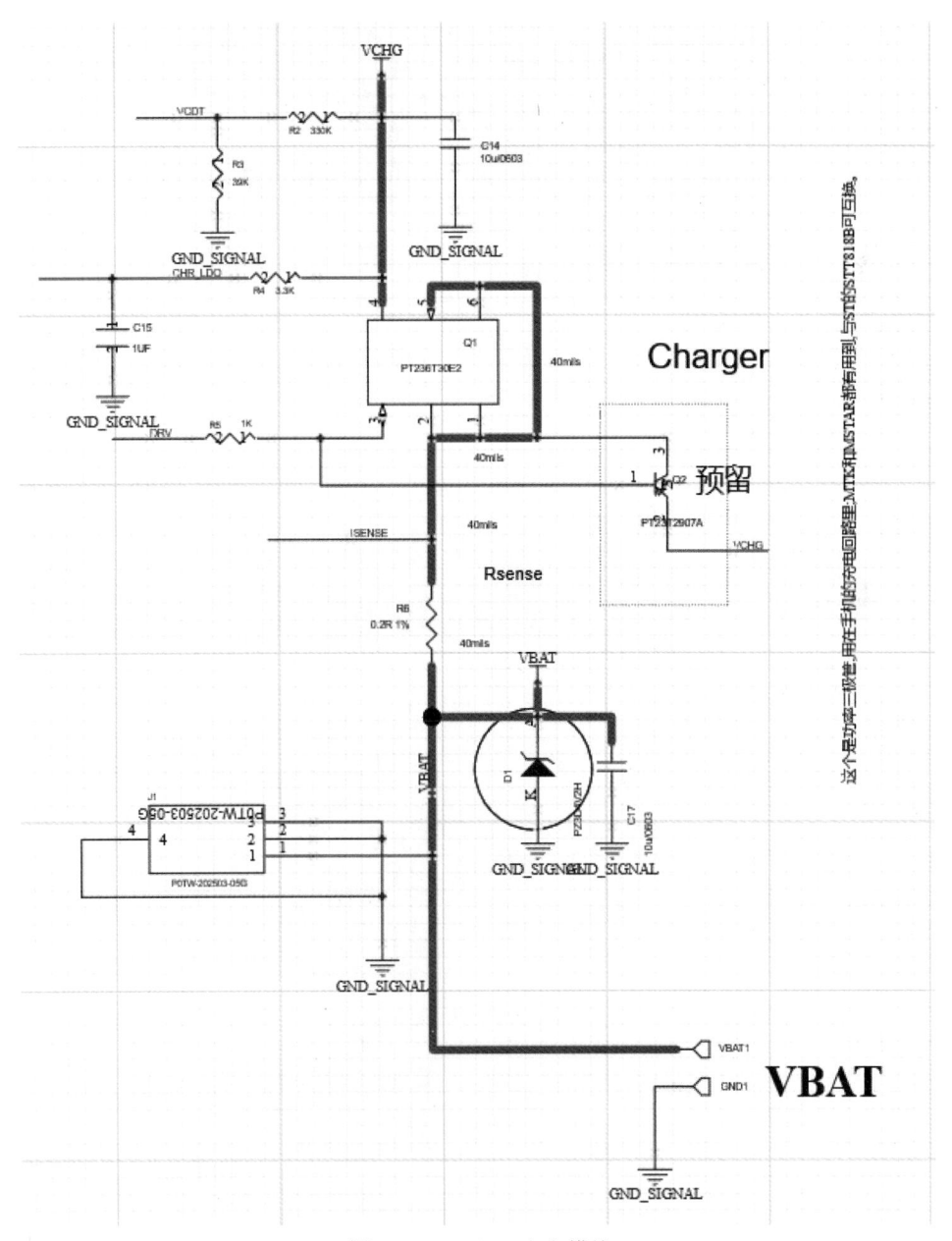

图7-25 Charger充电模块

Layout 的注意事项如下。

（1）CHR_LDO 的去耦电容 C15 靠近 IC 摆放。

（2）电流检测电阻 R6 靠近电池连接座摆放。

（3）检测电阻 R6 两端的 ISENSE 和 VBAT 在走线时尽量保持线宽、线长相同，保证电压检测的准确性，如图 7-26 所示。

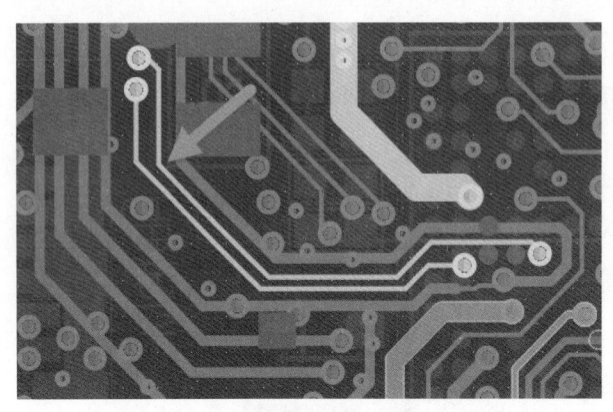

图 7-26　ISENSE 和 VBAT 的走线情况

（4）充电电流分配情况如图 7-25 粗线所示，走线建议加粗至 40mil 以上，或者使用大面积铺铜，如图 7-27 所示。

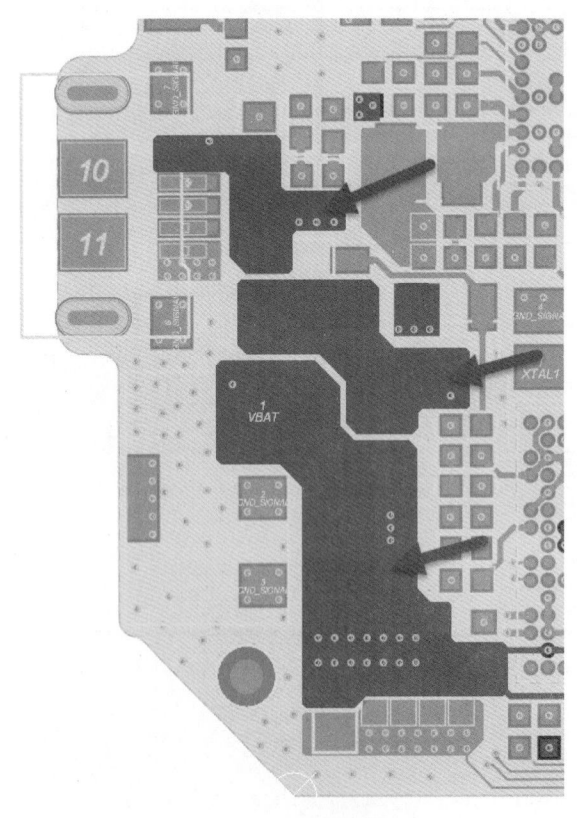

图 7-27　充电路径铺铜处理

7.8.4　Wi-Fi MT5931 模块

MT5931 是一款高度整合式系统单芯片，提供了比较便捷的连接功能，功耗要求低、尺寸封装小，可大幅减少布局面积，为轻薄短小的可穿戴设备提供了较好的无线解决方案。Wi-Fi 信号易受干扰，在布局时应考虑远离干扰源。建议 Layout 时注意以下事项。

（1）晶振电路靠近 MT5931 芯片的晶振引脚摆放，保证走线越短越好，如图 7-28 所示。

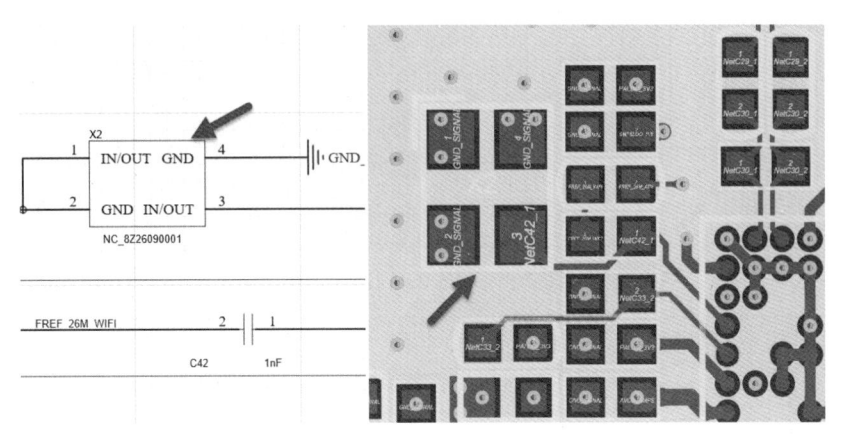

图 7-28　晶振放置情况

（2）MT5931 相关电源的滤波电容需靠近引脚放置，且接地端需就近可靠接地。同时尽量保证电源信号先经滤波电容再到电源引脚。

（3）VBAT、PALDO、SMPSLDO 和 CLDO 走线宽度至少 10mil。

（4）PALDO_FB 和 OUT_FB 信号走线宽度可为 4mil。

（5）引脚 B1 不可直接连到地平面，应连接到 C24 和 C27 的接地端，然后再连接到其他引脚地平面或 GND 层，如图 7-29 所示。

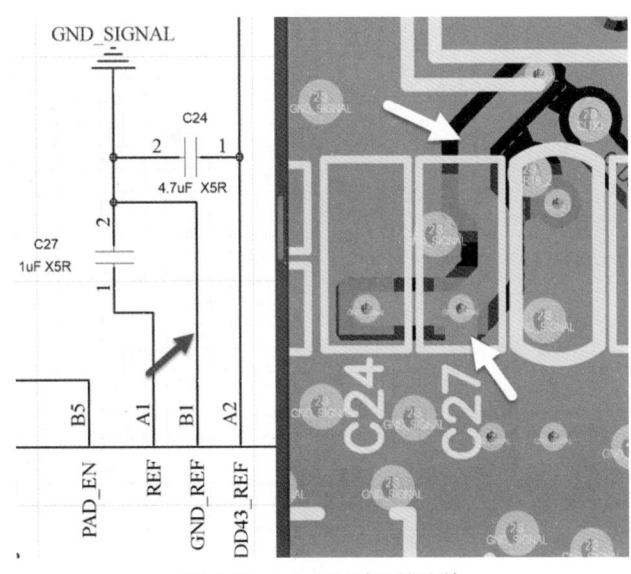

图 7-29　Pin B1 到地的连接

（6）引脚 B3 不可直接连到地平面，应连接到 C23 的接地端，然后再连接到其他引脚地平面或 GND 层，如图 7-30 所示。

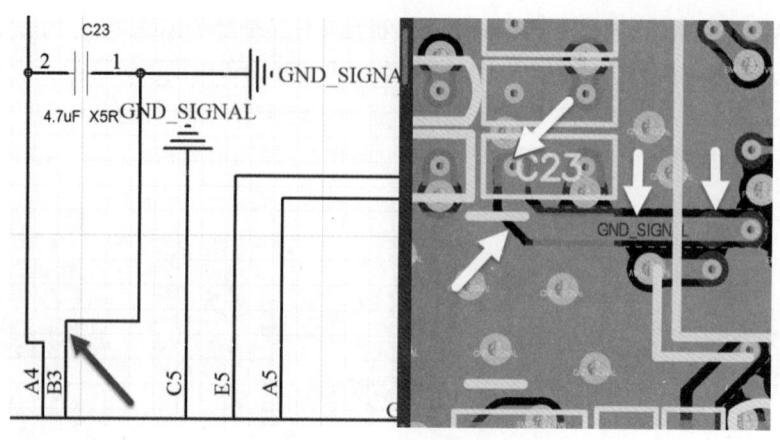

图 7-30　Pin B3 到地的连接

（7）RF 信号需控制 50Ω 阻抗。

（8）避免其他信号从 RF 信号下穿过，即尽可能保证 RF 信号在所有层的净空。

7.8.5　Speaker/Mic 模块

Speaker 和 Mic 模块起到对声音播放和录入的作用，同属模拟信号。在进行 Layout 时，SPK_OUTP、SPK_OUTN 和 MICP0、MICN0 这两组信号需进行类差分走线，线宽加粗 8～12mil，并进行包地处理，立体包地最好。

MICBIAS0 为 MIC 的偏置电压，布局时偏置阻容器件靠近主控 IC 摆放，如图 7-31 所示。走线时，最好加粗到 12mil 以上。

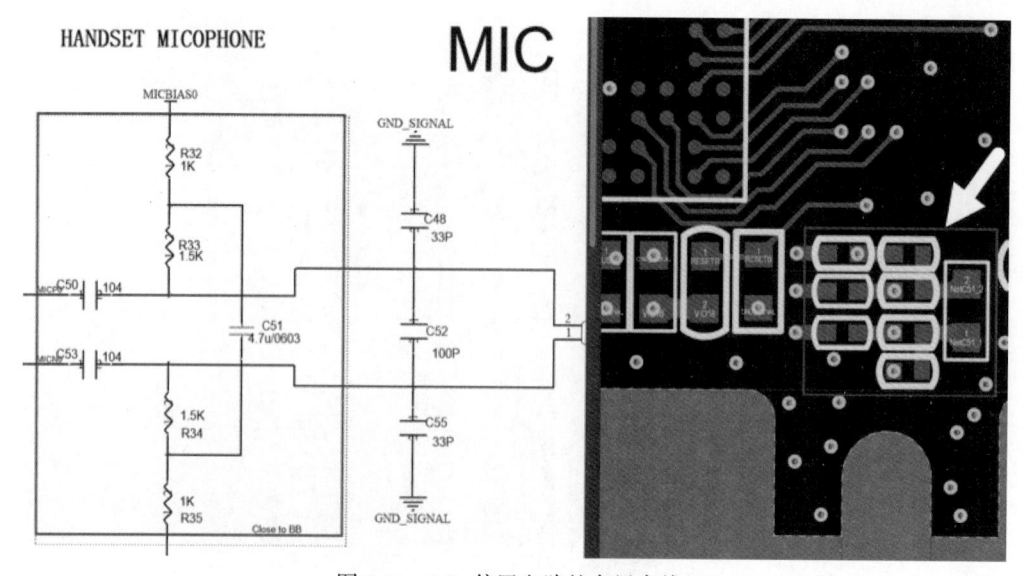

图 7-31　Mic 偏置电路的布局布线

7.8.6 马达模块

马达模块可实现智能手表的震动，将信号 VIBR 连接到 CPU 的 GPIO 口，通过电平高低来控制马达的震动与停止，建议走线加粗到 10mil。

7.8.7 LCM 模块

LCM 是智能手表的显示部分，其信号与 CPU 直接连接。Layout 时，LCM 模块的走线尽量少换层，避免阻抗的不连续性。尽可能同层平行走线，在空间允许的情况下，满足 3W 原则。若使用的屏分辨率较高，需进行等长操作。

电源 VIO18 和 VIO28，走线宽度尽量在 10mil 以上，背光电源 VBAT 的线宽建议加粗到 15mil 以上。

7.8.8 G-Sensor 模块

G-Sensor，即重力感应传感器，用于检测加速度的方向和大小，相当于检测到智能手表的运动状态，屏幕会自动旋转。G-Sensor 可放置在板子偏中心的位置，过于靠近板边可能会影响其灵敏性。

7.8.9 USB 接口电路

USB 接口既可以作为充电电路的输入电源，也可以进行外部设备与智能手表之间的连接及通讯，其电路结构如图 7-32 所示。

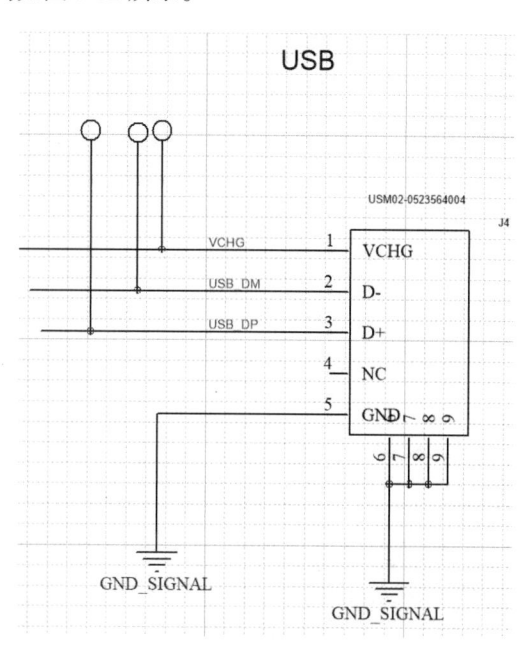

图 7-32 USB 电路结构

USB_DM、USB_DP 在布线时选择邻近地平面的信号层进行差分走线,需包地处理,结合整板的结构与布局,尽量控制走线越短越好。DM 和 DP 两个信号之间长度误差控制在 5mil 以内,并控制 90Ω 的阻抗。

7.8.10 Flash 模块

MT6261 仅支持单个 Serial Flash,在进行电路设计时,根据 Serial Flash 接口表来连接各引脚,如表 7-2 所示。

表 7-2　MT6261 和Serial Flash的引脚对应

MT6261	Serial Flash
SFSOUT	SQI_DI
SFCS0	SQI_CS#
SFSIN	SQI_DO
SFSCK	SQI_CLK
SFHOLD	SQI_HOLD
SFSWP	SQI_WP#

布局时,Flash 应尽可能靠近 MT6261 放置,C19 必须尽可能靠近 Flash 放置,原理图如图 7-33 所示。

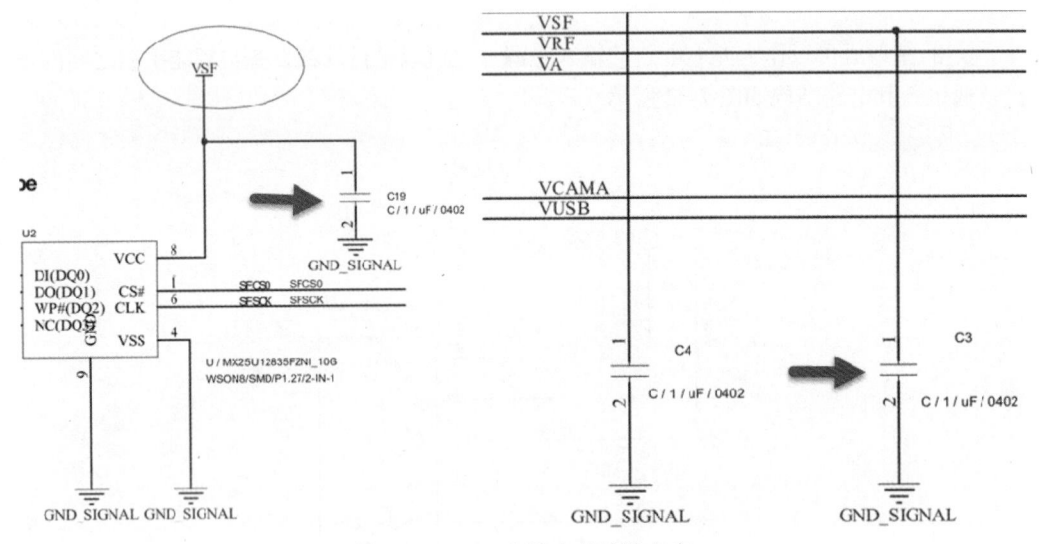

图 7-33　Flash 电路中的滤波电容

布线时,Flash 的信号尽量选择邻近地平面的信号层同层平行布线,其中时钟信号最好进行包地处理。空间允许的情况下,所有线间距满足 3W 原则。最好进行等长处理,长度误差保持在 100~200mil,提高 Flash 的稳定性。

7.9 PCB 整板模块化布局

在进行整体布局之前，先弄清项目的结构要求，把需要固定的器件及接口放好，并确定 CPU 的位置。根据图 7-14 所示，放置固定器件之后如图 7-34 所示。然后根据"就近集中"原则与"先难后易"原则，对模块电路进行整体布局。

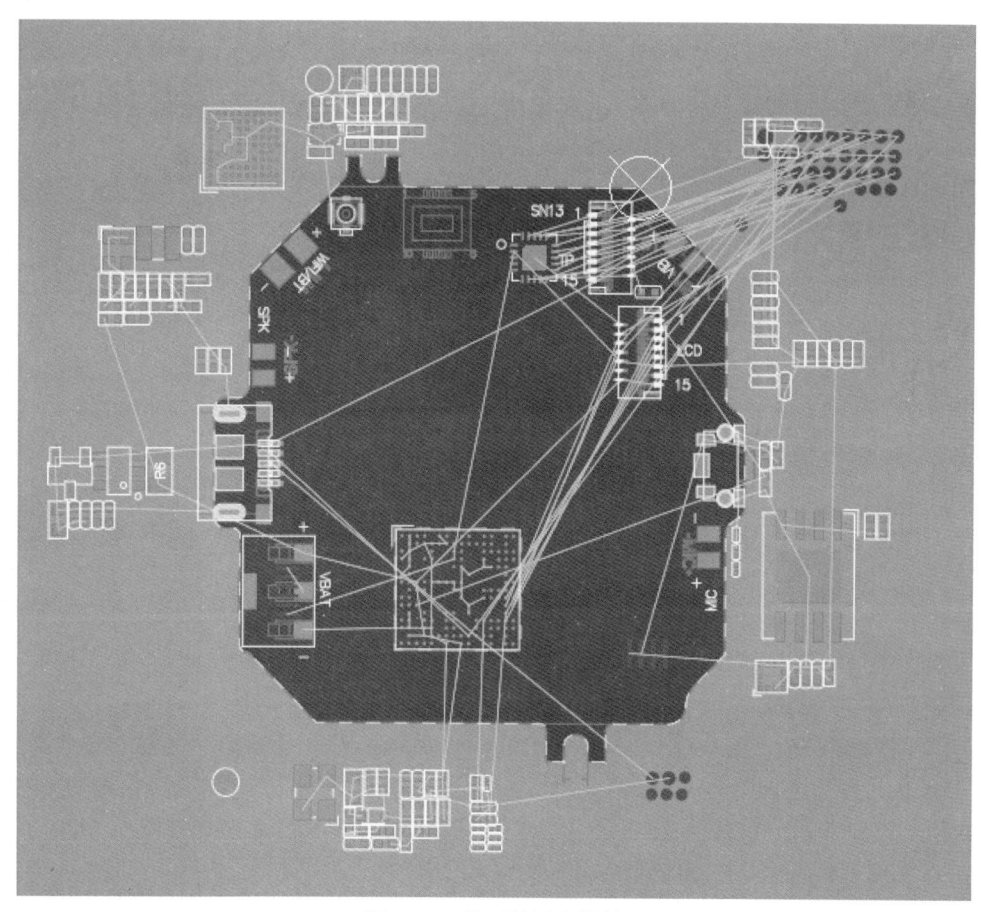

图 7-34 放置的固定器件

7.10 PCB 布线设计

布线是整个 PCB 设计的重要步骤，关系到信号质量的好坏。在满足电气性能的要求下，走线尽量整齐划一，避免交错杂乱。

7.10.1 常见规则、Class、差分对的添加与设置

（1）规则设置。按快捷键 D+R，进入"PCB 规则及约束编辑器"对话框，对常规的线宽、间距、过孔尺寸、铺铜连接进行相应设置。

本例中可设置最小线宽和安全间距为 4mil，盲孔尺寸为 4/12mil，埋孔尺寸为 10/18mil，

铜皮的连接方式为全连接。

（2）设置 Class，方便信号的快速识别及划分。按快捷键 D+C，进入"对象类浏览器"对话框，创建网络类，如图 7-35 所示。在"非成员"列表栏中找到相应的网络，单击 › 按钮，将选中的网络移动到"成员"列表栏中。

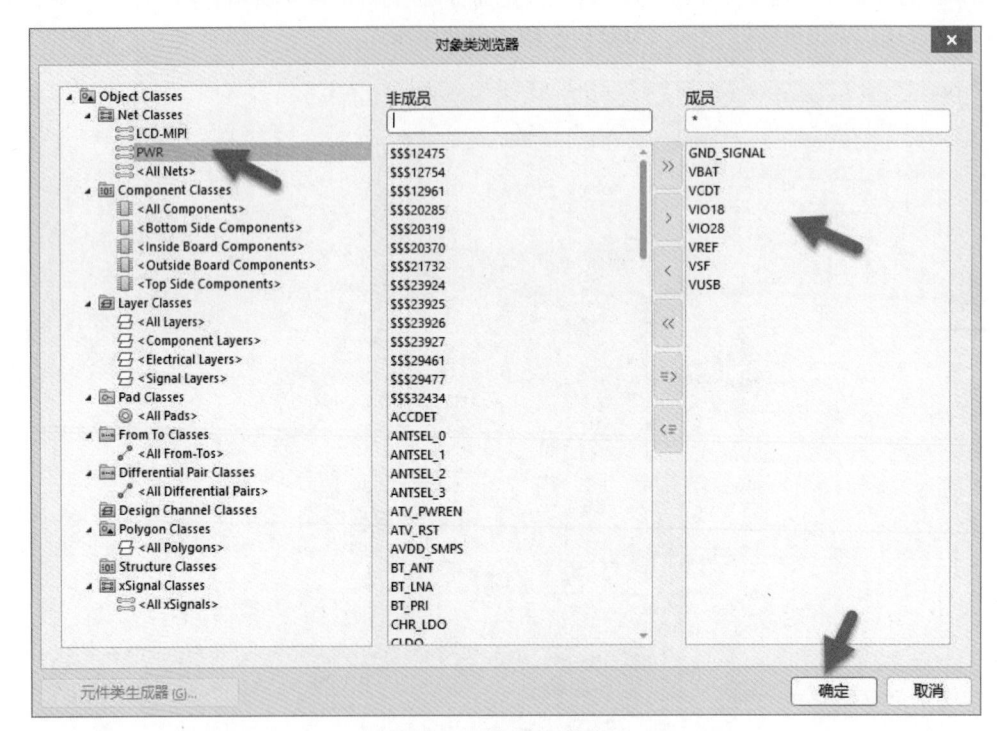

图 7-35　创建网络类

（3）添加差分对。差分对添加有两种方式，一种在原理图中添加，一种在 PCB 中添加。

① 原理图中添加差分对。执行菜单栏中"放置"→"指示"→"差分对"命令，将差分对指示放到线上，同时网络名后缀须设为_N/_P，如图 7-36 所示。将原理图导入 PCB，即可在 PCB 编辑界面中走差分信号。

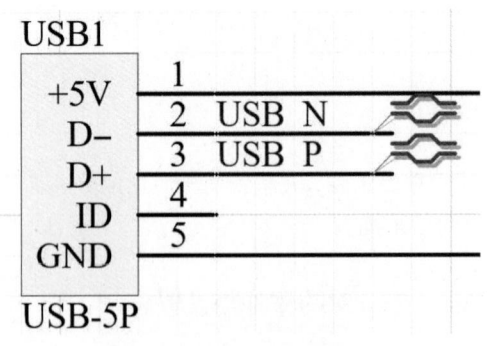

图 7-36　原理图设置差分对

② PCB 添加差分对。单击 PCB 编辑界面中的 Panels 按钮，选择 PCB 选项，在 PCB 面板中切换到 Differential Pairs Editor，如图 7-37 所示。可通过单击"添加"按钮手动设置，

也可通过单击"从网络创建"按钮,自动筛选差分对进行设置。

图 7-37　差分对设置

7.10.2　盲埋孔的设置及添加方法

(1)盲埋孔的定义。

① 盲孔(Blind Vias):将 PCB 内层走线与 PCB 表层走线相连的过孔类型,此孔不穿透整个板子。

② 埋孔(Buried Vias):只连接内层之间走线的过孔类型,无法通过 PCB 表面查看。如图 7-38 所示,Blind 1∶2 为盲孔,Buried 2∶3 为埋孔。

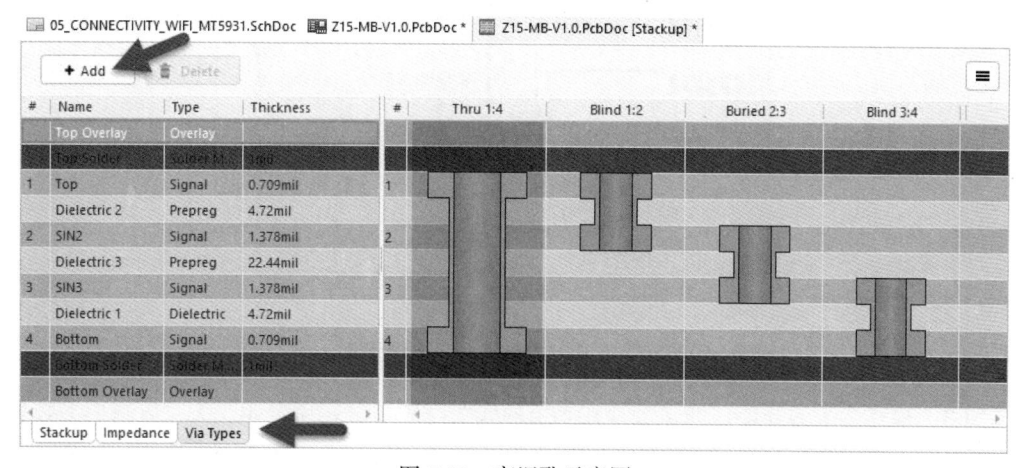

图 7-38　盲埋孔示意图

(2)盲埋孔的设置。

按快捷键 D+K,进入层叠管理器,如图 7-38 所示,单击左下角的 Via Types 按钮,即可打开过孔类型示意图,单击 Add 按钮添加需要的过孔类型。根据实际需要,通过 Properties

面板中的 Via Type 进行孔的设置，本例使用一阶盲埋孔。

7.10.3 BGA 扇孔处理

本例中，BGA 两焊盘中心间距是 0.5mm，边缘间距 9mil，而目前主流的 PCB 制板工艺水平最小线宽和线间距为 4mil，过孔尺寸为 0.2/0.4mm。采用常规方式扇出并进行连线很难做到，所以采用盲埋孔技术，在 BGA 焊盘上打盲孔到第二层，然后使用埋孔将线连至第三层进行整板布线。

7.10.4 整体布线规划及电源处理

布线时先走短线，即模块之内的连线，再走信号长线。顶层和第二层用于 BGA 的出线处理，将第 3 层作为主要的布线层。布线过程中，尽可能满足布线基本原则，包括控制走线方向及长度，注意走线拐角角度，差分走线、关键信号包地处理等。

本例电源载流相对较小，保证主要供电路径 1A 以上电流即可，其他电源线宽度尽量保持在 15mil 左右即可，可在信号层进行连接处理。

7.10.5 优化走线

整板布线连通后，需对走线进行优化调整，提高性能的可靠性。针对案例，给出一些常见优化走线的建议。

（1）走线 3W 原则，拉开走线间距，距离满足 3 倍线宽，以减少线间串扰。

（2）信号线与其回路构成的环面积要尽可能小，如图 7-39 所示。

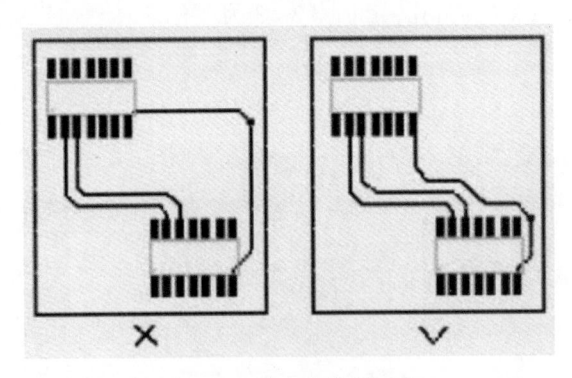

图 7-39　减少走线环面积

（3）检查走线的开环，即是否存在多余的线头。应尽量避免走线线头，以减少不必要的辐射发射与接收；检查走线闭环，即在多层板中，信号在不同层之间出现闭环的情况，会产生辐射发射。

（4）精简走线，针对绕线较多的走线进行优化缩短。信号线上过孔较多的，考虑减少过孔数量，达到优化的目的。

（5）放置回流地过孔，信号换层处及空白区域放置地过孔，可吸收一些干扰，同时缩短信号的回流路径。

7.11 PCB 的后期处理

整板布线优化后，考虑后续的生产环节的需求，需要进行一些后期处理。

7.11.1 铺铜及修铜的处理

铺铜及修铜的处理步骤如下。

（1）按快捷键 P+G，光标会变为十字形，然后按 TAB 键，打开"铺铜属性编辑"对话框，选择 Solid 铺铜（可根据自身需求进行选择），并设置好铺铜属性，如图 7-40 所示。

图 7-40 设置铺铜

（2）设置好相关属性后，按 Enter 键，沿着板框画出闭合的外框，之后右击，即可自动生成铺铜。

（3）铺铜完成之后，板中可能会存在尖岬铜皮，如图 7-41 所示。尖岬铜皮会对信号产生一定的干扰，可执行菜单栏"放置"→"多边形铺铜挖空"命令将其挖空。

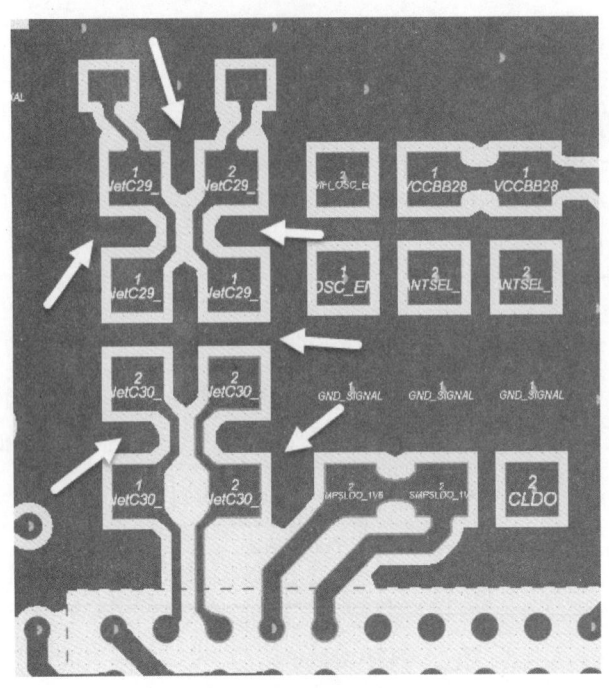

图 7-41 尖岬铜皮

7.11.2 整板 DRC 检查处理

DRC 检查，用来检查整板 PCB 布局布线与用户设置的规则约束是否一致，是 PCB 设计正确性和完整性的重要保证，也是设计后期必须进行的步骤。

按快捷键 T+D 进入规则检查器，进行 DRC 检查时，并不需要检查所有的规则设置，只需检查用户需要比对的规则即可。常规的检查包括间距、开路及短路等电气类检查，即 Electrical 项，如图 7-42 所示。其他检查项可根据实际需要关闭或开启。

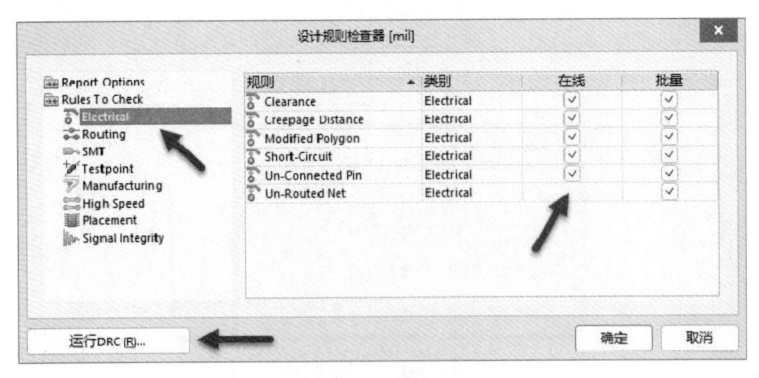

图 7-42 规则检查

7.11.3 丝印的调整

为方便丝印调整，只需显示丝印层和对应阻焊层即可，调整过程中，注意其基本要求，即丝印不能被覆盖、显示清晰、方向统一的要求。局部丝印调整如图 7-43 所示。

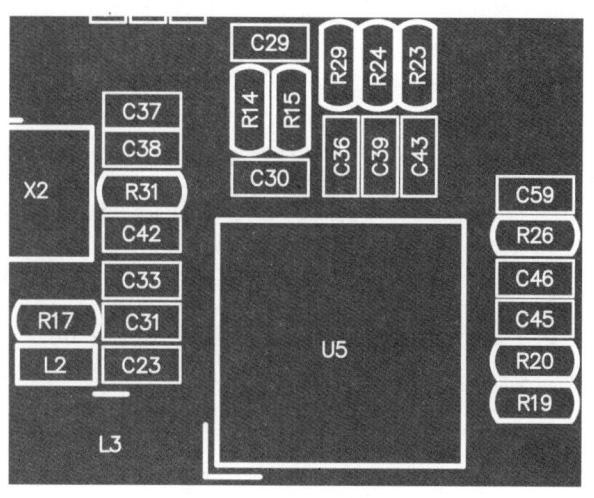

图 7-43　局部丝印调整

7.12　Output job 输出生产文件

采用 Output job 文件来定义和存储 Altium Designer 任一项目所需要和关联的文档是一个高效且强大的功能。文件输出步骤如下。

（1）添加一个 Output job 文件。执行菜单栏中"文件"→"新的"→"Output job 文件"命令，新建的 Output job 文件会自动添加到工程项目 Settings→Output Job Files 子文件中，如图 7-44 所示。

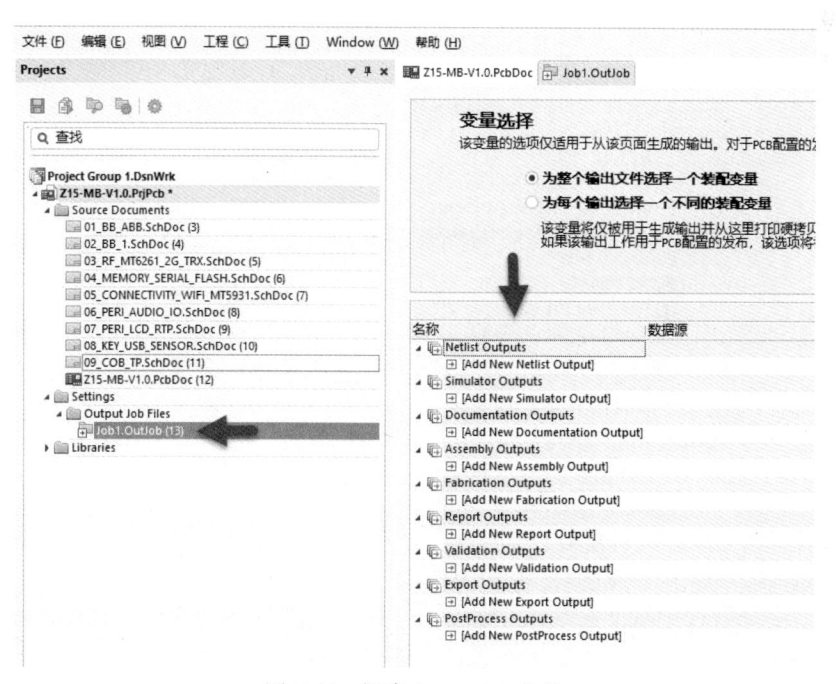

图 7-44　新建 Output job 文件

（2）将输出内容添加到 Output job。单击类别底部相应的"Add New[类型] Output"文本，在弹出的菜单中选择所需的输出类型，添加所需类型的新输出。添加装配文件如图 7-45 所示。

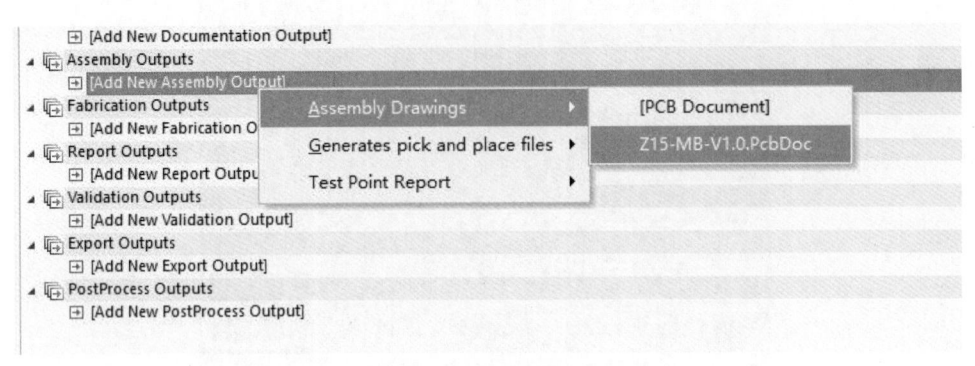

图 7-45　添加装配文件

（3）装配文件添加完成后，将其重命名，可命名为"位号图"，如图 7-46 所示。

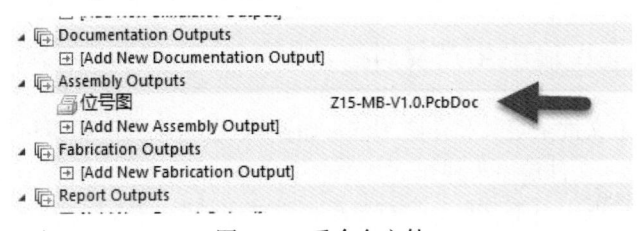

图 7-46　重命名文件

（4）依照上述方式，分别添加需要的文件，如图 7-47 所示。

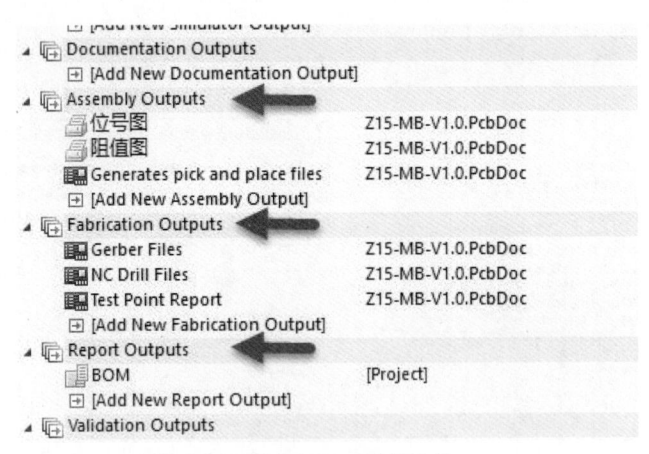

图 7-47　添加所需的文件

（5）设置输出内容。对输出的内容进行配置，也就是输出参数的设置，双击输出内容打开设置对话框，如图 7-48 所示，以 BOM 为例。

（6）按照 STM32 案例的各文件设置方式，为 Output job 各个输出文件设置输出内容，即设置参数。

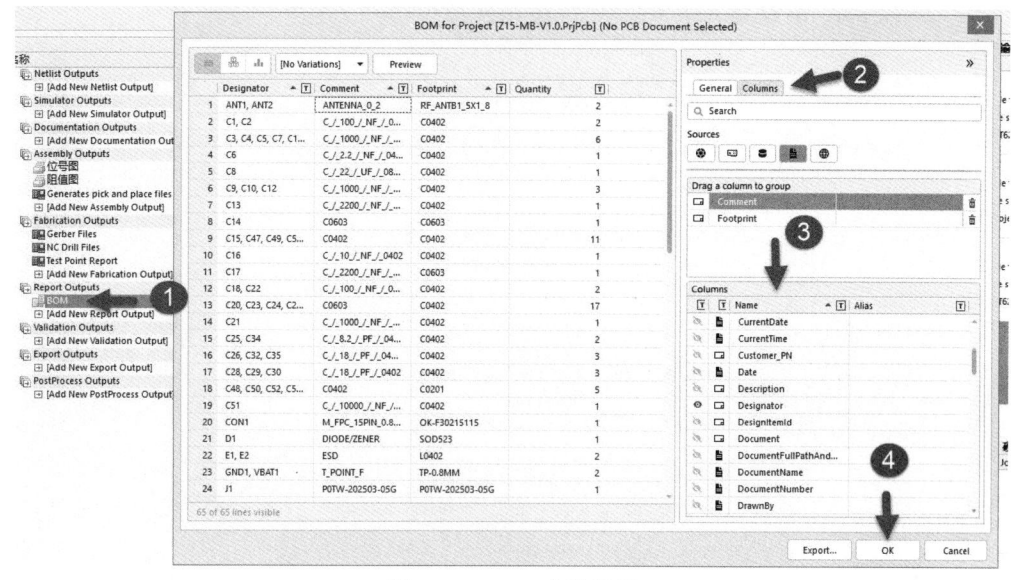

图 7-48　BOM 参数设置

（7）根据输出文件的类型选择相应的输出容器。例如阻值图、位号图选择 PDF，Gerber 相关文件选择 Folder Structure。在左侧选择输出文件，右侧选择相应的输出容器，如图 7-49 所示，形成关联关系。

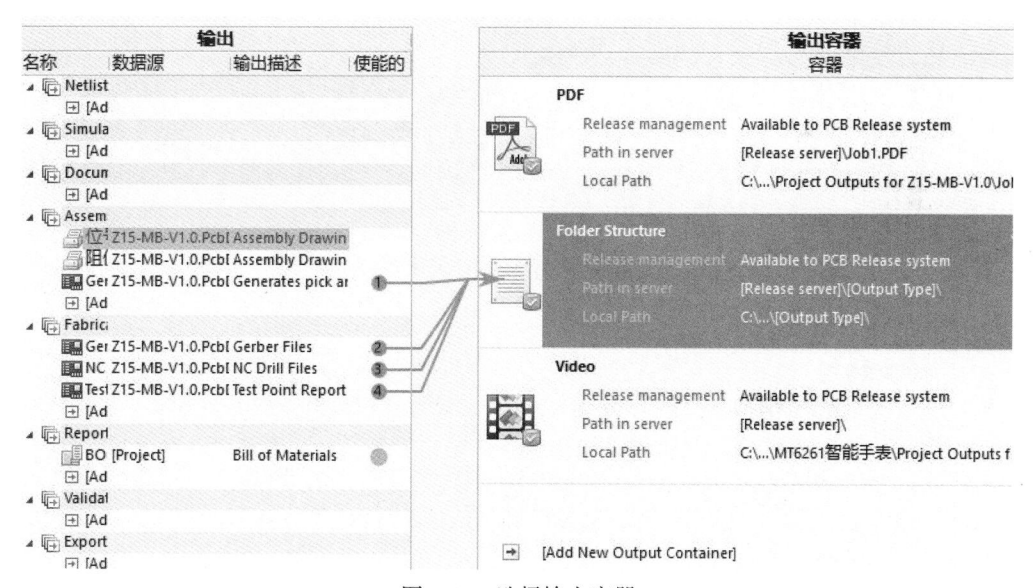

图 7-49　选择输出容器

（8）为了不让 BOM 和 Gerber 相关文件输出到同一个文件中，可新添加一个 Folder Structure 输出容器，如图 7-50 所示。并将 BOM 与其建立关联，如图 7-51 所示。

（9）设置输出容器的路径、容器类型文件夹、输出文件夹/输出文件名等参数。

① 选择一个输出容器，这里以 Gerber 关联的 Folder Structure 为例，单击输出容器上的"改变"按钮，进入 Folder Structure settings 对话框，如图 7-52 所示。

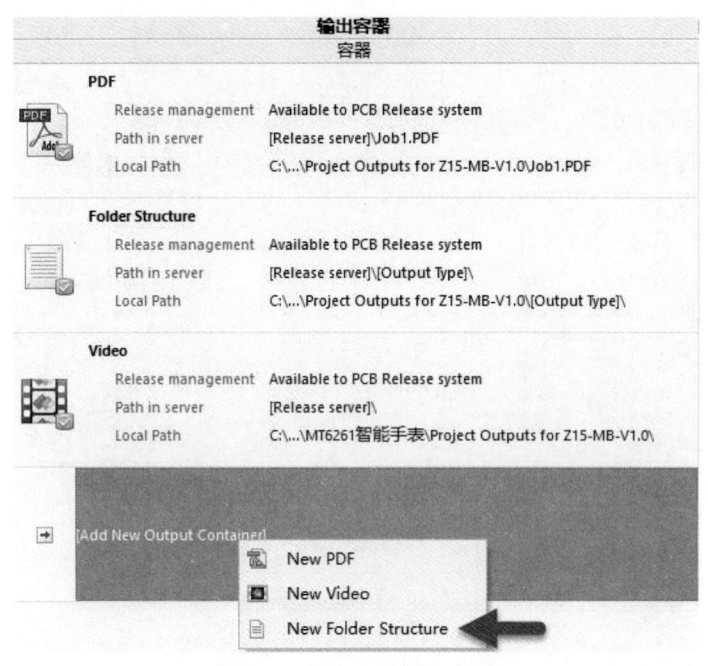

图 7-50　添加新的输出容器

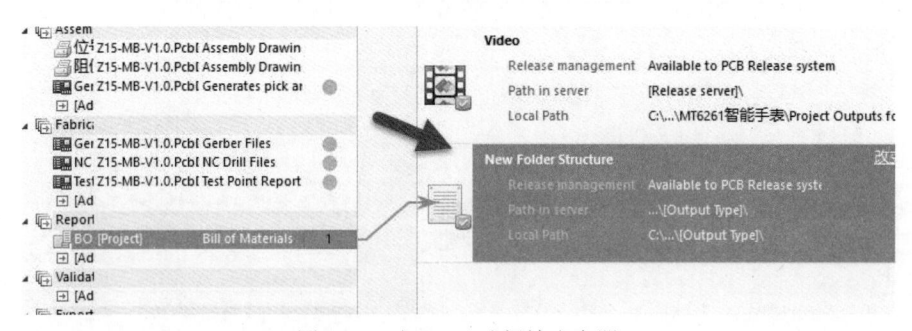

图 7-51　为 BOM 选择输出容器

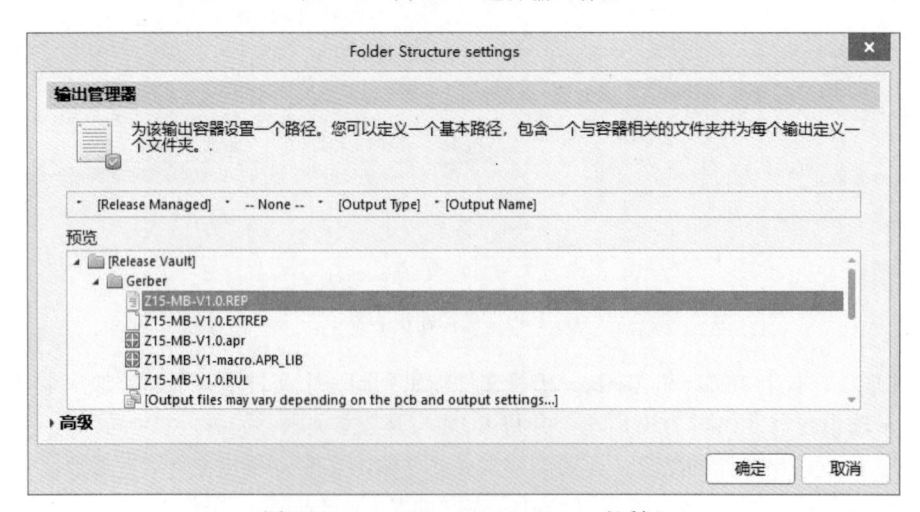

图 7-52　Folder Structure settings 对话框

② 单击[Release Managed]，可设置输出路径。其中"发布管理"选择项是默认的基本路径，可以切换到"手动管理"选项来设置输出路径。此处案例保持默认。

③ None 按钮，在此处可以设置生成的容器类型定义子文件夹。它可以由系统命名，也可由用户自定义名称。案例中此处保持默认，即选择 Do not include any container folder。

④ 输出文件夹/输出文件名，为其指定输出位置的输出容器类型。在默认情况下，生成容器中的多个输出将整理到单个文件中，但设计器可以根据需要为每个输出生成单独的文件。案例中依然保持默认选项。

其他的输出容器可自行选择是否设置相关参数。

（10）输出生成内容。单击各个输出容器中的"生成内容"按钮，即可将输出内容输出到指定的路径下。若是没有更改输出路径，输出的内容将保存在工程文件路径下的 Project Outputs for…文件夹中，如图 7-53 所示。

图 7-53 生成内容

7.13 MT6261 智能手表检查表

PCB 设计过程中需要考虑的因素比较多，设计人员可能会漏掉一些而导致设计的失误，因此需要一个相对系统、全面的检查表，方便设计人员对所设计的 PCB 文件进行对照检查，从而减少设计问题，提高设计效率。MT6261 智能手表检查内容如表 7-3 所示。

表 7-3 MT6261 智能手表检查内容

检 查 项 目	序　号	检 查 内 容	检 查 记 录
封装与结构	1	器件封装是否正确	
	2	IC类器件是否标示出1脚标识 极性器件是否有正负极标识	
	3	板子边框是否符合设计要求	
	4	接口器件位置是否与结构图对应上	
PCB设计	1	器件之间是否存在冲突？间距是否合理	
	2	布局是否按模块化与信号流向进行	
	3	JTAG、UART的测试点必须保留	
	4	Serial Flash 摆放位置尽量靠近CPU	

续表

检查项目	序号	检查内容	检查记录
PCB设计	5	Serial Flash信号走线尽量在一个层内走完，邻近地平面	
	6	MIC与SPK信号要走差分走线，加粗、包地处理	
	7	LCM旁路电容要靠近LCM摆放，并确保电源先经过电容再到电源引脚	
	8	LCM的正极背光电源，走线线宽大于6mil	
	9	LCM信号在空间允许的情况下，尽量走在同一层，并在走线左右进行整组信号的包地	
	10	充电线路不要和其他信号走线平行	
	11	VCORE、VA、VREF和VCAMA信号走线>8mil	
	12	所有电源的滤波电容尽量靠近PIN脚，并良好接地	
	13	避免MT6261下方地平面有分割，尤其是第2层	
	14	参考时钟信号FREF_26M_ATV（B6脚）周边严格包地，并尽量远离晶振输入脚A3/A4	
	15	RF走线尽可能短，下方所有层不能走其他信号线；如果要走其他信号线，中间至少间隔2层地平面	
	16	RF信号阻抗控制在50Ω，多层板中可通过隔层参考增加走线宽度	
设计后期	1	DRC是否完全通过	
	2	相同网络的盲孔和埋孔是否重叠	
	3	检查Gerber文件的正确性	

第 8 章 进阶实例：6 层全志 A64 平板计算机

PCB 总体设计流程万变不离其宗，本章通过一个 6 层全志 A64 平板计算机的设计实例，帮助读者进一步巩固和深入前文所学知识。

学习目标：
- 了解平板计算机的设计要求。
- 熟练掌握多层 PCB 的设计流程环节。
- 了解平板计算机各个模块布局和布线的要点。
- 掌握使用 Draftsman 功能输出装配文件的方法。

8.1 实例简介

A64 是全志科技于 2015 年初发布的 4 核 64 位处理器，主要应用于入门级的平板计算机。其主要规格包含以下几点。

（1）采用 64 位四核 Cortex-A53 CPU 架构，系统整体性能进一步提升。

（2）具有 Mali400MP2 GPU 图形处理器，可实现 H.265/H.264 视频硬件解码和 4K HDMI 显示输出，能给用户带来更震撼的多媒体视听体验。

（3）支持各种 DRAM 内存，最大支持到 3GB 内存空间。

（4）支持 eMMC 5.0 接口，提供更强的 IO 性能及更快的数据吞吐。

（5）采用全志独有的丽色系统 2.0 显示技术，带给用户更生动更逼真的画面显示效果。

（6）支持安卓 5.1 操作系统。

与同系列的 32 位平板处理相比，A64 方案在系统反应速度/性能/功耗等方面都有改善，同时价格相对较低，具有较高性价比。

本次案例是 A64 方案平板计算机的主板，涉及的模块大致有 LPDD3 模块、HDMI 模块、USB 模块、Wi-Fi-BT 模块、LCM 模块、Flash 模块、摄像头模块、DC 模块、TF 模块、音频模块等，系统整体功能框架如图 8-1 所示。

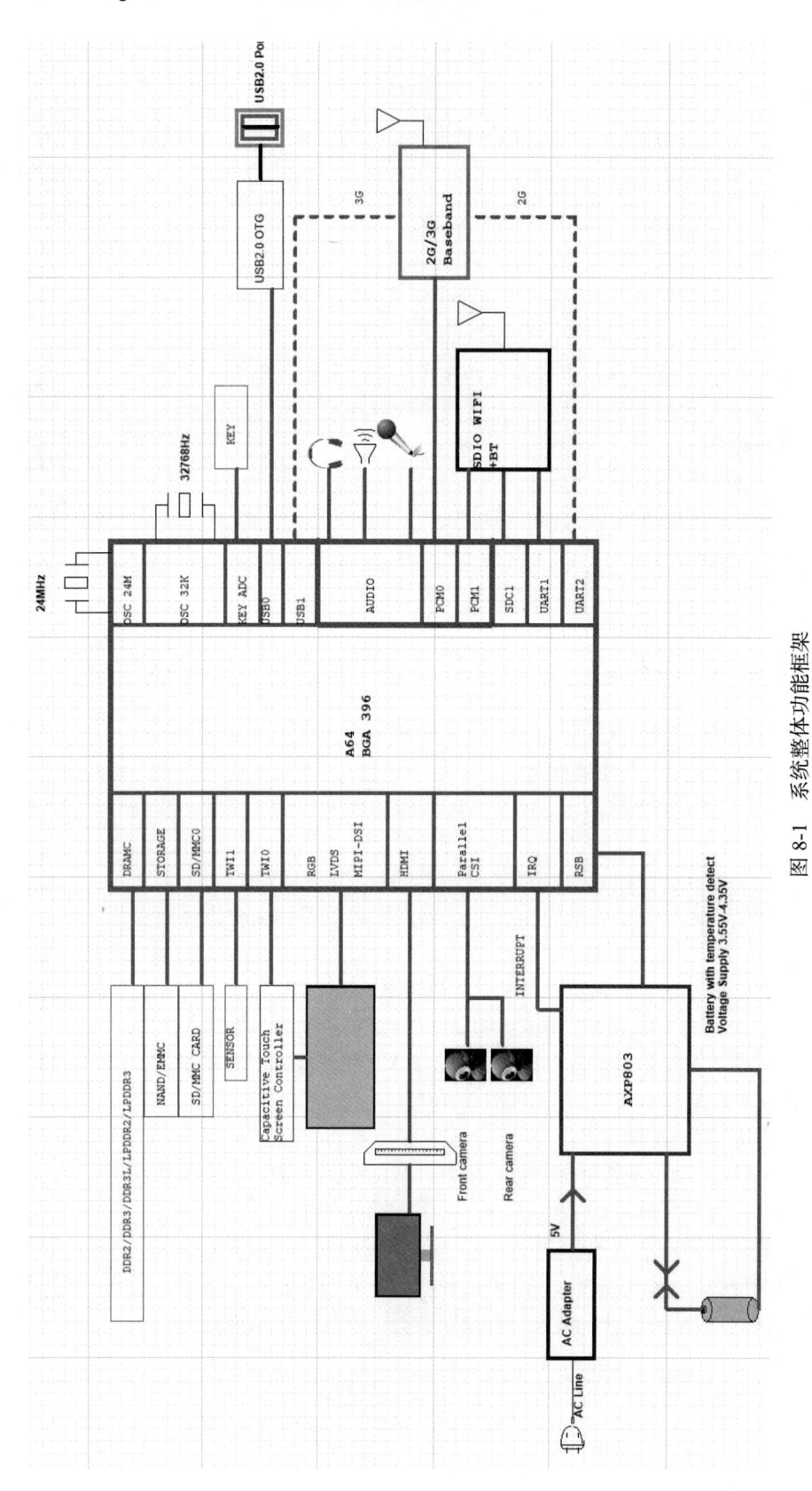

图 8-1 系统整体功能框架

8.2 板框及层叠设计

8.2.1 板框导入及定义

为了契合产品的外壳，PCB 的板框需严格根据结构图生成。执行菜单栏中"文件"→"导入"→DXF/DWG 命令，选择 DXF 文件，按图 8-2 所示进行设置。

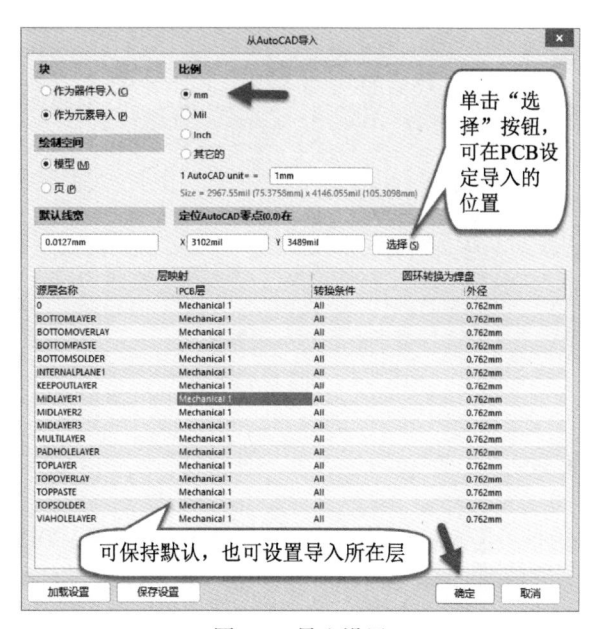

图 8-2　导入设置

单击"确定"按钮后，即可得到如图 8-3 所示的结构框图。然后选中闭合的外边框，按快捷键 D+S+D，即可得到板框。

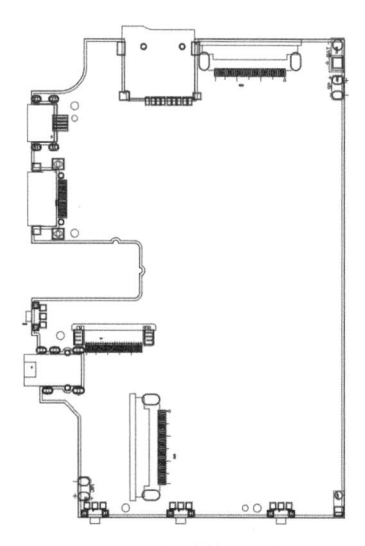

图 8-3　平板计算机结构图

8.2.2 层叠结构的确定

考虑走线密度和信号稳定性，同时为了保证产品的良好性能，建议使用 6 层板进行设计。其层叠结构如图 8-4 所示。

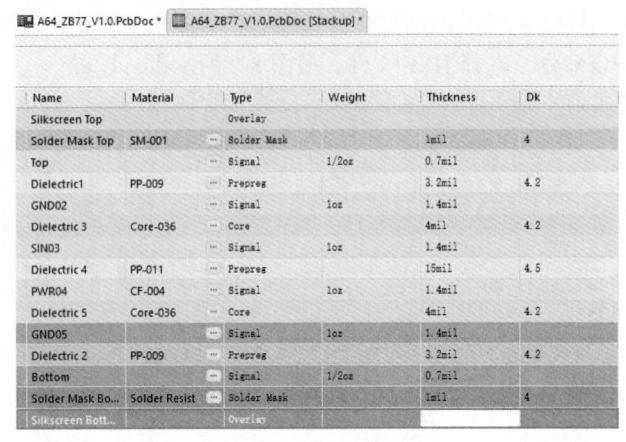

图 8-4　A64 层叠结构

8.3 阻抗控制要求

本例中有 3 种高速信号需控制阻抗：①控制 50Ω 阻抗的信号：DDR 单端信号、Flash、摄像头、CTP、Wi-Fi。②控制 90Ω 阻抗的信号：USB 差分。③控制 100Ω 阻抗的信号：DDR 差分、HDMI 差分、LCM 差分。

阻抗计算过程如下：

（1）按快捷键 D+K，进入层叠管理器，单击下方的 Impedance 按钮，然后在右侧单击 Add Impedance Profile 按钮添加阻抗配置文件，选中配置文件左侧方框即可对相关信号层进行设置，如图 8-5 所示。

图 8-5　添加的阻抗配置文件

（2）50Ω单端信号的阻抗计算。

① 选择要计算的信号层，在 Properties 面板中的 Impedance Profile 选项组和 Transmission Line 选项组进行阻抗计算及调整。如图 8-6 所示，计算顶层单端信号的阻抗。

图 8-6　顶层单端信号的计算设置

② 依照上述设置，计算第 3 层和底层高速单端信号对应的线宽，最终得到的 Single_50 阻抗配置文件如图 8-7 所示。

图 8-7　Single_50 阻抗配置文件

(3) 100Ω差分信号的阻抗计算。

① 单击 Add 按钮，添加新的配置文件，命名为 Differential_100。选择要计算的信号层，在 Impedance Profile 选项组和 Transmission Line 选项组进行设置。如图 8-8 所示，计算顶层 100Ω差分信号的阻抗。

② 根据线宽与阻抗的反比关系、线距与阻抗的正比关系，对线宽、线距进行调整，调整后的结果如图 8-9 所示。

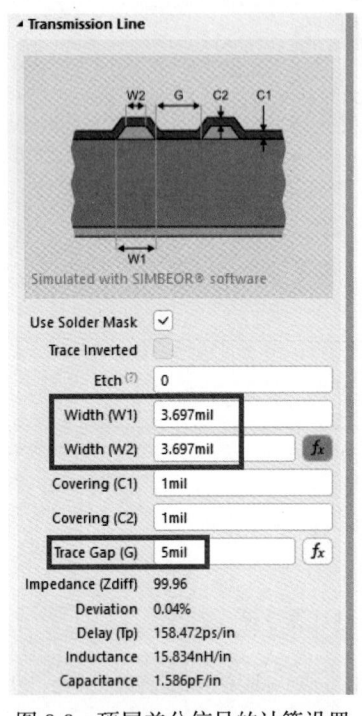

图 8-8　顶层差分信号的计算设置　　　图 8-9　调整后的线宽线距取值

③ 依照上述设置，计算第 3 层和底层差分信号对应的线宽，最终得到的 Differential_100 阻抗配置文件如图 8-10 所示。

图 8-10　Differential_100 阻抗配置文件

（4）计算得到的 Differential_90 阻抗配置文件如图 8-11 所示。

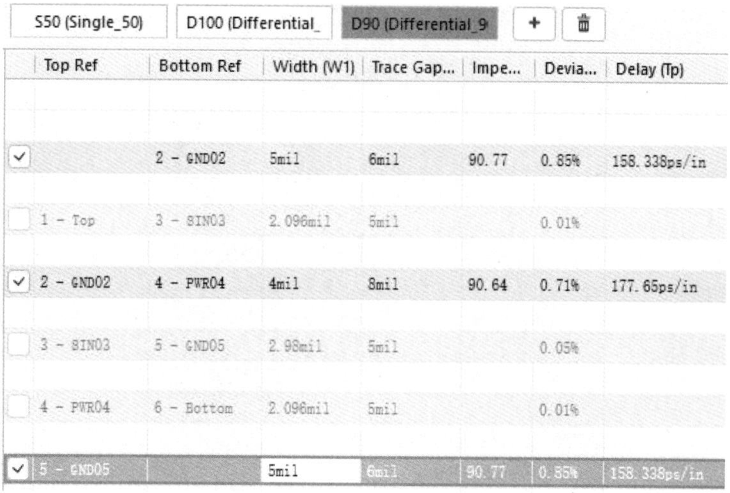

S50 (Single_50) | D100 (Differential_ | D90 (Differential_9

	Top Ref	Bottom Ref	Width (W1)	Trace Gap...	Impe...	Devia...	Delay (Tp)
✓		2 - GND02	5mil	6mil	90.77	0.85%	158.338ps/in
	1 - Top	3 - SIN03	2.096mil	5mil		0.01%	
✓	2 - GND02	4 - PWR04	4mil	8mil	90.64	0.71%	177.65ps/in
	3 - SIN03	5 - GND05	2.98mil	5mil		0.05%	
	4 - PWR04	6 - Bottom	2.096mil	5mil		0.01%	
✓	5 - GND05		5mil	6mil	90.77	0.85%	158.338ps/in

图 8-11　Differential_90 阻抗配置文件

（5）A64 项目中，各层中对应阻抗的线宽和线距如表 8-1 所示。

表 8-1　阻抗的线宽和线距

Layer	参考层	单端 50Ω	差分 100Ω		差分 90Ω	
		线宽/mil	线宽/mil	线距/mil	线宽/mil	线距/mil
TOP	L2	5.2	4	6	5	6
L3	L2/L4	4	4	10	4	8
BOTTOM	L5	5.2	4	6	5	6

8.4　电路模块分析

通过对原理图的大致分析，进行电路的总体了解，划分功能模块，明确信号流向，有利于在布局布线过程中规避一些错误。

8.4.1　LPDDR3 模块

LPDDR3 是低电压版的 DDR3，其运行电压与 DDR3 的 1.5V 相比，降到了 1.35V。在性能和负载相同的情况下相比 DDR3 功耗可降低 15%或者更多，适用于移动式电子产品。

若有全志提供的 Layout 模板，建议复用到设计中，以确保 LPDDR3 的速率和稳定性。如果没有相应模板，或者因结构空间限制无法复用，可参照以下建议进行设计。

1. LPDDR3的布局

基于 LPDDR3 性能的考虑，布局时靠近 CPU 摆放，与 CPU 中心对齐，预留等长的空间，如图 8-12 所示。每个电源引脚的滤波电容，尽可能靠近引脚摆放，可放到器件背面。

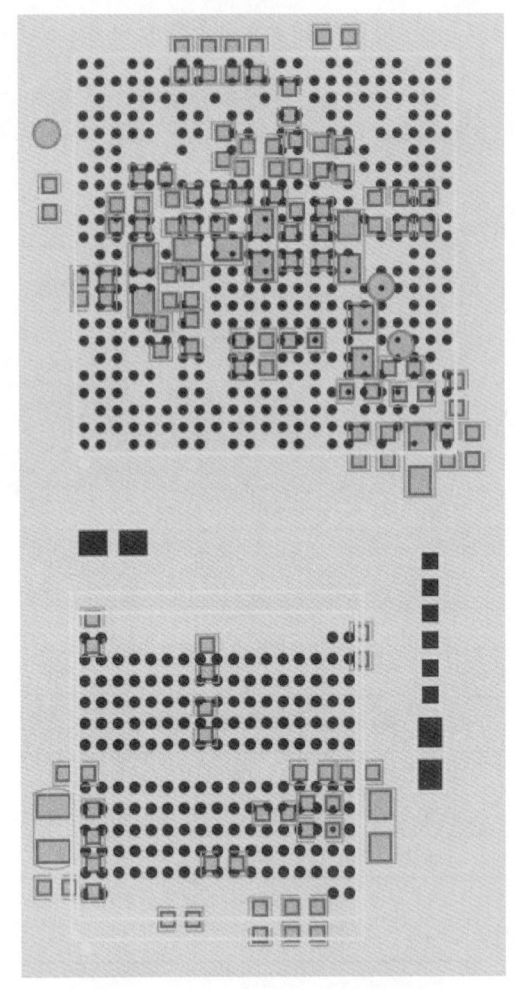

图 8-12　LPDDR3 和 CPU 的放置

2. LPDDR3的布线

（1）信号分类。LPDDR3 走线需要进行分组等长，所以需要先进行分类。双通道 LPDDR3 分类方式如下所示。

① 数据组：包括 32 根数据线（SDQ0～SDQ31），4 根数据掩码（SDQM0～SDQM3），4 对数据锁存差分信号（SDQS0P/SDQS0N～SDQS3P/SDQS3N）共 44 根线，可分为 4 组，每组 11 根线。

- D0: SDQ0～SDQ7、SDQM0、SDQS0P/SDQS0N。
- D1: SDQ8～SDQ15、SDQM1、SDQS1P/SDQS1N。
- D2: SDQ16～SDQ23、SDQM2、SDQS2P/SDQS2N。
- D3: SDQ24～SDQ31、SDQM3、SDQS3P/SDQS3N。

② 地址组：包含剩下的地址线、时钟线以及控制线。

- 地址线：SA0～SA14 共 15 根地址线。
- 时钟线：SCKP/SCKN 一对差分线。

- 控制线：WE、CAS、RAS、CS0、CS1、CKE0、CKE1、ODT0、ODT1、BA0、BA1、BA2。

注意：不同厂家的 LPDDR3 引脚数量会有所不同，大致的分类如上所示，针对不同的芯片，要对其引脚进行合理的分类。

（2）布线要求。

① 走线间距满足 3W 原则。
② 数据线要求同组同层走线，以保持信号的一致性；地址组不做要求。
③ 组与组之间，在同层连接时不可交叉走线。
④ 数据线 DQS 不要与时钟线相邻，应布在数据组内部。
⑤ LPDDR3 信号必须有完整的地平面和电源平面，如图 8-13 所示，并禁止其他类型的信号线穿过 LPDDR3 的走线区域。

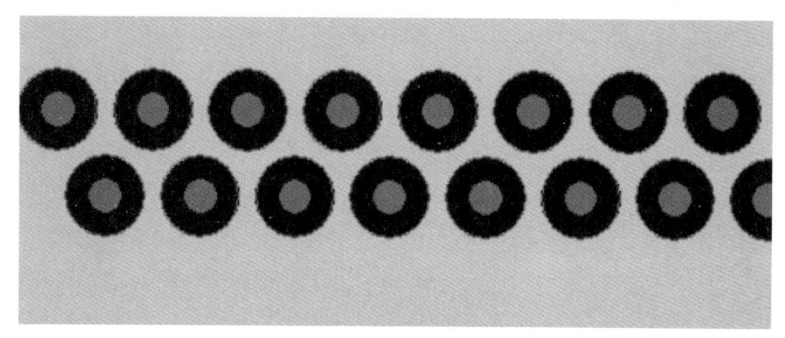

图 8-13　平面完整性

⑥ VREF 尽量靠近芯片，走线尽量短，并远离数据线，防止干扰到数据线；VREF 的输入泄漏电流大概 3mA，建议布线宽度大于 10mil。

（3）布线长度控制和阻抗要求。

① 差分对内，两线长度误差严格控制在 5mil 以内。
② 数据组走线长度误差控制在 50mil 以内；地址组中长度误差控制在 100mil 以内（速率越高，误差越小越好）。
③ 单端信号阻抗控制在 50Ω，差分信号控制在 100Ω。

8.4.2　主控模块

1. CPU 的布局

确定好 CPU 的位置后，需要将就近摆放到 CPU 周边的器件及电路放好。

（1）放置滤波电容及部分电阻。

CPU 电源引脚的滤波电容及信号的上下拉电阻，尽量靠近引脚摆放，每个滤波电容至少一个电源孔和地孔。

（2）晶振的布局及走线。

A64 有两个时钟源，一个是 24M 工作时钟，一个是 32k 休眠时钟，晶振晶体尽量靠近芯片摆放，采用 π 型滤波的方式布局。晶振走线应尽量短，避免打孔换层，晶体本体下方以及邻近层区域，都尽量避免其他走线，并包地处理，如图 8-14 所示。

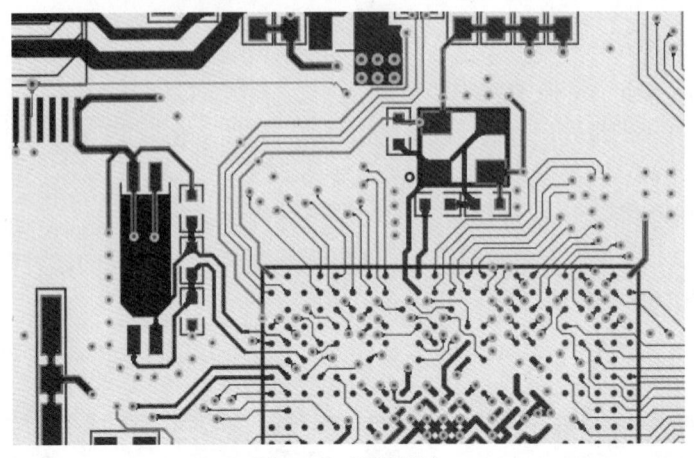

图 8-14 晶振设计

2. CPU 的出线

（1）为减小 CPU 的出线压力，外围两圈的 Ball，尽量从顶层出线，如图 8-15 所示。内圈的 Ball 通过扇出后从内层或底层出线。

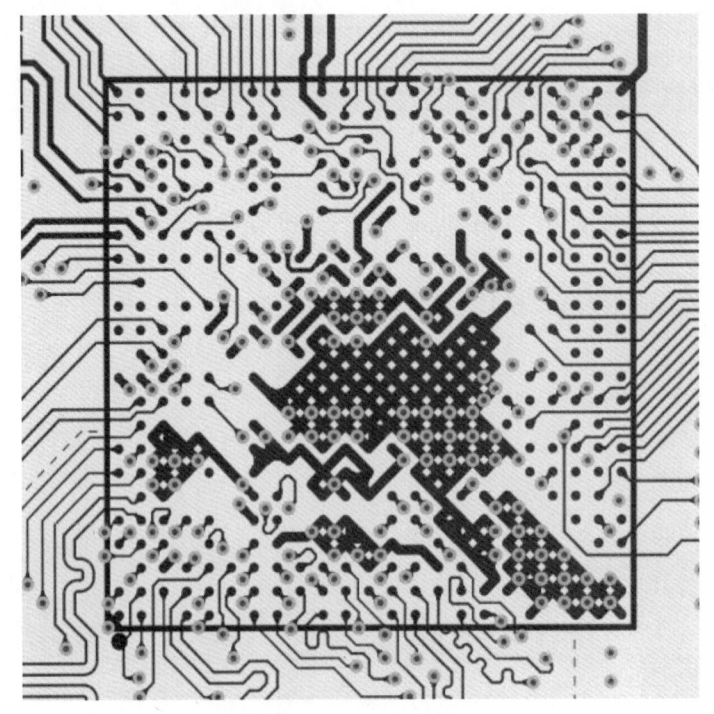

图 8-15 CPU 出线

（2）CPU 的电源及地网络尽可能保证足够多的过孔，相同网络最好能交叉连接，以便加大载流，提高电源质量，如图 8-15 所示。

8.4.3 PMIC 模块

AXP803 是一款高度集成的电源管理芯片，针对需要多路电源转换输出的应用，提供了简单灵活的电源管理解决方案，以满足日益复杂和准确的电源控制要求，适用于平板计算机、智能手机、学习机、手持式移动设备等。AXP803 配备了自适应 USB3.0 兼容的闪光灯充电器，可支持高达 2.8A 的充电电流，还支持 22 通道功率输出（包括 6 通道 DCDC）。应用原理图如图 8-16 所示。

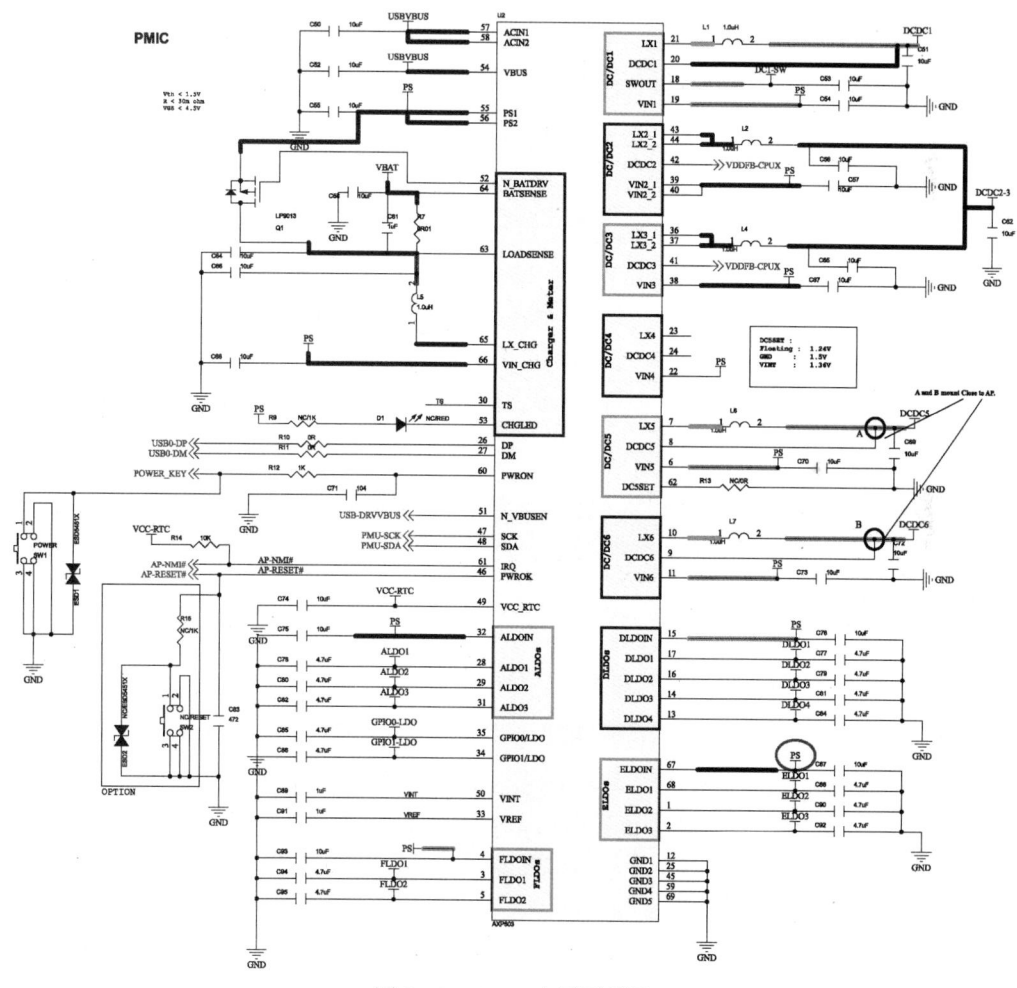

图 8-16　PMIC 应用原理图

通过原理图上走线加粗的部分，可以明确各个电源的电流大小，以便很好地完成电源的布线工作。PMIC 的 POWER TREE 可以明确电源输入输出关系，如图 8-17 所示。

（1）PMIC 的布局。

确定 PMIC 的位置，为方便后期的电源分割，优先考虑 5 路 DC-DC 的布局，其他 LDO

电源的滤波电容，靠近引脚放置，布局如图 8-18 所示。

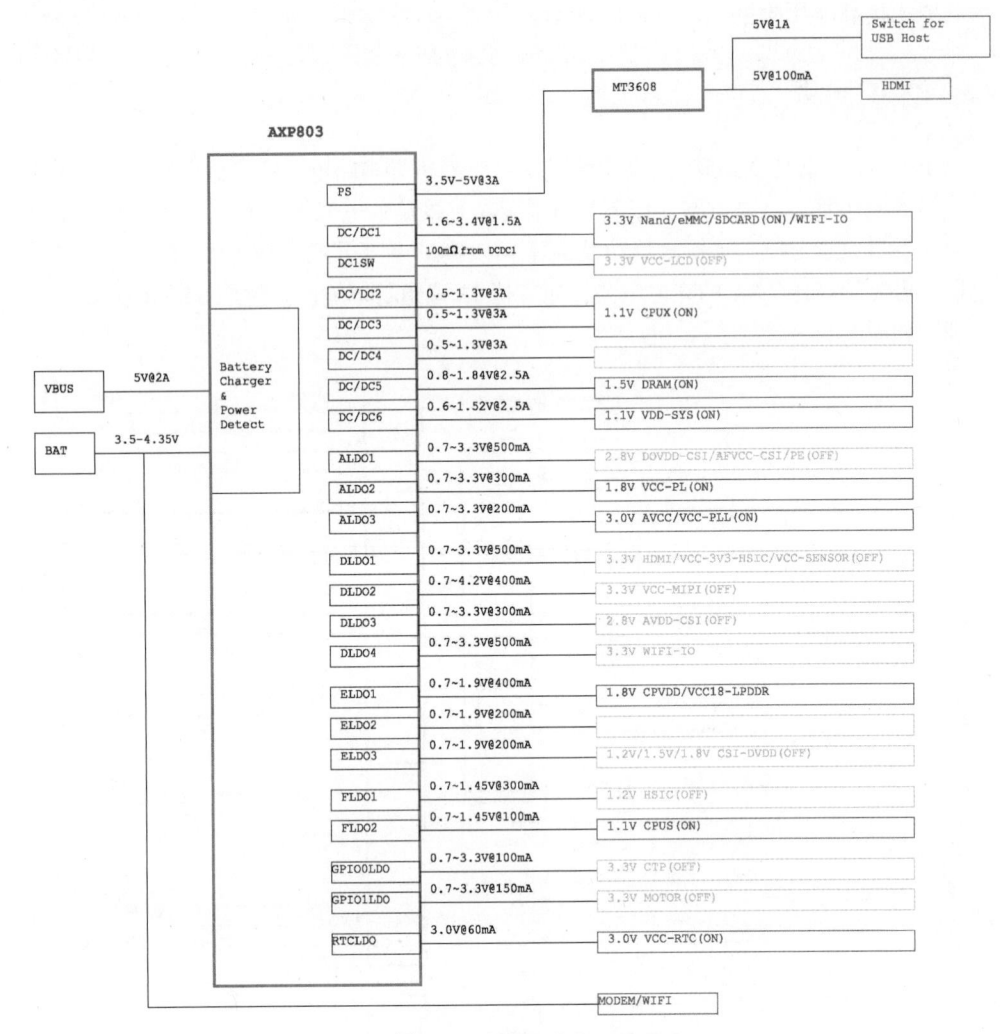

图 8-17　POWER TREE

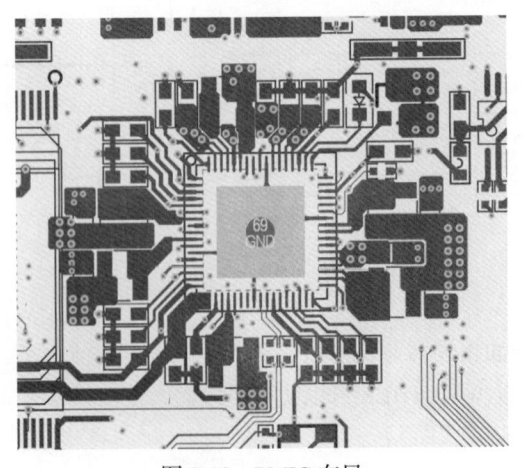

图 8-18　PMIC 布局

（2）PMIC 的布线。

① 如图 8-16 中粗线标识的部分都是大电流电源，需根据原理图的标注（如图 8-17 所示）来确定走线的宽度。尽量使用铺铜连接，并尽量加大铺铜宽度。

② DC-DC 电源换层时，建议 10/20mil 的过孔不少于 5 个；PMIC 的接地脚要可靠接地，即就近打地孔。

③ 采样反馈信号 BATSENSE、LOADSENSE 从采样电阻 R7 两端平行拉出，如图 8-19 所示。

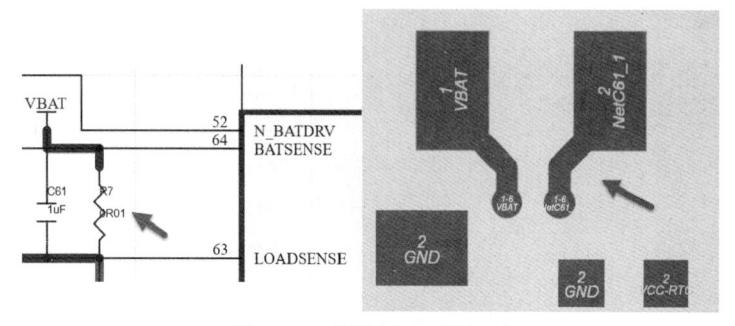

图 8-19 采样电阻布线情况

④ VDDFB-CPUX 是电源反馈信号，需远离板边及 DDR、CSI、SD CARD 等干扰信号走线，包地处理。从 Power 层远端铺铜处引出，与 VDD-CPUX 分割区域平行走线最好，如图 8-20 所示。同理，DCDC5（A）和 DCDC6（B）反馈线从主控端拉出。

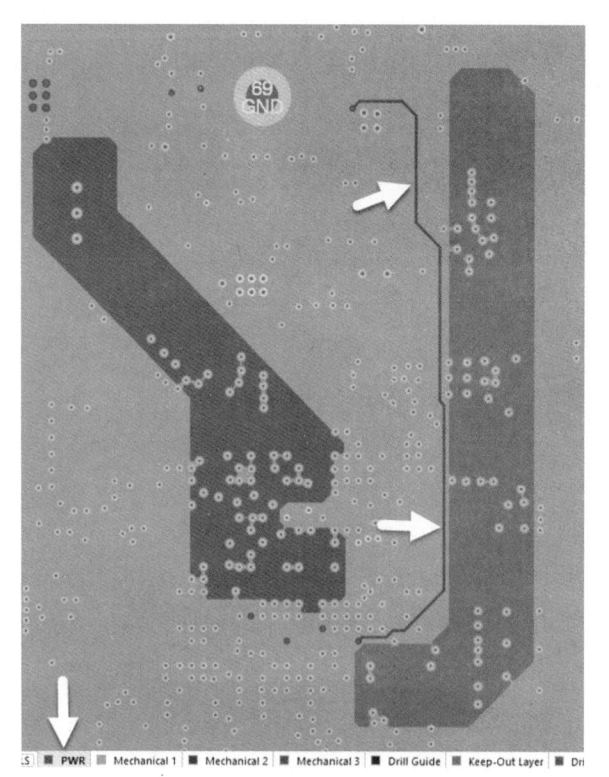

图 8-20 VDDFB-CPUX 走线处理

⑤ 在每路 DC-DC 电源下方，即芯片背面的位置至少放一个 10uF 的大电容，以改善电源质量，如图 8-21 所示。

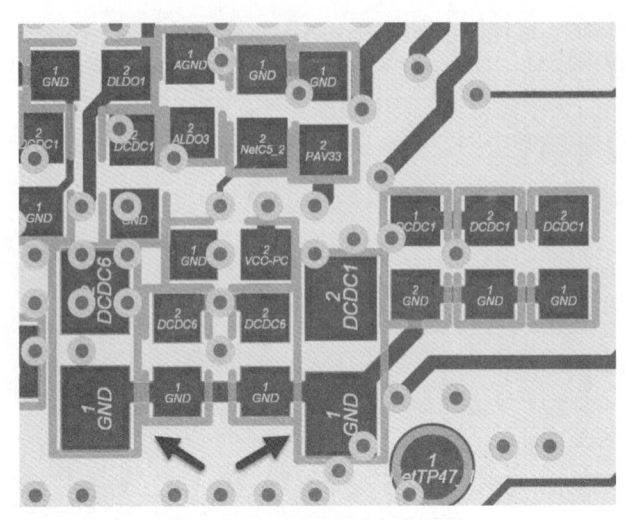

图 8-21　PMIC 滤波电容放置

8.4.4　eMMC/NAND Flash 模块

A64 支持 NAND Flash 和 eMMC 等存储设备，一般会进行兼容设计。

（1）eMMC/NAND Flash 布局方面。

使用兼容设计时，可将 NAND Flash 和 eMMC 叠加摆放，如图 8-22 所示。相关滤波电容需靠近电源引脚摆放。

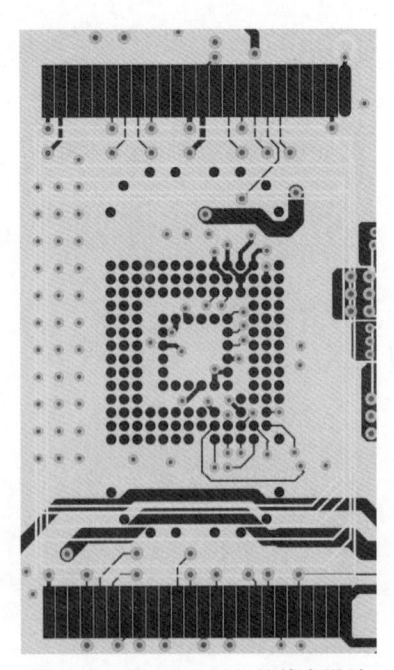

图 8-22　Flash/eMMC 的兼容设计

（2）eMMC/NAND Flash 布线方面。

① 兼容设计时采用菊花链的连接方式，先经 NAND Flash，再到 eMMC，尽量减少分叉线的长度，示意如图 8-23 所示。

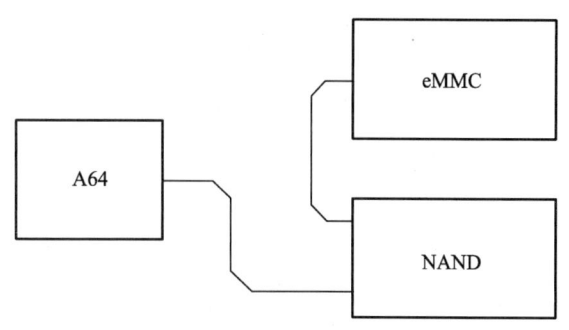

图 8-23　Flash 兼容设计走线示意图

② 数据（D0～D7）信号与时钟（CLK）信号尽量同层集中走线，时钟信号包地处理，空间允许时保证 3W 原则，同时保证参考平面的完整性。

③ 走线长度尽可能小于 2000mil，所有走线等长误差保证在 300mil 范围内，需控制 50Ω 阻抗。

④ 与 eMMC-CLK 串联的电阻 R24 靠近 CPU 摆放，电路图如图 8-24 所示。

图 8-24　eMMC-CLK 上的电阻

⑤ VCC、VCCQ 布线宽度建议不小于 12mil。

8.4.5　Audio 模块

Audio 模块包含 HP（耳机）、MIC（麦克风）、Speaker（扬声器）三部分。

（1）耳机的设计。

HP 接口即耳机座接口，其电路设计如图 8-25 所示。通过检测 HP-DET 信号是否满足设置的阈值，判断是否有耳机插入。R35-47k 电阻用于确保在耳机插入时能稳定检测到电平。

布局布线时注意，为保证有效的防静电作用，ESD 器件 ESD5451X 必须靠近接口引脚摆放；R39 必须靠近耳机座放置；HPOUTL 和 HPOUTR 为模拟信号，建议类差分并行走线，走线宽度大于 8mil，包地处理，远离敏感的数字信号和电源区域。

（2）MIC 的设计。

MIC 的电路设计如图 8-26 所示，左侧 EMC 电容靠近 MIC 端摆放，右侧偏置阻容靠近 IC 摆放。MIC1P/MIC1N 建议类差分走线，走线宽度不小于 8mil，包地处理，尽量远离高速信号，避免受到干扰。MBIAS 信号为偏置电压，走线宽度尽量加粗至 10mil 以上。

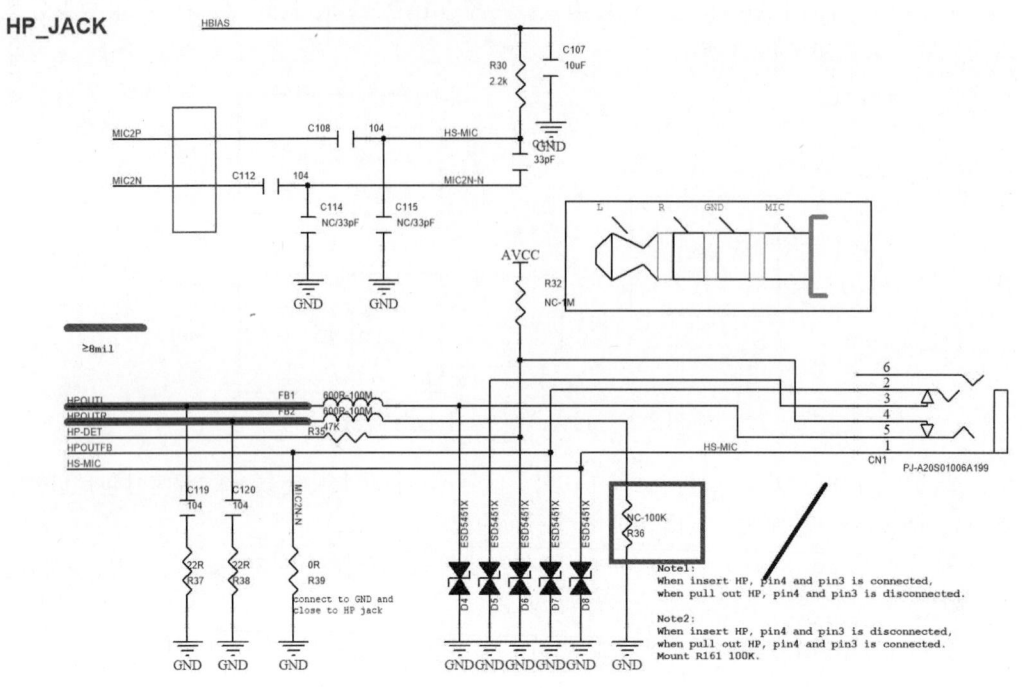

图 8-25 HP-JACK 的电路设计

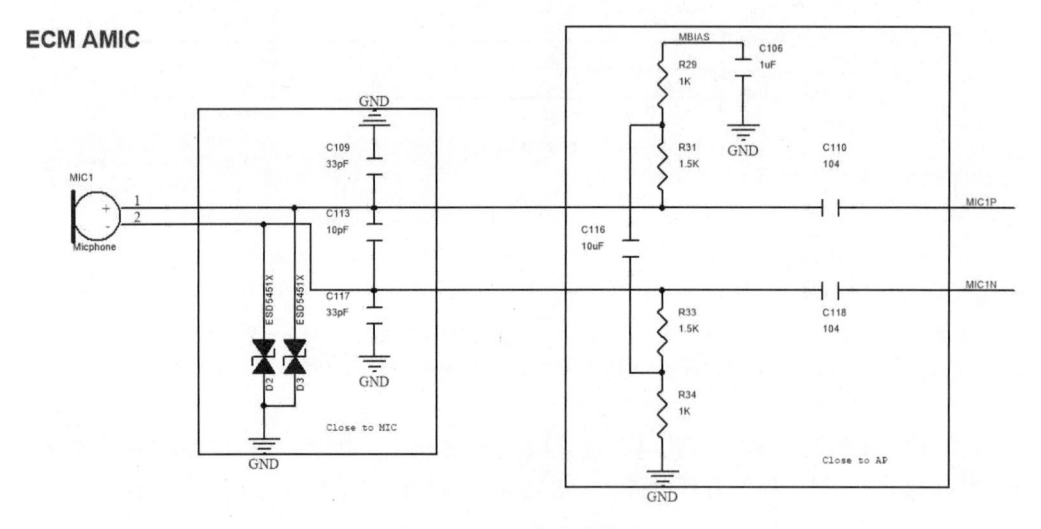

图 8-26 MIC 的电路设计

（3）Speaker 的设计。

Speaker 的电路设计如图 8-27 所示，ESD 器件靠近接口摆放，扬声器到功放的距离尽可能短，保证走线越短越好，可以有效抑制功放电磁辐射。SPK+/SPK-和 SPKP/SPKN 类差分走线，线宽建议加粗 8~12mil，包地处理。

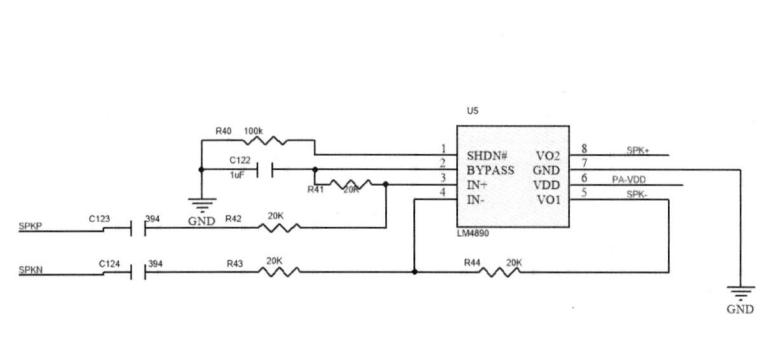

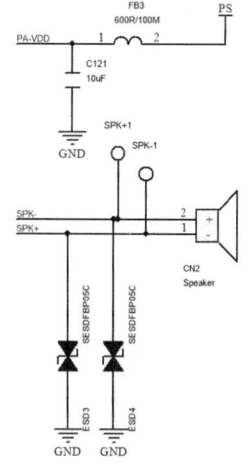

图 8-27　Speaker 的电路设计

8.4.6　USB 模块

USB 是快速、双向、同步传输、方便使用的可热拔插的串行接口，USB 的协议由差分信号 USB0-DM/P 传输数字信号，具有高达 480Mb/s 的传输速率。

布局上，ESD 器件靠近引脚摆放，电源引脚的滤波电容也需就近放置。

布线上，USB 走线长度越短越好，换层过孔越少越好，严格差分走线，包地处理。为避免线长不匹配而引起的时序偏移和共模干扰，差分线之间需进行等长处理，长度误差控制在 5mil 以内，同时需控制阻抗在 90Ω，提高信号质量。

USB 的输出电流可达 500mA～1A，在满足载流要求的同时保留一定的裕量，可按 1A 电流处理。本例中，USB 作为电源供应端，USBVBUS 需至少加粗 150mil。

8.4.7　Micro SD 模块

Micro SD 是一种极细小的快存储器，因其体积小、存储容量大的特性，在电路设计中应用广泛。Micro SD 属于经常拔插的器件，设计电路时要考虑增加 ESD 器件，电路设计如图 8-28 所示。

进行 PCB 设计时需注意如下事项。

（1）ESD 器件靠近引脚摆放，尽量同层放置，让走线先经 ESD 再到引脚。

（2）SD 卡信号尽量同层一起走线，CLK 时钟线需包地处理，空间允许的情况下满足 3W 原则。

（3）为提高信号稳定性，所有信号做等长处理，误差保持在 300mil 以内，越小越好，阻抗控制在 50Ω。

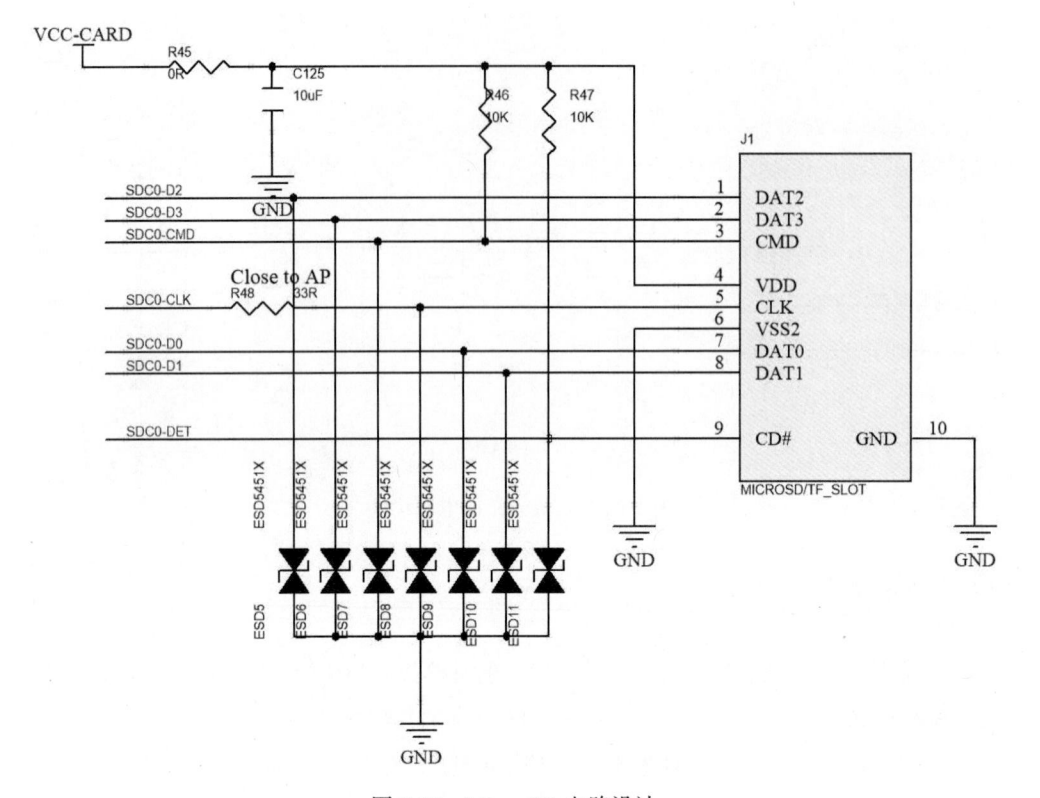

图 8-28　Micro SD 电路设计

8.4.8　Camera 模块

摄像头 Layout 建议如下。

（1）摄像头模块的电源滤波电容靠近摄像头连接座摆放。

（2）摄像头布局要远离大功率辐射器件，如 GSM 天线等，防止出现花屏等情况。

（3）走线尽量集中同层，减少换层打孔的次数，MCLK 和 PCLK 做包地处理，并尽量保证参考平面的完整性。建议在内层走线，以提高系统的 EMC 性能。

（4）建议等长处理，误差控制在 300mil 以内。

8.4.9　液晶显示模块

液晶显示模块，布局布线要求如下。

（1）根据结构要求，放置到板边，便于拔插。

（2）邻近地平面走线，保持参考平面的完整性，以保证阻抗的连续性。

（3）严格差分走线，做等长处理，差分对内误差控制在 5mil 以内，差分对间误差控制在 30mil 以内，同时需控制阻抗为 100Ω。

（4）减少换层次数，即减少打孔次数，如不可避免换层，在信号换层处加回流地过孔。

8.4.10　CTP 模块

CTP，即电容触摸屏，又称为触控屏、触控面板，是一种可接收触头等输入信号的感应式液晶显示装置。作为一种最新的计算机输入设备，它是目前最简单、方便、自然的一种人机交互方式。

GSL1680F 为电容触摸屏的驱动芯片，支持多点触摸，通过 I^2C 总线传输数据。设计电路如图 8-29 所示。

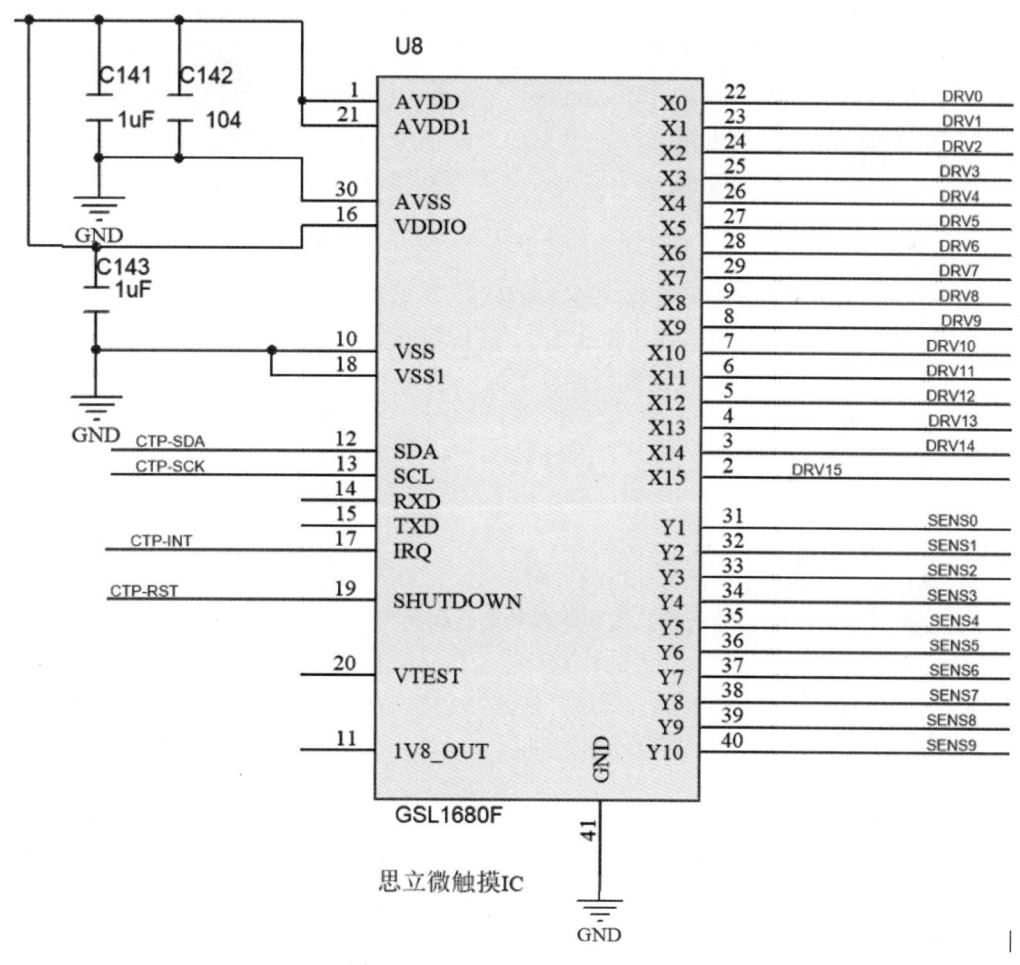

图 8-29　CTP 驱动芯片设计电路

建议在布局时注意如下事项。

（1）各引脚对应的电源滤波电容和上拉电阻，都需要靠近引脚摆放。

（2）电源线尽量短、粗，线宽不少于 0.2mm，建议走线在 0.3mm 以上；驱动（SEN）信号和感应（DRV）信号走线尽量短。

（3）驱动通道和感应通道建议平行走线，避免交叉。若是相邻层走线，需要避免空间上的走线重叠；若是同层走线，最好使用包地线屏蔽隔离，如图 8-30 所示。

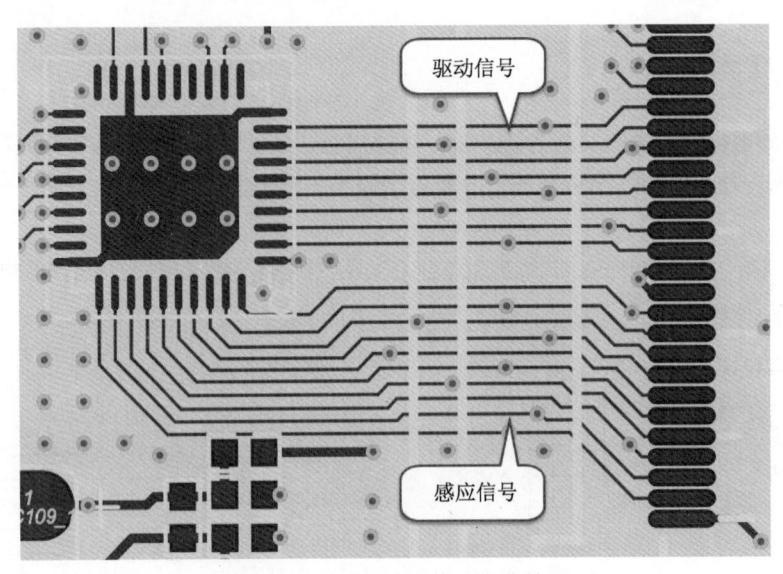

图 8-30　驱动与感应信号走线情况

（4）驱动 IC 未使用的驱动和感应通道需悬空，不可接地或电源。

（5）驱动信号和感应信号需避免和 I^{2}C、SPI 等通信信号相邻、交叉或近距离平行，以免通信信号产生的脉冲对检测数据造成干扰。若不可避免地靠近通信信号，需用地线隔离。

8.4.11　Sensor 模块

三轴加速度计，用于检测加速度的方向和大小，可用于便携式设备的翻转运动，例如用于检测平板计算机的运动状态，实现屏幕的旋转切换。

Sensor 可布在板子的较为中心的位置，过于靠近板边可能会影响其灵敏性。摆放时注意器件的一脚方向，与 SDK（软件开发工具包）保持一致，方便软件调试。若原理图没有强调，器件的一脚方向可根据实际任意摆放。

8.4.12　HDMI 模块

HDMI，高清晰度多媒体接口，可传送音频和视频信号。其信号中需特别注意四对差分信号，包含一对时钟信号和三对数据传输信号。

1. 布局要求

（1）HDMI 是热插拔器件，在设计时增加 ESD 器件，可避免静电干扰；添加共模电感，可抑制 EMI；添加匹配电阻，可起防 ESD 和微调阻抗的作用。它们之间摆放顺序为 ESD→共模电感→匹配电阻。根据电路设计情况靠近接口摆放，小器件与接口器件尽量保持 1.5～2mm 间距，便于后期焊接。布局情况如图 8-31 所示。

（2）若是存在匹配电阻，要求电阻必须并排摆放，如图 8-32 所示。

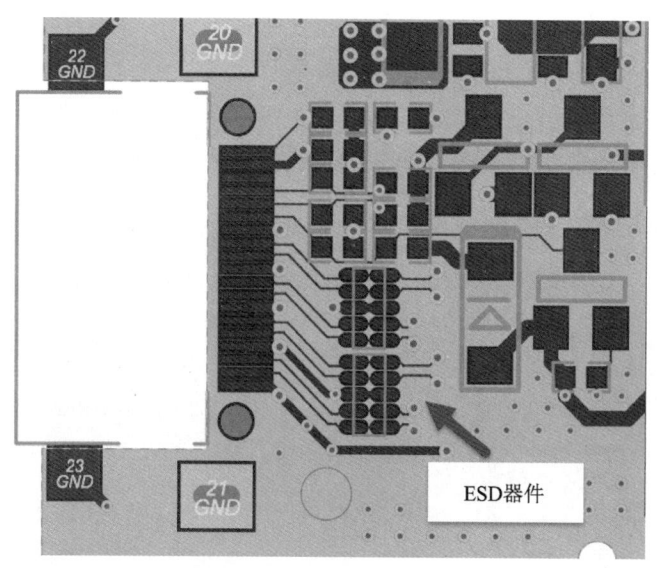

图 8-31　ESD 器件摆放

图 8-32　匹配电阻的摆放

2. 布线要求

（1）邻近地平面走线，保证完整的参考平面，控制差分阻抗 100Ω。

（2）线宽不宜小于 4mil，否则损耗过大，走线总长度尽量小于 3000mil。

（3）走线包地处理，最好立体包地，差分对之间间距不小于 12mil。

（4）差分对内、对间需要等长处理，对内误差严格控制在 5mil，对间误差严格控制在 100mil，误差越小越好。

（5）换层过孔尽量不超过 2 个，若有 4K×2K 应用或 CTS 认证需求，则最好不换层。

8.4.13　Wi-Fi/BT 模块

A64 支持使用 Wi-Fi/BT 模组，采用模组设计，可有效节省板子空间。Wi-Fi 可分为 UART 接口和 SDIO 接口，BT 基本都采用 UART 接口通信。A64 采用 Wi-Fi/BT 模组 XR819 进行设计，并使用 RTL8723CS 进行兼容设计。其布局布线要求如下。

（1）模组尽量靠近天线接口，远离 DDR、LCD、马达、Speaker 等容易产生干扰的模块。

条件允许的情况下，可增加屏蔽罩。

（2）天线要有完整的参考平面，走线越短越好，采用 π 型滤波方式布局，即保证信号线上无分支、无过孔。走线需拐弯时，拐弯处用圆弧处理，周边多打地过孔，地铜皮和 RF 信号保持一倍线宽的距离，如图 8-33 所示。

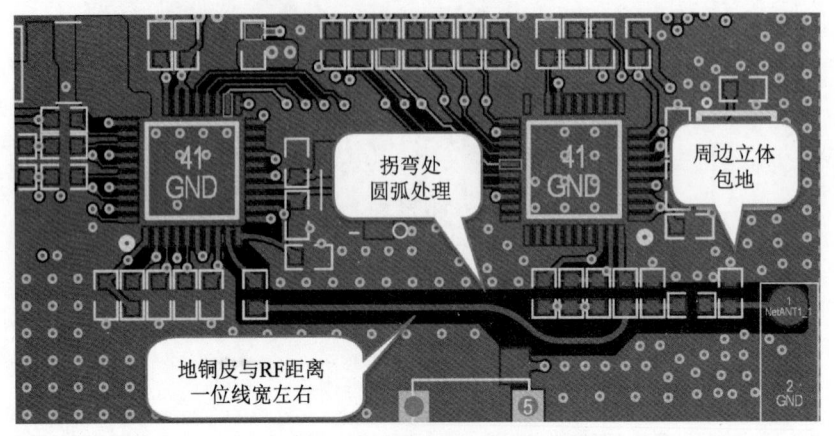

图 8-33　天线走线情况

（3）天线馈线阻抗控制在 50Ω，阻抗控制最好做隔层参考，以增加线宽。

（4）若使用板载天线，需确保天线走线附近 $50mm^2$ 区域完全净空，天线本体至少距周围的金属 1cm 以上，周边打上足够多的地孔，如图 8-34 所示。

图 8-34　板载天线处理

（5）模组中的 SDIO 走线尽量同层集中走线，时钟 CLK 信号包地处理。整组信号最好进行等长处理，误差保持在 300mil 以内，提高 SDIO 口的稳定性。

8.5　器件布局

器件布局规划如前两个案例，先明确板子结构，确定主要布局层，一般都是顶层。放好需固定的器件，然后采用模块化布局与就近原则，先把主要的、复杂的、器件多的模块布好。剩下的模块，结合 CPU 的出线方向，以走线长度尽量短为目的摆放到就近区域。

8.6 规划屏蔽罩区域

为降低电磁干扰，提高产品的可靠性，可在 TOP 层加屏蔽罩。屏蔽罩可作为主控的散热器，提高整机散热效果。此板可将 CPU、LPDDR3、PMIC、eMMC/NAND Flash 这些核心模块规划到屏蔽罩内。如图 8-35 所示，外围箭头所指粗线即为屏蔽罩区域。

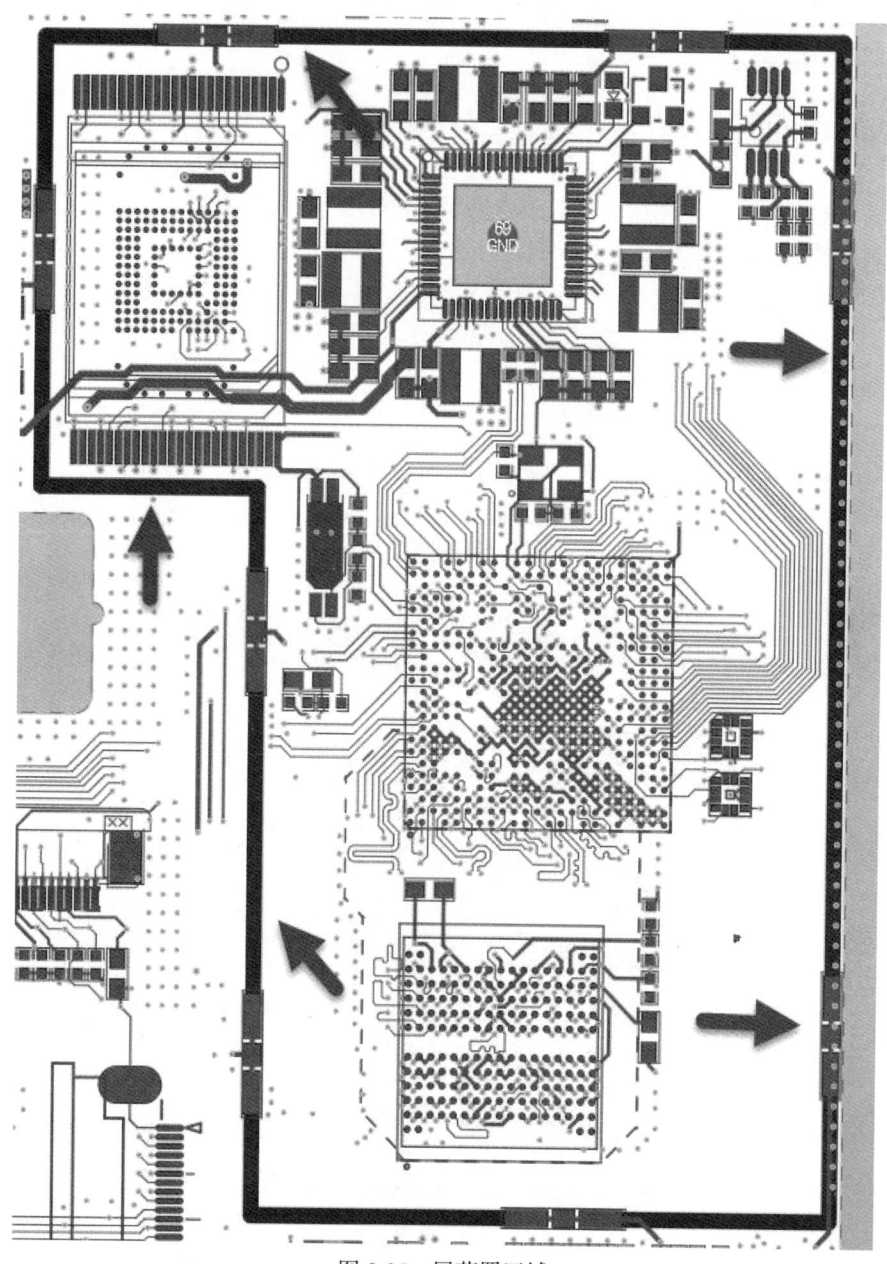

图 8-35 屏蔽罩区域

8.7 布线设计

8.7.1 PCB 设计规则及添加 Class

结合整板走线密度及 BGA 的类型尺寸，建议整板使用 0.2/0.4mm 的过孔，线宽为 4mil 及以上，最小间距同样采用 4mil。

为方便后期区分信号，实现快速布线，建议将同类型信号设置 Class，执行菜单栏中"工具"→"类"命令，实现信号分类操作。

8.7.2 BGA 扇出

设置好过孔尺寸及线宽后，执行菜单栏中"布线"→"扇出"→"器件"命令，在弹出的"扇出选项"对话框中，选中"扇出外面 2 行焊盘"选项，如图 8-36 所示。即可扇出如图 8-37 所示状态。

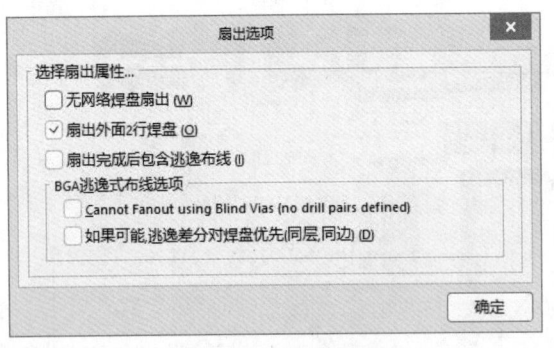

图 8-36 扇出操作

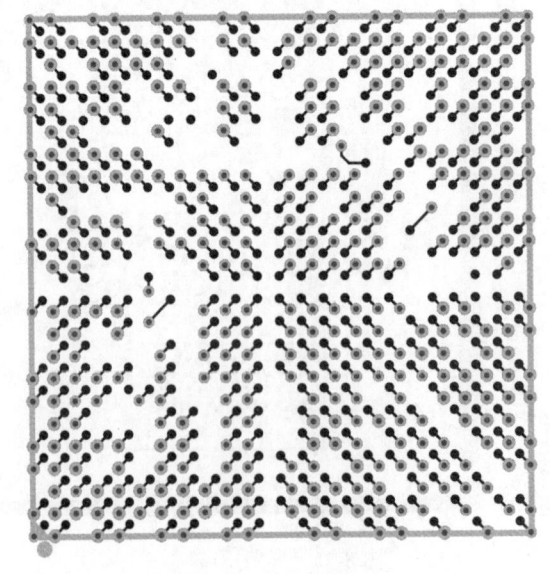

图 8-37 扇出效果

8.7.3 走线整体规划及连接

进行布线之前应先分析整板信号的分布及密度，做好走线层的规划，否则布线后期将寸步难行。若是遗漏关键信号，又要大面积修改，事倍功半。

布线时需保证关键信号如高速信号、时钟信号、同步信号、模拟小信号等优先布线，尽可能的邻近地平面布线，以提供完整的参考平面。除此之外，也可优先考虑板上信号线分布最密集的区域。本例中最优布线层为第 3 层，根据信号走向，DDR、HDMI、LCM、eMMC/NAND Flash 和 Camera 信号都可以在第 3 层走线。

8.7.4 高速信号的等长处理

等长操作时需将信号进行分类，以便查看同类信号长度。以 LCM 信号为例，将需要等长的信号归为一类，如图 8-38 所示，在 Routed Length 中可查看信号长度。

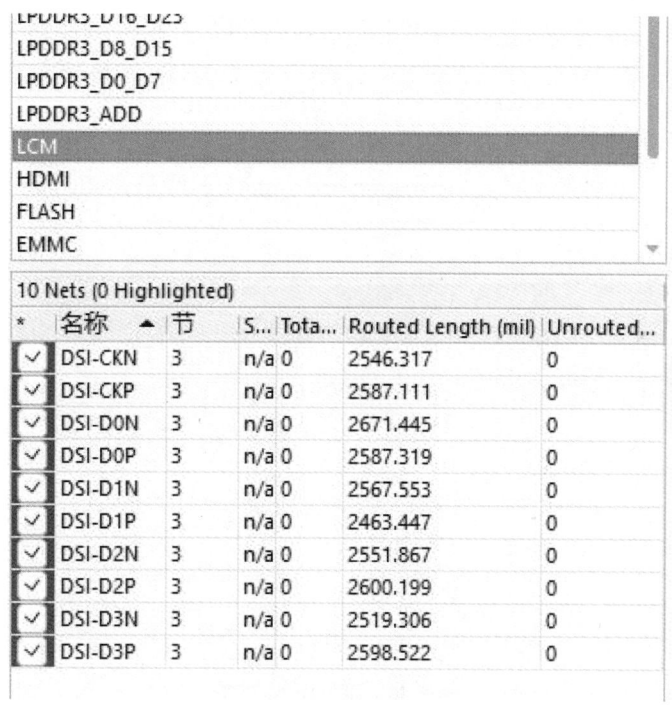

名称	节	S...	Tota...	Routed Length (mil)	Unrouted...
DSI-CKN	3	n/a	0	2546.317	0
DSI-CKP	3	n/a	0	2587.111	0
DSI-D0N	3	n/a	0	2671.445	0
DSI-D0P	3	n/a	0	2587.319	0
DSI-D1N	3	n/a	0	2567.553	0
DSI-D1P	3	n/a	0	2463.447	0
DSI-D2N	3	n/a	0	2551.867	0
DSI-D2P	3	n/a	0	2600.199	0
DSI-D3N	3	n/a	0	2519.306	0
DSI-D3P	3	n/a	0	2598.522	0

图 8-38 LCM 信号

（1）进行差分对内等长。由于 LCM 为差分信号，所以等长时需先将差分对内信号的长度误差严格控制在 5mil 以内，在线长不匹配的一端进行单端补偿，如图 8-39 所示。

（2）进行 LCM 组内等长。由图 8-38 可知最长信号线为 2671.445mil，以 2671mil 为绕线目标长度，CLK 信号线可多绕 5mil 左右。执行菜单栏中"布线"→"差分对网络等长调节"命令，或按快捷键 U+P，将十字光标移动到差分线上，单击拖动即可绕线，按 Tab 键，进行如图 8-40 所示的等长设置。

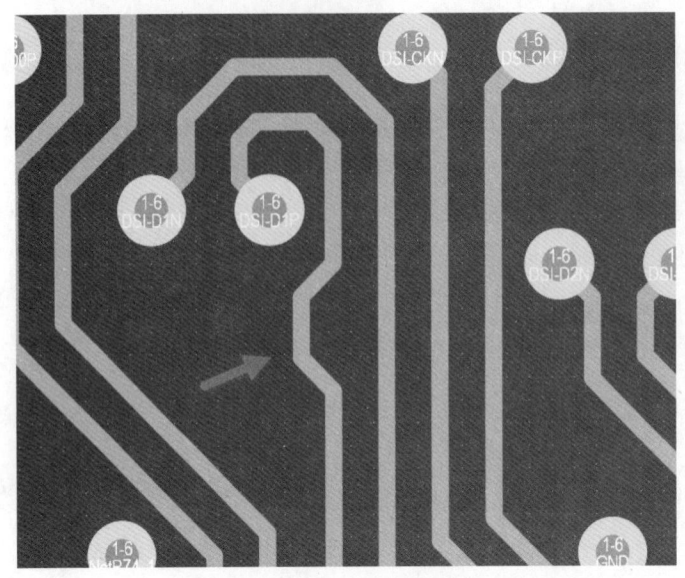

图 8-39 差分对单端补偿

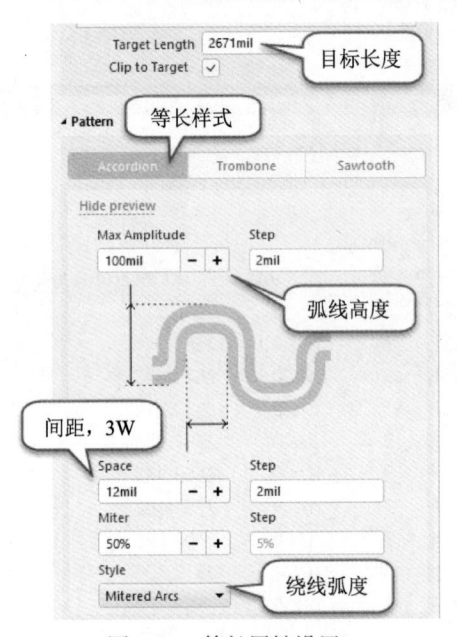

图 8-40 等长属性设置

（3）其他单端高速信号类似，按快捷键 U+R 可实现绕线等长。

8.7.5 大电源分割处理

电源处理时，分清楚哪些是核心大电流电源，哪些是小电源。在空间允许的情况下，小电源尽量在信号层连接；核心电源在分割时则需要注意载流，并考虑信号走线的跨分割问题。执行菜单栏中"放置"→"线条"命令，或按快捷键 P+L，针对同一电源网络进行闭合区域划分，如图 8-41 所示。

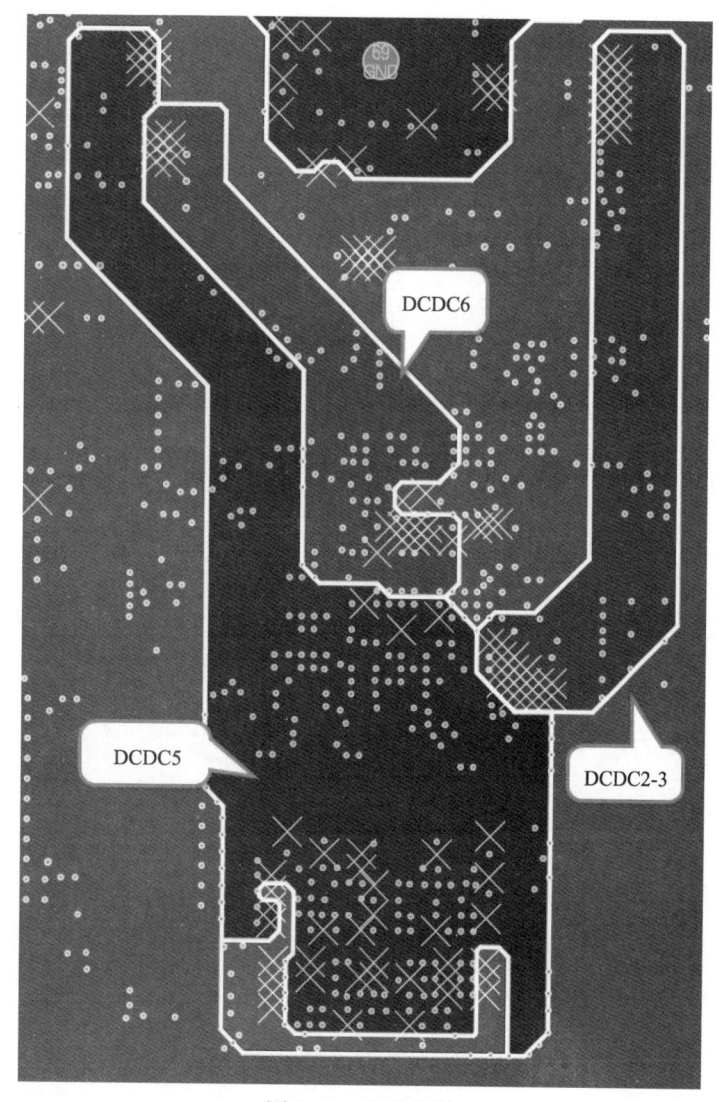

图 8-41 电源分割

8.7.6 走线改良

走线改良处理可提高整板性能的可靠性。针对案例，给出一些常见的改良走线的建议。

（1）走线满足 3W 原则，拉开走线间距，满足线中心到中心 3 倍线宽的距离要求，以减少线间串扰。

（2）信号线与其回路构成的环面积要尽可能小。

（3）精简走线，在现有的布线情况下，对明显绕线较多的走线进行优化缩短。信号线上过孔较多的，也可以考虑减少过孔数量，达到优化目的。

（4）信号换层处及板子空白区域放置地过孔，可以吸收一定干扰，并缩短信号的回流路径。

（5）添加泪滴，增强导线与过孔、焊盘的机械强度。

8.8 后期处理

8.8.1 铺铜及挖空处理

1. 铺铜处理

执行菜单栏中"工具"→"铺铜"→"铺铜管理器"命令，在弹出的 Polygon Pour Manager 对话框中，单击"来自……的新多边形…"按钮，选择"板外形"选项，如图 8-42 所示。

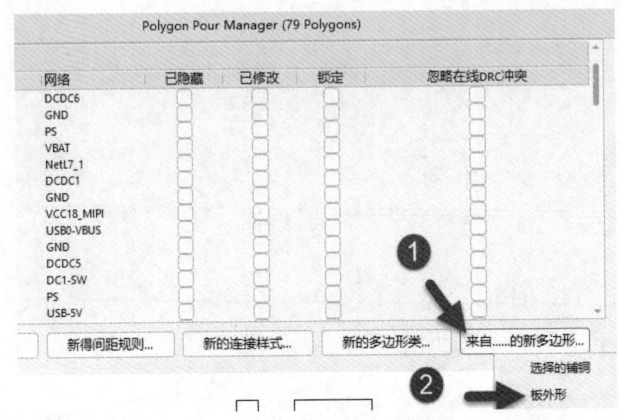

图 8-42 由板框生成铜皮

在对话框右侧进行铺铜属性设置，如图 8-43 所示，即可在顶层完成整板铺铜操作。

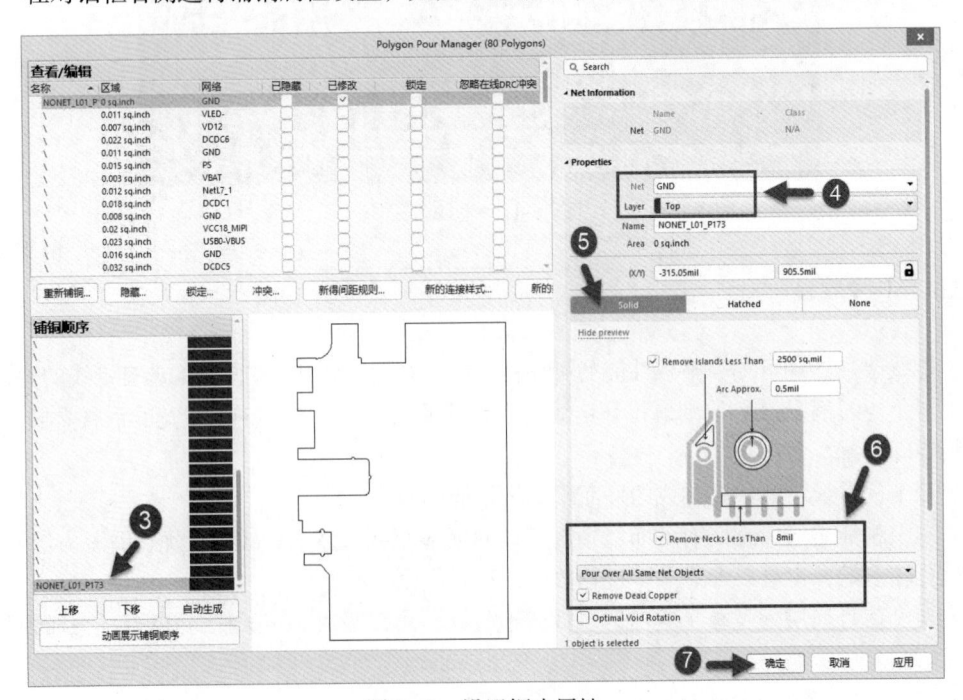

图 8-43 设置铜皮属性

其他层的铺铜可通过复制顶层整板铜皮，换层并按快捷键 E+A，在弹出的"选择性粘贴"对话框中选中"粘贴到当前层"和"保持网络名称"复选框，按"粘贴"按钮即可，如图 8-44 所示。

图 8-44　"选择性粘贴"对话框

2. 修改铜皮

整板铺铜时，不可避免会出现一些狭长的铜皮，为避免天线效应，造成一些不必要的干扰，应对这些铜皮进行挖空处理，通过执行菜单栏中"放置"→"多边形铺铜挖空"命令来消除狭长铜皮，如图 8-45 所示。

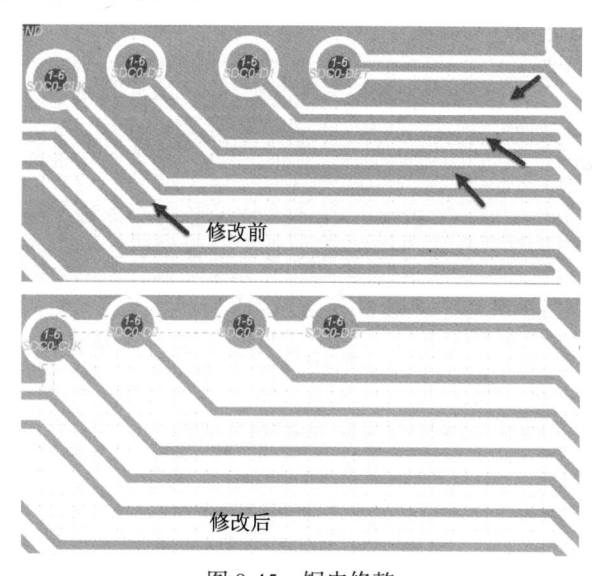

图 8-45　铜皮修整

8.8.2　DRC 检查并修正

按快捷键 T+D 进入"规则检查器"对话框，只需检查用户需要比对的规则即可。常规的检查包括安全间距、开路及短路等电气类检查，即 Electrical 项，如图 8-46 所示。其他检查项可根据实际需要进行关闭或开启。若出现错误，根据 Messages 提示，到相应位置修改，直到无错误或错误可忽略为止。

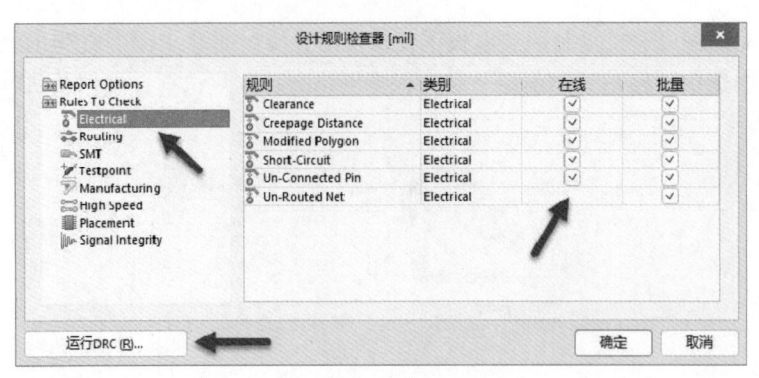

图 8-46 检查选项

8.8.3 调整丝印

调整丝印，便于后期文件输出，其调整原则如下。

（1）阻焊、过孔不覆盖字符丝印。

（2）尽量保证字符方向的统一性，一般采用从左到右、从下到上的方向。

（3）常规字体尺寸有 4/20mil、5/25mil、6/30mil、8/45mil 等，字体宽度和高度一般以 1∶5 的比例设置，具体的字体尺寸还需根据板子的空间和器件的密度灵活设置。

8.9 生产文件的输出

Gerber 文件的输出依照 STM32 或者 MT6261 案例的方式输出即可，这里不再赘述。装配文件可使用 Draftsman 功能输出，输出步骤如下。

（1）创建 Draftsman 文档。打开工程，执行菜单栏命令"文件"→"新的"→Draftsman Document 命令，弹出 New Document 对话框，按图 8-47 所示操作，软件生成后缀名为.PcbDwf 的 Draftsman Document 文件，并自动将其存放到工程文件路径下。

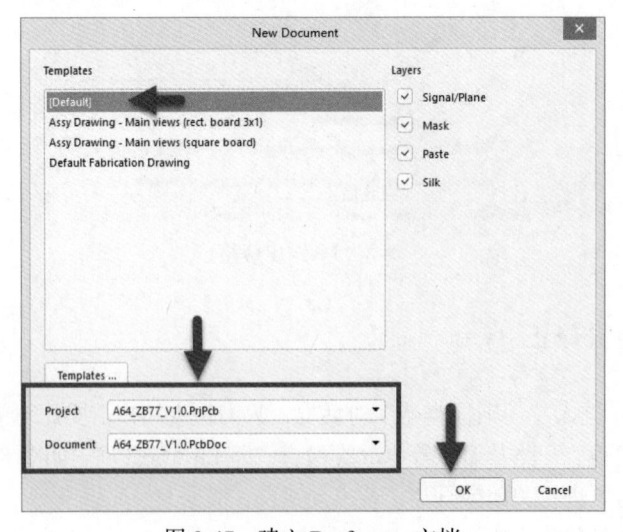

图 8-47 建立 Draftsman 文档

（2）输出装配文件（位号图/阻值图）。

① 以位号图为例，在 Draftsman 编辑环境下执行菜单栏中 Place→Board Assembly View 命令即可放置 PCB 文件的顶层位号图，如图 8-48 所示。

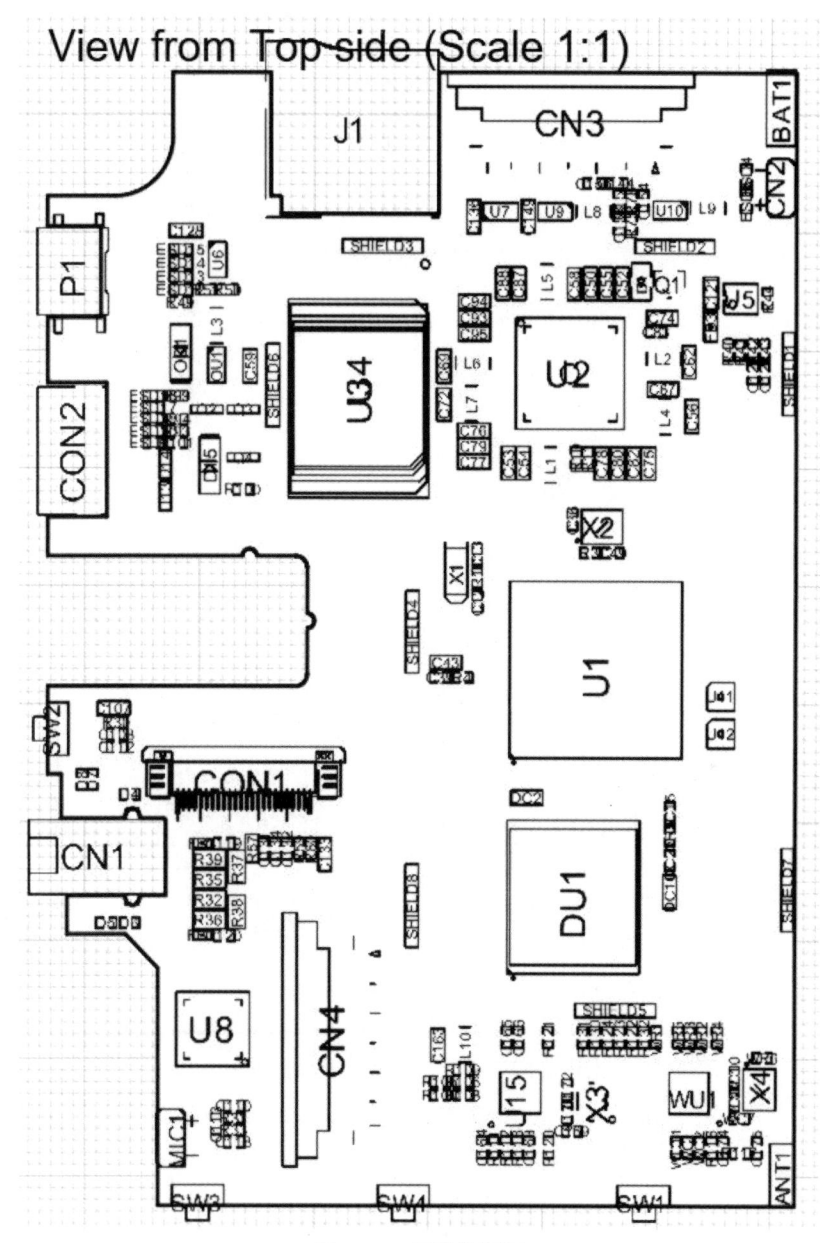

图 8-48　顶层位号图

② 由图 8-48 中可看出位号的字体大小不一致，为了能够较为清晰的显示位号，在 Properties 面板中，可对 Scale、Style 选项中的 Font Size 灵活设置，如图 8-49 所示。

③ 设置完成后的部分位号如图 8-50 所示，能清晰地显示位号。将位号图拖动到 Draftsman 编辑界面的左侧。

④ 在 Draftsman 编辑界面右侧放置一个 Board Assembly View，单击选择这个图形，在 Properties 选项中，修改 View Side 属性为 Bottom，如图 8-51 所示，即可得到一个底层位号图。

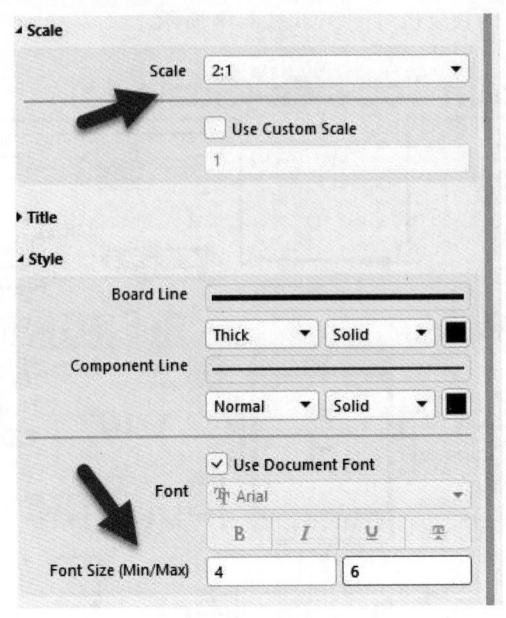

图 8-49　参数设置

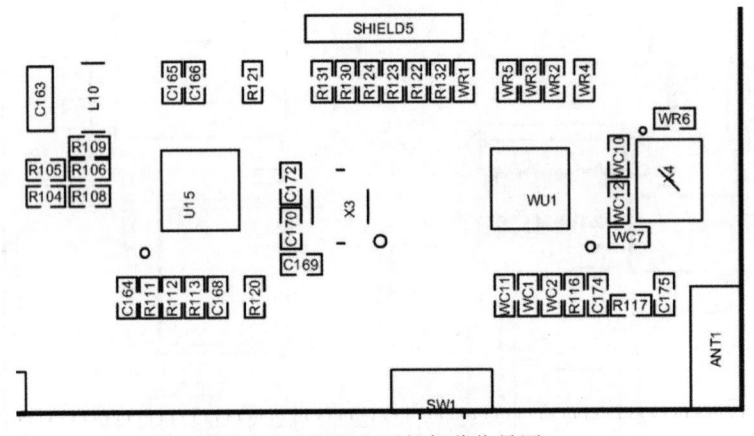

图 8-50　调整之后的部分位号图

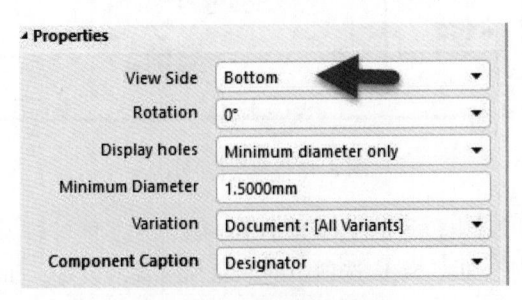

图 8-51　View Side 的修改

⑤ 按照上述方式对 Scale、Font Size 进行设置，最终得到的位号图如图 8-52 所示。

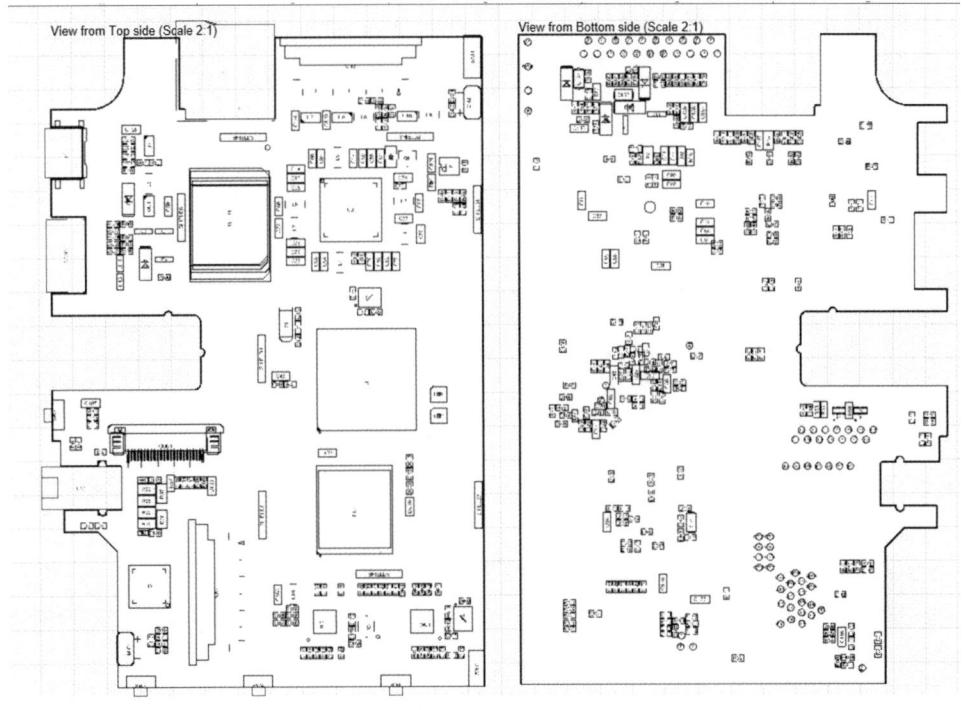

图 8-52 整板位号图

⑥ 导出 PDF 格式。在 Draftsman 编辑界面下，执行菜单栏中 File→Export to PDF...命令，即可导出 PDF 格式的位号图。

（3）输出 BOM。

① 执行菜单栏中 Tool→Add Sheet 命令，添加新 Draftsman 编辑页面，在新的页面下执行菜单栏中 Place→Bill Of Materials 命令。即可得到如图 8-53 所示的 BOM。

Line #	Designator	Comment	Quantity
1	ANT1	ANT	1
2	BAT1	BAT	1
3	BAT-1	GND	1
4	BAT+1	VBAT	1
5	C1, C2, C3, C4, C9, C15, C21, C22, C23, C24, C28, C29, C30, C32, C39, C44, C45, C46, C71, C97, C99, C101, C102, C103, C105, C119, C120, C134, C135, C140, C142, C156, C162, DC1, DC5, DC6, DC7, DC8, DC9, DC13, DC14, DC15, DC16, DC19, DC20, DC21, DC22, DC24	104	48
6	C5, C6, C18, C33, C40, C77, C78, C79, C80, C81, C82, C84, C85, C86, C88, C90, C92, C94, C95, C129, C133, WC2, WC3	4.7uF	23
7	C7, C8, C83	472	3
8	C10, C16, C17, C25, C34, C38, C43, C48, C50, C51, C52, C53, C54, C55, C56, C57, C58, C59, C62, C63, C64, C65, C66, C67, C68, C69, C70, C72, C73, C74, C75, C76, C87, C93, C121, C145, C149, C176, C177, DC2, DC10	10uF	41
9	C11, C42, WC5	2.2uF	3
10	C12, C13, C36, C49	18pF	4
	C14, C19, C20, C26, C27,		

图 8-53 生成 BOM

列表中显示的参数可在 Properties 面板的 Columns 选项中设置，如图 8-54 所示。

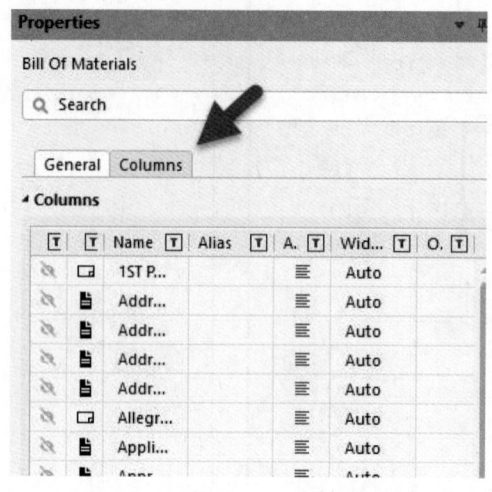

图 8-54　设置 BOM 列表中的参数

② 若是板子器件过多，则会导致 BOM 列表很长，Draftsman 页面放不下，所以需要对 BOM 进行属性设置。

③ 单击选中 Draftsman 页面上的 BOM，对 Properties 面板中的 Pages 进行设置，设置方式如图 8-55 所示。通过 Page 1 from 6 下拉列表框切换显示。

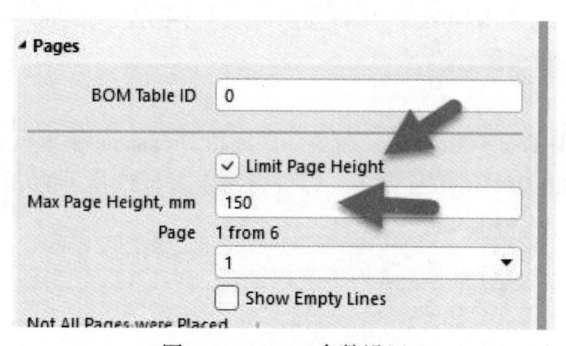

图 8-55　Pages 参数设置

④ 若想在同一个 Draftsman 页面上显示多个 BOM 列表，则需重复放置 BOM，将 Page 1 from 6 下拉列表框依次设置为 2～6，如图 8-56 所示。

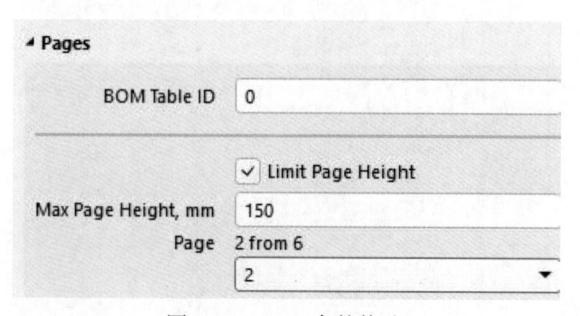

图 8-56　Page 参数修改

此时 Draftsman 页面如图 8-57 所示。

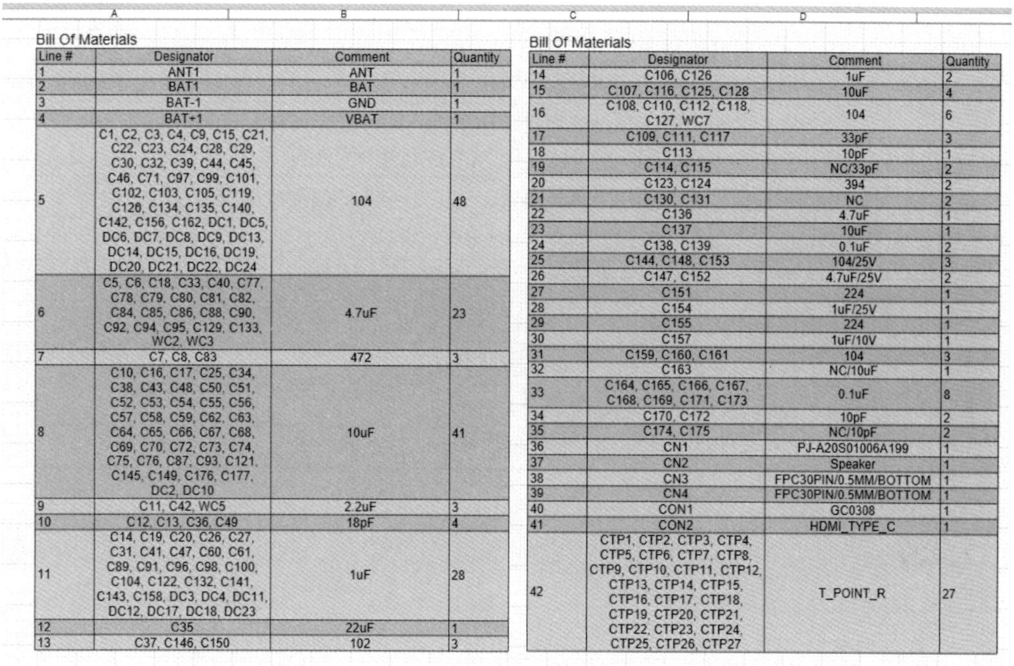

Bill Of Materials

Line #	Designator	Comment	Quantity
1	ANT1	ANT	1
2	BAT1	BAT	1
3	BAT-1	GND	1
4	BAT+1	VBAT	1
5	C1, C2, C3, C4, C9, C15, C21, C22, C23, C24, C28, C29, C30, C32, C39, C44, C45, C46, C71, C97, C99, C101, C102, C103, C105, C119, C120, C134, C135, C140, C142, C156, C162, DC1, DC5, DC6, DC7, DC8, DC9, DC13, DC14, DC15, DC16, DC19, DC20, DC21, DC22, DC24	104	48
6	C5, C6, C18, C33, C40, C77, C78, C79, C80, C81, C82, C84, C85, C86, C88, C90, C92, C94, C95, C129, C133, WC2, WC3	4.7uF	23
7	C7, C8, C83	472	3
8	C10, C16, C17, C25, C34, C38, C43, C48, C50, C51, C52, C53, C54, C55, C56, C57, C58, C59, C62, C63, C64, C65, C66, C67, C68, C69, C70, C72, C73, C74, C75, C76, C87, C93, C121, C145, C149, C176, C177, DC2, DC10	10uF	41
9	C11, C42, WC5	2.2uF	3
10	C12, C13, C36, C49	18pF	4
11	C14, C19, C20, C26, C27, C31, C41, C47, C60, C61, C89, C91, C96, C98, C100, C104, C122, C132, C141, C143, C158, DC3, DC4, DC11, DC12, DC17, DC18, DC23	1uF	28
12	C35	22uF	1
13	C37, C146, C150	102	3

Bill Of Materials

Line #	Designator	Comment	Quantity
14	C106, C126	1uF	2
15	C107, C116, C125, C128	10uF	4
16	C108, C110, C112, C118, C127, WC7	104	6
17	C109, C111, C117	33pF	3
18	C113	10pF	1
19	C114, C115	NC/33pF	2
20	C123, C124	394	2
21	C130, C131	NC	2
22	C136	4.7uF	1
23	C137	10uF	1
24	C138, C139	0.1uF	2
25	C144, C148, C153	104/25V	3
26	C147, C152	4.7uF/25V	2
27	C151	224	1
28	C154	1uF/25V	1
29	C155	224	1
30	C157	1uF/10V	1
31	C159, C160, C161	104	3
32	C163	NC/10uF	1
33	C164, C165, C166, C167, C168, C169, C171, C173	0.1uF	8
34	C170, C172	10pF	2
35	C174, C175	NC/10pF	2
36	CN1	PJ-A20S01006A199	1
37	CN2	Speaker	1
38	CN3	FPC30PIN/0.5MM/BOTTOM	1
39	CN4	FPC30PIN/0.5MM/BOTTOM	1
40	CON1	GC0308	1
41	CON2	HDMI_TYPE_C	1
42	CTP1, CTP2, CTP3, CTP4, CTP5, CTP6, CTP7, CTP8, CTP9, CTP10, CTP11, CTP12, CTP13, CTP14, CTP15, CTP16, CTP17, CTP18, CTP19, CTP20, CTP21, CTP22, CTP23, CTP24, CTP25, CTP26, CTP27	T_POINT_R	27

图 8-57 Draftsman 页面

8.10 A64 平板计算机检查表

为方便用户对自身设计的 PCB 进行系统检查，减少设计错误，下面列举 A64 平板计算机常见问题。检查内容如表 8-2 所示。

表 8-2 A64 平板计算机检查表

检查项目	序号	检 查 内 容	检查记录
结构与层叠方面	1	导入的结构是否完全正确，定位孔是否遗漏	
	2	接口器件位置是否都能对应上，接口方向是否正确	
	3	所用层叠是否合理，电源平面是否符合20H原则，CPU邻层必须为GND平面	
布局方面	1	SCH、PCB是否同步更新，封装库是否为最新版本	
	2	模块化布局，同一模块电路的器件应靠近摆放，按信号流向布局	
	3	所有ESD器件靠近各个接口摆放	
	4	器件间距是否合理，是否存在冲突，尽量保证大小器件间距1.5～2mm	
	5	屏蔽罩区域是否有器件冲突，是否已连接到接地网络	
布线方面	1	线宽、间距、过孔尺寸是否满足板厂工艺能力	
	2	接口信号先经过ESD器件，再连接到其他器件	

续表

检查项目	序号	检查内容	检查记录
布线方面	3	高速信号、敏感信号、时钟/同步信号是否满足SI设计要求（3W原则、包地、等长、避免跨分割）	
	4	核心电源是否满足载流要求（换层过孔个数需足够，2A载流至少4个0.3/0.5mm过孔，平面分割区域要注意瓶颈问题）	
	5	防止信号线在空间上形成自环，引起不必要的辐射发射	
	6	板上无多余过孔和悬空走线	
	7	顶层走线与屏蔽罩相交时，为避免短路，是否添加白油处理	
设计后期	1	IC器件1脚标识是否都有标注，极性器件是否有标注	
	2	丝印方向调整要统一，不被覆盖便于识别	
	3	是否进行DRC，布通率是否为100%	
	4	Gerber文件是否正确，是否确保所需层数全部输出	